新版

Teach Yourself Ruby

独習
Ruby

山田祥寛 著

SE
SHOEISHA

はじめに

Ruby（ルビー）は、まつもとゆきひろさんが1995年に発表したプログラミング言語です。伝統的なCOBOL（1959年）、C（1972年）のような言語と比べれば、まだまだ若い言語ですが、それでも登場から30年弱が経過し、良い意味で枯れてきています。

Rubyというと、おそらくまっさきに思いつくのが、WebアプリケーションフレームワークであるRuby on Rails（以降、Rails）でしょう。RailsでRubyを学んだという人も少なくないのではないでしょうか。Ruby（Rails）で開発されたサービスも数多く、有名どころではGitHub、Twitter、食べログ、Hulu、価格.comなどがRubyを採用しています（ただし、現在では別環境に移行しているサービスもあります）。

Webの世界だけではありません。ゲーム制作（DXRuby、Gosu）、スマホアプリ開発（Ruby Motion）、スクレイピング（Nokogiri）などなど、Rubyは幅広い分野で活用されており、設計／開発の総合的なノウハウは至る所に転がっています。2012年には、日本発のプログラミング言語としては初めて国際規格「ISO/IEC 30270」として承認されたことで、今後、より学びやすく、また、学ぶ価値の高い言語へと進化していくことが期待できます。

本書では、そんなRubyに興味を持ち、基礎からきちんと学びたい、という皆さんに、最初の一歩を提供するものです。

近年では、ネット上にも有用な情報（サンプルコード）が大量に提供されています。これらを見よう見まねで使ってみるだけでも、それなりのコードを書けてしまうのは、Rubyの魅力です。しかし、実践的なアプリ開発の局面ではどこかでつまずきの原因にもなるでしょう。一見して遠回りにも思える言語の確かな理解は、きっと皆さんの血肉となり、つまずいたときに踏みとどまるための力の源泉となるはずです。本書が、Rubyプログラミングを新たに始める方、今後、より高度な実践を目指す方にとって、確かな知識を習得するための一冊となれば幸いです。

なお、本書に関するサポートサイトを以下のURLで公開しています。サンプルのダウンロードサービスをはじめ、本書に関するFAQ情報、オンライン公開記事などの情報を掲載していますので、あわせてご利用ください。

```
https://wings.msn.to/
```

最後になりましたが、タイトなスケジュールの中で筆者の無理を調整いただいた翔泳社の編集諸氏、そして、傍らで原稿管理／校正作業などの制作をアシストしてくれた妻の奈美、両親、関係者ご一同に心から感謝いたします。

山田祥寛

本書の読み方

サンプルファイルについて

　本書で利用しているサンプルファイルは、以下のページからダウンロードできます。サンプルの動作を確認したい場合などにご利用ください。

　　　https://wings.msn.to/index.php/-/A-03/978-4-7981-6884-5/

● 配布サンプルは、以下のようなフォルダー構造になっています。

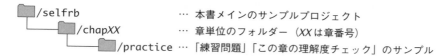

```
/selfrb          … 本書メインのサンプルプロジェクト
  /chapXX        … 章単位のフォルダー（XXは章番号）
    /practice  … 「練習問題」「この章の理解度チェック」のサンプル
```

● 配布サンプルを開き、実行する方法については1.2節を参照してください。

● サンプルは、実行環境を明記している一部を除いて、すべて Visual Studio Code（VSCode）のターミナルから確認しています。実行結果、コンパイルエラーなどの表記も Windows 版 VSCode での表記に合わせています。結果は環境によって異なる可能性もあるので、注意してください。

● 紙面の都合上、サンプルコードを抜粋で掲載している箇所があります。サンプルコード全体を確認したい場合は、配布サンプルを参照してください。

動作確認環境

　本書内の記述／サンプルプログラムは、次の動作環境で確認しています。

● Windows 10 Pro 64 ビット

  ・ Ruby 3.0.1

  ・ Visual Studio Code 1.56.1

● macOS 11 Big Sur

  ・ Ruby 3.0.1

  ・ Visual Studio Code 1.56.0

本書の構成

　本書は全11章で構成されています。各章では、学習する内容について、実際のコード例などをもとに解説しています。書かれたプログラムがどのように動いているのかを、実際に試しながら学ぶことができます。

■練習問題

　各章は、細かな内容の節に分かれています。節の途中には、それまで学習した内容をチェックする練習問題を設けています。その節の内容を理解できたかを確認しましょう。

■この章の理解度チェック

　各章の末尾には、その章で学んだ内容について、どのくらい理解したかを確認する理解度チェックを掲載しています。問題に答えて、章の内容を理解できているかを確認できます。

本書の表記

■全体

● **2.7** **3.0** は、Ruby 2.7、3.0で追加された機能を表します。

● 紙面の都合でコードを折り返す場合、行末に↵を付けます。

● メソッドの名前を表記する際に、慣例的に、以下のように表す場合があります。

❖メソッドの表記

種別	表記
インスタンスメソッド	クラス名#メソッド名
クラスメソッド	クラス名::メソッド名

　たとえばArray#eachであれば、「Arrayクラスのeachメソッド」を意味します。あくまでドキュメントで表記する際の慣例で、「#」はコードの中では利用**できない**ので、注意してください（「::」はコード中でも正しい表記です）。

■構文

　本書の中で紹介するRubyの構文を示しています。クラスライブラリ（メソッド）の構文については、以下のルールに従って表記しています。

構文 indexメソッド

```
str.index(pattern, pos = 0) -> Integer | nil
   メソッド名        引数          戻り値の型

str      ：元の文字列
pattern  ：検索文字列
pos      ：検索開始位置
戻り値    ：文字位置（見つからない場合はnil）
```

引数の表記の意味は、以下の通りです。詳しくは本文内の解説も参照してください。

❖引数の表記の意味

表記	意味
[...]	引数が省略可能
arg = value	引数argの既定値がvalueである（引数が省略可能。8.3.1項）
arg: value	キーワード引数（valueは既定値）
*args	可変長引数（8.3.3項）
**kwargs	キーワード可変長引数（8.3.4項）

● エイリアス（5.2.1項）のあるメソッドは、主なものを Alias で、該当項の末尾で列挙しています。

● 破壊的変更（5.2.2項）を許すものと、そうでないものと、双方のバージョンが用意されているものがあるメソッドについては、初出の際に①で示します。

■メモ／コラム

注意事項や関連する項目、参考／補足情報などを紹介します。

 注意事項や関連する項目、知っておくと便利なことがらです。

 プラスアルファで知っておきたい参考／補足情報です。

■エキスパートに訊く

初心者が間違えやすいことがら、注目しておきたいポイントについてQ&A形式で紹介します。

エキスパートに訊く

Q：Ruby学習者からの質問が示されます。

A：エキスパートからの回答が示されます。

目　次

第 1 章　イントロダクション　　001

第4章　制御構文　　115

第7章　標準ライブラリ （その他）　281

第 11 章　高度なプログラミング　535

コラム目次

サンプルファイルの入手方法

サンプルファイル（配布サンプル）は、以下のページからダウンロードできます。

https://wings.msn.to/index.php/-/A-03/978-4-7981-6884-5/

Chapter **1**

イントロダクション

Ruby（ルビー）は、1995年にfj（ニュースグループ）で発表されたプログラミング言語の一種です。開発者はまつもとゆきひろ（通称、Matz）さん。現在もオープンソースソフトウェア（OSS）として、たくさんの開発者を巻き込みながら精力的に開発が進められています。

　初期バージョン0.95の発表が1995年ですから、伝統的なCOBOLが1959年、C言語が1972年に登場していることを見れば、比較的新しい言語でもあります。新しいとは言っても、すでに登場から25年が経過し、企業／個人を問わず、Rubyが当たり前のように採用される中で事例も蓄積され、良い意味で枯れた言語になっています。

　2012年には、日本発のプログラミング言語としては初めて国際規格「ISO/IEC 30270」として承認されており、Rubyの安定性、信頼性を保証する象徴ともなっています。そして2020年12月、いよいよメジャーバージョンとなる3.0がリリースされたことで、今後の進化がますます期待できそうです。

　本章では、そんなRubyを学ぶに先立って、Rubyという言語の特徴を理解するとともに、学習のための環境を整えます。また、後半では簡単なサンプルを実行する過程で、Rubyアプリの構造、基本構文を理解し、次章からの学習に備えます。

Rubyは、同じくプログラミング言語であるPerlがPearl（真珠）と同音であることから、「Perlに続く」という意味で命名されたそうです（誕生石としては、Pearlが6月、Rubyは7月です）。実際、RubyはPerl、そして、Pythonに強く影響を受けています。これらの言語を知っている人は、互いを比較しながらRubyを学んでみると、新たな発見があるかもしれません。

❖図1.A　Rubyのロゴもルビー

1.1 Rubyとは？

　「コンピューター、ソフトウェアがなければただの箱」とは、よく聞く言葉です。コンピューターは人間が面倒に思うことを肩代わりしてくれる便利な機械ですが、自分で勝手に動くことはできません。基本的には「誰かの指示」を受けて動くものです。

　誰か、それが**ソフトウェア**（ソフト）、または**プログラム**と呼ばれる指示書です。そして、プログラムを記述するために利用する言語が**プログラミング言語**です。Rubyもまた、プログラミング言語の一種です。

　ただし、プログラミング言語と一口に言っても、世の中にはさまざまな言語があります。その中で、Rubyはどのような特徴を持つのでしょうか。本節では、Rubyという言語の特徴を理解しながら、プログラミングを学ぶうえで知っておきたいキーワードを押さえておきます。

 note より正しくは、ソフトウェアはプログラムよりも大きな概念です。プログラムが指示書そのものを表すのに対して、ソフトウェアは指示書だけでなく、関連するデータ（画像など）や設定ファイルなどを含めた、より大きなかたまりです。**アプリケーション（アプリ）** という言葉もありますが、こちらはほぼソフトウェアと同義と考えてよいでしょう。

1.1.1　マシン語と高級言語

　一般的には、コンピューターは0と1の世界しか理解できません。よって、コンピューターに指示を出すのも、0と1の組み合わせで表す必要があります（図1.1）。このような0と1で表される言語のことを**マシン語**と言います。

　ただし、人間が0と1だけで複雑なプログラムを読み書きするのは困難です。そこで現在では、人間にとってよりわかりやすいプログラミング言語を利用します。**高級言語**、または**高水準言語**と呼ばれる言語です。高級言語は、一般的には英語によく似た文法を採用しており、中学程度の英語を理解していれば簡単に理解できます。

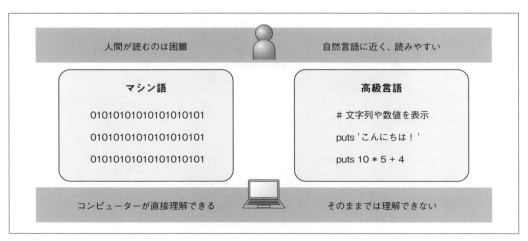

❖図1.1　マシン語と高級言語

　現在、私たちがよく目にするプログラミング言語のほとんどは高級言語ですし、例に漏れず、Rubyも高級言語です。

1.1.2 コンパイル言語とインタプリター言語

　ただし、英語のような文法で書かれた高級言語を、コンピューターはそのままでは理解できません。そこで高級言語で書かれたプログラムを実行するには、コンピューターが理解できる形式に変換するために、**コンパイル**（一括翻訳）という処理を経なければなりません。

　Java、C#、C++のような言語は、人間の書いたプログラムをいったんコンパイルして、その結果を実行することから、コンパイル言語と呼ばれます（図1.2）。

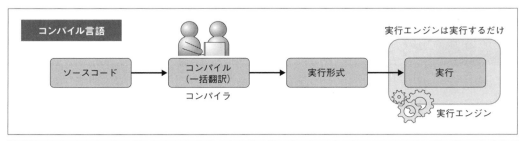

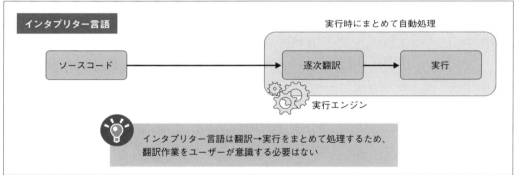

❖図1.2　コンパイル言語とインタプリター言語

> *note*　コンパイルする前の、人間によって書かれたプログラムのことを**ソースコード**、または単に**コード**と呼びます。一方、コンパイルされて実行できる状態になったプログラムのことを**実行形式**と呼びます。

　Rubyも翻訳しなければ実行できない点は同じですが、これを意識する必要がありません。プログラムを呼び出すと、その場で翻訳しながら、そのまま実行してくれるからです。このような言語のことを**インタプリター言語**と言います。Rubyのほか、JavaScript、Python、PHP、Perlなどが代表的なインタプリター言語です。

　インタプリター言語は、コードを書き直してもいちいちコンパイルを繰り返さなくてよいので、トライ＆エラーでの開発が容易です。

1.1.3 スクリプト言語

　Rubyの特徴として、とにかく文法がシンプルで、初学者にも習得が簡単であるという点が挙げられます。たとえば図1.3は、「Hello, World!!」という文字列を表示するためのコードを、RubyとJavaで表したものです。

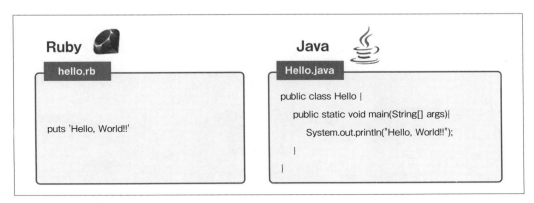

❖図1.3　RubyとJava

　もちろんこれだけで結論できないにせよ、Rubyのほうがシンプルに記述できることが見て取れます。記述量の少なさはそのまま開発のスピードにも直結しますし、そもそも学ぶべきこと（あるいは調べるべきこと）が限定されることも意味します。

　また、Rubyではとにかく「楽しさ」を重視しています。同じことをさまざまな方法で記述できるので、特定の記法に制限されません。開発者にとっての書きやすさを重視し、制限されるストレスを極力取り除いた言語でもあるのです。

　そして、このようにシンプル、簡単さに力点を置いた言語のことを、プログラミング言語の中でも**スクリプト言語**と呼びます。script（台本、脚本）というその名の通り、コンピューターに対する指示を脚本のような手軽さで表現できる言語、というわけですね。

　なお、スクリプト言語で書かれたプログラムのことを、**スクリプト**と呼ぶこともあります。

1.1.4 オブジェクト指向言語

　オブジェクト指向とは、プログラムの中で扱う対象をモノ（オブジェクト）になぞらえ、オブジェクトの組み合わせによってアプリを形成していく手法のことを言います（図1.4）。たとえば、一般的なアプリであれば、文字列を入力するためのテキストボックスがあり、操作を選択するためのメニューバーがあり、また、なにかしら動作を確定するためのボタンがあります。これらはすべてオブジェクトです。

また、アプリからファイル／ネットワークなど経由して情報を取得することもあるでしょう。こうした機能を提供するのもオブジェクトですし、オブジェクトによって受け渡しされるデータもまた、オブジェクトです。

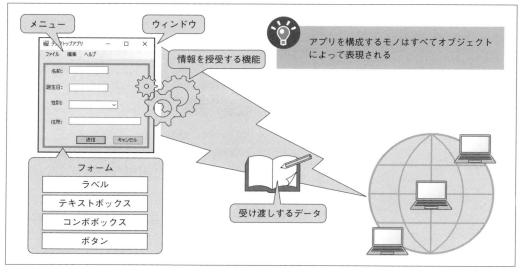

❖図1.4　オブジェクト指向とは？

　Rubyに限らず、昨今のプログラミング言語の多くは、オブジェクト指向の考え方にのっとっており、その開発手法も円熟しています。つまり、本書で学んだ知識は、そのまま他の言語の理解につながりますし、他の言語で学んだ知識がRubyの理解に援用できる点も多くあります。本書でも、第9〜10章で十分な紙数を割いて、オブジェクト指向構文について解説していきます。

1.1.5　Rubyのライブラリ

　一般的に、プログラミング言語は（言語そのものだけでなく）アプリを開発するための便利な道具とともに提供されています。このような道具のことを**ライブラリ**と言います。

　Rubyでは、このライブラリが標準でも潤沢に用意されています（表1.1）。本書では第5〜7章でも触れますが、Rubyをインストールするだけで、それこそファイルの読み書きからデータベース操作、ネットワーク通信、CLIアプリ開発など、さまざまな機能を即座に実現できるのです。

　サードパーティ製の拡張ライブラリに至っては、標準ライブラリの比ではありません。Rubyでは、サードパーティによる拡張ライブラリの集積場とも言うべきサービスとして、**RubyGems.org**があります（図1.5）。RubyGems.orgに登録されたライブラリは、執筆時点でなんと16万以上にも及びます。Rubyを導入すれば、これら世界中のノウハウを無償で利用できるわけです。

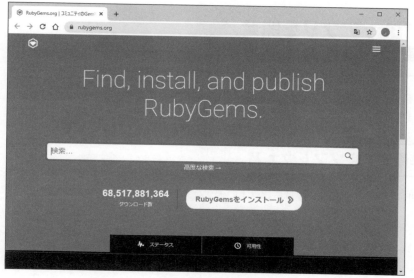

❖図1.5　RubyGems.org（https://rubygems.org/）のトップページ

❖表1.1　Rubyで利用できる有名ライブラリ

ライブラリ	概要	URL
Ruby on Rails	Webアプリ開発のためのフレームワーク	`https://rubyonrails.org/`
Sinatra	軽量、柔軟を重視したWebアプリフレームワーク	`http://sinatrarb.com/`
Daru	データ分析フレームワーク	`https://github.com/SciRuby/daru`
Devise	ログイン機能を作るライブラリ	`https://github.com/heartcombo/devise`
Nokogiri	HTML／XML形式のドキュメントから情報を取得、操作するためのライブラリ	`https://nokogiri.org/`
PyCall	RubyからPythonのコードを呼び出すライブラリ	`https://github.com/mrkn/pycall.rb`

　さまざまな分野でライブラリが充実しているのはもちろんですが、なんといっても有名なのはアプリケーションフレームワークである**Ruby on Rails**（以降、**Rails**）です。Railsは2004年の登場以降、他のフレームワークにも影響を与えており、Railsを利用するためにRubyを導入したという人も少なくないのではないでしょうか。

練習問題　1.1

[1] Rubyの特徴を「インタプリター言語」「オブジェクト指向言語」「ライブラリ」という言葉を使って説明してみましょう。

1.2 Rubyアプリを開発／実行するための基本環境

Rubyの現状を理解したところで、ここからは実際にRubyを利用して開発（学習）を進めるための準備を進めていきましょう。

1.2.1 準備すべきソフトウェア

Rubyでアプリを開発／実行するには、最低限、以下のようなソフトウェアが必要です。

（1）Ruby本体

Rubyを利用するには、Rubyを実行するための環境（**実行エンジン**）を用意しておく必要があります。Rubyを導入するには、以下のような方法があります。

- 専用のインストーラー（RubyInstaller）
- プラットフォーム標準のパッケージ管理ツール（Yum、Homebrewなど）
- サードパーティ製のパッケージ管理ツール（rbenv、RVM）

本書では、Windows環境ではRubyInstallerを、macOSではrbenvを利用したインストール方法を紹介します。執筆時点でのRubyの最新バージョンは3.0.1です。

（2）コードエディター

Rubyでコードを編集するために必要となります。使用するエディターはなんでもかまいません。たとえばWindows標準の「メモ帳」やmacOS標準の「テキストエディット」でも、Ruby開発は可能です。

ただし、編集の効率を考えれば、プログラミングに向いたコードエディターを導入し、慣れておくことをお勧めします。

- Visual Studio Code（`https://code.visualstudio.com/`）
- Atom（`https://atom.io/`）
- Sublime Text（`https://www.sublimetext.com/`）

> *note* 一般的なテキストを編集するためのエディターを**テキストエディター**と言います。コードエディターもテキストエディターの一種ですが、よりプログラミング向きの機能を備えており、コードの編集を効率化できます。

本書では、その中でも Windows、macOS、Linux など、主なプラットフォームに対応しており、人気も高い **Visual Studio Code** を採用します。Visual Studio Code では、さまざまな拡張機能を提供しており、Ruby だけでなく、メジャーな言語のほとんどに対応できます（図1.6）。本書で学んだことは、他の言語での学習にも役立つでしょう。

もちろん、それ以外のエディターを利用してもよいので、本格的にプログラミングに取り組むならば、まずは慣れた1つを見つけておくことです。

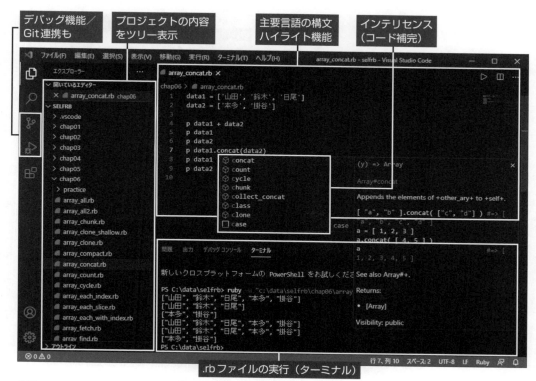

❖図1.6　Visual Studio Code の機能

それでは、以降では Ruby ／ Visual Studio Code のインストール手順を、Windows と macOS の場合に分けて紹介していきます。ご利用の環境に応じてソフトウェアをインストールした後、1.3.3項で説明している手順で本書のサンプルを利用してください。

1.2.2　Windows環境の場合

本書では、Windows 10（64bit）環境を例に、環境設定の手順を紹介します。異なるバージョンのWindows を使用している場合には、パスやメニューの名称、一部の操作が異なる場合があるので、注意してください。

◆Rubyのインストール

Rubyのインストーラーは、以下のRubyInstallerのページからダウンロードできます（図1.7）。

```
https://rubyinstaller.org/downloads/
```

❖図1.7　RubyInstallerのダウンロードページ

　[WITH DEVKIT] 配下の ［Ruby+Devkit 3.*X.X-X* (x64)］リンク（*X.X-X*はバージョン番号）を
クリックします。

［1］インストーラーを起動する

　インストーラーを起動するには、ダウンロードしたrubyinstaller-devkit-3.*X.X-X*-x64.exeのアイコ
ンをダブルクリックするだけです。ウィザードが起動するので、画面の指示に沿ってインストールを
進めてください（図1.8）。

　途中でインストール先を訊かれますが、既定のまま ［C:¥Ruby30-x64］として進めます。［Add
Ruby executables to your PATH］（環境変数PATHへ追加する）と ［Associate .rb and .rbw files
with this Ruby installation］（.rbと.rbwのファイルをRubyに関連付けする）もチェックを付けたま
まにします。

　［Select Components］画面では、［MSYS2 development toolchain 2021-04-19］にチェックを付け
たままにします。MSYS2は、Rubyのgem（p.219）を利用する場合に必要となります。

[License Agreement] 画面

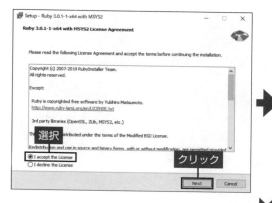

[Installation Destination and Optional Tasks] 画面

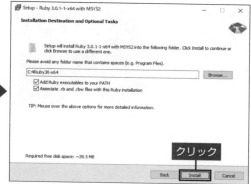

[Select Components] 画面

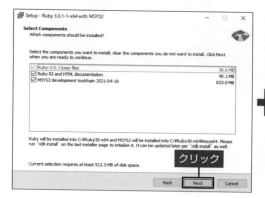

[Completing the Ruby 3.0.1-1-x64 with MSYS2 Setup Wizard] 画面

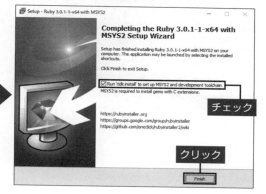

❖図1.8　RubyInstallerのインストールウィザード

　[Run 'ridk install' to set up MSYS2 and development toolchain.] にチェックを付けた場合、Ruby
自体のインストールが終わると、自動でコマンドプロンプトが立ち上がり、MSYS2のインストール
が始まります（図1.9）。

　以下のどのプログラムを実行するかと訊かれますが、基本的に1～3まですべて順番に実行してい
きます。

1. MSYS2 base installation ――――――――― MSYS2のインストール

2. MSYS2 system update (optional) ――――――― MSYS2の更新

3. MSYS2 and MINGW development toolchain ―― MSYS2とMINGWの開発ツールのインストール

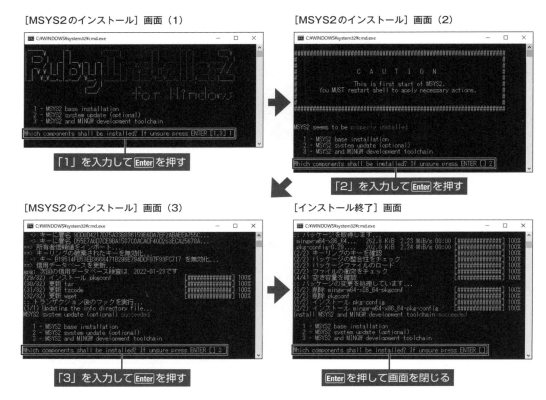

[MSYS2のインストール] 画面（1）　　　　　　[MSYS2のインストール] 画面（2）

「1」を入力して Enter を押す

「2」を入力して Enter を押す

[MSYS2のインストール] 画面（3）　　　　　　[インストール終了] 画面

「3」を入力して Enter を押す

Enter を押して画面を閉じる

❖図1.9　MSYS2のインストールウィザード

　すべてのプログラムのインストールが終了したら、Enter を押して画面を閉じます。

[2] Rubyのバージョンを確認する

　■ ボタンを右クリックし、表示されたコンテキストメニューから［Windows PowerShell］を選択します。Windows PowerShellが起動するので、以下のようにコマンドを実行してください（図1.10）。Rubyのバージョンが表示されれば、インストールは成功です。

```
> ruby -v
```

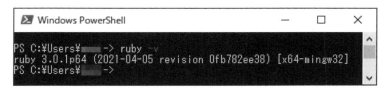

❖図1.10　Rubyのバージョン確認

◆Visual Studio Codeのインストール

Visual Studio Code（以降、**VSCode**）は、以下の本家サイトからインストールできます（図1.11）。画面左の［Windows］ボタンをクリックして、インストーラーをダウンロードします。

```
https://code.visualstudio.com/Download
```

❖図1.11　VSCodeのダウンロードページ

［1］インストーラーを起動する

ダウンロードしたVSCodeUserSetup-x64-x.xx.x.exe（x.xx.xはバージョン番号）をダブルクリックすると、図1.12のように、インストーラーが起動します。

インストールそのものは、ほぼウィザードの指示に従うだけなので、難しいことはありません。インストール先も、既定の「C:¥Users¥ユーザー名¥AppData¥Local¥Programs¥Microsoft VS Code」のままで進めます。

［インストール］ボタンをクリックすると、インストールが開始されます。

[使用許諾契約書の同意] 画面

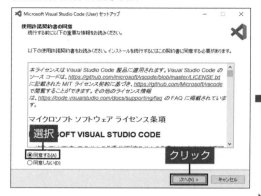

[インストール先の指定] 画面

[スタートメニューフォルダーの指定] 画面

[追加タスクの選択] 画面

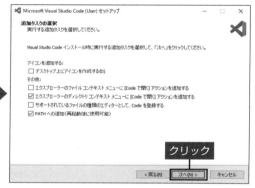

[インストール準備完了] 画面

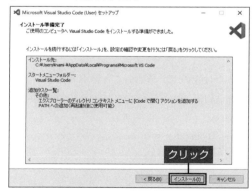

❖図1.12　VSCodeのインストールウィザード

［追加タスクの選択］画面で、［エクスプローラーのディレクトリコンテキストメニューに［Code
で開く］アクションを追加する］をチェックしておくと、エクスプローラーから選択したフォル
ダーを直接VSCodeで開けるようになり、便利です（図1.B）。

❖図1.B　フォルダーをVSCodeで開く

［2］ VSCode を起動する

インストーラーの最後に［Visual Studio Codeセットアップウィザードの完了］画面が表示されます。
［Visual Studio Codeを実行する］にチェックを付けて、［完了］ボタンをクリックします（図1.13）。
これでインストーラーを終了するとともに、VSCodeを起動できます。

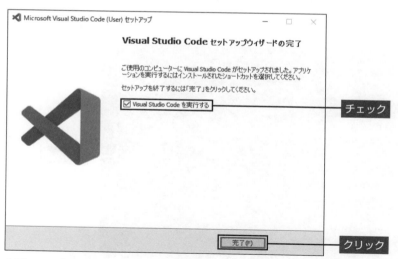

❖図1.13　［Visual Studio Codeセットアップウィザードの完了］画面

［Visual Studio Codeを実行する］にチェックを付けずにインストーラーを終了してしまった場合、スタートメニューからもVSCodeを起動できます。［Visual Studio Code］→［Visual Studio Code］を選択してください。

> *note* これからよく利用するので、ショートカットをタスクバーに登録しておくと便利です。これには、VSCodeを起動した状態で、タスクバーからアイコンを右クリックし、表示されたコンテキストメニューから［タスクバーにピン止めする］を選択してください。図1.Cのように、VSCodeのアイコンがタスクバーに登録され、以降はタスクバーから直接起動できます。

❖図1.C　VSCodeがタスクバーに登録された

［3］VSCodeを日本語化する

インストール直後の状態で、VSCodeは英語表記となっています。日本語化しておいたほうが使いやすいので「Japanese Language Pack for Visual Studio Code」をインストールします。

左のアクティビティバーから　（Extensions）ボタンをクリックすると、拡張機能の一覧が表示されます（図1.14）。

上の検索ボックスから「japan」と入力すると、日本語関連の拡張機能が一覧表示されます。ここでは［Japanese Language Pack for Visual Studio Code］欄の［Install］ボタンをクリックしてください。

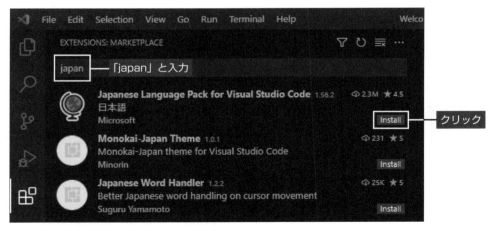

❖図1.14　拡張機能のインストール（言語パック）

インストールが完了すると画面右下に再起動を促すダイアログが表示されるので［Restart］ボタンをクリックしてください（図1.15）。

❖図1.15　再起動を促すダイアログ

VSCodeが再起動し、メニュー名などが日本語で表示されます。

[4] Ruby関連の拡張機能をインストールする

Rubyで開発／実行するために、本書では以下の拡張機能を追加しておきます。

- Ruby　　　　　　：Ruby開発のための基本拡張
- Ruby Solargraph：入力補完機能を強化するための拡張
- Code Runner　　：VSCode上でRubyファイルを実行するための拡張

[3] と同じ要領で、拡張機能を追加しておきましょう。

ただし、Ruby Solargraphを利用するには、それ自体だけでなく、Rubyのライブラリ（gem）をインストールしておく必要があります。これにはPowerShellを起動して、以下のgemコマンドを実行します。gemはRuby標準のパッケージ管理ツールです（詳細はp.219を参照してください）。

```
> gem install solargraph
...中略...
Successfully installed solargraph-0.40.4
...中略...
20 gems installed
```

すべての拡張機能がインストールできたら、[拡張機能] ペインの [インストール済み] カテゴリーから、それぞれの機能が表示されていることを確認してください（図1.16）。

❖図1.16　インストールされた拡張機能を確認

[5] Rubyの実行時オプションを設定する

VSCodeからRubyを実行する際の実行オプションを設定しておきます。これには、VSCodeのメニューバーから［ファイル］→［ユーザー設定］→［設定］で設定画面を開いた後、左のカテゴリー一覧から［拡張機能］→［Run Code configuration］でCode Runnerの設定ページを開きます。

(a) 実行結果をターミナルに表示する

Code Runnerは、既定で実行結果を［出力］ウィンドウに表示します。しかし、よく利用する［ターミナル］ウィンドウに表示できたほうが便利です。設定ページから［Run In Terminal］欄のチェックボックスにチェックを入れ、表示先を変更しておきましょう（図1.17）。

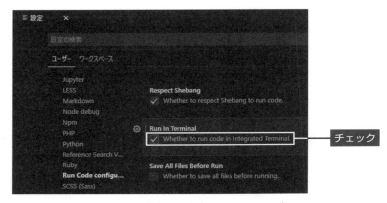

❖図1.17　Code Runnerの設定ページ（Run In Terminal）

(b) 警告機能を有効にする

設定ページから［Executor Map］欄下の［settings.jsonで編集］リンクをクリックすると、設定ファイル（settings.json）が開きます（図1.18）。

❖図1.18　Code Runnerの設定ページ（Executor Map）

「"ruby": 〜」で開始する行を検索して、リスト1.1のように編集＆保存してください。

▶リスト1.1　settings.json

```
{
    "code-runner.executorMap": {
      ...中略...
      "ruby": "ruby -w",
      ...中略...
    }
}
```

　rubyコマンドに-wオプションを渡すと、コードに問題がある場合に警告を表示してくれます。たとえば、未使用の変数定義がある場合などに警告してくれるので、開発時には有効にしておくことをお勧めします。

1.2.3　macOS環境の場合

　本書では、macOS 11 Big Sur環境を例に、環境設定の手順を紹介します。異なるバージョンのmacOSを使用している場合には、パスやメニューの名称、一部の操作が異なる場合があるので、注意してください。

◆Ruby（rbenv）のインストール

　rbenvとは、異なるバージョンのRubyを管理し、切り替えを簡単にするためのツールです。本書ではrbenv経由でRubyをインストールします。

note　本項で紹介するコマンドは、配布サンプルの/selfrbフォルダー直下にcommand.txtとして収録しています。入力を手間に感じる人は、こちらをコピーしてもかまいません（ただし、コマンドそのものが環境によって変動する場合もあります。その場合は、本文の指示に従ってください）。

[1] Homebrewをインストールする

　rbenvのインストールには、macOSのパッケージ管理ツールであるHomebrewを利用します。まずは、こちらをインストールしておきましょう（すでにインストールされている場合には、この手順はスキップしてもかまいません）。

　Homebrewのインストールは、ターミナルから以下のコマンドで実行できます。途中でmacOSログインのためのパスワードを訊かれるので、自分の環境に応じて入力してください。また、「Press Return to continue or any other key to abort（続行するには Return キーを、中止するには他のキーを押してください）」と表示されたら、Return キーを押して先に進めます。

```
% /bin/bash -c "$(curl -fsSL https://raw.githubusercontent.com/Homebrew/⏎
install/HEAD/install.sh)"
...中略...
==> Next steps:
- Run `brew help` to get started
- Further documentation:
    https://docs.brew.sh
```

　上のような結果が表示されたら、brew コマンドで Homebrew のバージョンを表示してみましょ
う。以下のようにバージョン番号が表示されれば、Homebrew は正しくインストールできています。

```
% brew -v
Homebrew 3.1.6
Homebrew/homebrew-core (git revision a3826f51eb; last commit 2021-05-11)
```

 note Homebrew のインストールコマンドは環境などによって変化する場合があります。詳しくは、
以下の公式サイトから確認してください。

```
https://brew.sh/index_ja.html
```

[2] rbenvをインストールする

　rbenv をインストールするには、brew コマンドを実行します。

```
% brew install rbenv
==> Downloading https://ghcr.io/v2/homebrew/core/m4/manifests/1.4.18-1
...中略...
==> ruby-build
ruby-build installs a non-Homebrew OpenSSL for each Ruby version installed ⏎
and these are never upgraded.

To link Rubies to Homebrew's OpenSSL 1.1 (which is upgraded) add the ⏎
following
to your ~/.zshrc:
  export RUBY_CONFIGURE_OPTS="--with-openssl-dir=$(brew --prefix openssl@⏎
1.1)"

Note: this may interfere with building old versions of Ruby (e.g <2.4) ⏎
that use
OpenSSL <1.1.
```

インストールが終了したら、rbenvコマンドでrbenvのバージョンを表示してみましょう。以下のようにバージョン番号が表示されれば、rbenvは正しくインストールできています。

```
% rbenv -v
rbenv 1.1.2
```

[3] rbenvを初期化する

rbenvからRubyのバージョンを切り替えるには、rbenv initコマンドでrbenvを初期化しておく必要があります。以下のコマンドでシェルの設定ファイル（.zshrc）に初期化コマンドを追加しておきましょう。

```
% echo 'eval "$(rbenv init -)"' >> ~/.zshrc ──────────── 設定ファイルへの追加
% source ~/.zshrc ────────────────────────────── 設定を反映
```

 note 反映先のファイルは利用しているシェルによって変化します。利用しているシェルは、以下のコマンドで確認できます。

```
% echo $SHELL
```

本書ではzshを前提に説明していますが、たとえばbashを利用している場合は設定ファイルは
~/.bash_profileです。

[4] Rubyをインストールする

rbenvからは以下のコマンドでRubyをインストールできます。

```
% rbenv install 3.0.1
Downloading openssl-1.1.1i.tar.gz...
...中略...
Installed ruby-3.0.1 to /Users/yamada/.rbenv/versions/3.0.1
```

note インストール可能なRubyのバージョンは、以下のコマンドで確認できます。本書でスムーズに学習を進めるには、3.0.x系を利用することをお勧めします。

```
% rbenv install -l
2.6.7
2.7.3
```

```
3.0.1
...後略...
```

[5] Rubyのバージョンを確認する

以下のコマンドを実行して、Ruby 3.0.1をシステム全体で使えるように設定します。

```
% rbenv global 3.0.1 ─────────────────────────────── Ruby 3.0.1の有効化
% ruby -v ─────────────────────────────────────── バージョンを確認
ruby 3.0.1p64 (2021-04-05 revision 0fb782ee38) [x86_64-darwin20]
```

rubyコマンドで確かにバージョン3.0.1が有効化されていることも確認しておきましょう。

◆Visual Studio Codeのインストール

VSCodeは、以下の本家サイトからインストールできます（図1.19）。画面右の［Mac］ボタンをクリックして、インストーラーをダウンロードします。

https://code.visualstudio.com/Download

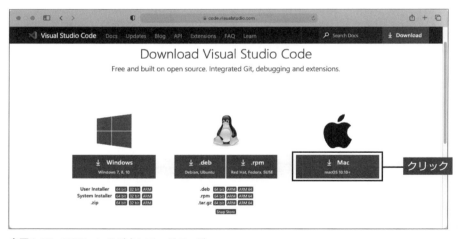

❖図1.19　VSCodeのダウンロードページ

[1] 解凍されたファイルを移動する

ダウンロードしたVSCode-darwin-universal.zipは、自動で解凍され、ダウンロードフォルダーにVisual Studio Code.appとして展開されます。これをアプリケーションフォルダーに移動してください。

[2] VSCode を起動する

アプリケーションフォルダーに移動したVisual Studio Code.appをダブルクリックして開きます。図1.20のようなダイアログが表示されるので、[開く]ボタンをクリックして、VSCodeを起動します。

❖図1.20　起動ダイアログ

[3] VSCode を日本語化する

インストール直後の状態で、VSCodeは英語表記となっています。日本語化しておいたほうが使いやすいので「Japanese Language Pack for Visual Studio Code」をインストールします。

左のアクティビティバーから 🔲 (Extensions) ボタンをクリックすると、拡張機能の一覧が表示されます。

上の検索ボックスから「japan」と入力すると、日本語関連の拡張機能が一覧表示されます（図1.21）。ここでは［Japanese Language Pack for Visual Studio Code］欄の［Install］ボタンをクリックしてください。

❖図1.21　拡張機能のインストール（言語パック）

インストールが完了すると画面右下に再起動を促すダイアログが表示されるので［Restart］ボタンをクリックしてください（図1.22）。

❖図1.22　再起動を促すダイアログ

<section>
</section>

VSCodeが再起動し、メニュー名などが日本語で表示されます。

［4］Ruby関連の拡張機能をインストールする

Rubyで開発／実行するために、本書では以下の拡張機能を追加しておきます。

- Ruby　　　　　　：Ruby開発のための基本拡張
- Ruby Solargraph：入力補完機能を強化するための拡張
- Code Runner　　 ：VSCode上でRubyファイルを実行するための拡張

［3］と同じ要領で、拡張機能を追加しておきましょう。

ただし、Ruby Solargraphを利用するには、それ自体だけでなく、Rubyのライブラリ（gem）をインストールしておく必要があります。これにはターミナルを起動して、以下のgemコマンドを実行します。gemはRuby標準のパッケージ管理ツールです（詳細はp.219を参照してください）。

```
% gem install solargraph
Fetching ruby-progressbar-1.11.0.gem
Fetching yard-0.9.26.gem
Fetching tilt-2.0.10.gem
...中略...
Successfully installed solargraph-0.40.4
...中略...
20 gems installed
```

すべての拡張機能がインストールできたら、［拡張機能］ペインの［インストール済み］カテゴリーから、それぞれの機能が表示されていることを確認してください（図1.23）。

❖図1.23　インストールされた拡張機能を確認

［5］Rubyの実行時オプションを設定する

　VSCodeからRubyを実行する際の実行オプションを設定しておきます。これには、VSCodeのメニューバーから［Code］→［基本設定］→［設定］で設定画面を開いた後、左のカテゴリー一覧から［拡張機能］→［Run Code configuration］でCode Runnerの設定ページを開きます。

（a）実行結果をターミナルに表示する

　Code Runnerは、既定で実行結果を［出力］ウィンドウに表示します。しかし、よく利用する［ターミナル］ウィンドウに表示できたほうが便利です。設定ページから［Run In Terminal］欄のチェックボックスにチェックを入れ、表示先を変更しておきましょう（図1.24）。

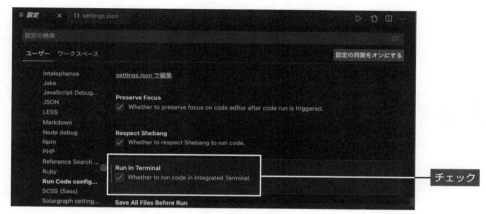

❖図1.24　Code Runnerの設定ページ（Run In Terminal）

（b）警告機能を有効にする

　設定ページから［Executor Map］欄下の［settings.jsonで編集］リンクをクリックすると、設定ファイル（settings.json）が開きます（図1.25）。

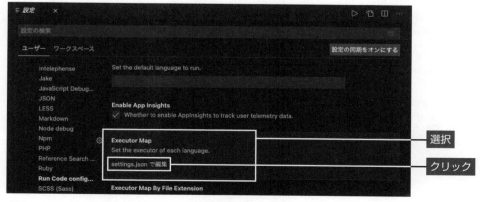

❖図1.25　Code Runnerの設定ページ（Executor Map）

「"ruby": ～」で開始する行を検索して、リスト1.2のように編集＆保存してください。

▶リスト1.2　settings.json

```
{
    "code-runner.executorMap": {
        ...中略...
        "ruby": "ruby -w",
        ...中略...
    }
}
```

　rubyコマンドに-wオプションを渡すと、コードに問題がある場合に警告を表示してくれます。た
とえば、未使用の変数定義がある場合などに警告してくれるので、開発時には有効にしておくことを
お勧めします。

1.2.4 サンプルの配置

　本書のサンプルコードは、著者サポートサイト「サーバーサイド技術の学び舎 - WINGS」（https:
//wings.msn.to/）からダウンロードできます。

　　　https://wings.msn.to/index.php/-/A-Ø3/978-4-7981-6884-5/

　ダウンロードしたファイルを解凍してできた/selfrbフォルダーを、たとえば「C:¥data」にコピー
します。コピー先は環境に応じて自由に変更してもかまいませんが、本書では以降、このフォルダー
を前提に手順を解説するので、適宜読み替えるようにしてください。
　/selfrbフォルダーの配下は、図1.26のように章ごとにまとまっています。よって、第2章のサンプ
ルであれば、/chap02フォルダーの配下から目的のファイルを探してください。サンプルそのものの
実行方法は、1.3.3項で解説します。

❖図1.26　ダウンロードサンプルのフォルダー構造

1.3 Rubyプログラミングの基本

　Rubyアプリ開発のための環境を用意できたところで、ここからは具体的なコードを入力しながら、Rubyの基本的な構文、実行方法を確認していきます。

1.3.1 コードの実行方法

　Rubyのコードを実行する方法は、大きく以下に分類できます（図1.27）。

❶ irbで実行する
❷ ファイルとしてまとめたものを実行する

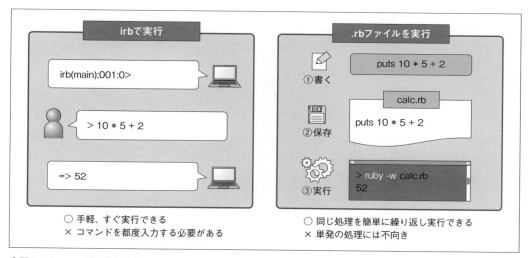

❖図1.27　コードの実行方法

　irb（Interactive Ruby）は、PowerShell／ターミナルのようなコンソール上で動作するコマンドラインツールです。入力したコマンドをその場で実行し、結果を返すその流れが、人間とRubyとが対話しているように見えることから**対話型**のツールとも呼ばれます。

note irbのようなツールを、**REPL**（Read－Eval－Print Loop）と呼ぶこともあります。「コマンドを読んで（Read）、解釈して（Eval）、実行した結果を表示する（Print）」流れを繰り返す（Loop）ためのツール、というわけです。

ただし、irbでは、あくまで実行する命令はその場限りです（同じ命令でも、毎回入力しなければなりません）。複数行に及ぶような長い命令や、そもそも何度も繰り返し実行するような命令を実行するには不向きです。

　そのような場合には、命令群をファイルとしてまとめ、実行する❷の方法がお勧めです。ファイル化することで、同じ処理を繰り返し実行する場合も、ファイルを呼び出すだけで済むからです。

　irbが、Rubyに対して都度口頭で指示を伝えるものだとするならば、ファイルによる実行はあらかじめRubyに対する指示をマニュアルにまとめておくようなもの、とイメージするとわかりやすいかもしれません。

　一般的なアプリは❷の方法で実行しますが、学習の過程では手軽に動作を確認できる❶の方法も有効です。本書でも、まずは簡単な❶の方法を学んだ後、❷の方法を解説していきます。

1.3.2 irbによる実行

　それでは早速、irbを利用して、簡単なRubyコードを実行してみましょう。

[1] irbを起動する

　irbを利用するには、OSのスタートメニューから［Ruby 3.0.1-1x-64 with MSYS2］→［Interactive Ruby］を選択します。

```
irb(main):001:0>
```

　コマンドプロンプトのような画面が開き、上のようなプロンプト（ユーザー入力の待ち状態を表す記号）が表示されれば、irbは正しく起動できています。irbでは「irb(main):001:0>」に対して、Rubyに対する命令を入力／実行していくのが基本です。

note PowerShell／ターミナルのようなコンソールを起動して、irbコマンドを入力してもかまいません。標準的なプロンプトがirbのプロンプトに変わったら、irbは正しく起動しています。

```
PS C:¥Users¥xxxxx> irb
irb(main):001:0>
```

[2] 計算式を実行する

　まずは、irbで簡単な計算を実行してみましょう。これには、以下のような数式を入力するだけです。

```
irb(main):001:0> 10 * 5 + 2
=> 52
```

　3.1節でも触れますが、「*」は「×」（乗算）の意味です。「+」は数学の「＋」（加算）と同じなので問題ありませんね。式の最後で Enter キーを押すと、「10×5＋2」の結果である「52」が結果として得られます。

　このようにirbでは、与えられた式を即座に実行して、直後の行に表示するわけです。

 note　プロンプトで ↑ を押すと、以前に入力した式／命令が順に表示されます。同じ、または似たような命令を繰り返し実行する場合には、積極的に利用してみましょう。

[3] 変数を利用する

　もう1つ、変数を利用した例も見てみましょう。変数とは、数値や文字列のような値を一時的に保存する入れ物のようなもの。詳しくは2.1節で解説するので、まずは雰囲気のみを味わってみてください。

```
irb(main):002:0> name = '山田' ─────────────────────────────── ❶
=> "山田"
irb(main):003:0> name ──────────────────────────────────── ❷
=> "山田"
```

　❶は、「山田」という文字列をnameという入れ物（変数）に保存しなさい、という意味です。詳細は2.2.4項で改めますが、文字列は全体をクォート（「'」または「"」）でくくるのがルールです。Enter で確定すると、設定した値が表示されます。

　変数に保存した値は、❷のようにnameと変数だけを指定することでも確認できます。

[4] irbを終了する

　irbを終了するには、exitコマンドを実行します。

```
irb(main):004:0> exit
```

　Interactive Rubyではそのままウィンドウが閉じますし、PowerShell／ターミナルなどから起動した場合には、irbが終了した後、元のプロンプトに戻ります。

```
irb(main):004:0> exit
PS C:¥Users¥xxxxx>
```

1.3.3 ファイルからコードを実行する

次に、Rubyへの命令をファイルにまとめ、実行する方法です。本書では、ファイルの編集に1.2.2／1.2.3項でインストールしたVSCodeを利用します。

[1] サンプルフォルダーを開く

VSCodeでは、特定のフォルダー配下で作業を行うのが一般的です。ここでは、1.2.4項で準備したサンプルフォルダーを開いておきましょう。

VSCodeを起動し、メニューバーから［ファイル］→［フォルダーを開く…］を選択します（図1.28）。

❖図1.28　［フォルダーを開く］ダイアログ

［フォルダーを開く］ダイアログが開くので、「C:¥data¥selfrb」フォルダーを選択し、［フォルダーの選択］ボタンをクリックします。図1.29のように、/selfrbフォルダーが［エクスプローラー］ペインに表示されます。

❖図1.29　/selfrbフォルダーが開かれた

note フォルダーを開いた状態でVSCodeを終了すると、以降の起動ではそのフォルダーが開いた状態でVSCodeが起動します。

[2] 新規にコードを作成する

［エクスプローラー］ペインから/chap01フォルダーを選択した状態で、 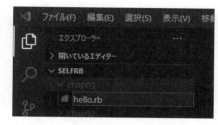 （新しいファイル）ボタンをクリックします。ファイル名の入力を求められるので、「hello.rb」と入力して、 Enter キーを押します（図1.30）。

❖図1.30　新規にファイルを作成

Rubyのファイルには、「.rb」という拡張子を付けるのが基本です。たとえばVSCodeであれば、拡張子に応じてファイルのアイコンが決まるので、ファイルを識別しやすくなります（図1.31）。また、構文ハイライトの方法、入力補完機能の挙動も拡張子によって決まります。

❖図1.31　VSCodeでの表示

[3] ファイルを編集する

空のhello.rbが開くので、リスト1.3のコードを入力します。

▶リスト1.3　hello.rb

```
name = '山田'
# 名前を表示
puts(name)                                                          ❶
```

❶では、「pu」と入力したところで、候補リストが表示されます（表示されない場合は Ctrl + Space を押してみましょう）。図1.32のように、後続の候補リストが表示されます。これが**入力補完機能**です。

❖図1.32　入力補完機能（「pu」と入力）

ここでは、カーソルキーで［puts］を選択します。エディター上で入力が確定するので、続けて「(」を入力します。すると、putsという命令に渡せるパラメーターの説明がヒントとして表示されます（図1.33）。このように、入力補完機能を利用することで、タイプ量を減らせるだけでなく、命令などがうろ覚えでも正確にコードを書き進められるわけです。

✤図1.33　入力補完機能（パラメーターの説明）

［4］ファイルを保存する

編集できたら、［エクスプローラー］ペインから （すべて保存）ボタンをクリックしてください（図1.34）。保存に際しては、文字コードが「UTF-8」、改行コードが「LF」になっていることを、それぞれ確認してください。VSCodeであれば、エディター右下のステータスバーから確認／変更できます（変更の方法は1.4.1項も参照してください）。

未保存のファイルには、エディターのタブやエクスプローラーに ● のようなマークが付きます。保存後に ● が消えたことを確認してください。

✤図1.34　ファイルを保存する

［5］ファイルを実行する

［エクスプローラー］ペインからhello.rbを右クリックし、表示されたコンテキストメニューから［Run Code］を選択することで、Rubyファイルを実行できます。［出力］ウィンドウが表示され、図1.35のような結果が表示されることを確認してください。

✤図1.35　.rbファイルを実行

エラーが出てしまった場合には、次の点について再度確認してください。

1. スペリングに誤りがないか
2. 日本語（ここでは「山田」「名前を表示」など）以外の部分は、すべて半角文字で記述しているか
3. 大文字小文字に誤りはないか（たとえばPutsではなくputsと修正するなど）

　特に **2.** については、クォート、カッコなどの全角／半角は判別が難しいので、確認の際は意識して見てみましょう。

> note VSCodeに付属のターミナルから直接実行してもかまいません（ターミナルの実体は、Windowsであれば PowerShell、macOSであればターミナル（zsh）です）。ターミナルは、メニューバーから［表示］→［ターミナル］で表示できます。
プロンプトが表示されるので、以下のコマンドを入力してください。

```
> ruby -w ./chap01/hello.rb
山田
```

1.4 Rubyの基本ルール

　はじめてのRubyスクリプトは無事に実行できたでしょうか。以降では、今後学習を進めていくうえで、最低限知っておきたい基本的な文法やルールなどを説明していきます。

1.4.1 文字コードの設定

　コンピューターの世界では、文字の情報をコード（番号）として表現します。たとえば「3042」であれば「あ」、「3044」であれば「い」を表す、というように、ある文字とコードとが1：1の対応関係にあるわけです。

　このようにそれぞれの文字に割り当てられたコードのことを**文字コード**、実際の文字と文字コードとの対応関係のことを**文字エンコーディング**と呼びます（図1.36）。

> note 厳密には、文字コードと文字エンコーディングとは異なる概念ですが、実際には、そこまで区別していない場面も多いように思えます。本書でも、両方の意味で「文字コード」という用語を使っている場合があります。

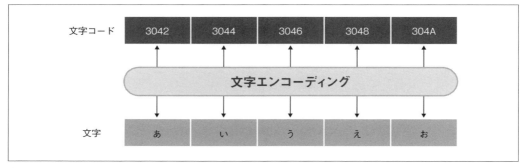

❖図1.36　文字コードと文字エンコーディング

　文字コードには、Windows標準で使われている**Shift-JIS（SJIS）**をはじめとして、電子メールでよく使われている**JIS（ISO-2022-JP）**、世界各国で使われている文字を1つにまとめた**Unicode（UTF-8／UTF-16）**など、さまざまな種類があります。

　そして厄介なのは、同一の文字であっても、対応するコードが文字コードによって異なるということです。たとえば「あ」という文字を1つとっても、UTF-8では「3042」ですが、Shift-JISでは「82A0」です。つまり、UTF-8で「あ（3042）」として表した文字が、他の文字コードで同じ「あ」を表すとは限らないということです。

　文字化けと呼ばれる現象は、要は、データを渡す側と受け取る側とで想定している文字コードが食い違っているために起こるのです（図1.37）。

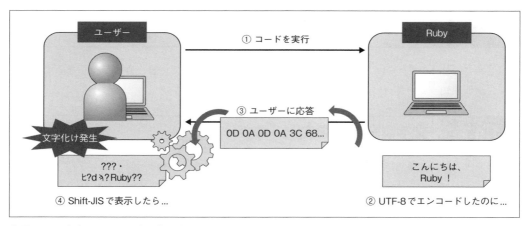

❖図1.37　文字コードの認識が食い違っていると…

　このような食い違いを起こさないために、Rubyを利用するにあたっては、Ruby標準の文字コードであるUTF-8を利用することを強くお勧めします。UTF-8は国際化対応にも優れた性質を持つことから、昨今ではさまざまな環境で標準の文字コードとして採用されています。特にプログラム開発に携わるならば、UTF-8を利用する癖を付けておくのが無難です（他の文字コードを利用すること

もできますが、明示的に文字コードを宣言しなければならないなど、面倒のもとですし、あえて利用するメリットはありません）。

 VSCodeでは、そもそも標準の文字コードがUTF-8になっているので、あまり文字コードを意識することはありません。試しに、先ほどのhello.rbを開いた状態で、ステータスバーの表示を確認してみましょう（図1.D）。
確かに［UTF-8］と表示されていることを確認してください。ちなみに［UTF-8］と表示された部分をクリックし、上部に表示された選択リストから［エンコード付きで再度開く］をクリックすることで、文字コードを変更することもできます。

`UTF-8  LF  Ruby`

❖図1.D　現在の文字コードを確認

◆ 補足 UTF-8以外の文字コードを利用する場合

.rbファイルを、UTF-8以外の文字コードで記述することも可能です。ただし、その場合にはファイルの先頭で利用している文字コードを明示的に宣言してください。たとえば以下は、cp932（＝Windows環境のShift-JIS）で.rbファイルを作成する場合の記述例です（太字部分は扱う文字コードによって変化します）。

```
# coding:cp932
```

一般的には、1行目に記述しますが、macOS、Linuxなどの環境では以下のようなシェバング（＝使用するインタプリターの指定）を書くことがあります。

```
#! /usr/bin/ruby
```

この場合は、codingの指定は2行目でかまいません。
また、「coding:〜」の前後には任意の文字列を置くこともできます。たとえばemacsというエディターでは、以下のように表します（-*-〜-*-はemacsのルールです）。よく見かける記述なので、「結局、どちらが正しいの？」と思うかもしれませんが、いずれも正しい記述です。エディターなどの環境によって使い分けてください。

```
# -*- coding: cp932 -*-
```

 # coding...のような記述を**マジックコメント**と言います。マジックコメントを利用することで、Rubyの動作を設定できます。マジックコメントには、frozen_string_literal（7.5.3項）、shareable_constant_value（3.2.3項）などがあります。

1.4.2 改行コードの設定

改行コード（**改行文字**）とは、行を折り返すための特殊な文字です。よく使われる文字コードが環境によって変化することは前項でも触れましたが、改行コードもまた、環境によって既定が異なります。

具体的には、表1.2の通りです。CRはCarriage Return（復帰）、LFはLine Feed（改行）を、それぞれ意味します。

そして、利用している改行コードが異なると、思わぬ不具合の原因になったり、エディターなどで開いたときに見た目が崩れるなどの問題になることがあります。そこでRubyの世界では、改行コードはLFで統一しておくべき、とされています。昨今では、改行コードの違いによって問題が起こることは少な

✧表1.2
プラットフォーム単位の改行コード

プラットフォーム	改行コード
Windows	CR＋LF
macOS／Unix	LF

くなっていますが、問題の可能性のあるものを最初から潰しておくことは、プログラミングの基本です。

VSCodeを利用しているならば、改行コードは（文字コードと同じく）ステータスバーから変更が可能です。

note ただし、改行コードをファイルごとに設定するのは面倒です。本書の配布サンプルではsettings.jsonでプロジェクト既定の改行コードをあらかじめ設定しています。settings.jsonはVSCode標準の設定ファイルで、アプリルート配下の/.vscodeフォルダーに保存されています（「\n」はあとで触れますが、LFの意味です）。

▶リスト1.A settings.json

```
{
  "files.encoding": "utf8", ────────────── 既定の文字コード
  "files.eol": "\n", ────────────── 既定の改行コード
  ...中略...
}
```

1.4.3 指定された値を表示する「puts」

hello.rbで登場したputsは、Rubyで用意された中でも特によく使う命令です。カッコの中に変数を渡すことで、その値を表示します。

構文 puts

```
puts(式)
```

変数の代わりに、数値や文字列、または、その計算式を渡してもかまいません。その場合は、値そのもの、または計算した結果が出力されます。

```
puts('山田')    ➡ 結果：山田
puts(2 * 5)    ➡ 結果：10
```

カンマ（,）区切りで複数の式を渡すこともできます。この場合は、与えられた式の値が改行区切りで順に表示されます。

```
puts('初めまして。', 'こんにちは。', 'よろしくお願いします。')
```

実行結果

```
初めまして。⏎
こんにちは。⏎
よろしくお願いします。⏎
```

これは、複数のputsを列記した場合と、ほぼ同じ意味です。

```
puts('初めまして。')
puts('こんにちは。')
puts('よろしくお願いします。')
```

末尾に改行を加えたくない場合には、putsの代わりにprintを利用してください。

```
name = '山田'
print('こんにちは、', name, 'さん！')  ➡ 結果：こんにちは、山田さん！
```

この場合は、与えられた文字列がそのまま続けて出力されます。

> ある決められた処理が割り当てられた命令のことを**メソッド**と呼びます。puts、printもまた、「与えられた式の値を表示する」ための、メソッドの一種です。
> メソッドは、さらに、Rubyが標準で用意しているものと、アプリ開発者が自分で作成するものとに分類できます。前者を**組み込みメソッド**と言い、後者を**ユーザー定義メソッド**と言います。それぞれ詳しくは、第5章、第8章で改めて解説します。

◆引数のカッコは省略できる

メソッドに渡すためのパラメーターのことを**引数**と言います。putsは「●○という値を表示しなさい」という意味の命令ですが、●○の部分を表すのが引数です。引数によって、メソッドの挙動

（putsであれば表示そのもの）が変化します。

一般的なメソッドの構文は、以下の通りです。

 メソッドの呼び出し

```
メソッド名(引数，...)
```

複数の引数はカンマ（,）で区切って列挙し、全体を丸カッコでくくります。

ただし、引数をくくるカッコは省略してもかまいません。よって、リスト1.3の例であれば、以下のように書いても同じ意味です。

```
puts name
```

> **note** カッコを付けるべきかどうかに迷ったら、著者は「まずは付けておくべき」と考えています。そのほうが引数の範囲がわかりやすく、誤解も防げるからです（もちろん、開発プロジェクトとしてなんらかのルールがある場合には、それに従ってください）。
> なお、
>
> - そもそも引数がない場合
> - カッコを付けないスタイルが慣例になっているもの（たとえばputsのように）
>
> については、本書でも次章以降ではカッコを省略して記述するものとします。

1.4.4 文を区切るのは改行

コード（スクリプト）は、1つ以上の処理（命令）のかたまりです。「これをこうしなさい」「あれをああしなさい」といった処理と、その手順をまとめたもの、と言ってもよいでしょう。そして、コードの中で1つ1つの処理を表す単位が**文**です（図1.38）。

たとえばhello.rbの例であれば、「name = '山田'」「puts(name)」が、それぞれ文です。言語によっては、文の末尾を「;」（セミコロン）などで終えなければならないものもありますが、Rubyの文は改行で区切るだけでかまいません。

❖図1.38　文の区切りは改行

note 正しくは、**文**（Statement）とは値を返さないもの（＝変数に代入できないもの）、文と区別して値を返すものを**式**（Expression）と呼びます。そのような前提であれば、Rubyのコードを構成する命令はほとんどが式です。

ただし、実際には返された値が使われないことも多いため、本書ではそこまで文／式を厳密に区別しません。まずここでは、Rubyの命令は「文のようには見えるが、ほとんどが式である」ことを頭の片隅においておけば十分です。

では、長い行を折り返したい場合には、どうしたらよいのでしょうか。まず、行が続いていることが明らかであれば、そのまま改行してかまいません。たとえば以下は、改行する意味はあまりありませんが、正しいRubyのコードです。

```
puts(
  name
)
```

1行目が開始の丸カッコで終わっているので、次の行に継続することは明らかです（同様に、2行目も丸カッコがまだ閉じていないので、行が継続していると見なしてよいでしょう）。

一方、以下のようなコードは（エラーにはなりませんが）意図したようには動作しません。

```
puts
(name)
```

先にも触れたように引数のカッコは省略できるので、1行目は「puts()」と見なされます。引数がないので、なにも表示しません。そして、2行目は変数を指定しているだけなので、なにもしません（putsに渡して初めて、値が出力されるのです）。

このような場合には、行が継続していることを表すために「\」（バックスラッシュ）を使ってください。以下のコードは正しく動作します。

```
puts \ ─────────────────────────────────────── 行の継続をRubyに伝える
  (name)
```

note 「\」は環境によって表示が異なります。Windows環境では「¥」として表示されることが多いですが、VSCodeでは「\」として表示されます。macOS環境では、「\」での表示が基本です。

本書では、Windows環境でのパス区切り文字を除いては、「\」で表記を統一しています。環境に応じて、読み替えるようにしてください。

ただし、コードの読みやすさを考えれば、以下のようなルールに基づいて改行を加えるのが望ましいでしょう。

- 文が80桁を超えた場合に改行する
- 改行位置は開始カッコ、カンマ (,)、演算子（第3章）の直後（＝継続が明らかな位置で改行する）
- 行継続文字の「\」は極力利用しない
- 文の途中で改行した場合には、次の行にインデント（字下げ）を加える

逆に、1行に複数の文を続けることもできます。その場合は、文の区切りを明確に、セミコロン (;) で区切るようにしてください。

```
name = '山田'; puts(name)
     (b)          (a)
```

ただし、このような書き方は良い習慣ではありません。というのも、一般的な開発環境（デバッガー）では、コードの実行を中断し、その時どきの状態を確認する**ブレークポイント**と呼ばれる機能が備わっています。

しかし、ブレークポイントは行単位でしか設定できません。上記のようなコードであれば、(a) の直前で止めたいと思っても、1つ前の (b) の直前で止めざるを得ません。

短い文であっても、「複数の文を1行にまとめない」が原則です。

1.4.5 大文字／小文字を区別する

Rubyでは、文を構成する文字の大文字／小文字を区別します。よって、たとえば以下のコードは、いずれも正しく動作しません。

```
Puts(name) ────────────────────────────────────────── ❶
puts(Name) ────────────────────────────────────────── ❷
```

❶であればPutsはputsです。Putsというメソッドは存在しないので、「undefined method `Puts' for main:Object (NoMethodError)」（Putsというメソッドは定義されていません）のようなエラーとなります。

メソッドだけではなく、変数でも同じです。❷のNameはnameなので、同じく別の変数と見なされ、エラーとなります。これを利用して、nameとNameのように大文字／小文字の違いだけの変数を用意することもできますが、大概の日本人にとって、大文字／小文字だけの違いを視認するのは直感的ではありません。一般的には、混乱や間違いのもととなるので、大文字／小文字だけで区別する名前は避けるべきです。

コメントは、プログラムの動作には関係しないメモ書きです。他人が書いたコードは大概読みにくいものですし、自分が書いたコードであっても、あとから見るとどこになにが書かれてあるかがわからない、といったことはよくあります。そんな場合に備えて、コードの要所要所にコメントを残しておくことは大切です。

Rubyでは、コメントを記述するために、以下の記法を選択できます。

◆ 単一行コメント（#）

「#」からその行の末尾（改行）までをコメントと見なします。行の途中から記述してもかまいませんが、その性質上、文の途中に挟み込むことはできません（コメントの終了位置がわからないからです）。

```
# コメントです。
name = '山田'  # 名前
puts # これはダメ (name)
```

また、改行付きの文で、折り返しを表す「\」の後方にコメントを付けることもできません。改行した後の文の末尾であれば問題ありません。

```
puts \    # これはダメ
  (name) # これはセーフ
```

既存のコードを無効化する目的で、コメントを利用することもできます。これを**コメントアウト**と言います。

```
# 以下の2行は実行されません
# name = '山田'
# puts(name)
```

◆ 複数行コメント（=begin ～ =end）

=begin ／=endでくくることで、複数の行をまとめてコメントにすることも可能です。

```
=begin
これはコメントです。
コメントの2行目です。
=end
```

=begin、=endともに、その行の1桁目から始めなければなりません。たとえば以下は、先頭に余計なタブ（スペース）が入っているので、コメントの開始とは見なされません。

```
 =begin
```

さて、2種類のコメントを理解したところで、いずれのコメントを利用するかですが、結論から言ってしまうと、基本は単一行コメントを意味する「#」を優先して利用することをお勧めします。

というのも、複数行コメントは入れ子にできないためです。たとえば以下の例であれば、太字の範囲がコメントとなります。

```
=begin
puts "おはよう"
=begin
puts "こんにちは"
=end
puts "こんばんは"
=end
```

結果として、太字部分以降のputsメソッドはコメントにはならず、最後の「=end」は文法エラーとなります。特定のコードをコメントアウトするために、いちいち「=begin」「=end」が含まれていないかを気にしなければならないのは、なかなか面倒です。

一方、「#」であれば、そのような制限はありません。また、複数行をコメントアウトするにも、Rubyに対応したコードエディターであれば、選択した行をワンタッチでまとめてコメントアウトできるので、手間に感じることもないでしょう（VSCodeであれば、該当の行を選択して Ctrl + / を押します）。同じキーで、コメントアウトを解除することもできます。

1.5 デバッグ

アプリを開発する過程で、**デバッグ**（debug）という作業は欠かせません。デバッグとは、バグ（bug）—— プログラムの誤りを取り除くための作業です。1.3節ではVSCode環境を前提にアプリ実行の手順を紹介しましたが、VSCodeでもRuby拡張を利用することで、デバッグ作業を効率化できます。

1.5.1 デバッグ機能の有効化

VSCodeでRubyのデバッグを有効にするには、1.2.1項の手順を済ませたうえで、以下の拡張ライブラリをインストールする必要があります。

- ruby-debug-ide：デバッガーとVSCodeの橋渡し
- Ruby拡張　　　：VSCodeでRubyを開発するための拡張

このうち、Ruby拡張については1.2.1項でインストールしているはずなので、ここでは残るruby-debug-ideをインストールします。これには、VSCodeのターミナルから以下のようにgemコマンド（p.219）を実行してください。インストール完了のメッセージが表示されたら、VSCodeでデバッグを利用するための準備は完了です。

```
> gem install ruby-debug-ide
Fetching ruby-debug-ide-0.7.2.gem
...中略...
1 gem installed
```

1.5.2 デバッグの実行

デバッグ実行のための準備ができたところで、さっそく利用してみましょう。

[1] ブレークポイントを設置する

エディターからhello.rbの1行目「name = '山田'」の左（行番号のさらに左）をクリックして、ブレークポイントを設置します（図1.39）。**ブレークポイント**とは、実行中のスクリプトを一時停止させるための機能です。デバッグでは、ブレークポイントでコードを中断し、その時点でのスクリプトの状態を確認していくのが基本です（ここでは1つだけ設置していますが、複数設置してもかまいません）。

❖図1.39　ブレークポイントを設置

[2] デバッグ構成を作成する

左のアクティビティバーから （実行とデバッグ）ボタンをクリックし、デバッグペインを表示します。

デバッグを実行するには、あらかじめ構成の準備が必要になります。［launch.jsonファイルを作成します。］リンクをクリックしてください。実行環境を選択するためのボックスが表示されるので、ここでは［Ruby］→［Debug Local File］を選択します（図1.40）。

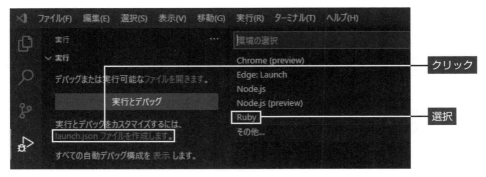

❖図1.40　デバッグ構成を作成

　新規にlaunch.jsonが作成されるので、リスト1.4のように編集してください（編集箇所は太字部分）。

▶リスト1.4　launch.json

```
{
  "version": "0.2.0",
  "configurations": [
    {
      "name": "Debug Local File", ─────────── 構成名
      "type": "Ruby", ───────────────── デバッガーの種類
      "request": "launch", ─────────── デバッグ開始の方法
      "program": "${file}" ─────────── デバッグ開始時のエントリーポイント
    }
  ]
}
```

　requestパラメーターのlaunchは、programパラメーターで指定されたファイルでデバッグを開始するという意味です。この例では${file}（現在アクティブなファイル）が指定されているので、エディターで開かれているファイルでデバッグを開始します。

[3] コードのデバッグを開始する

　デバッグすべきファイル（ここではhello.rb）を開いた状態でデバッグペインにある
`▷ Debug Local File ∨`（デバッグの開始）ボタンをクリックします（図1.41）。

❖図1.41　デバッグを開始

デバッグ実行が開始され、ブレークポイントで中断します（図1.42）。中断箇所は、デバッグペインの［コールスタック］欄、または、中央のエディターから確認できます。エディター上では、現在止まっている行が黄色の矢印で示されます。

また、左上の［変数］ビューからは、現在の変数の状態を確認できます。

❖図1.42　ブレークポイントで中断した

ブレークポイントからは、表1.3のようなボタンを使って、文単位にコードの実行を進められます。これを**ステップ実行**と言います。ステップ実行によって、どこでなにが起こっているのか、状態の変化を追跡できるわけです。

❖表1.3　ステップ実行のためのボタン

ボタン	概要
⤴	ステップオーバー （1文単位に実行。ただし、途中にメソッド呼び出しがあった場合には、これを実行したうえで次の行へ）
⤓	ステップイン（1文単位に実行）
⤴	ステップアウト（現在の関数／メソッドが呼び出し元に戻るまで実行）

ここでは ⤴ （ステップオーバー）ボタンをクリックしてみましょう。エディター上の黄矢印が次の行に移動し、［変数］ビューの内容も変化することが確認できます（図1.43）。

❖図1.43　ステップオーバーで1行ずつ先に進めていく

このようにデバッグ実行では、ブレークポイントでコードを一時停止し、ステップ実行しながら変数の変化を確認していくのが一般的です。

[4] 実行を再開／終了する

ステップ実行を止めて、通常の実行を再開したい場合には、▷ （続行）ボタンをクリックしてください。これで次のブレークポイントまで一気にコードが進みます。

また、デバッグ実行を終了したい場合には、□ （停止）ボタンをクリックしてください。

☑ この章の理解度チェック

[1] 1.3節の手順に従って、/chap01/practiceフォルダー配下にex_hello.rbというファイルを作成し、「こんにちは、世界！」と表示するコードを作成し、実行してみましょう。

[2] 文の区切りを表す方法、また、文の途中で改行を加える方法を、それぞれ説明してみましょう。

[3] Rubyで使えるコメントの記法をすべて挙げてください。また、これらのコメントの違いを説明してください。

[4] 以下はRubyで変数nameの値を表示するためのコードですが、間違っている点が3か所あります。これをすべて指摘して、正しいコードに修正してください。

▶ex_show_name.rb

```
name = 山田
puts
Name
```

Ruby の基本

Ruby + VSCodeで簡単なアプリを実行し、大まかなコードの構造を理解できたところで、本章からはいよいよコードを構成する個々の要素について詳しく見ていきます。

本章ではまず、プログラムの中でデータを受け渡しするための変数と、Rubyで扱えるデータの種類（型）について学びます。

2.1 変数

変数とは、一言で言うと「データの入れ物」です（図2.1）。スクリプト（コード）を最終的になんらかの結果（解）を導くためのデータのやり取りとするならば、やり取りされる途中経過のデータを一時的に保存しておくのが変数の役割です。

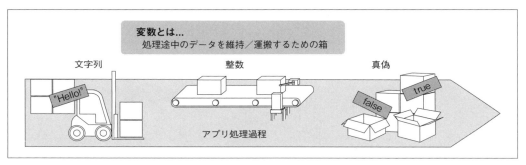

変数とは...
処理途中のデータを維持／運搬するための箱

文字列　　　　　　　整数　　　　　　　真偽

"Hello!"　　　　　　　　　　　　　false　true

アプリ処理過程

❖図2.1　変数は「データの入れ物」

2.1.1 変数の宣言

変数の扱いは、プログラミング言語によってさまざまです。たとえば、本格的なプログラミング言語として人気の高いJavaやC#のような言語では、利用する前に、変数の名前とそこに格納できるデータの種類（データ型）をあらかじめ**宣言**しなければなりません。JavaやC#のような言語では、この宣言という行為を経て初めて、データを格納するための領域がメモリ上に確保されるわけです。

Rubyでも、変数の利用にあたって宣言は必要ですが、JavaやC#のそれよりは簡単です。スクリプト上で変数に初めて値を格納したタイミングで、変数のための領域が自動的にメモリ上に確保されます。

リスト2.1では、msgという名前の変数を確保してから、その中に「こんにちは、世界！」という文字列を設定しています。

```
msg = 'こんにちは、世界！'
puts msg          # 結果：こんにちは、世界！
```

詳しくは3.2節でも改めますが、「=」は右辺の値を左辺の変数に格納しなさい、という意味です。変数に値を格納することを**代入**と言います（図2.2）。数学のように「左辺と右辺が等しい」ことを表すわけではないので注意してください。

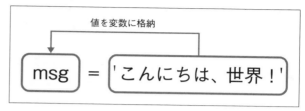

❖図2.2　代入

> *note* 特に、変数に最初に値を代入することを、**初期化する**、という場合もあります。

用意された変数の中身を確認するには、単に「変数名」と表すだけです。よって、「puts 変数名」で、「変数の値を表示しなさい」という意味になります。名前を指定して変数の値を取り出すことを、変数を**参照する**と呼ぶ場合もあります。

```
puts msg
```

ただし、（当たり前ですが）参照できるのは、あらかじめ用意された変数だけです。指定された変数が存在しない場合には、「undefined local variable or method `msg' for main:Object (NameError)」（msgという名前の変数は存在しません！）のようなエラーになります。

2.1.2　識別子の命名規則

識別子とは、名前のことです。変数はもちろん、メソッドやクラス（後述）など、プログラムに登場するすべての要素は、互いを識別するためになんらかの名前を持っています。

Rubyの命名規則は自由度が高く、ほとんどの文字を識別子として利用でき、たとえば「Ω々Ⅲ」のような名前も認識してくれます。しかし、一般的にこのような名前を付けることにほとんど意味はありません。現実的には、以下のルールに従っておくのが無難でしょう。

1. 1文字目はアルファベット、またはアンダースコア（_）であること
2. 2文字目以降は、1文字目で使える文字、または数字であること
3. アルファベットの大文字／小文字は区別される
4. 予約語でないこと
5. 文字数の制限はない

1. は、一般的な識別子のルールです。変数の場合は、加えて1文字目のアルファベットは**小文字**でなければなりません（改めて2.1.3項でも触れますが、先頭の大文字は特別な意味を持ちます）。

4. の**予約語**は、Rubyであらかじめ意味が決められた単語（キーワード）のことです。具体的には、表2.1のようなものがあります。

❖表2.1　Rubyの予約語

BEGIN	END	FALSE	TRUE	alias	and
begin	break	case	class	def	defined?
do	else	elsif	end	ensure	for
if	in	module	next	nil	not
or	redo	rescue	retry	return	self
super	then	undef	unless	until	when
while	yield	__ENCODING__	__FILE__	__LINE__	

以上の理由から「data100」「_data」「action_data」はすべて正しい名前ですが、次のものはすべて不可です。

- 4data（数字で始まっている）
- i'mRuby、f-name（記号が混在している）
- for（予約語である）

ただし、予約語を含んだ「forth」「form」などの名前は問題ありません。

2.1.3　よりよい識別子のためのルール

命名規則ではありませんが、コードを読みやすくするという意味では、以下の点も気にかけておきたいところです。

1. 名前からデータの内容を類推できる

　　○：score、birth　　　　×：m、n

2. 長すぎない、短すぎない

　　○：password、name　　×：pw、real_name_or_handle_name

3. ローマ字での命名は避ける

　　○：name、age　　　　×：namae、nenrei

4. 見た目が紛らわしくない

　　△：telNum／telnum（大文字小文字で区別）、user／usr（1文字違い）

5. 記法を統一する

　　△：mailAddress／mail_address／MailAddress

2. の「短すぎない」は、単語をむやみに省略してはいけない、という意味です。たとえば、userName をunと略して理解できる人は、ほとんどいないはずです。わずかなタイプの手間を惜しむよりも、コードの読みやすさを優先すべきです（そもそもコードエディターを利用しているならば入力補完の恩恵を受けられるので、タイプの手間を気にする必要はありません！）。ただし、「identifier→id」「initialize→init」「temporary→temp」のように、慣例的に略語を利用するものは、この限りではありません。

 note もちろん、長い識別子が常によいわけではありません。長すぎる（＝具体的すぎる）識別子は、その冗長さによって、他のコードを埋没させてしまうからです。また、そもそもひと目で識別できない名前は、理想的な名前とは言えません。

5. の記法には、一般的には、表2.2のようなものがあります。

❖表2.2 識別子の記法

記法	概要	例
camelCase記法	先頭文字は小文字。以降、単語の区切りは大文字で表記	`userName`
Pascal記法	先頭文字を含めて、すべての単語の先頭を大文字で表記（Upper CamelCase記法とも）	`UserName`
アンダースコア記法	すべての文字は小文字／大文字で表記し、単語の区切りはアンダースコア（_）で表す（スネークケース記法とも）	`user_name`、`USER_NAME`

Rubyの世界では、変数／メソッドは小文字のアンダースコア記法、定数は大文字のアンダースコア記法、クラスはPascal記法で、それぞれ表すのが基本です。記法を統一することで、記法そのものが識別子の役割を明確に表現してくれます。

 note 前項でも触れたように、変数先頭の大文字は別の意味を持つので、Pascal記法、大文字のアンダースコア記法で記述してはいけません。

識別子の命名は、プログラミングの中でも最も初歩的な作業であり、それだけに、コードの可読性を左右します。変数や関数の名前を見るだけでおおよその内容を類推できるようにすることで、コードの流れが追いやすくなるだけでなく、間接的なバグの防止にもつながります（たとえばget_price メソッドが価格とは関係ない、なんらかの日付を取得したり、あるいは、価格を取得するだけでなく更新する役割を持っていたら —— 皆さんは正しくコードを読み解けるでしょうか？）。

note たとえば、以下のようなコードを考えてみましょう（まだ登場していない構文もありますが、まずは雰囲気のみつかんでください）。

```
address = '421-0401,静岡県,榛原町,帆毛田1-15-9'
# 市町村名が「榛原町」だったら...
if address.split(',')[2] == '榛原町' ～
```

「address.split(',')[2]」が市町村名を表していることは、コードを読み解けば理解できますが、直観的ではありません。このような場合には、市町村名をいったん変数として切り出してしまいましょう。

```
address = '421-0401,静岡県,榛原町,帆毛田1-15-9'
city = address.split(',')[2]
# 市町村名が「榛原町」だったら...
if city == '榛原町' 〜
```

これによって、変数の名前（ここではcity）がそのままコードの意味を表しているので、書き手の意図を把握しやすくなります。このような変数のことを**説明変数**、または**要約変数**と呼びます。説明変数には、長い文を適度に切り分けるという効果もあります。

2.1.4 定数

　本節の冒頭でも触れたように、変数とは「データの入れ物」です。入れ物なので、コードの途中で中身を入れ替えることもできます。一方、入れ物と中身がワンセットで、あとから中身を入れ替えできない入れ物のことを**定数**と呼びます（図2.3）。定数とは、コードの中で現れる値に、名前（意味）を付与する仕組みとも言えます。

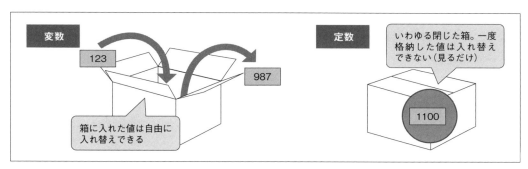

❖図2.3　定数とは

　定数の意味を理解するには、定数を使わ**ない**例から見てみるのが一番です。

```
price = 100
puts price * 1.1          # 結果：110
```

> note 「price * 1.1」の結果は、正しくは110.00000000000001となります。これは、浮動小数点数を含んだ演算であるがための誤差です。ここでは誤差を語ることは目的ではないため、おおざっぱに110を得られるとしていますが、詳しくは3.1.5項も参照してください。

これはある商品の税抜き価格priceに対して、消費税10％を加味した価格を求める例です。しかし、このようなコードには、いくつかの問題があります。

（1）値の意味があいまいである

まず、1.1は、誰にとっても理解できる値ではありません。この例であれば、比較的類推しやすいかもしれませんが、コードが複雑になってくれば、1.1が値上げ率を表すのか、サービス料金を表すのか、それとも、まったく異なるなにかなのか、くみ取りにくくなります。少なくとも、コードの読み手に一致した理解を求めるべきではありません。

一般的には、コードに埋め込まれた裸の（＝名前のない）値は、自分以外の人間にとっては、意味を持たない謎の値だと考えるべきです（そのような値のことを**マジックナンバー**と言います）。

（2）値の修正に弱い

将来的に、消費税が12％、15％と変化したら、どうでしょうか？　しかも、その際に、コードのあちこちに1.1という値が散在していたら？

それらの値を漏れなく検索／修正するという作業が必要となります。これは面倒というだけでなく、修正漏れなどバグの原因となります（1.1で別の意味を持った値があったら、なおさらです）。

そこで、1.1という値を、リスト2.2のように定数化します。

▶リスト2.2　const.rb

```
price = 100
TAX_RATE = 1.1 ─────────────────────────────────────────────── ❶
puts price * TAX_RATE          # 結果：110
```

Rubyで定数を宣言する方法は、ほとんど変数と同じです。

構文 定数の宣言

```
定数名 = 値
```

ただし、定数の名前は大文字のアルファベットで始めなければなりません（変数は小文字のアルファベットで始めます）。よって、Tax_rateも定数です。ただし、慣例的には「すべて大文字、単語の区切りはアンダースコア」の形式で表すのが普通です。

定数を利用することで、リスト2.2でも値の意味が明らかになり、コードが読みやすくなったことが見て取れるでしょう。また、あとから消費税が変更になった場合にも、太字の部分だけを変更すればよいので、修正漏れの心配がありません。

◆ 定数を変更した場合

リスト2.2の末尾に、以下のコードを追加してみましょう。

```
TAX_RATE = 1.15
```

この場合も、Rubyは「already initialized constant TAX_RATE」のような警告を返すだけです。定数とは言っても、Rubyでは再代入を**禁止するわけではない**点に注意してください（もちろん、だからと言って、定数の変更はコードをわかりにくくするだけなので、避けてください）。

◆ 補足 組み込み定数

定数は、自分で定義するばかりではありません。Rubyには、最初から用意された（定義済み）の定数が用意されています。主なものを表2.3にまとめておきます。まだよくわからないキーワードもあると思いますが、まずは「こんなものがあるんだな」という程度で眺めてみてください。

❖表2.3　主な組み込み定数

分類	定数	概要
基本	STDIN	標準入力
	STDOUT	標準出力
	STDERR	標準エラー出力
	ARGF	標準入力で構成される仮想ファイル
	ARGV	Rubyスクリプトに渡された引数
情報	RUBY_VERSION	Rubyのバージョン情報
	RUBY_REVISION	Rubyのリビジョン番号
	RUBY_PATCHLEVEL	Rubyのパッチレベル
	RUBY_RELEASE_DATE	Rubyのリリース日
	RUBY_COPYRIGHT	Rubyの著作権情報
	RUBY_DESCRIPTION	Rubyの詳細情報
	RUBY_ENGINE	Rubyエンジン（実装）
	RUBY_ENGINE_VERSION	Rubyエンジンのバージョン
	RUBY_PLATFORM	プラットフォーム情報
その他	DATA	__END__以降の情報（7.2.5項）
	ENV	環境変数
	TOPLEVEL_BINDING	トップレベルのBinding（11.2.4項）

練習問題　2.1

[1] 以下は変数の名前ですが、構文的に誤っているものがあります。誤りを指摘してください。誤りがないものは「正しい」と答えてください。

① 1data　　　② Hoge　　　③ 整数の箱　　　④ for　　　⑤ data-1

2.2 データ型

　データ型（**型**）とは、データの種類のことです。Rubyでは、さまざまなデータをコードの中で扱えます。たとえば、「abc」や「イロハ」は文字列型、1、13、3.14は数値型、true（真）やfalse（偽）は真偽型に分類できます。

　プログラミング言語には、このデータ型を強く意識するものと、逆にほとんど意識する必要がないものとがあります。たとえば、先ほど挙げたJavaやC#のような言語は前者に該当し、文字列を格納するために用意された変数に数字をセットすることはできません。これらの言語は**静的型付け言語**とも呼ばれ、変数とデータ型とは常にワンセットです。

　一方、Rubyは後者に属する言語です。つまり、データ型に対して寛容です。最初に文字列を格納した変数にあとから数字を代入してもかまいませんし、その逆も可能です。変数（入れ物）のほうが中身に応じて自動的に形を変えてくれるのです（このような性質を静的型付けに対して、**動的型付け**と呼びます）。

　そのため、次のようなコードも、Rubyでは正しいコードです。

```
data = '独習Ruby'
data = 2920
```

　ただし、開発者がデータ型をまったく意識しなくてもよいわけではありません。このあと、値を演算／比較する場面では、データ型によって挙動が変化しますし、そもそもデータ型によってできることは変わります。型の扱いが緩いというだけで、Rubyでも型の理解は欠かせません。

note Rubyを学んでいくと、比較的初期の段階で、クラス／オブジェクトという用語を見かけます。しかし、これらの用語を真剣に扱うと、急に理解が難しくなります。現段階では、

- クラス＝型
- オブジェクト＝型に対応する値そのもの

と捉えておけばよいでしょう。詳細については5.1.1項で改めます。

　Rubyで扱えるデータ型（型）はさまざまですが、本節では、初歩的なコードでも欠かせないと思われる、以下の型とその値（リテラル）に絞って解説し、型への基本的な理解を深めることにします。

- 整数型（Integer）
- 浮動小数点型（Float）
- 文字列型（String）

- シンボル型（Symbol）
- 論理型（TrueClass／FalseClass）
- nil型（NilClass）

リテラルとは、コードの中で扱える値そのもの、または、値の表現方法のことを言います。

2.2.1 整数型（Integer）

整数型のリテラルは、図2.4のように分類できます。

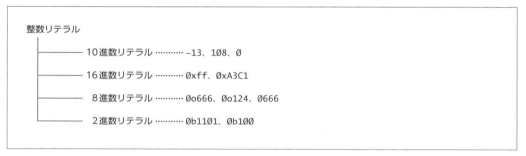

整数リテラル
- 10進数リテラル ………… –13、1Ø8、Ø
- 16進数リテラル ………… Øxff、ØxA3C1
- 8進数リテラル ………… Øo666、Øo124、Ø666
- 2進数リテラル ………… Øb11Ø1、Øb1ØØ

❖図2.4 整数型のリテラルの分類

10進数リテラルは、私たちが日常的に使っている、最も一般的な整数の表現で、正数（108）、負数（-13）、ゼロ（0）を表現できます。負数には、リテラルの先頭に「-」（マイナス）を付けます。同様に「+」（プラス）を付けて正数であることを明示することもできますが、冗長なだけで意味はありません。

10進数のほか、16進数、8進数、2進数も表現できます。16進数は0～9に加えてa～f（A～F）のアルファベットで10～15を表し、接頭辞には「0x」を付与します。同様に、8進数は0～7で値そのものを表し、接頭辞として「0o」（ゼロとオー）、または「0」（ゼロだけ）を付与します。2進数は0／1で数値を表し、接頭辞は「0b」です。「x」「o」「b」は、それぞれ「heXadecimal」（16進数）、「Octal」（8進数）、「Binary」（2進数）の意味です。大文字小文字を区別しないので、それぞれ「X」「O」「B」としてもかまいません。ただし、「O」（大文字のオー）は数字の0と区別が付きにくいので、まずは小文字の「o」とすべきです。

いずれも利用できない数値を含んだ値 ── 2進数であれば「0b1**2**0」のような値 ── は文法エラーとなるので注意してください。

> *note* 10進数でも「**0d**59」のように接頭辞を付与することは可能です（dはdecimalの意味）。ただし、一般的には冗長なだけで意味はないので、省略をお勧めします。
> 逆に、8進数については「0o666」でも「0666」でも同じ意味ですが、8進数であることを明示する意味でも、著者は「0o666」という表記をお勧めしています。

2.2.2 浮動小数点型（Float）

浮動小数点数リテラルは、整数リテラルに比べると少しだけ複雑です。一般的な「1.41421356」のような小数点数だけでなく、指数表現が存在するからです。**指数表現**とは、

＜仮数部＞e＜符号＞＜指数部＞

の形式で表されるリテラルのことです。

＜仮数部＞×10の＜符号＞＜指数部＞

で、本来の小数値に変換できます。一般的には、非常に大きな（小さな）数値を表すために利用します。

```
1.4142e10      ➡  1.4142×10¹⁰     ➡  14142000000.0
1.173205e-7  ➡  1.173205×10⁻⁷  ➡  0.0000001173205
```

指数を表す「e」は大文字小文字を区別しないので、「1.4142e10」「1.173205e-7」はそれぞれ「1.4142E10」「1.173205E-7」でも同じ意味です。

> *note* 指数表現では、1732を「173.2e1」（173.2×10）、「17.32e2」（17.32×10²）、「1.732e3」（1.732×10³）...のように、同じ値を複数のパターンで表現できてしまいます。そこで一般的には、仮数部が「0.」＋「0以外の数値」で始まるように表すことで、表記を統一します。この例であれば、「0.1732e4」とします（小数点の前の0は省略できない**ので、「.1732e4」は不可です）。

2.2.3 補足 数値セパレーター

Rubyでは、桁数の大きな数値の可読性を改善するために、数値リテラルの中に桁区切り文字（_）を記述できます（**数値セパレーター**）。たとえば以下は、いずれも正しい数値リテラルです。

```
value = 1_234_567
pi = 3.141_592_653_59
num = 0.123_456e10
```

日常的に利用する桁区切り文字である「,」でないのは、Rubyにおいてカンマはすでに別の意味を持っているためです。

数値セパレーターは、あくまで人間の可読性を助けるための記号なので、数値リテラルの中で自由に差し挟むことができます。一般的には3桁単位に区切りますが、以下のような数値リテラルも誤りではありませんし、

```
12_34_56 ───────────────────────────────────── 2桁ごとに区切り
1_23_456_789Ø ────────────────────────────── 異なる桁ごとの区切り
```

以下のように、2、8、16進数リテラルでも利用できます。

```
a = ØbØ1_Ø1_Ø1  ➡ 1Ø進数で21
b = Øxf4_24Ø     ➡ 1Ø進数で1ØØØØØØ
c = Øo23_42Ø     ➡ 1Ø進数で1ØØØØ
```

ただし、数値セパレーターを挿入できるのは**数値の間**だけです。よって、以下のようなリテラルは不可です。

```
_123_456_789、123_456_  ➡数値の先頭／末尾
9__999                  ➡連続したセパレーター
1._234                  ➡小数点の隣
Ø_x99、Øx_99            ➡数値プレフィックスの途中／直後
```

2.2.4 文字列型（String）

値そのものだけで表現する数値リテラルに対して、文字列リテラルを表すには、文字列全体をシングルクォート（'）、ダブルクォート（"）でくくります。クォート文字で文字列の開始と終了を表すわけです。

よって、文字列リテラルには「"」「'」そのものを含めることはできません。たとえば、以下のコードは不可です。

```
puts "You are a "GREAT" teacher!!"
```

元々は「You are a "GREAT" teacher!!」という文字列を意図したコードですが、実際には「You are a」「 teacher!!」という文字列の間に、不明な識別子GREATがあると見なされてしまうのです。

このような場合は、以下のように対処できます。

（1）文字列に含まれないほうのクォートでくくる

文字列にダブルクォートが含まれる場合は、シングルクォートでくくります。先ほどの例であれば、以下のように書き換えます。

```
puts 'You are a "GREAT" teacher!!'
```

　今度は、文字列の開始／終了を表すのはシングルクォートなので、文字列にダブルクォートが含まれていても、（文字列リテラルの終了ではなく）単なる「"」と見なされます。シングルクォートを含めたい場合も同じです。

```
puts "You are a 'GREAT' teacher!!"
```

(2) クォート文字をエスケープ処理する

　ただし、(1) の方法では、文字列にシングルクォート／ダブルクォート双方が含まれる場合に対処できません。たとえば、以下のようなコードはエラーとなります。

```
puts 'He's a "GREAT" teacher!!'
```

　これを以下のように書き換えても、状況は変わりません。

```
puts "He's a "GREAT" teacher!!"
```

　また、詳しくは後述しますが、そもそもRubyではシングルクォート文字列とダブルクォート文字列とを処理する方法が異なります。文字列にシングルクォート（またはダブルクォート）が含まれるかどうかだけでは、いずれのクォートを使うかを決められない場合があります。

　このような場合には、文字列に含まれるクォート文字を**エスケープ処理**します。エスケープ処理とは「ある文脈の中で意味を持つ文字を、あるルールに基づいて無効化する」ことを言います。ここで「意味を持つ文字」とは、文字列リテラルの開始と終了を表すクォート文字です。

```
puts 'He\'s a "GREAT" teacher!!'
```

　太字の部分がエスケープ処理の箇所です。「\'」は（文字列の開始／終了でない）ただの「'」と見なされるので、今度は意図したメッセージが表示されます。同じく「\"」は、文字列の開始／終了を意味しない、ただの「"」です。

2.2.5　シングルクォート文字列とダブルクォート文字列の違い

　先ほど少し触れましたが、Rubyでは、文字列リテラルをシングルクォート／ダブルクォートいずれでくくるかによって、挙動に違いがあります。具体的な例で見ていきましょう（リスト2.3）。

▶リスト2.3　string.rb

```
name = '山田'
puts "こんにちは、#{name}さん！\tご機嫌如何ですか？"
puts 'こんにちは、#{name}さん！\tご機嫌如何ですか？'
```

実行結果

```
こんにちは、山田さん！ Tab ご機嫌如何ですか？
こんにちは、#{name}さん！\tご機嫌如何ですか？
```

　ダブルクォート／シングルクォートいずれでくくるかによって、結果はずいぶんと異なります。Rubyではクォートの選択によって、文字列を解釈する方法が変化するのです。

（1）式を展開するか

　まず、ダブルクォート文字列では**式展開**を利用できます。

　ダブルクォート文字列では、#{…}の形式で変数（式）を埋め込むことができます。式展開とは、#{…}を実行時に解釈し、その値で置き換える仕組みを言います。変数（式）の値から動的に文字列を生成する場合に便利な記法です。

　リスト2.3の結果からも、ダブルクォート文字列では、変数nameがその値で置き換わっていること、シングルクォート文字列では#{name}がそのまま出力されていること（＝式展開が無効であること）を確認してみましょう（図2.5）。

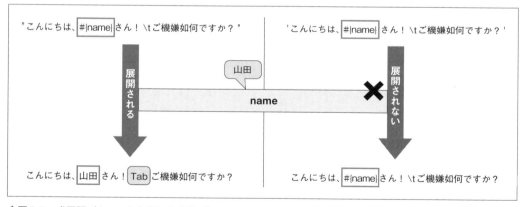

❖図2.5　式展開（クォート文字による違い）

　ちなみに、ダブルクォート文字列で、一時的に#{…}を無効化したい（＝そのまま表示したい）場合には、「\」（バックスラッシュ）でエスケープします。

```
puts "こんにちは、\#{name}さん！\tご機嫌如何ですか？"
```

（2）バックスラッシュ記法を認識するか

　Rubyでは、タブや改行など特殊な意味を持つ（＝ディスプレイに表示できないなどの）文字を「\〜」の形式で表現できます。このような表現を**バックスラッシュ記法**と言います（先ほどの「\'」もバックスラッシュ記法の一種です）。

　表2.4は、Rubyで利用できる主なバックスラッシュ記法です。

❖表2.4　主なバックスラッシュ記法

バックスラッシュ記法	概要
\t	水平タブ
\v	垂直タブ
\n	改行（ラインフィード）
\r	復帰（キャリッジリターン）
\f	フォームフィード（改ページ）
\b	バックスペース
\a	ベル
\e	エスケープ
\s	空白
\nnn	8進数の文字nnn
\xnn	16進数の文字nn
\unnnn	16進数（4桁）の文字nnnn
\u{nnnn}	Unicode文字列（\u{30a6 30a4 30f3 30b0 30b9}のように空白区切りで複数の文字を列挙可能）
\x	文字xそのもの
\⏎	バックスラッシュと改行文字を無視
\cx、\C-x	Ctrl＋文字
\M-x	Alt（Meta）＋文字
\M-\C-x	Ctrl＋Alt（Meta）＋文字
\\	バックスラッシュ

　バックスラッシュ記法を利用することで、たとえば改行含みの文字列を表すこともできます。

```
puts "こんにちは、\nあかちゃん"        # 結果：こんにちは、⏎あかちゃん
```

> *note* 単に、長い文字列を途中で折り返したいだけであれば、行末に「\」を付与します（表2.4の「\⏎」です）。
>
> ```
> puts "こんにちは、\
> あかちゃん"        # 結果：こんにちは、あかちゃん
> ```
>
> この場合の「\」は、文字列の折り返しを表す「\」なので、結果からも改行は取り除かれます。

これらのバックスラッシュ記法を認識できるのは、ダブルクォート文字列だけです。シングルクォート文字列では「\'」「\\」だけが認識され、それ以外のバックスラッシュ記法はそのまま表示されます。

以上のような違いを理解したうえで、いずれのクォート文字を利用するか、ですが、本書ではシングルクォート文字列を優先して利用します。そのうえで、式展開やバックスラッシュ記法などを利用する場合に限って、ダブルクォート文字列を利用します。

ただし、いずれを優先するかはRuby開発者の中でも意見が分かれており、開発プロジェクトでなんらかの取り決めがある場合には、そちらを優先すべきです。

2.2.6 特殊な文字列表現

標準的な'…'、"…"のほかにも、Rubyでは以下のようなリテラル表現が用意されています。

◆ %記法

文字列リテラルにたくさんのクォート文字が含まれる場合には、**%記法**がお勧めです。%記法では、文字列リテラルを（クォート文字の代わりに）%!…!でくくることができます。リテラルの開始と終了がクォート文字でないので、リテラルには自由にクォート文字を含められます（リスト2.4）。

▶リスト2.4　str_percent.rb

```
name = '山田'
puts %!こんにちは、\t#{name}さん!        # 結果：こんにちは、[Tab]山田さん
puts %Q!こんにちは、\t#{name}さん!        # 結果：こんにちは、[Tab]山田さん
puts %q!こんにちは、\t#{name}さん!        # 結果：こんにちは、\t#{name}さん
```

%記法には、以下の3種類があります。

- %!…!、%Q!…!：ダブルクォート文字列に相当（式展開／バックスラッシュ記法が有効）
- %q!…!　　　　：シングルクォート文字列に相当（式展開／バックスラッシュ記法は無効）

リテラルの前後をくくる!…!は、英数字以外の任意の文字で置き換え可能です。リテラルに「!」を含んでいる場合には、他の文字を利用するとよいでしょう。

```
puts %/こんにちは、\t#{name}さん/ ➡区切り文字はスラッシュ
puts %(こんにちは、\t#{name}さん) ➡区切り文字は丸カッコ
```

開始文字を「(」「|」「[」「<」とした場合には、終了文字は対応する「)」「|」「]」「>」とします。

◆ヒアドキュメント

改行を含むような長い文字列を表すならば、**ヒアドキュメント**という記法が便利です。まずは、具体的な例から見てみます（リスト2.5）。

▶リスト2.5　str_here.rb

```ruby
str = 'Ruby'
msg = <<EOS
#{str}は、日本で開発されたプログラミング言語です。
まずは、本書でじっくり基礎固めしましょう。
"Let's start, everyone!!"
EOS
puts msg
```

実行結果

```
Rubyは、日本で開発されたプログラミング言語です。
まずは、本書でじっくり基礎固めしましょう。
"Let's start, everyone!!"
```

ヒアドキュメントでは「<<EOS」から「EOS」までを文字列リテラルと見なします（図2.6）。「EOS」は文字列の開始と終了を表すための区切り文字（ラベル）なので、開始と終了とが対応していれば、任意の名前（識別子）で変更してもかまいません。たとえば「<<CONTENT…CONTENT」「<<HOGE…HOGE」なども正しいヒアドキュメントです。

開始／終了の文字列は小文字で表記してもかまいませんが、文字列リテラルそのものと区別しやすいように、すべて大文字で表すのが一般的です。

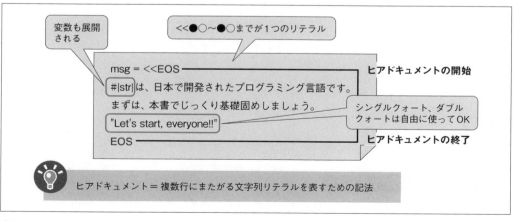

❖図2.6　ヒアドキュメント

終了ラベルのある行には、終了ラベル以外の文字が存在してはいけません。ラベルの前に空白やタブを挿入するのも不可です（既定の動作）。

◆ヒアドキュメントのさまざまな表現

ヒアドキュメントの解釈は、開始ラベルによって変化します（表2.5）。

❖表2.5　ヒアドキュメントの開始ラベル

開始ラベル	意味
<<EOS	式展開やバックスラッシュ記法が有効
<<"EOS"	式展開やバックスラッシュ記法が有効（上と同じ）
<<'EOS'	式展開やバックスラッシュ記法が無効
<<-EOS	終了ラベルのインデントを許容
<<~EOS	最も少ないインデントを基準に先頭の空白を除去

「-」では、たとえばリスト2.6のような記述を許容します。前行のインデントに合わせられるので、見た目にもコードが自然になります。

▶リスト2.6　str_here_indent.rb

```
puts <<-EOS
    こんにちは
    こんばんは
    EOS ➡インデントを許容
```

実行結果

```
    こんにちは
    こんばんは
```

「~」は文字列先頭の空白を、最も少ないインデントを基準に除去します。

```
puts <<~EOS
    こんにちは
      こんばんは
    EOS
```

実行結果

```
こんにちは
  こんばんは
```

インデントが残る

この例であれば、網掛けの部分が除去されます。1行目のインデントを基準に空白を除去するので、1、2行目の間の階層関係は維持される点にも注目です。

note 開始ラベルの「-」「~」とクォートは同居してもかまいません。よって、たとえば「<<~'EOS'」
は正しい開始ラベルです。

◆ **補足** **ヒアドキュメント（引数／レシーバーとしての利用）**

　ヒアドキュメントは標準的な文字列リテラルと同じように、メソッドの引数、またはレシーバーと
して利用することもできます（リスト2.7）。レシーバーについては5.1.3項で改めるので、本項では、
まずは雰囲気のみ味わってください。

▶リスト2.7　str_here_receiver.rb

```
puts <<EOS.upcase
  apple
  orange
EOS
```

実行結果

```
APPLE
ORANGE
```

　この例であれば、網掛け部分をヒアドキュメントと見なして、文字列を大文字化（upcase）した
ものを出力します。途中に「.upcase」というメソッド呼び出しが挟まるので、奇妙にも見えますが、
開始ラベルの次行から終了ラベルまでがヒアドキュメントと考えれば、得心がいくのではないでしょ
うか。
　よって、以下のようなコードは正しく解釈されません。

```
puts <<EOS
  .upcase
  apple
  orange
EOS
```

実行結果

```
  .upcase
  apple
  orange
```

　「.upcase」を行送りしたことで、ヒアドキュメントの一部と見なされてしまうのです。

◆文字リテラル

「?～」で1文字のリテラルを表すこともできます。文字コードは、現在のソースコードのそれと同じと見なされます。

```
puts ?a          # 結果：a
```

バックスラッシュ記法と合わせて、表2.6のような表現も可能です。

ただし、これらの文字リテラルは、まずは利用すべきではありません。実際のコードでもあまり見る機会はありませんし、普通に"あ"、"\t"のように表したほうが自然だからです。他の人のコードで登場したときに理解できる程度に覚えておけば、十分です。

❖表2.6　文字リテラルの例

文字	概要
?\t	タブ文字
?\u3042	文字「あ」（文字コードはUTF-8）
?\C-x	Ctrl + X
?\M-\C-x	Ctrl + Alt （Meta） + X

2.2.7　少し特殊な型

数値／文字列型のほかにも、基本的なコードを記述するうえで、まずは知っておきたい —— 以下のような型があります。

◆シンボル型（Symbol）

シンボル（Symbol）は、シンボル（モノの名前）を表すための型です。たとえばリスト2.8はtitleという名前のシンボルを作成する例です。

▶リスト2.8　symbol.rb

```
head = :title
puts head          # 結果：title
```

「:名前」の形式で表します。一見すると、文字列にも似ていますが、文字列とは以下の点で異なります。

- 値を変更できない
- 同じであるかを判定する場合、文字列よりも高速
- 同じ値であれば同じメモリで管理されるので、メモリの利用効率が高い
- 文字列よりも少しだけすっきり表現できる

その性質上、コード上でなんらかの名前（識別子）を表現したい場合などに、よく利用されます。

現時点ではイメージのわきにくい型かもしれませんが、この後、具体的な登場シーンの中で徐々に慣れていきましょう。

note シンボルの命名は、まずは識別子のルール（2.1.2項）に従います。よって、たとえば:f-1のようなシンボルは不可です。
そのようなシンボルを作成したい場合は、:'f-1'、:"f-1"のようにクォートでくくってください。ダブルクォートの中では、文字列リテラルと同じく、式展開やバックスラッシュ記法も利用できます（その場合も最終的な解釈結果がシンボルとなります）。

◆ 論理型（真偽型）

　真（正しい）か、偽（間違い）であるかを表す型です。それぞれtrue（真）、false（偽）というキーワードで表します。

　と、これがおおざっぱな説明で、他の言語を学んだことがある人であれば、この説明がすんなり頭に入ってくるはずです。しかし、より厳密には、Rubyには論理型は**存在しません**。true型（TrueClass）のtrueと、false型（FalseClass）のfalseと、独立した2個の型が存在するだけです。true／falseもより正確には、TrueClass／FalseClass型の値を表すための**疑似変数**（＝あらかじめ用意された変数）です。

　最初のうちは、これを意識することはほとんどありませんが、より深くRubyを学ぶための備えとして、頭の片隅に留めておくとよいでしょう。

◆ nil型

　nil型（**ニル**）は、ある変数が値を持たないことを表します。より正確にはNilClassという型があり、nilはその値を格納した疑似変数です。

　値を持たない、というと、ゼロか、空文字か、falseかと思われるかもしれませんが、いずれでもありません。そうした一切の値がなんら決まっていない状態を表すのがnilです。

　たとえば、以下はirb環境でputsメソッドを呼び出した例です。

```
irb(main):003:0> puts 10
10
=> nil
```

　「=>」以降は、putsが返す値を表します。putsメソッドは指定された値を出力するだけで、なんらかの値を返すわけではない（＝nilを返す）わけです。

true／false、nilのほかにも、表2.Aのような疑似変数が用意されています。疑似変数は、変数とはいうものの、再代入はできません。

❖表2.A　主な疑似変数

疑似変数	概要
self	現在のレシーバー（5.1.3項）
__FILE__	実行中の.rbファイル名
__LINE__	実行中の行（番号）
__ENCODING__	現在のコードの文字エンコーディング

練習問題　2.2

[1] Rubyで利用できる基本的な型を5個以上挙げてみましょう。

[2] 以下のリテラル表記を利用して値を表現してみましょう。値そのものはなんでもかまいません。

① 16進数リテラル

② 指数表現

③ 数値セパレーター

④ シンボル

⑤ ヒアドキュメント

2.3 配列

　これまでに見てきたInteger、Float、Stringなどは、いずれも単一の値を持つ型です。しかし、処理内容によっては、複数の値をまとめて扱いたいケースもよくあります。たとえば、次に示すのは書籍タイトルを管理する例です。

```
title1 = '速習 ASP.NET Core 3'
title2 = '作って楽しむプログラミング Visual C++ 2019超入門'
title3 = '速習 Laravel 6'
title4 = 'これからはじめるVue.js実践入門'
title5 = 'はじめてのAndroidアプリ開発 第3版'
```

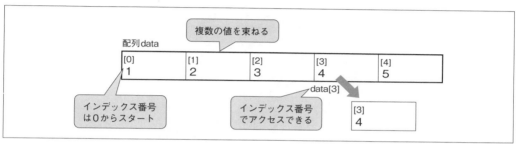（本文先頭）

title1、title2…と通し番号が付いているので、見た目にはデータをまとめて管理しているようにも見えます。しかし、Rubyからすれば、title1、title2とは（どんなに似ていても）なんの関係もない独立した変数です。たとえば、登録されている書籍の冊数を知りたいと思ってもすぐにカウントすることはできませんし、すべての書籍タイトルを列挙したいとしても変数を個々に並べるしか術はありません。

そこで登場するのが**配列**です。Integer、Float、Stringなどの型が値を1つしか扱えないのに対して、配列には複数の値を収めることができます。配列とは、仕切りのある入れ物だと考えてもよいでしょう。仕切りで区切られたスペース（**要素**と言います）のそれぞれには番号が振られ、互いを識別できます（図2.7）。

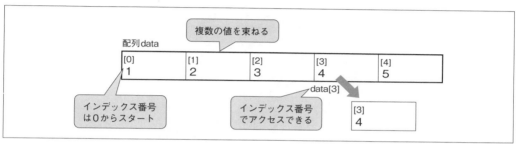

❖図2.7　配列

配列を利用することで、互いに関連する値の集合を1つの名前で管理できるので、まとめて処理する場合にもコードが書きやすくなります。

2.3.1　配列の基本

それではさっそく、配列を使った具体的な例を見てみましょう。リスト2.9は、配列を作成し、その内容を参照する例です。

▶リスト2.9　array_basic.rb

```ruby
data = ['山田', '佐藤', '田中', '細谷', '鈴木']          ❶
puts data[2]          # 結果：田中                       ❷
```

配列を作成するための一般的な構文は、以下の通りです（❶）。

構文　配列の作成

```
変数名 = [値1, 値2, ...]
```

（右上タブ）
2
Rubyの基本

配列は、カンマ区切りの値をブラケット（[...]）でくくった形式で表現します。値の型は互いに異なっていてもかまいませんが、一般的には1つの配列内では文字列なら文字列で統一するのが普通です。空の配列を作成するならば、単に[]とします。

　リスト2.9では、配列dataに対して5個の要素（山田、佐藤、田中、細谷、鈴木）を設定しています。それぞれの要素には、先頭から順に0、1、2...という番号が割り振られます（図2.8）。

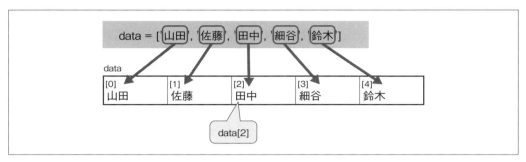

❖図2.8　配列の参照

　このように作成された配列の中身を参照しているのが❷です。ブラケット（[...]）でくくられた部分は、**インデックス番号**、または**添え字**と呼ばれ、配列の何番目の要素を取り出すのかを表します。リスト2.9の例では、dataに5個の要素が格納されているので、指定できるインデックス番号は0〜4の範囲です（5以上の存在しないインデックス番号を指定した場合には、nilを返します）。

構文 配列へのアクセス（ブラケット構文）

変数名[インデックス番号]

　インデックス番号には負数を渡すこともできます。その場合、配列の末尾から-1、-2...と数えます（図2.9）。

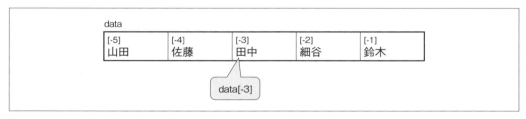

❖図2.9　配列の参照（負数の場合）

2.3.2 配列の設定

ブラケット構文を利用することで、配列の個々の要素に値を設定することもできます。

```
data[1] = '大内'
```

現在の配列サイズを超えて値を設定した場合には、途中の要素にはnilを加えた状態で新たな要素が生成されます（リスト2.10）。

▶リスト2.10 array_set.rb

```
data = ['山田', '佐藤', '田中', '細谷', '鈴木']
data[7] = '八木'
p data          # 結果：["山田", "佐藤", "田中", "細谷", "鈴木", nil, nil, "八木"]
```

pメソッドはputsにも似ていますが、値をより型情報のわかる形で出力します。たとえば、文字列であれば「"Hoge"」のようにクォート付きで出力しますし、配列であればブラケット構文そのままに出力します。開発者がコードの途中の状態を確認するような用途で利用できます。

ちなみに、太字の部分をputsメソッドで書き換えた場合、結果は以下のように変化します。

実行結果

```
山田
佐藤
田中
細谷
鈴木
        ➡空行
        ➡空行
八木
```

途中に空行があることからnilがあることが推測できますが、配列の全体像を確認するには、pメソッドのほうがコンパクトで見通しもよくなります。

2.3.3 補足 最後の要素のカンマ

配列最後の値にはカンマを付けても付けなくてもかまいません。よって、リスト2.9❶は、以下のように表しても正しく動作します。

```
data = ['山田', '佐藤', '田中', '細谷', '鈴木',]
```

ただし、一般的に配列を1行で表す場合には冗長なだけなので、最後のカンマは省略します。

一方、配列を複数行で表す場合には、最後のカンマを付与することをお勧めします（値が長い場合には、要素単位に改行したほうがコードが見やすくなります）。それによって、あとから要素を追加した場合にも、カンマの漏れを防げるからです。

```
data = [
  '秋の田のかりほの庵の苫をあらみわが衣手は露にぬれつつ',
  '春すぎて夏来にけらし白妙の衣ほすてふ天の香具山',
  'あしびきの山鳥の尾のしだり尾のながながし夜をひとりかも寝む',  ➡最後の要素にもカンマを付ける
]
```

ただし、コーディング規則によっては、統一性の観点から末尾のカンマを推奨しない場合もあります。開発プロジェクトでルールが定められている場合には、そちらを優先すべきです。

2.3.4 配列の％記法

文字列／シンボル型の配列を作成するならば、％記法を利用することもできます（リスト2.11）。

▶リスト2.11　array_percent.rb

```
p %w!山田 佐藤 田中!        # 結果：["山田", "佐藤", "田中"]
p %i!isbn title price!      # 結果：[:isbn, :title, :price]
```

%w!...!で空白区切りの文字列をくくることで文字列配列を、%i!...!でくくることでシンボル配列を作成できます。文字列をくくるクォートや、シンボルのコロンを省略できるので、配列をよりシンプルに表現できます。

式展開とバックスラッシュ記法を有効にする%W!...!、%I!...!（それぞれ大文字）もあります。前後をくくる「!」は英数字以外であれば任意の文字を利用できる点は、2.2.6項でも触れた通りです。

もしも要素そのものが空白を含む場合には、バックスラッシュでエスケープします。

```
p %w!山田\ 太郎 佐藤 田中!        # 結果：["山田 太郎", "佐藤", "田中"]
```

2.3.5 入れ子の配列

配列の要素として格納できるのは、数値や文字列ばかりではありません。任意の型の値 —— 配列そのものを格納してもかまいません。入れ子の配列です。

具体的なコードも見てみましょう（リスト2.12）。

▶リスト2.12　array_2dim.rb

```
data = [
  ['X-1', 'X-2', 'X-3'],
  ['Y-1', 'Y-2', 'Y-3'],                                          ❶
  ['Z-1', 'Z-2', 'Z-3'],
]
puts data[1][0]          # 結果：Y-1                               ❷
```

このように「配列の配列」を表すようなケースでは、最低限、要素ごとに改行とインデントを加えると、コードも読みやすくなります（❶）。構文規則ではありませんが、少しだけ心がけてみるとよいでしょう。

入れ子の配列から値を取り出すには、これまでと同様、ブラケット構文でそれぞれの階層のインデックス番号を指定します（❷）。

> *note* インデックスが1つだけの配列を**1次元配列**、インデックスが2個の配列 ——「配列の配列」を
> **2次元配列**、または、より一般的に**多次元配列**とも言います。

同じように、サイズ3×3×3の3次元配列も作成してみます（リスト2.13）。

理論的には、同じように[…]を入れ子にすることで、4次元、5次元配列を作成することもできます。ただし、直感的に理解しやすいという意味でも、普通に利用するのはせいぜい3次元配列まででしょう。

▶リスト2.13　array_3dim.rb

```
data2 = [
  [
    ['Sなし', 'Mなし', 'Lなし'],
    ['Sりんご', 'Mりんご', 'Lりんご'],
    ['S洋ナシ', 'M洋ナシ', 'L洋ナシ']
  ],
  [
    ['Sもも', 'Mもも', 'Lもも'],
    ['Sすもも', 'Mすもも', 'Lすもも'],
    ['Sプラム', 'Mプラム', 'Lプラム']
  ],
  [
    ['Sみかん', 'Mみかん', 'Lみかん'],
    ['S八朔', 'M八朔', 'L八朔'],
```

```
    ['Sネーブル', 'Mネーブル', 'Lネーブル']
  ]
]
puts data2[1][0][2]          # 結果：Lもも
```

それぞれの配列のイメージを、図2.10でも示しておきます。一般的に、表形式で表せるようなデータは2次元配列で、立体的な構造のデータは3次元配列で表します。

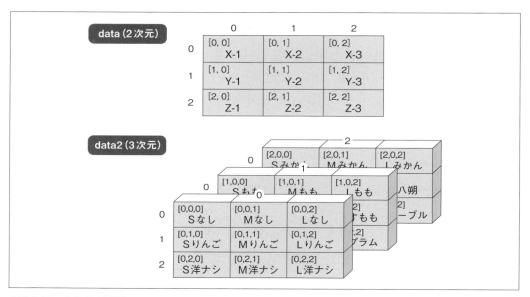

❖図2.10　入れ子の配列

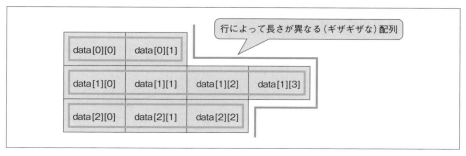

❖図2.A　ジャグ配列

2.4 ハッシュ

インデックス番号でアクセスできる配列に対して、**ハッシュ**は名前をキーにアクセスできる配列です。言語によっては、**連想配列**、**マップ**などと呼ばれることもあります。

2.4.1 ハッシュの基本

たとえば、表2.7のような名刺情報を想定してみましょう。

❖表2.7　名刺情報の例

項目	値
名前（name）	鈴木八郎
所属（depart）	営業
住所（address）	北海道韮山市9-9-99
メールアドレス（email）	suzuki@example.com

このような情報を配列で表すのは望ましくありません。

```
data = ['鈴木八郎', '営業', '北海道韮山市9-9-99', 'suzuki@example.com']
```

個々の要素がなにを意味するのかが（類推はできますが）あいまいになるからです。このような場合にはハッシュを利用すれば、個々の要素の意味が明確になります（リスト2.14）。

▶リスト2.14　hash_basic.rb

```
data = {
  'name' => '鈴木八郎',
  'depart' => '営業',
  'address' => '北海道韮山市9-9-99',
  'email' => 'suzuki@example.com'
}                                                        ❶
puts data['name']          # 結果：鈴木八郎                ❷
```

ハッシュの一般的な構文は、以下です（❶）。

構文 ハッシュの生成

```
変数名 = { キー1 => 値1, キー2 => 値2, ... }
```

「キー => 値」の組みをカンマ区切りで連結したものを｛…｝でくくるわけです（図2.11）。キーには任意の値を指定できますが、文字通り、値を取り出すためのキー（手がかり）となる情報です。重複することはできません（重複した場合には、あとのもので上書きされます）。

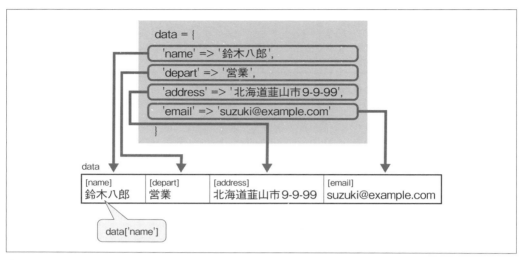

❖図2.11　ハッシュ

ハッシュから値を取り出すには、配列と同じくブラケット構文でキーを指定します（❷）。同じく、ブラケット構文を利用することで、ハッシュに新規の要素を追加したり、既存の要素を書き換えたりすることもできます。

```
data['tel'] = '080-4xx-1234'    ➡新たな要素を追加
data['depart'] = '総務'          ➡既存の要素を書き換え
```

2.4.2　キーとしてのシンボル

2.2.7項でも触れたように、シンボルは文字列に比べてメモリの消費も少なく、比較（検索）のためのパフォーマンスも高い型です。その性質上、ハッシュのキーが文字列的な情報である場合には、代わりにシンボルを利用することをお勧めします。

たとえばリスト2.14であれば、リスト2.15のようになります。

```
data = {
  :name => '鈴木八郎',
  :depart => '営業',
  :address => '北海道韮山市9-9-99',
  :email => 'suzuki@example.com'
}
puts data[:name]          # 結果：鈴木八郎
```

キーがシンボルの場合は、さらにシンプルに「キー: 値,...」で表すことも可能です（リスト2.16）。

▶リスト2.16　hash_symbol2.rb

```
data = {
  name: '鈴木八郎',
  depart: '営業',
  address: '北海道韮山市9-9-99',
  email: 'suzuki@example.com'
}
```

　こちらのほうが簡単ですし、なにより一般的なので、本書でも今後はこちらの記法を優先して利用していきます。

☑ この章の理解度チェック

[1] 下表は、変数／データ型に関わるキーワードをまとめた表です。　①　～　⑤　の空欄を埋めて、表を完成させてください。

❖変数／データ型に関わるキーワード

キーワード	概要
整数型（Integer）	10進数のほか、2、8、16進数を表現可。接頭辞は　①　（2進数）、②　（8進数）、0x（16進数）
バックスラッシュ記法	改行やタブ文字など特別な意味を持つ文字を表すために利用。タブは③　で表す
%記法	文字列／配列を簡単に表すための記法。たとえばシングルクォート文字列の代わりに　④　、ダブルクォート文字列の代わりに%!...!で表す
⑤　型	値を持たないことを表すための型

[2] 以下は定数を使って値引き率10%を定義し、元の価格である500円に対して実際の支払額を求めるコードです。 ① ～ ④ の空欄を埋めて、コードを完成させてください。

▶ex_constant.rb

```
DISCOUNT = ①
price = 500
sum = price * ②
 ③  "支払額は ④ 円です。"
```

[3] 次の文章は、Rubyの基本構文について述べたものです。正しいものには○、間違っているものには×を記入してください。

( ) 変数名はPascal形式で命名しなければならない。

( ) 識別子には、英数字とアルファベットだけを利用できる。

( ) 配列配下の要素は、すべて同じ型でなければならない。

( ) 配列では、先頭の要素を0番目と数える。

( ) ハッシュのキーとしてはシンボルよりも文字列を利用するのが望ましい。

[4] 次のようなコードを実際に作成してください。

① 現在実行中の.rbファイル名を表示

② 「みかん」「かき」「りんご」をタブ区切りで表した文字列txt（バックスラッシュ記法を利用すること）

③ 2個の配列（「あ」～「お」、「か」～「こ」）を持つ配列data（ただし、配下の配列定義には%記法を用いること）

④ dog／犬、cat／猫、mouse／鼠で構成されるハッシュdata（ただし、キーはシンボルで表すこと）

⑤ 配列dataから末尾の要素を取得＆表示（ただし、要素数が変化しても影響がないようにすること）

演算子

演算子（**オペレーター**）とは、与えられた変数やリテラルに対して、あらかじめ決められた処理を行うための記号です（図3.1）。これまでにも、四則演算のための「+」演算子（加算）、「*」演算子（乗算）などが登場しました。演算子によって処理される変数／リテラルのことを**被演算子**（**オペランド**）と呼びます。

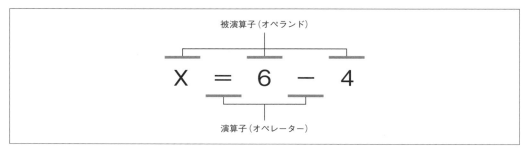

❖図3.1　演算子

Rubyの演算子は、大きく、

   （1）算術演算子
   （2）代入演算子
   （3）比較演算子
   （4）論理演算子
   （5）ビット演算子
   （6）その他の演算子

に分類できます。以降でも、この分類に沿って、解説を進めます。

3.1　算術演算子

代数演算子とも言います。四則演算をはじめ、日常的な数学で利用する演算子を提供します（表3.1）。

❖表3.1　主な算術演算子

演算子	概要	例	
+	加算	4 + 3	➡ 7
−	減算	7 − 2	➡ 5
*	乗算	2 * 3	➡ 6
**	べき乗	2 ** 3	➡ 8
/	除算	9 / 4	➡ 2
%	剰余（割った余り）	9 % 4	➡ 1

算術演算子は見た目にも最もわかりやすく、直感的に利用できるものがほとんどですが、利用に際しては注意すべき点もあります。

3.1.1　データ型によって挙動は変化する

たとえば「10 + 3」は数値同士の加算を表し、結果は「13」となります。では、以下のコードはどうでしょう。

```
puts '10' + '3'
```

結果は「13」ではなくて「103」。'...'でくくられたリテラルは文字列で、文字列同士の「+」演算は（加算ではなく）文字列の連結と見なされるのです。もちろん、（見た目が数字でない）普通の文字列も連結できます。

```
puts 'こんにちは、' + 'あかちゃん'        # 結果：こんにちは、あかちゃん
```

また、文字列と数値との組み合わせで、以下のような「*」演算も可能です。

```
puts 'こんにちは' * 3        # 結果：こんにちはこんにちはこんにちは
```

「文字列 * n」で「文字列をn回繰り返した文字列」を生成するわけです。その他の例については第5章などでも改めるので、まずは

演算子の役割はオペランドのデータ型によって変化する

点を押さえておきましょう。

3.1.2　文字列と数値との演算

オペランドの組み合わせによっては、演算できない場合もあります。たとえばRubyでは、以下のような演算は「`+': String can't be coerced into Integer」（StringをIntegerに変換できない）となります。

```
puts 15 + '30'
     数値   文字列
```

スクリプト言語によっては、上のような演算で文字列を暗黙的に数値化し、45を返すものもありますが、Rubyでは許容しません。このような場合には、to_i／to_sなどのメソッドで型を変換して

から演算してください（to_iはIntegerへの変換を、to_sはStringへの変換を、それぞれ意味します）。

```
puts 15 + '30'.to_i       # 結果：45
puts 15.to_s + '30'       # 結果：1530
```

「値.メソッド(...)」の記法については初出ですが、詳しくは5.1.3項に譲ります。メソッドの呼び出しには、まずはいくつかの書き方があるとだけ理解しておきましょう。

実は、Rubyの演算子は、（一部の例外を除いては）メソッドの一種です。よって、たとえば「10 + 3」は「10.+(3)」のように表しても間違いではありません（「+」がメソッドの名前で、「3」は「+」メソッドの引数です）。

メソッドと考えれば、オペランドのデータ型によって異なる挙動となるのも当たり前ですし、オペランドの組み合わせによっては利用できない演算子があるのも当たり前です。そもそも、メソッドなので演算子の機能を型ごとに再定義することも可能です（これについては10.5節で解説します）。

よって、正確には演算子の機能も、それぞれのデータ型ごとに紹介するのがより正しいのですが、まずは他の言語でも共通して利用される用途を把握するのが、おおざっぱな理解への早道です。本章でも、まずは演算子のよく利用される用途を紹介しているので、型個別の用法については第5章～第7章もあわせて参照してください（ここでは、型ごとに、利用できる演算子も、その役割も異なる、とだけ理解していれば十分です）。

エキスパートに訊く

Q： JavaScriptやPHPのような言語では、「15 + '30'」は勝手に数値と見なして、「45」という結果を出してくれます。Rubyのように、to_iやto_sで型を変換しなければならないのは面倒に思えます。

A： なるほど、Rubyでは型を揃えてから演算するのが流儀です。これは一見して面倒にも思えますが、意味のある面倒さです。

たとえば「421」「1024」という値を想定してみましょう。これが郵便番号であれば「'421' + 1024」という式は「4211024」のように文字列として連結した値を返すべきです。しかし、単なる数値であれば「1445」のように加算した結果を返すべきです。文脈によって期待される結果は変化し、これをRubyが無条件に類推することはできません。

あいまいな判断でスクリプトの挙動があいまいになるのであれば、「値をどのように扱うか」を開発者が明確に示すべき、というのがRubyの思想なのです。

to_i、to_sでの変換は、一見して面倒かもしれません。しかし、意図しない挙動によって得られた意図しない結果をあとから探し回る手間を考えれば、最初に型を明示することは**あとからの面倒を防ぐための必要な手間**なのです。

3.1.3　除算演算子

　算術演算子では、演算の結果はオペランドのデータ型によって変化します。たとえばオペランドがいずれも整数型の場合、演算結果も整数型となりますし、いずれかが浮動小数点型であれば結果も浮動小数点型となります。

　これは通常、あまり意識しなくてもよいことですが、除算に限っては要注意です。

◆整数型同士の除算

　リスト3.1の例を見てみましょう。

▶リスト3.1　calc_div.rb

```
puts 3 / 4          # 結果：0
```

　一見して疑問に思うかもしれませんが、これは（当然）正しい結果です。整数同士の除算なので、結果も小数点以下が切り捨てられて整数となってしまうのです。

　これを回避するには、オペランドのいずれかを明示的に浮動小数点数とすることです（以下の例では「3.0」と小数点以下を明示しています）。「3 / 4.0」としても同じ結果を得られます。

```
puts 3.0 / 4        # 結果：0.75
```

◆除算に関わるメソッド

　「/」演算子と同じく、除算機能を持ったメソッドとしてdiv、fdivメソッドもあります。ただし、これらのメソッドはオペランドの型によって、演算結果が変化しません。具体的には、divメソッドは常に整数型の結果を返しますし、fdivメソッドは常に浮動小数点型の結果を返します（リスト3.2）。

▶リスト3.2　calc_div_fdiv.rb

```
puts 7.div(4)          # 結果：1
puts 7.5.div(4.5)      # 結果：1
puts 7.fdiv(4)         # 結果：1.75
puts 7.5.fdiv(4.5)     # 結果：1.6666666666666667
```

◆ゼロ除算の挙動

　整数型と浮動小数点型とでは、ゼロ除算の結果も変化します（リスト3.3）。

▶リスト3.3　calc_div_zero.rb

```
puts 5 / 0          # 結果：divided by 0 (ZeroDivisionError)
puts 5.0 / 0        # 結果：Infinity
```

オペランドが整数型の場合、ゼロ除算はZeroDivisionErrorエラーですが、浮動小数点型の場合はInfinity（無限大）という特殊な値を返します。

ちなみに、剰余演算子（%）では整数型／浮動小数点型であるとにかかわらず、一律、ZeroDivisionErrorエラーを返します。

3.1.4　剰余演算子

剰余演算子「%」も一見明快な演算子ですが、オペランドが負数となった場合には、意図せぬ結果に戸惑うかもしれません。具体的な例を見てみましょう（リスト3.4）。

▶リスト3.4　calc_surplus.rb

```
puts 7 % -3         # 結果：-2 ─────────────────────────────── ❶
puts (-7) % 3       # 結果：2 ──────────────────────────────── ❷
```

結論から言ってしまうと、「%」演算子は割る数の符号と剰余の符号を一致させようとします。よって、❶も「商が-2、剰余が1」にはなりません。「商が-3、剰余が-2」という扱いになります。

一方、❷は、割る数が正なので、剰余も正であるべきです。よって、「商が-3、剰余が2」となります。

---

note　❷で-7をくくる丸カッコを外した場合、「warning: ambiguous first argument; put parentheses or a space even after `-' operator」のような警告が発生します。-演算子が単項演算子か二項演算子かがあいまいなので、カッコでくくりなさい（二項演算子であればスペースを加えなさい）という意味です。

このように、警告（warning）は、エラーではないが将来的にバグの遠因となりそうな問題を通知してくれます。「エラーでないからよい」ではなく、開発時は警告まできちんと確認し、最大限までつぶしておくことをお勧めします。

◆remainderメソッド

剰余の符号を割られる数に一致させるためのremainderメソッドもあります（リスト3.5）。

▶リスト3.5　calc_remainder.rb

```
puts 7.remainder(-3)        # 結果：1 ───────────────────────── ❶
puts (-7).remainder(3)      # 結果：-1 ──────────────────────── ❷
```

❶であれば「商が−2、剰余が1」、❷は「商が−2、剰余が−1」となるわけです。

なお、整数部の商と剰余とをまとめて得たいならば、divmodメソッドも利用できます（リスト3.6）。

▶リスト3.6　calc_divmod.rb

```
p 7.divmod(3)        # 結果：[2, 1]
p 7.divmod(-3)       # 結果：[-3, -2]
```

divmodメソッドでは、商は常に整数（＝divメソッドと同じ）、剰余は割る数の符号に一致（＝「%」演算子と同じ）します。

3.1.5　浮動小数点数の演算には要注意

浮動小数点数を含んだ演算では、時として意図した結果を得られない場合があります。たとえば以下のようなコードを見てみましょう。

```
puts 0.2 * 3        # 結果：0.6000000000000001
```

これは、Rubyが内部的には数値を（10進数ではなく）2進数で演算しているための誤差です。10進数ではごくシンプルに表せる0.2という数値ですら、2進数の世界では0.00110011...という**無限循環小数**となります。この誤差はごくわずかなものですが、演算によっては、上のように正しい結果を得られないわけです。

同じ理由から、以下の等式はRubyではfalseとなります（「==」は左辺と右辺とが等しいかを判定する演算子です）。

```
puts 0.2 * 3 == 0.6
```

このような問題を避け、厳密な結果を要求するような状況では、Rational型を利用してください（リスト3.7）。Rational型は有理数をサポートする型です（有理数とは、要は分数で表せる値のことです）。

▶リスト3.7　calc_rational.rb

```
d1 = 0.2r ────────────────────────────────────┐
d2 = 3r ──────────────────────────────────────┘ ❶

puts d1 * d2           # 結果：3/5 ─────────────── ❷
puts (d1 * d2).to_f    # 結果：0.6 ─────────────── ❸
```

Rational型の値を生成するには、数値の末尾に接尾辞「r」を付与するだけです（）。値を準備できたら、あとはInteger／Float型と同じく、「+」「−」などの演算子を利用できます。

今度は演算誤差も解消され、確かに正しい結果が得られたことを確認できます（❷）。ただし、Rational値の演算結果はそのままでは分数となります。もしも本来の小数値で結果を得たいならば、to_fメソッドでFloat型に変換してください（❸）。

> ◆*note* ❷の結果は6/10（＝0.6）ではなく、3/5である点に注意してください。Rational型では、既約分数（これ以上約分できない分数）の形式で値を管理します。

◆ 補足 Rational値の生成方法

リテラルの末尾で、型を表すための接尾辞のことを**型サフィックス**と言います。Rational値を生成するには、型サフィックス「r」を利用するのが便利ですが、その他にもリスト3.8のような方法でRational値を生成できます。

▶リスト3.8　calc_rational2.rb

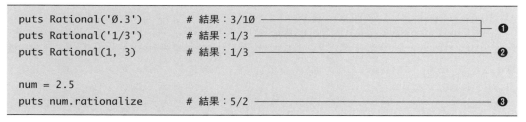

```
puts Rational('0.3')      # 結果：3/10 ─────────────────┐
puts Rational('1/3')      # 結果：1/3 ──────────────────┤ ❶
puts Rational(1, 3)       # 結果：1/3 ───────────────────── ❷

num = 2.5
puts num.rationalize      # 結果：5/2 ───────────────────── ❸
```

❶、❷はRationalメソッドによる生成です。Rationalメソッドには、❶のように小数、分数文字列を渡すこともできますし、❷のように「分子, 分母」の組みを渡すことも可能です。

rationalizeメソッドを利用することで、既存の数値をRational型に変換することもできます（❸）。

> ◆*note* Rationalメソッドには数値リテラルを渡すこともできますが、そうすべきではありません。リテラルの段階で誤差が発生してしまうからです（リスト3.A）。
>
> ▶リスト3.A　calc_rational_ng.rb
>
> ```
> puts Rational('0.2')     # 結果：1/5
> puts Rational(0.2)       # 結果：3602879701896397/18014398509481984
> ```

練習問題 3.1

[1] Rubyで以下の演算を実行した場合の結果を答えてください。エラーとなる演算は、「エラー」
と答えてください。

① '4' + '5'

② 2 ** 4

③ 10 / 6

④ 2 / 0

⑤ 10 % 4

[2] Rubyでは「0.1 * 3 == 0.3」の結果がtrueにならない場合があります。その理由と対処方
法を説明してください。

3.2 代入演算子

　左辺で指定した変数に対して、右辺の値を設定（代入）するための演算子です。すでに何度も出て
きた「=」演算子は、代表的な代入演算子の1つです。また、代入演算子には、算術演算子やビット
演算子などを合わせた機能を提供する**自己代入演算子（複合代入演算子）** も含まれます（表3.2）。

❖表3.2　主な代入演算子

演算子	概要	用例
=	変数などに値を代入	x = 10
+=	左辺と右辺を加算した結果を、左辺に代入	x = 5; x += 2　➡ 7
-=	左辺から右辺を減算した結果を、左辺に代入	x = 5; x -= 2　➡ 3
*=	左辺と右辺を乗算した結果を、左辺に代入	x = 5; x *= 2　➡ 10
/=	左辺を右辺で除算した結果を、左辺に代入	x = 5; x /= 2　➡ 2
%=	左辺を右辺で除算した余りを、左辺に代入	x = 5; x %= 2　➡ 1
**=	左辺を右辺でべき乗した結果を、左辺に代入	x = 5; x **= 2　➡ 25
&=	左辺と右辺をビット論理積した結果を、左辺に代入	x = 10; x &= 2　➡ 2
^=	左辺と右辺をビット排他論理和した結果を、左辺に代入	x = 10; x ^= 2　➡ 8
|=	左辺と右辺をビット論理和した結果を、左辺に代入	x = 10; x |= 2　➡ 10
>>=	左辺を右辺の値だけ右シフトした結果を左辺に代入	x = 10; x >>= 2　➡ 2
<<=	左辺を右辺の値だけ左シフトした結果を左辺に代入	x = 10; x <<= 2　➡ 40

自己代入演算子は、「左辺と右辺の値を演算した結果をそのまま左辺に代入する」ための演算子です。つまり、次のコードは意味的に等価です（●は、複合演算子として利用できる任意の算術／ビット演算子を表すものとします）。

```
i ●= j  ⟷  i = i ● j
```

算術／ビット演算した結果をもとの変数に書き戻したい場合には、複合代入演算子を利用することで、コードをよりシンプルに表せます。算術／ビット演算子については、それぞれ対応する節を参照してください。

3.2.1 数値のインクリメント／デクリメント

多くのプログラミング言語では、「++」「--」のような演算子をよく見かけます。与えられたオペランドに対して1を加算（インクリメント）、減算（デクリメント）するための演算子で、**インクリメント演算子／デクリメント演算子**とも呼ばれます。

```
i++  ⟷  i = i + 1
i--  ⟷  i = i - 1
```

ただし、これら「++」「--」演算子は、Rubyには存在**しません**。他の言語に慣れた人だととまどうかもしれませんが、心配はいりません。代わりに、「+=」「-=」演算子を利用すればよいからです。

```
i += 1
i -= 1
```

タイプ量は少しだけ増えますが、たとえば「5ずつ増やす（減らす）」という場合にも、以下のように同じ要領で表せるので統一感は増します。

```
i += 5
i -= 5
```

3.2.2 「=」演算子による代入は参照値の引き渡し

2.1節では「値を格納する入れ物」が変数である、と説明しました。しかし、これはわかりやすくするために単純化した表現であり、正しくありません。より正確には、変数には値の格納場所を表す情報（参照メモリ上のアドレスのようなもの）を格納します。実際の値は、別の場所に格納されているわけです。格納場所を表す情報のことを**参照（識別値）**などと呼びます（図3.2）。

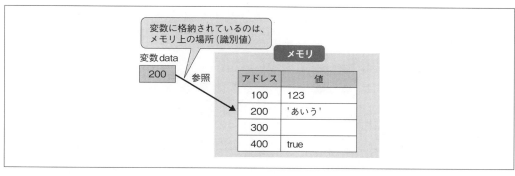

❖図3.2　変数の参照

> *note*
> コード上で扱う値は、コンピューター上のメモリに格納されます。メモリには、それぞれの場所を表すための番地（**アドレス**）が振られています。
> ただし、コード中で意味のない番号を記述するのでは読みにくく、タイプミスの原因にもなります。そこで、それぞれの値の格納先に対して、人間が視認しやすい名前を付けておくのが変数の役割です。変数とは、メモリ上の場所に対して付けられた名前とも言えます。

　これは内部的な挙動ですが、代入や比較などの基本操作を理解するには欠かせない知識です。たとえばRubyの「=」演算子も、基本は**参照の引き渡し**です。具体的なコードで確認してみましょう（リスト3.9）。

▶リスト3.9　ref_id.rb

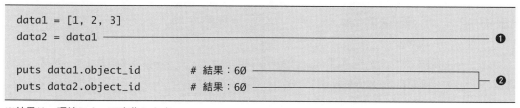

※結果は、環境によって変化します。

　object_idは、オブジェクトの参照（識別値）を返すためのメソッドです。識別値が同じであればオブジェクト（実体）は同じものですし、異なれば（いくら見た目の値が同じであっても）異なるオブジェクトです。

　その理解を前提に、❶のコードを見てみましょう。「変数data2に変数data1を代入する」とは、一見すると、「変数data2に変数data1の値をコピーする」と思ってしまいそうですが、違います。変数data1に格納されているのはあくまで参照値なので、コピーされるのも参照値です。❷でも変数data1、data2のobject_idが同じであることが確認できます（object_idそのものは環境によって変化するので、値が同じであることだけを確認してください）。

つまり、❶によって生成されたdata2と代入元のdata1とは、いずれも名前が異なるだけで、参照先 —— 実体は同じオブジェクトである、ということです（図3.3）。

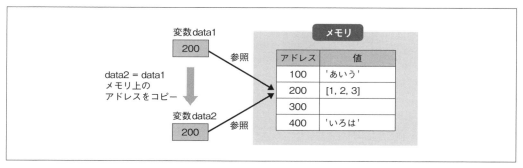

❖図3.3　代入は参照の引き渡し

◆代入先への影響

参照の引き渡しによって、どのようなことが起こるのか。これを表したのが、リスト3.10のコードです。

▶リスト3.10　ref_change.rb

```
data1 = [1, 2, 3]
data2 = data1
data1[0] = 100
p data1          # 結果：[100, 2, 3]
p data2          # 結果：[100, 2, 3]
```

「data2 = data1」によって、data1、data2双方が同じオブジェクトを指していることを理解していれば、data1の変更がdata2にも影響していることは納得です。

では、リスト3.11のようなコードではどうでしょう。

▶リスト3.11　ref_change2.rb

```
data1 = [1, 2, 3]
data2 = data1 ─────────────────────────────────────── ❶
data1 = [4, 5, 6] ─────────────────────────────────── ❷
p data1          # 結果：[4, 5, 6]
p data2          # 結果：[1, 2, 3]
```

この例では、代入元の変更が代入先に反映されません。❶の時点ではdata1、data2は同じオブジェクトを指していますが、❷で参照先そのものが差し替わっているのです。data1、data2は別のオブジェクトなので、それぞれの変更がもう一方に影響することもありません（図3.4）。

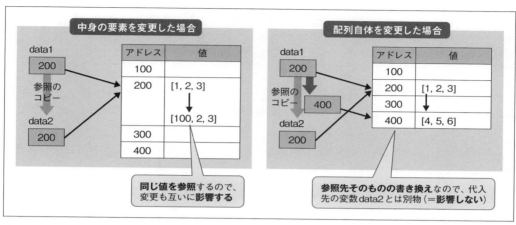

❖図3.4　代入先への影響（配列）

◆即値で扱われる型

先ほど、代入は原則「参照の引き渡し」と説明しましたが、例外もあります。Integer／Floatの一部の値、true／false／nil、シンボルなどがそれです。

これらの型では、処理効率上の理由から、（参照値ではなく）実際の値そのものが変数に格納されます（このような実装を**即値**と呼びます）。ただし、これらの型では、これまた処理効率上の理由から、同じ値は同じオブジェクトとして管理されます（＝同じ値であれば、同じ参照値を返します）（リスト3.12）。

▶リスト3.12　ref_int.rb

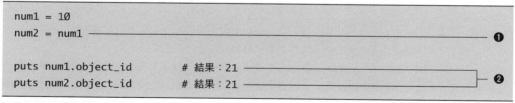

※結果は、環境によって変化します。

よって、❶による代入は値そのものの引き渡しですが、値が同じなので、Integer型としては同じオブジェクトを再利用します。結果として、❷でも同じ参照値を返すわけです。

代入先の値を更新した場合の挙動も見てみましょう（リスト3.13）。

▶リスト3.13　ref_int_change.rb

```
num1 = 1Ø
num2 = num1 ─────────────────────────────────────────────── ❶

num1 += 5 ──────────────────────────────────────────────── ❷
p num1        # 結果：15 ───────────────────────────────────── 
p num2        # 結果：1Ø ─────────────────────────────────┐─ ❸
```

　リスト3.10と比較すると、疑問に感じる人もいるかもしれません。❶による代入で、num1、num2が同じオブジェクトを指しているのであれば、❷の演算結果はnum2（代入先）にも影響しそうです。しかし、結果はそうはなりません。

　これは配列がミュータブル（変更可能）な型であるのに対して、整数型がイミュータブル（変更不可）な型であるからです（図3.5）。

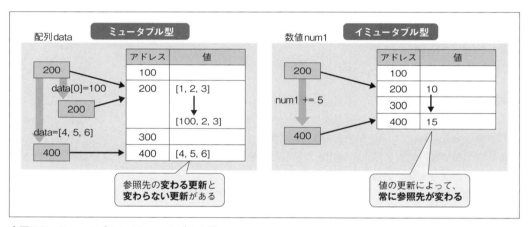

❖図3.5　ミュータブルとイミュータブルの違い

　ミュータブルとは、オブジェクトをそのままに中身だけを変更できることを意味します。一方、イミュータブル型では、一度作成したオブジェクトの中身を書き換えることはできません。値を変更するには、常にオブジェクトそのものを入れ替えなければならないのです。

　よって、リスト3.13の例であれば、❶の時点でnum1、num2は同じオブジェクトですが、❷でnum1を更新した時点でnum1は別のオブジェクトで差し替わっているわけです（リスト3.11❷の操作に相当すると考えればよいでしょう）。

　複雑に思われるかもしれませんが、まず、即値についてはさほど意識しなくてもかまいません（見た目の代入操作は、結果として参照の引き渡しとなるからです）。ここでは、ミュータブル／イミュータブルの違いに着目して、後者の更新は常にオブジェクトの入れ替えである点を押さえておきましょう。これまでに登場した型の中では、Integer／Float、シンボル、true／false／nilなどがイミュータブル型です。

3.2.3 定数は「再代入できない変数」

2.1.4項で触れた定数への代入についても補足しておきます。

「定数」という語感から誤解されやすいのですが、定数は、厳密には「変更できない変数」ではありません。「再代入できない変数」です。つまり、定数であっても、値を変更できてしまう場合があるということです（そもそもRubyでは再代入しても警告しか発生しない、という点はさておきます）。

ここで、前項同様、ミュータブル／イミュータブル型に分けて、挙動の違いを確認しておきましょう。

まずは、イミュータブル型から。こちらはシンプルです。再代入できないということは、そのまま値を変更できないということだからです。コードでも確認しておきます。

```
VALUE = 10
VALUE = 15        # エラー
```

ところが、ミュータブル型になると、事情が変わってきます。たとえばリスト3.14の例で❶、❷はともにエラーとなるでしょうか。

▶リスト3.14　const_mutable.rb

```
VALUES = [ 10, 20, 30 ]
VALUES = [ 1, 2, 3 ] ──────────────────────────────────── ❶
VALUES[0] = 100 ──────────────────────────────────────── ❷
```

定数を「変更できない変数」と捉えてしまうと、❶、❷はいずれもエラーとなることを期待されるはずです。ですが、そうはなりません。❶はエラー（警告）ですが、❷は動作します。

まず、❶は配列そのものを再代入しているので、定数の規約違反です。しかし、❷は配列自身はそのままに、その内容だけを書き換えています。これは定数違反とは見なされません。これが、定数が必ずしも変更できないわけではない、と述べた理由です（図3.6）。

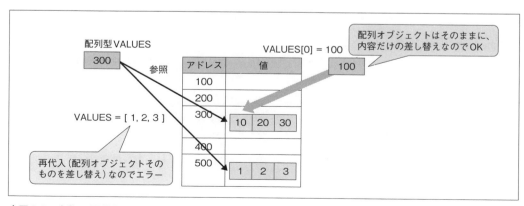

❖図3.6　定数＝再代入できない変数

3.2.4 多重代入

多重代入とは、複数の変数／定数に対してまとめて値を代入するための仕組みです。具体的には、左辺と右辺の式をそれぞれカンマ（,）で区切ることで表現できます（リスト3.15）。

▶リスト3.15 assign_multi.rb

```
a, b = 13, 108
puts a          # 結果：13
puts b          # 結果：108
```

右辺には（カンマ区切りの値リストではなく）配列を指定することもできます。この場合、配列を分解して、配下の要素を個々の変数に代入してくれます（リスト3.16）。

▶リスト3.16 assign_multi2.rb

```
data = [1, 2, 3]
a, b, c = data

puts a          # 結果：1
puts b          # 結果：2
puts c          # 結果：3
```

左辺の変数と右辺（配列）の要素数は一致していなくてもかまいません（リスト3.17）。

▶リスト3.17 assign_multi3.rb

```
x, y = data          ➡ x：1、y：2（3は無視）
l, m, n, o = data    ➡ l：1、m：2、n：3、o：nil（余った変数は空）
```

左辺の変数が要素数よりも少ない場合は余った要素は無視されますし、多い場合には残りの変数にはnilが代入されます。

◆残りの要素をまとめて代入する

変数にアスタリスク（＊）を付与することで、個々の変数に分解されなかった残りの要素をまとめて配列として切り出すことも可能です（リスト3.18）。

▶リスト3.18　assign_multi_other.rb

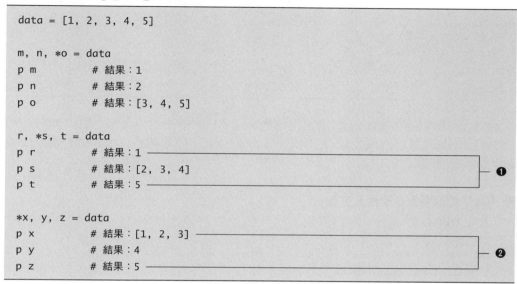

```
data = [1, 2, 3, 4, 5]

m, n, *o = data
p m          # 結果：1
p n          # 結果：2
p o          # 結果：[3, 4, 5]

r, *s, t = data
p r          # 結果：1 ─────────────────────────────────────┐
p s          # 結果：[2, 3, 4]                              ├─ ❶
p t          # 結果：5 ─────────────────────────────────────┘

*x, y, z = data
p x          # 結果：[1, 2, 3] ────────────────────────────┐
p y          # 結果：4                                      ├─ ❷
p z          # 結果：5 ─────────────────────────────────────┘
```

「＊」は変数リストの末尾でなくてもかまいません。❶であれば、r、tに先頭／末尾から要素が代入され、残りの要素が「＊s」に代入されます。❷であれば、末尾の要素がそれぞれy、zに代入され、先頭側に残った要素が「＊x」に代入されます。

ただし、「a, *b, *c = data」のように、複数の変数に「＊」を指定することはできません。

> *note*
> 「＊」付き変数で、該当する要素がない（＝変数よりも要素数が少ない）場合は、空の配列が生成されます。リスト3.Bであれば、変数cは[]（空配列）です。
>
> ▶リスト3.B　assign_multi_other2.rb
>
> ```
> data = [1, 2]
> a, b, *c = data
> ```

◆一部の要素を切り捨てる

多重代入で一部の要素がいらない場合は、ただの「*」（変数名なし）を利用します（リスト3.19）。

▶リスト3.19 assign_multi_cut.rb

```
data = [1, 2, 3, 4, 5]

a, *, b, c = data
puts a        # 結果：1
puts b        # 結果：4
puts c        # 結果：5
```

　この例であれば、先頭要素がaに、末尾の2要素がb、cに、それぞれ代入され、残りの要素は「*」に吸収されます（どこにも代入されません）。1つの代入式に「*」を複数利用できない点は、1つ前の例と同じです。

◆入れ子の配列を多重代入する

　代入側の変数に対して丸カッコを付与することで、入れ子の配列を多重代入することもできます（リスト3.20）。

▶リスト3.20 assign_multi_nest.rb

```
data = [1, 2, [31, 32, 33]]

a, b, c = data ─────────────────────────────────── ❶
p a         # 結果：1
p b         # 結果：2
p c         # 結果：[31, 32, 33]

x, y, (z1, z2, z3) = data ───────────────────────── ❷
p x         # 結果：1
p y         # 結果：2
p z1        # 結果：31
p z2        # 結果：32
p z3        # 結果：33
```

　❶のように、単に変数を列挙した場合には、対応する変数（ここではc）に入れ子の配列が代入されます。入れ子の配列も展開したいならば、❷のように変数を丸カッコでくくってください。

◆**変数のスワッピング**

　多重代入を利用することで、変数の値を入れ替えること（スワッピング）もできます（リスト
3.21）。もしも多重代入を利用しないのであれば、いずれかの変数をいったん別の変数に退避させる
必要があります。

▶リスト3.21　assign_multi_swap.rb

```
x = 15
y = 38

x, y = y, x
p [x, y]           # 結果：[38, 15]
```

3.3　比較演算子

　比較演算子は、左辺と右辺の値を比較し、その結果をtrue／falseとして返します（表3.3）。詳細
はあとで解説しますが、主にif、whileなどの条件分岐／繰り返し命令で、条件式を表すために利用
します。**関係演算子**とも言います。

❖表3.3　主な比較演算子

演算子	概要	用例
<	左辺が右辺より小さい場合にtrue	5 < 1Ø　➡ true
>	左辺が右辺より大きい場合にtrue	5 > 1Ø　➡ false
==	左辺と右辺の値が等しい場合にtrue	5 == 5　➡ true
!=	左辺と右辺の値が等しくない場合にtrue	5 != 1Ø　➡ true
>=	左辺が右辺以下の場合にtrue	5 >= 1Ø　➡ false
<=	左辺が右辺以上の場合にtrue	5 <= 1Ø　➡ true
<=>	左辺が右辺より小さい場合-1、左辺と右辺の値が等しい場合0、左辺が右辺より大きい場合1	5 <=> 1Ø　➡ -1
?:	条件演算子。「条件式？式1：式2」。条件式が真の場合は式1、偽の場合は式2を返す	5 > 1Ø ? '正解' : '不正解'　➡ 不正解

　その他にも「===」「=~」などの演算子がありますが、これらの演算子はcase命令（4.1.5項）、正
規表現（7.1節）と密接に関連するので、詳しくはそちらに譲るとして、本節ではそれ以外の演算子
について解説していきます。

3.3.1 異なる型での比較

まず、「<」「>」などの大小比較では、異なる型同士での比較はエラーです。これは算術演算子でも触れたのと同じなので、迷うところはありません。

対して、「==」「!=」演算子は、異なる型同士でも比較できます（リスト3.22）。ただし、一般的にはfalseを返します。

▶リスト3.22　compare_diff.rb

```
puts 1 == '1'          # 結果：false
puts false == nil      # 結果：false
```

ただし、数値型同士の比較だけは例外です。たとえば、Integer型とFloat型とは数値として正しく等価／大小を判定できます。

```
puts 1 == 1.0          # 結果：true
puts 1.5 < 1           # 結果：false
```

> *note*　Rubyでは、false／nilともに偽を意味しますが、それぞれFalseClass／NilClassの値であり、「==」演算子による判定では異なる値です。ある式がnilであるかを判定したいならば、nil?メソッドを利用してください。
>
> ```
> p obj.nil?
> ```

◆データ型によって比較ルールは変化する

ただし、文字列／数値同士と、同じデータ型であっても、意図しないデータ型での比較は意図しない結果となる可能性があります。たとえば、リスト3.23のような例を見てみましょう。

▶リスト3.23　compare_diff_type.rb

```
puts 15 < 131          # 結果：true ─────────────── ❶
puts '15' < '131'      # 結果：false ────────────── ❷
```

「15 < 131」の比較は、数値であれば当然真です（❶）。しかし、文字列での比較（❷）は偽となります。String型では値を辞書的に比較するからです。「15」と「131」の比較では、先頭の「1」は同じで、2文字目の「5」と「3」で比較して、「5 > 3」なので、「'15' > '131'」となります。値を比較する際には、**意図した型であること**をあらかじめ確認、または変換してから行うべきです。

3.3.2 配列の比較

配列同士の比較には「==」「!=」「<=>」が利用できます。配列の比較といっても、考え方は文字列のそれと同じです。先頭から要素を比較していき、最初に異なる要素が見つかった場合に、その大小で配列全体の大小を決定します（図3.7）。

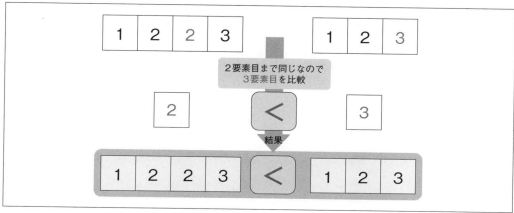

❖図3.7　配列の比較

具体的な例も見ておきます（リスト3.24）。

▶リスト3.24　compare_array.rb

```
data1 = [1, 2, 3]
data2 = [1, 5]
data3 = [1, 2]

puts data1 != data2        # 結果：true
puts data1 <=> data2       # 結果：-1
puts data1 <=> data3       # 結果：1 ─────────────────────────────────── ❶
```

大小比較に「<」「>」「<=」「>=」は利用できないので、代わりに「<=>」演算子を利用します。「<=>」演算子は、

- 左辺が右辺よりも小さい場合に−1
- 左辺が右辺よりも大きい場合に1
- 左辺と右辺とが等しい場合は0

を返します。

❶のように、存在する要素（ここでは1、2まで）が等しい場合には、要素数が少ないほうが小さいと見なされます。

3.3.3 浮動小数点数の比較

3.1.5項でも触れたように、浮動小数点数は内部的には2進数として扱われるため、厳密な演算には不向きです。その事情は、浮動小数点数の比較においても同様です。

たとえば、以下の比較式は、Rubyではfalseです。

```
puts 0.2 * 3 == 0.6        # 結果：false
```

そこで、浮動小数点数を比較するには、以下のような方法を利用します。

◆Rational型

3.1.5項でも触れたように、Rational型は有理数を扱うための型で、浮動小数点数の厳密な演算／比較を可能にします。

```
puts 0.2r * 3 == 0.6r      # 結果：true
```

◆丸め単位による比較

比較に限定するならば、リスト3.25のような方法も利用できます。

▶リスト3.25　compare_float.rb

```
EPSILON = 0.00001 ─────────────────────────────────────❶
x = 0.2 * 3
y = 0.6
puts (x - y).abs < EPSILON        # 結果：true
```

定数EPSILONは、誤差の許容範囲を表します（❶）。**計算機イプシロン**、**丸め単位**などとも呼ばれます。この例では、小数第5位までの精度を保証したいので、イプシロンは0.00001とします。

あとは、浮動小数点数同士の差を求め（absは絶対値を求めるメソッドです）、その値がイプシロン未満であれば、保証した桁数までは等しいということになります（図3.8）。

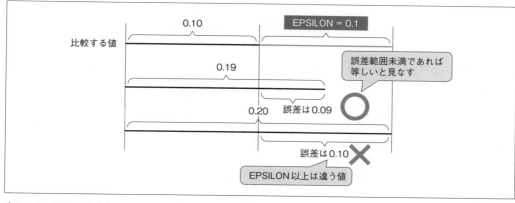

❖図3.8　浮動小数点数の比較（小数点以下第1位の場合）

3.3.4　同一性と同値性

　比較演算子を利用するうえで、**同一性**（Identity）と**同値性**（Equivalence）を区別することは重要です。

- 同一性：参照値が同じオブジェクトを指していること
- 同値性：オブジェクトが同じ値を持っていること

以上を踏まえて、まずはリスト3.26を見てみましょう。

▶リスト3.26　compare_identity.rb

```ruby
data1 = [1, 2, 3]
data2 = [1, 2, 3]

puts data1 == data2          # 結果：true ──────────────❶
puts data1.equal?(data2)     # 結果：false ─────────────❷
```

　変数data1、data2は、いずれも[1, 2, 3]という値が格納された配列です。これを「==」演算子で比較した結果はtrue（❶）です。3.3.2項でも触れたように、要素数も同じで、対応する要素の値も同じなので、両者は等しいわけです。言い換えると、「==」とは、双方の値が意味として等しいこと── **同値性**を確認するための演算子ということです。

　同じdata1、data2をequal?メソッドで比較すると、今度はfalse（異なる）が得られます（❷）。equal?メソッドは、オブジェクトの**同一性**を比較します。data1、data2は見た目は同じ中身ですが、メモリ上は別の場所に作成された異なるオブジェクトなので、別ものと判定されるわけです（図3.9）。

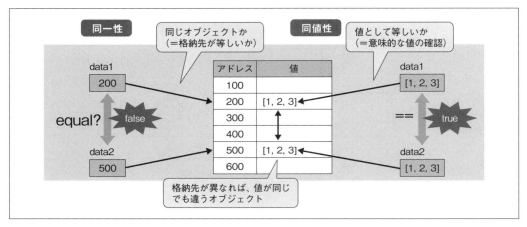

❖図3.9 同一性と同値性

　equal?メソッドは、object_idメソッド（3.2.2項）の戻り値が等しいかどうかを判定する、と言い換えてもよいでしょう。

　同値性の比較ルールは型によって異なりますが、まずは意味ある値の比較は「==」演算子によって行う、と覚えておいてください。

> note Rubyでは、true／falseのような真偽値を返すメソッドの名前を「?」終わりで命名する、という慣習があります。これまでにもnil?メソッドが登場しました。

◆イミュータブル型の同一性

　ただし、Integer／Floatなどの型比較では、要注意です。たとえばリスト3.27の例を見てみましょう。

▶リスト3.27　compare_immutable.rb

```
data1 = 13
data2 = 13

puts data1 == data2          # 結果：true
puts data1.equal?(data2)     # 結果：true ———————————————————❶
```

　先述の理屈からすれば、data1、data2は別々に作成されたオブジェクトなので、equal?メソッド（❶）はfalseとなるはずです。しかし、結果はtrueとなりました。

　これは、Integer型の一部では同じ値を同じオブジェクトとして扱うがゆえの挙動です（3.2.2項）。Float、シンボル、true／false／nilなどの型も同様です。

ただし、この挙動はあくまで内部的な都合による例外です。あくまで、このような挙動もある、とだけ理解しておき、==演算子、equal?メソッドは同値性／同一性いずれを判定するかによって使い分けるようにしてください。

3.3.5 条件演算子

条件演算子は、指定された条件式の真偽に応じて、対応する式の値を返します。

構文 条件演算子

```
条件式 ? 式1 : 式2
```

リスト3.28は、変数scoreが70以上であれば「合格！」、さもなくば「不合格...」を表示するサンプルです。

▶リスト3.28　condition_basic.rb

```
score = 75
puts score >= 70 ? '合格！' : '不合格...'          # 結果：合格！
```

変数scoreの値を70未満にしたときに、結果が変化することも確認してください。

note 条件演算子は、オペランドを3個必要とすることから、**三項演算子**と呼ばれることもあります。ちなみに、「*」「/」のように、オペランドが2個の演算子を**二項演算子**、「!」（3.4節）のようにオペランドが1個の演算子を**単項演算子**と呼びます。一般的には、二項演算子では演算子の前後にオペランドを、単項演算子では演算子の前後いずれかにオペランドを、それぞれ記述します。
最も種類の多いのは二項演算子で、逆に三項演算子は本文でも触れた条件演算子だけです。「-」のように、演算子によっては単項演算子になったり二項演算子になったりするものもあります（たとえば「-5」と「5 - 2」のように、です）。

式の値を振り分けるような状況では、if命令（4.1.1項）よりもシンプルに表現できますが、複雑な記述はかえってコードを見にくくするので要注意です。
たとえば条件演算子は、リスト3.29のように複数列記することも可能です。

▶リスト3.29　condition_multi.rb

```
score = 55
puts score >= 70 ? '合格' : score >= 50 ? '惜しい、もうちょっと...' : 'もっと頑張ろう'
      # 結果：惜しい、もうちょっと...
```

70点以上、50〜69点、50点未満で、メッセージを振り分けているわけです。ただし、可読性に優れているとは言えず、このような状況であればif命令を使ったほうが素直です（リスト3.30）。

▶リスト3.30　condition_if.rb

```
score = 55
if score >= 70
  puts '合格'
elsif score >= 50
  puts '惜しい、もうちょっと...'
else
  puts 'もっと頑張ろう'
end          # 結果：惜しい、もうちょっと...
```

練習問題　3.2

[1] 変数valueがnilの場合は「値なし」、そうでなければvalueの値を出力するようなコードを条件演算子を利用して書いてみましょう。

[2] 以下の式を評価した場合の結果を答えてください。エラーになる式は「エラー」とします。

① 123 >= 123

② '123' >= 123

③ 0.2 * 3 == 0.6

④ [1, 2, 3] <=> [1, 3]

3.4 論理演算子

　論理演算子を利用することで、複数の条件式を論理的に結合し、1つにまとめることができます。前述の比較演算子と組み合わせて利用するのが一般的です。論理演算子を利用することで、より複雑な条件式を表現できるようになります。

　なお、「^」は正しくはビット演算子に分類されるべき演算子ですが、論理積（&&）、論理和（||）と比較したほうが理解が容易なので、ここでまとめています（表3.4）。

❖表3.4　主な論理演算子（用例のxはtrue、yはfalseを表すものとする）

演算子	概要	用例
&&、and	論理積。左右の式がともに真の場合に真	x && y　➡ false x and y　➡ false
||、or	論理和。左右の式いずれかが真の場合に真	x || y　➡ true x or y　➡ true
^	排他的論理和。左右のいずれかが真で、かつ、ともに真でない場合に真	x ^ y　➡ true
!、not	否定。式が真の場合は偽、偽の場合は真	!x　➡ false not x　➡ false

　論理演算子の結果は、左右の式の値によって決まります。左式／右式の値と具体的な論理演算の結果を、表3.5にまとめておきます。

❖表3.5　論理演算子による評価結果

左式	右式	&&、and	||、or	^
true	true	true	true	false
true	false	false	true	true
false	true	false	true	true
false	false	false	false	false

　これらの規則をベン図で表現すると、図3.10のようになります。

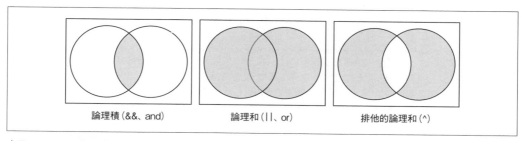

論理積 (&&、and)　　　論理和 (\|\|、or)　　　排他的論理和 (^)

❖図3.10　論理演算子

3.4.1　ショートカット演算（短絡演算）

　論理積／論理和演算では、「ある条件のもとでは、左式だけが評価されて右式が評価されない」場合があります。このような演算のことを**ショートカット演算**、あるいは**短絡演算**と言います。
　まずは、具体的な例を見てみましょう（図3.11）。

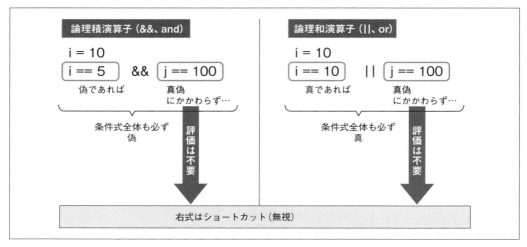

❖図3.11　ショートカット演算（短絡演算）

　表3.5でも見たように、論理積（&&）演算子では、左式が偽である場合、右式が真偽いずれであるとにかかわらず、条件式全体は偽となります。つまり、左式が偽であった場合、論理積演算子では右式を評価する必要がないわけです。そこで、論理積演算子は、このようなケースで右式の実行をショートカット（スキップ）します。

　論理和（||）演算子でも同様です。論理和演算子では、左式が真である場合、右式にかかわらず、条件式全体は必ずtrueとなります。よって、この場合も右式の評価をスキップするのです。

ちなみに、論理積／論理和演算子には、もう1つand／or演算子があります。判定のルールは「&&」「||」演算子と同じですが、優先順位（3.6.1項）だけが異なります。特別な意図がないのであれば、まずは「&&」「||」を優先して利用してください。

　論理積／論理和演算子のこの性質を利用することで、リスト3.31のようなコードも表現できます。

▶リスト3.31　logical_shortcut.rb

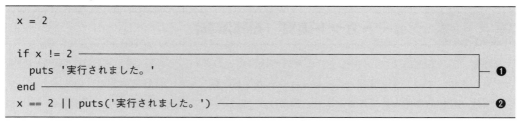

```
x = 2

if x != 2
  puts '実行されました。'                    ❶
end
x == 2 || puts('実行されました。')           ❷
```

　❶と❷とは同じ意味です。if命令については改めて4.1.1項で説明しますが、とりあえず❶は「条件式（ここでは「x != 2」）が真である場合に、メッセージを表示しなさい」という意味です。

❷は、これと等価なコードを論理和演算子を使って表現しています。先ほど述べたように、論理和演算子では左式が偽である場合にだけ右式が実行されるのでした。つまり、条件式「x == 2」が偽である（xが2でない）場合にのみ、右式のputsメソッドが実行されます。

ただし、これはただの例です。❷のようなコードをクールに感じたとしても、一部の例外を除いて利用すべきではありません。というのも、コードが本来の論理演算を意図して書かれているのか、条件分岐を目的としたものであるのかがわかりにくくなるからです（そもそも右式が実行されるかどうかもあいまいになるため、思わぬバグにも直結します）。ちなみに、❷の例であれば、後置if（4.1.1項）を利用するのがベターです。

◆ 補足 ショートカット演算の実例

もちろん、ショートカット演算にも確かな使いどころはあります。具体的な例も見てみましょう（リスト3.32）。

▶リスト3.32　logical_example.rb

```
puts true && 1      # 結果：1
puts false && 2     # 結果：false
puts true || 3      # 結果：true
puts false || 4     # 結果：4
```

Rubyの論理演算子には、左式／右式のうち最後に評価された値を返す、という性質があります。よって、上の例では、左式で評価を打ち切った場合には左式の値が、さもなければ右式の値が返されることになります。

この性質を利用して、値を返さない（または失敗する）可能性がある処理に対して、既定値を渡すようなコードも簡単に表せます。たとえばリスト3.33は変数hogeが偽（nil）である場合に、既定値として「default」を返す例です。

▶リスト3.33　logical_default.rb

```
hoge = nil
puts hoge || 'default'      # 結果：default
```

 note　ただし、空文字列やゼロ値などの判定には、本文のようなイディオムは利用できません。空文字列やゼロ値は、Rubyでは偽とは見なされないからです（JavaScript、Pythonなど、他の言語に慣れている人は要注意です）。
たとえばゼロ値の場合に既定値を適用したいという場合には、以下のように条件演算子（3.3.5項）を利用してください。

```
puts hoge == 0 ? 'default' : hoge
```

3.5 ビット演算子

ビット演算を行うための演算子です。**ビット演算**とは、整数を2進数で表したときの各桁（ビット単位）を論理計算する演算のことです（表3.6）。初学者は利用する機会もそれほど多くないので、まず先に進みたいという方は、この節を読み飛ばしてもかまいません。

❖表3.6　主なビット演算子
（用例は「元の式→2進数表記の式→2進数での結果→10進数での結果」の形式で表記）

演算子	概要	用例
&	論理積。左右双方のビットが1のときだけ1、さもなくば0	10 & 1 ➡ 1010 & 0001 ➡ 0000 ➡ 0
|	論理和。左右いずれかのビットが1ならば1、さもなくば0	10 | 1 ➡ 1010 | 0001 ➡ 1011 ➡ 11
^	排他的論理和。左右のビットが異なれば1、さもなくば0	10 ^ 1 ➡ 1010 ^ 0001 ➡ 1011 ➡ 11
~（チルダ）	否定。ビットを反転	~10 ➡ ~1010 ➡ 0101 ➡ −11
<<	ビットを左にシフト	10 << 1 ➡ 1010 << 1 ➡ 10100 ➡ 20
>>	ビットを右にシフト	10 >> 1 ➡ 1010 >> 1 ➡ 0101 ➡ 5

ビット演算子は、さらに**ビット論理演算子**と**ビットシフト演算子**とに分類できます。これらの挙動は初学者にとってはわかりにくいため、それぞれの大まかな流れを補足しておきます。

3.5.1　ビット論理演算子

たとえば、図3.12は論理積演算子（&）を利用した演算の流れです。

```
10進数    2進数    10進数
  5   →   0101
  3   →  &0011
          ―――――――
          0001  →   1
```

❖図3.12　ビット論理演算子

このように、ビット演算では、与えられた整数を2進数で表したものを、それぞれの桁について論理演算します。論理積では、双方のビットが1である場合にだけ結果も1、それ以外は0を返します。結果、たとえば図3.12では0001のような値を得られますが、putsなどでの出力はあくまで10進数なので、ここでは1が結果となります。

もう1つ、否定演算子（~）についても見てみましょう（図3.13）。

```
10進数      2進数      10進数
  5    →   ~0101
            ─────────
            1010   →   −6
```

❖図3.13　否定演算子

　否定演算では、すべてのビットを反転させるので、結果は1010（10進数で10）になるように思えます。しかし、結果は（実際に試してみればわかるように）−6です。これは、否定演算子が正負を表す符号も反転させているためです。

　ビット値で負数を表す場合、「ビットを反転させて1を加えたものが、その絶対値となる」というルールがあります。つまり、ここでは「1010」を反転させた「0101」に1を加えた「0110」（10進数では6）が絶対値となり、符号を加味した結果が−6となるわけです。

3.5.2　ビットシフト演算子

　図3.14は、左ビットシフト演算子を使った演算の例です。

```
10進数      2進数      10進数
 10    →   1010
            ─────────    << 2
            101000  →   40
```

❖図3.14　ビットシフト演算子

　ビットシフト演算も、10進数をまず2進数として演算するまでは同じです。そして、その桁を左または右に指定の桁だけ移動します。左シフトした場合、シフトした分、右側の桁を0で埋めます。つまり、ここでは「1010」（10進数では10）が左シフトの結果「1010**00**」となるので、演算結果はその10進数表記である40となります。

3.6 演算子の優先順位と結合則

式に複数の演算子が含まれている場合、これらがどのような順序で処理されるかを知っておくことは重要です。このルールを規定したものが、演算子の**優先順位**と**結合則**です。特に、式が複雑な場合には、これらのルールを理解しておかないと、思わぬところで思わぬ結果に悩まされることになるので注意してください。

3.6.1 優先順位

たとえば、数学の世界で考えてみましょう。「$5 + 4 \times 6$」は、「$9 \times 6 = 54$」ではなく「$5 + 24 = 29$」です。こうなるのは、数学の世界では「+」演算よりも「×」演算を先に計算しなければならないというルールがあるためです。言い換えれば、「×」演算は「+」演算よりも優先順位が高い、ということです。

同様に、Rubyの世界でも、すべての演算子に対して優先順位が決められています。1つの式の中に複数の演算子がある場合、Rubyは優先順位の高い順に演算を行います。

この章ではまだ触れていないものもありますが、まずはこんな演算子もあるんだな、という気持ちで眺めてみましょう（表3.7）。

このようにして見ると、ずいぶんとたくさんあるものです。これだけの演算子の優先順位をすべて覚えるのは現実的ではありませんし、苦労して書いたコードを後で読み返したときに、演算の順序がひと目でわからないようでは、それもまた問題です。

❖表3.7 演算子の優先順位（同じ行の演算子は同順位）

高い ↕ 低い	
	::（クラス内部の定数の参照など）
	[]（配列要素の参照など）
	+（単項）、!、~
	**
	-（単項）
	*、/、%
	+、-
	<<、>>
	&
	|、^
	>、>=、<、<=
	<=>、==、===、!=、=~、!~
	&&
	||
	..、...
	?:（条件演算子）
	=（+=、-=などの複合演算子を含む）
	not
	and、or

そこで、複雑な式を書く場合には、できるだけ丸カッコを利用して、演算子の優先順位を明確にしておくことをお勧めします。丸カッコで囲まれた式は、最優先で処理されます（数学の場合と同じです）。

```
5 * 3 + 4 * 12 ➡ (5 * 3) + (4 * 12)
```

この程度の式であれば、あえて丸カッコを付ける必要性は感じられないかもしれません。しかし、もっと複雑な式の場合は、丸カッコによって優先順位が明確になるので、コードが読みやすくなり、誤りも減ります。丸カッコはうるさくならない範囲で、積極的に利用すべきです。

3.6.2 結合則

　異なる演算子の処理順序を決めるのが優先順位であるとすれば、同じ優先順位の演算子を処理する順序を決めるのが結合則です。**結合則**は、優先順位の同じ演算子が並んでいる場合に、演算子を左から右、右から左のいずれの方向に処理するかを決めるルールです。

　表3.8に、基本的なルールをまとめておきます。

❖表3.8　演算子の結合則

結合性	演算子の種類	演算子
左結合	算術演算子	+、−、*、/、%
	論理演算子	&&、||、and、or
	ビット演算子	&、|、^、<<、>>
右結合	算術演算子	+、−（単項プラス／マイナス）、**（べき乗）
	代入演算子	=（複合演算子を含む）
	比較演算子	?:（条件演算子）
	論理演算子	!、not
	ビット演算子	~
非結合	比較演算子	==、!=、<=>、=~、<、<=、>=、>

　たとえば、次の式は意味的に等価です。

```
5 + 7 − 1  ⟷  (5 + 7) − 1
```

　表3.7、表3.8でも見たように、「+」「−」演算子の優先順位は同じで、かつ、左→右（**左結合**）の結合則を持つので、左から順に処理が行われます。

　一方、右→左（**右結合**）の結合則を持つのは、代入演算子、否定演算子などです。したがって、次の式は意味的に等価です。

```
b = a += 1  ⟷  b = (a += 1)
```

　「=」「+=」演算子は優先順位が等しく、かつ、右結合なので、右のオペランドから順に処理が行われます。ここでは、変数aに1を加えた結果がbに代入されます。

　もう1つ、結合則には**非結合**というルールがあります。比較演算子がこの性質を持ちます。非結合とは、まさに「結合しない」という意味で、同じ優先順位で非結合の性質を持つ演算子を並べた場合には、エラーとなります。

```
a == b == c  ➡  syntax error, unexpected == ~
```

優先順位と比べるとなにか難しそうですが、具体的に見れば、実はごく当たり前のルールであることがわかるはずです。多くの演算子が左→右に処理され、代入が右→左に処理されるのは、ほとんどの人にとってとても自然なことです。非結合だけがやや間違えやすいかもしれませんが、それも（非結合の性質を持つ）比較演算子にさえ気をつければ、それほど混乱することはないでしょう（図3.15）。

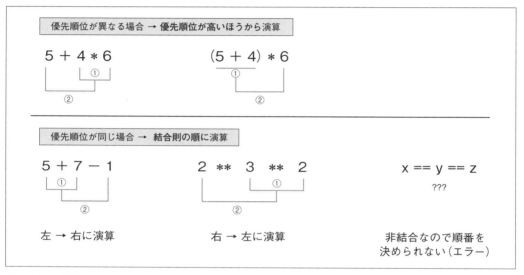

❖図3.15　結合則

☑ この章の理解度チェック

[1] 下表は、Rubyで利用できる演算子についてまとめたものです。 ① ～ ⑤ の空欄を埋めて表を完成させてください。ただし、 ⑤ は3個以上挙げてください。

❖Rubyで利用できる主な演算子

種類	演算子
算術演算子	+、-、*、 ① （べき乗）、/、%
代入演算子	=、 ② （+=、-=、*=、/=など）
比較演算子	>、<、==、>=、<=、!=、 ③ （条件演算子）など
論理演算子	④ （論理積）、||、!など
ビット演算子	⑤

[2] 以下のコードは、代入演算子を利用したものです。コードが終了したときの変数x、y、
data1、data2の値を答えてください。

▶ex_ope.rb

```
x = 5Ø
y = x
x -= 1Ø

data1 = [1Ø, 2Ø, 3Ø]
data2 = data1
data1[1] = 15
```

[3] 以下の文章は、演算子の処理についてまとめたものです。 ① ～ ⑤ の空欄を埋めて、
文章を完成させてください。

> 式の中に複数の演算子が含まれている場合、どのような順序で処理するのかを定義したも
> のが ① と ② です。「x + y * z」では、「x + y」よりも「y * z」のほうが
> ① が ③ ので、「y * z」が先に計算されます。
> また、「x - y + z」では、「+」「-」演算子の ① は ④ で、かつ、左→右の
> ② を持つので、「x - y」が先に計算されます。
> 右→左の ② を持つ二項演算子は、べき乗演算子（**）と ⑤ だけです。

[4] 次のようなコードを実際に作成してください。

① 変数iを2減らす

② 数値10と文字列'20'を数値として加算したものを出力する

③ 配列[2, 4, 6, 8, 10]の内容を変数x、y、zに分割して代入する（ただし、x、yには値を
1つずつ、zには残りの要素をすべて代入するものとする）

④ 変数m、nの中身を入れ替える

⑤ Rational型の値（0.1、3）を乗算し、その結果を浮動小数点数に変換したものを出力する

Column ▶ **アプリケーションフレームワーク「Ruby on Rails」**

アプリケーションフレームワーク（フレームワーク）は、いわゆるアプリの枠組みです。アプリ構築のためのテンプレートであると言ってもよいでしょう。開発者は、フレームワークが提供するテンプレートに対して必要な機能を追加していくだけでアプリを開発できます。

フレームワークを利用することで、いわゆる定型的な骨組みの部分を一からコーディングしなくても済むようになるので、開発の生産性が向上します。また、統一されたテンプレートの下で作業を進められるため、コードの一貫性や品質の均一性も維持しやすくなります。コードに一貫性があるということは、アプリの可読性が向上するということでもありますし、なにかしら変更があった場合にも修正がしやすいというメリットにもつながります。

Rubyには、このような目的のフレームワークがさまざまに用意されています（表3.A）。

❖表3.A Rubyで利用できる主なフレームワーク

名前	概要
Ruby on Rails (`https://rubyonrails.org/`)	MVCアーキテクチャーに基づく、フルスタックなフレームワーク
Sinatra (`http://sinatrarb.com/`)	ドメイン固有言語を駆使して、簡潔な記述を旨としたフレームワーク
Padrino (`http://padrinorb.com/`)	Sinatraベースに、機能を追加したフレームワーク
Cuba (`https://cuba.is/`)	シンプルな構造が特徴のマイクロフレームワーク
HANAMI (`https://hanamirb.org/`)	柔軟な拡張性を特徴とするフレームワーク

中でも、**Ruby on Rails**（以降、**Rails**）はその代表格です。フレームワーク単体としての知名度は言うまでもなく、

- CoC：Convention over Configuration（設定よりも規約）
- DRY：Don't Repeat Yourself（同じ記述を繰り返さない）

などの設計哲学は、他のフレームワーク、他の言語にすら強く影響を及ぼしています。

また、Railsはアプリ開発のためのライブラリはもちろん、コード生成のためのツールや動作確認のためのサーバーをひとまとめにしたフルスタック（全部入り）のフレームワークでもあります。つまり、Rails1つをインストールするだけでアプリ開発のための環境がすべて整います。学習の題材としても、Railsを学ぶことでフレームワークのよくある機能を遍く学べる点も魅力的です。

本書では、Railsに関してこれ以上は触れないので、詳細は拙著『Ruby on Rails 5アプリケーションプログラミング』（技術評論社）などの専門書を参照してください。

Chapter **4**

制御構文

一般的に、プログラムの構造は以下のように分類できます。

- **順次（順接）**：記述された順に処理を実行
- **選択**　　　　：条件によって処理を分岐
- **反復**　　　　：特定の処理を繰り返し実行

順次／選択／反復を組み合わせながらプログラムを組み立てていく手法のことを**構造化プログラミング**と言い、多くのプログラミング言語の基本的な考え方となっています。そして、それはRubyでも例外ではなく、構造化プログラミングのための制御構文を標準で提供しています。本章では、これらの制御構文について解説していきます。

4.1　条件分岐

ここまでのプログラムは、記述された順に処理を実行していくだけでした（いわゆる順次です）。しかし、実際のアプリでは、ユーザーからの入力値や実行環境、その他の条件に応じて、処理を切り替えるのが一般的です。いわゆる構造化プログラミングの「選択」です。

本節では、条件分岐構文に属するif、unless、caseという命令について、順に見ていくことにします。

4.1.1　if命令 —— 単純分岐

ifは、与えられた条件が真偽いずれであるかによって、実行すべき処理を決める命令です。その名の通り、「もしも～だったら…、さもなくば…」という構造を表現しているわけです。

構文 if命令

```
if 条件式
  ...条件式が真のときに実行する処理...
else
  ...条件式が偽のときに実行する処理...
end
```

具体的なサンプルも見てみましょう。リスト4.1は、変数iの値が10であった場合に「変数iは10です。」というメッセージを、そうでなかった（＝変数iが10でなかった）場合に「変数iは10ではありません。」というメッセージを表示します。

```
i = 10

if i == 10
  puts '変数iは10です。'
else
  puts '変数iは10ではありません。'
end       # 結果：変数iは10です。
```

変数iを10以外の値に書き換えて実行すると、「変数iは10ではありません。」というメッセージが表示されることも確認してみましょう。

このように、if命令では、指定された条件式が真である場合にはif配下の命令を、偽である場合にはelse配下の命令を、それぞれ実行します。

> *note* この程度の分岐であれば、条件演算子を利用してもかまいません。次のコードは、リスト4.1のif命令（❶）を条件演算子で書き換えたものです。
>
> ```
> puts i == 10 ? '変数iは10です。' : '変数iは10ではありません。'
> ```

変数iが10である場合にだけ処理を実行したい場合には、リスト4.2のようにelse以降を省略してもかまいません。

▶リスト4.2　if_noelse.rb

```
i = 10
if i == 10
  puts '変数iは10です。'
end       # 結果：変数iは10です。
```

◆if命令でのさまざまな表現

まずは上記がif命令の基本的な記法ですが、その他にも以下のような記法があります。適材適所を知るという意味でも、他人が書いたコードを理解する、という意味でも、表現の幅を広げておくことは無駄ではありません。

（1）thenの記述

条件式の後方には任意のthenを記述することもできますが、冗長なだけなので、一般的には略記します（リスト4.3）。

▶リスト4.3 if_then.rb

```
if i == 10 then
  puts '変数iは10です。'
else
  puts '変数iは10ではありません。'
end
```

if命令を1行で表す場合だけは、thenは省略できません（条件式と本体を区別するためです）。

```
if i == 10 then puts '変数iは10です。' else puts '変数iは10ではありません。'end
```

ただし、1.4.4項で触れた理由からも、複数の文を1行でまとめるのは良い習慣ではありません。このような例であれば、先ほども触れた条件演算子を利用したほうがコードの意図は明確になります。まずは、「このような書き方もある」という程度に記憶しておけば十分でしょう。

（2）後置if命令

else節がないのであれば、後置if構文（if修飾子とも言います）を利用することで短い分岐をシンプルに表現できます（リスト4.4）。

▶リスト4.4 if_after.rb

```
puts '変数iは10です。' if i == 10
```

後置if構文では、条件式が真の場合に先頭の命令を実行します。

構文 if命令（後置構文）

真のときに実行する処理 if 条件式

前置／後置いずれもそれほどコード量に変化がないと思われるかもしれません。しかし、コードの読みやすさに差があります。

前置構文では「条件●○が正しければ▲△しなさい」のように、条件式が表現の主となります。しかし、後置構文では「▲△しなさい。ただし、条件●○が正しければね！」のように、処理そのものが主となります（条件式はあくまで付随的な情報です）。いずれの構文も機能は同じですが、「コードを読んで、いずれがよりスムーズに把握できるか」という観点で使い分けるとよいでしょう。

（3）if式

ifは、式として利用することもできます。つまり、値を返し、変数に代入することが可能です（リスト4.5）。

```
i = 10

message = if i == 10
  '変数iは10です。'
else
  '変数iは10ではありません。'
end
puts message           # 結果：変数iは10です。
```

if式では、最後に評価された値を返します。上の例であれば「変数iは10です。」がif式の値であり、変数messageに代入されます。

4.1.2 if命令 —— 多岐分岐

elsifを利用することで、「もしも〜だったら…、〜であれば…、いずれでもなければ…」という多岐分岐も表現できます（elsifはelseifでもelse ifでもありません！）。

構文 if...elsif命令

```
if 条件式1
  ...条件式1が真のときに実行する処理...
elsif 条件式2
  ...条件式2が真のときに実行する処理...
...
else
  ...条件式1、2...がいずれも偽のときに実行する処理...
end
```

elsif節は、分岐の数だけ列記できます。具体的な例も見てみましょう（リスト4.6）。

▶リスト4.6 if_else.rb

```
i = 100

if i > 50
  puts '変数iは50より大きいです。'
elsif i > 30
  puts '変数iは30より大きいです。'
else
  puts '変数iは30以下です。'
end
```

変数iは50より大きいです。

ただし、この結果に疑問を感じる人もいるかもしれません。変数iは、条件式「i > 50」にも「i > 30」にも合致するのに、表示されるメッセージは「変数iは50より大きいです。」だけ。メッセージ「変数iは30より大きいです。」も表示されるのではないでしょうか。

結論から言ってしまうと、ここで示したものが（当然ながら）正しい結果です。というのも、if...elsif命令では、

複数の条件に合致しても、実行されるのは最初に合致した1つだけ

だからです。つまり、ここでは条件「i > 50」に最初に合致するので、それ以降の条件式は無視されます。

したがって、リスト4.7のようなコードは意図した結果にはなりません。

▶リスト4.7　if_else2.rb

```ruby
i = 100

if i > 30
  puts '変数iは30より大きいです。'
elsif i > 50
  puts '変数iは50より大きいです。'
else
  puts '変数iは30以下です。'
end
```

変数iは30より大きいです。

この場合、変数iは最初の条件式「i > 30」に合致してしまうため、次の条件式「i > 50」はそもそも判定すらされないのです。elsifを利用する場合には、条件式を範囲の狭いものから順に記述してください（図4.1）。

note 別解として、リスト4.7の太字部分を「i > 30 && i <= 50」のように書き換えても動作します。しかし、あえて条件式を複雑にするよりも、リスト4.6のように正しい順序で記述したほうがコードも簡潔になりますし、思わぬ間違いも防げるでしょう。

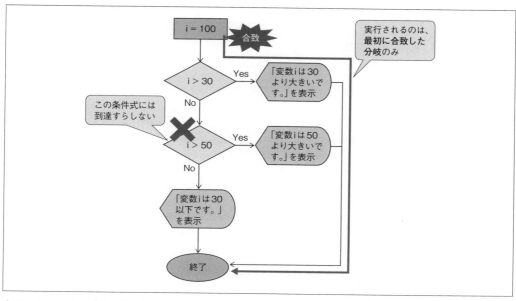

❖図4.1　if命令（複数分岐の注意点）

4.1.3　if命令 ── 入れ子構造

　if命令は、互いに入れ子にすることもできます。たとえばリスト4.8は、図4.2のような分岐を表現する例です。

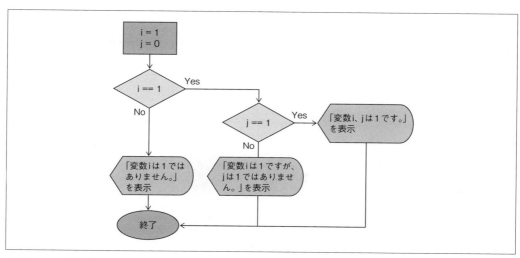

❖図4.2　if命令（入れ子）

▶リスト4.8　if_nest.rb

```
i = 1
j = 0

if i == 1
  if j == 1
    puts '変数i、jは1です。'
  else
    puts '変数iは1ですが、jは1ではありません。'
  end
else
  puts '変数iは1ではありません。'
end
```

❷ 内側のif命令
❶ 外側のif命令

実行結果

変数iは1ですが、jは1ではありません。

　このように制御命令同士を入れ子に記述することを**ネストする**と言います。ここでは、if命令のネストについて例示しましたが、後述するwhile、forなどの制御命令でも同じようにネストは可能です。

　ネストの深さに制限はありませんが、コードの読みやすさ、テストの容易性という意味では、あまりに深いネストは避けるべきです。また、ネストに応じてインデント（字下げ）を付けることで階層を視覚的に把握できるので、コードの可読性が向上します。構文規則ではありませんが、心がけておくとよいでしょう。

4.1.4　unless命令 —— 否定の条件式

　条件式が真の場合に命令を実行するifに対して、条件式が偽の場合に実行するunlessも用意されています。

構文 unless命令

```
unless 条件式
  ...条件式が偽のときに実行する処理...
else
  ...条件式が真のときに実行する処理...
end
```

たとえばリスト4.9は、変数iが10でない場合にだけメッセージを表示する例です。

▶リスト4.9　unless_basic.rb

```ruby
x = 11

unless x == 10
  puts '変数xが10ではありません！'
end          # 結果：変数xが10ではありません！
```

コードが格段に短くなるわけではありませんが、「否定」は人間の頭にとって把握しにくいものです。条件式から否定を取り除き、できるだけ人間の思考に近い形で表現することで、コードを読みやすくでき、結果、論理的なバグも減らせます。

なお、unless命令でもelseは利用できますが、否定の否定はかえってコードをわかりにくくするので、利用すべきではありません（if...elseを利用するほうがはるかに直感的です）。ちなみに、elsifに相当するelsunlessのような表現はありません。

◆unless式と後置unless

unlessでも、ifと同じく、式構文／後置構文を利用できます。

（1）unless式

unless式（リスト4.10の太字部分）は、戻り値として最後に評価された値を返します。評価される値がない場合には、nilが返されます。

▶リスト4.10　unless_exp.rb

```ruby
x = 11

message = unless x == 10
  '変数xが10ではありません！'
end
puts message          # 結果：変数xが10ではありません！
```

（2）後置unless

処理すべき命令が1つの場合、後置構文のほうがコードはシンプルになります。たとえばリスト4.11は、リスト4.10を後置構文で書き換えた例です。

▶リスト4.11　unless_after.rb

```
x = 11
puts '変数xが10ではありません！' unless x == 10
            # 結果：変数xが10ではありません！
```

unless修飾子とも言います。

4.1.5　case...when命令 ── 多岐分岐

　ここまでの例を見てもわかるように、if／unless命令を利用することで、シンプルな条件分岐から複雑な条件分岐までを自在に表現できます。しかし、リスト4.12のような例ではどうでしょうか。

▶リスト4.12　case_pre.rb

```
rank = '甲'

if rank == '甲'
  puts '大変良いです。'
elsif rank == '乙'
  puts '良いです。'
elsif rank == '丙' || rank == '丁'
  puts 'がんばりましょう。'
else
  puts '？？？'
end          # 結果：大変良いです。
```

　「変数 == 値」の条件式が同じように並んでいるため、見た目にも冗長に感じます。このようなケースでは、case...when命令を利用すべきでしょう。case...when命令を利用することで、「等価演算子による多岐分岐」をよりすっきりと表現できるようになります。

構文 case...when命令

```
case 式
  when 値1
    ...式が値1の場合に実行する処理...
  when 値2
    ...式が値2の場合に実行する処理...
  ...
  else
    ...すべての値に合致しない場合に実行する処理...
end
```

リスト4.13は、先ほどのコードをcase...when命令で書き換えたものです。

▶リスト4.13　case_basic.rb

```
rank = '甲'

case rank
  when '甲'
    puts '大変良いです。'
  when '乙'
    puts '良いです。'
  when '丙', '丁' ─────────────────────────────────── ❶
    puts 'がんばりましょう。'
  else
    puts '？？？'
end        # 結果：大変良いです。
```

　when節の値は、カンマ区切りで複数列挙することも可能です。❶の例であれば、変数rankが丙、または丁である場合に、配下の命令を実行します。

　構文上、else節は必須ではありませんが、どのwhen節にも合致しなかった場合の挙動をあいまいにしないという意味で、省略すべきではありません。

◆thenキーワード

　if命令と同じく、when節の後方にthenキーワードを置くことで、when節を1行にまとめることもできます（リスト4.14）。

▶リスト4.14　case_then.rb

```
rank = '甲'

case rank
  when '甲'      then puts '大変良いです。'
  when '乙'      then puts '良いです。'
  when '丙', '丁' then puts 'がんばりましょう。'
  else puts '？？？'
end        # 結果：大変良いです。
```

　when節の配下が1文である場合には、コードがいくらかすっきりしますし、条件値が一望しやすくなります。

◆when節の値

より厳密には、case命令は、式と値を（「==」演算子ではなく）「===」演算子で比較します。「===」演算子は、when値が数値や文字列である場合には、「==」演算子と同じく同値であることを判定しますが、特定の型では判定ルールが変化します。

具体的には、以下のような型です（Regexp、Set、Methodなどの詳細は対応する節で改めるので、まずはコード内のコメントから大まかな流れを把握してください）。

（1）Range型

Rangeは値範囲を表すための型です。たとえば60..100であれば、60以上100以下という値範囲を意味します。

when節に対してRange型を渡した場合には、式の値がRangeの範囲内に収まっているかを判定します（リスト4.15）。

▶リスト4.15　case_range.rb

```
point = 62

case point
  when 60..100
    puts '合格'
  when 0..59
    puts '不合格'
  else
    puts '？？？'
end        # 結果：合格
```

（2）Module／Class型

when節に対して、Module／Class型（型名）を渡した場合には、値がその型、もしくは派生型（9.2.1項）であるかを判定します（リスト4.16）。

▶リスト4.16　case_class.rb

```
value = 'Hoge'

case value
  when String
    puts '文字列です。'
  when Integer
    puts '整数です。'
  else
```

```
    puts 'それ以外'
end          # 結果：文字列です。
```

(3) Regexp型

when節に対してRegexp型（7.1.2項）を渡した場合には、値が正規表現パターンにマッチするか
を判定します（リスト4.17）。

▶リスト4.17　case_regexp.rb

```
rank = '甲'

case rank
  # 甲、または乙か
  when /甲|乙/
    puts '合格！'
  # 丙、または丁か
  when /丙|丁/
    puts '不合格...'
  else
    puts '？？？'
end          # 結果：合格！
```

(4) Set型

Set（6.2節）は値の集合を表す型です。when節に対してSet型を渡した場合には、式の値がSet
（集合）に含まれるかを判定します（リスト4.18）。

▶リスト4.18　case_set.rb

```
require 'set'

lang = 'Ruby'
case lang
  when Set['PHP', 'Ruby', 'Python']
    puts 'インタプリター方式です。'
  when Set['Java', 'C#', 'C++']
    puts 'コンパイル方式です。'
  else
    puts '？？？'
end          # 結果：インタプリター方式です。
```

（5）Method型

Methodは、メソッド本体を表す型です。when節に対してMethod型を渡した場合には、メソッドを実行した戻り値が真であるかを判定します（リスト4.19）。

▶リスト4.19　case_method.rb

```
# 引数sexがmaleであるかを判定（def命令は8.1.1項を参照）
def male?(sex)
  sex == 'male'
end

# 引数sexがfemaleであるかを判定
def female?(sex)
  sex == 'female'
end

member = { name: '五右衛門', sex: 'male' }
case member[:sex]
  # male?(member[:sex])がtrueの場合
  when method(:male?) ────────────────────────────────── ❶
    puts '男性です。'
  # female?(member[:sex])がtrueの場合
  when method(:female?)
    puts '女性です。'
  else
    puts 'その他です。'
end          # 結果：男性です。
```

method(:male?)は、「male?メソッドを表すMethod型を生成する」という意味です。Method型の===演算子は、右辺を引数としたメソッド呼び出しを意味するので、たとえば、❶はmale?(member[:sex])という意味になります。

（6）条件式

case節に式を渡さない場合、when節に条件式を指定することも可能です（リスト4.20）。この場合、if...elsif命令と同じく、最初に真となった節が実行されます（ただし、このように表すくらいならば、if...elsif命令のほうが素直です）。

▶リスト4.20　case_cond.rb

```ruby
point = 62

case
  when point >= 60
    puts '合格'
  when point < 60
    puts '不合格'
end         # 結果：合格
```

◆case式

if／unless命令と同じく、caseも式として扱うことが可能です（リスト4.21）。

▶リスト4.21　case_exp.rb

```ruby
rank = '甲'

puts case rank
  when '甲'
    '大変良いです。'
  when '乙'
    '良いです。'
  when '丙', '丁'
    'がんばりましょう。'
  else
    '？？？'
end         # 結果：大変良いです。
```

caseの戻り値は最後に評価された式の値です。この例であれば、case式からの戻り値をそのまま putsメソッドに渡して、出力しています。

▌4.1.6　パターンマッチング　3.0

パターンマッチングとは、配列／ハッシュなどの構造をチェックし、分岐するための構文です。 case...inで表します（case...when命令と見た目こそは似ていますが、あくまで双方は別ものです）。 Ruby 2.7で実験的に導入され、3.0で正式リリースしました。

概要だけではわかりにくいと思うので、まずは具体的な例から確認します（リスト4.22）。

▶リスト4.22　pattern_basic.rb

```
list = ['Ruby', 'Python', 'PHP']

case list
  in ['Java', 'C#', 'Visual Basic']
    puts 'コンパイル方式'
  in ['Ruby', 'Python', 'PHP']
    puts 'インタプリター方式'
  in ['Kotlin', 'TypeScript']
    puts 'トランスコンパイル方式'
end         # 結果：インタプリター方式
```

case冒頭の式とinの値とが比較されて、一致した節が実行されるわけです。これ自体は、ほとんどcase...when命令の世界です。

> note 正しくは、すべての条件値に合致しなかった場合の挙動が異なります。case...when命令ではnilを返すだけですが、case...in命令ではNoMatchingPatternError例外が発生します。

では、次の例ではどうでしょう（リスト4.23）。

▶リスト4.23　pattern_variable.rb

```
list = ['Ruby', 'Python', 'PHP']

case list
  in ['Java', 'C#', another]                         ——❶
    puts "コンパイル方式：#{another}など"
  in ['Ruby', 'Python', another]                     ——❷
    puts "インタプリター方式：#{another}など"
  in ['Kotlin', another]
    puts "トランスコンパイル方式：#{another}など"
end         # 結果：インタプリター方式：PHPなど
```

ポイントは太字の部分で、in条件値の中に変数（ここではanother）が含まれています。これで、たとえば❶であれば

　　「Java」「C#」＋任意の要素

という意味になります（図4.3）。

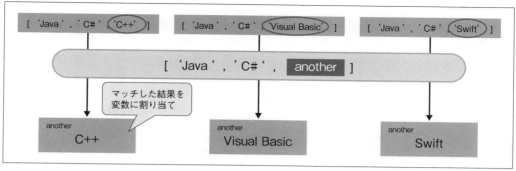

❖図4.3　パターンマッチング

　この例であれば、変数listは「Ruby、Python、任意の要素（another）」で表された❷にマッチします。in条件値に含まれた変数には、そのままマッチした値が渡され、配下の節で参照できる点にも注目です。

　このようにcase...in命令を利用することで、値の組み合わせパターンを照合し、処理を分岐できるわけです。パターンマッチとは、まずは「パターンの照合」と「照合結果の取り出し（代入）」のための機能と考えればよいでしょう。

　本項では、さらに踏み込んでいくつかの例を紹介していきますが、あとはパターンの表現方法（マッチング条件と値の取得方法）が変化していくだけです。

◆ハッシュのマッチング

　前項の例では配列を例にしましたが、同様にハッシュをパターンマッチングすることも可能です（リスト4.24）。ただし、キーに利用できるのはシンボルだけである点に注意してください（たとえば文字列などは不可です）。

▶リスト4.24　pattern_hash.rb

```
result = { status: :done, value: '完了' }

puts case result
  in { status: :done, value: value } ────────────────── ❶
    value
  in { status: :waiting } ─────────────────────── ❷
    '...実行中...'
end        # 結果：完了
```

この例であれば、以下の判定を実施します。

❶ statusキーが:doneで、valueキー（値はなんでもよい）を持つか

❷ statusキーが:waitingであるか

ハッシュのマッチングは部分マッチなので、たとえばstatus、value以外のキーがあってもかまいません。

```
result = { status: :done, value: '完了', memo: '...' } ───── これでも❶にマッチ
```

> *note* もしもハッシュを完全マッチさせたい場合には、末尾に「**nil」を追加します（以下は❶の書き換えです）。
>
> ```
> in { status: :done, value: value, **nil }
> ```

◆パターンには型、範囲も指定できる

パターンには、リテラルだけでなく、型／範囲（Range）、「|」（or）なども指定できます。リスト4.25で、具体的な例も見てみましょう。

▶リスト4.25　pattern_cond.rb

```
case [85, 625, 124]
  in [Integer, 100..999, 124|125]
        ❶        ❷        ❸
    puts 'Match!!'
end          # 結果：Match!!
```

❶Integer型であること、❷100〜999の範囲であること、❸124または125であることをそれぞれ意味しています。さらに、❶と❸を組み合わせて「Integer | String」のような表現も可能です。これらの記法を利用することで、パターンの表現幅はぐんと広がるので、諸々試してみるとよいでしょう。

◆要素の有無だけを判定する

要素の有無だけに関心があって、その値を取得する必要がない場合には「_」を利用します。たとえば以下の例であれば、「2、4番目の要素がそれぞれ625、830であること」「1、3、5番目になんらかの要素があること」を判定します（リスト4.26）。

```
case [85, 625, 124, 83Ø, 227]
  in [_, 625, _, 83Ø, _]
     puts '2番目が625、4番目が83Ø'
end          # 結果：2番目が625、4番目が83Ø
```

「_」はハッシュでも利用できます。リスト4.27の例であれば、「publisherキーが翔泳社で、title
キーが存在する」ハッシュにマッチします。

▶リスト4.27　pattern_ignore_hash.rb

```
case { title: '独習Python', publisher: '翔泳社' }
  in { title: _, publisher: '翔泳社' }
     puts '翔泳社の本です。'
end          # 結果：翔泳社の本です。
```

◆配列の残りの要素を取得する

「*変数名」で、配列の残りの要素を表すことができます（リスト4.28）。

▶リスト4.28　pattern_rest.rb

```
case [85, 625, 124, 83Ø, 227]
  in [85, 625, *rest]
     puts rest
end          # 結果：124、83Ø、227
```

この例であれば、「*rest」に「85,625」以降の値がまとめて反映されます。

「*変数名」は、配列の途中に置くこともできます。リスト4.29の例であれば「85,625」と「227」
の間に挟まれた要素（124、830）が変数restに反映されます。

▶リスト4.29　pattern_rest2.rb

```
case [85, 625, 124, 83Ø, 227]
  in [85, 625, *rest, 227]
     puts rest
end          # 結果：124、83Ø
```

note Ruby 2.7では、1つのパターンに複数の「*変数名」を配置することはできませんでした（あいまいさを避けるためです）。しかし、Ruby 3.0では、リスト4.Aのように先頭／末尾に配置する場合に限って、複数の「*変数名」を認識できるようになりました（**Findパターン**）。

▶リスト4.A　pattern_rest_find.rb

```
case [85, 625, 124, 830, 227]
  in [*first, 625, 124, *last]
    p first        # 結果：[85]
    p last         # 結果：[830, 227]
end
```

ただし、Ruby 3.0の時点では、Findパターンは実験的機能の扱いで、「warning: Find pattern is experimental, and the behavior may change in future versions of Ruby!」のような警告が発生します。

　残りの要素を無視してもよい（＝変数に代入しない）場合には、単に「*」としてもかまいません（いわゆる配列の部分マッチです）（リスト4.30）。

▶リスト4.30　pattern_rest3.rb

```
case [85, 625, 124, 830, 227]
  in [85, *]
    puts '85でスタート'
end          # 結果：85でスタート
```

◆ハッシュの残りの要素を取得する

　同じく、「**変数名」でハッシュの残りの要素を表すことができます（リスト4.31）。ただし、配列と違って、「**変数名」はパターンの末尾にしか指定できません（ハッシュのキーに順番はないので、「●○の前／後」という指定には意味がありません）。

▶リスト4.31　pattern_rest_hash.rb

```
case { status: :done, code: '138', value: '...実行結果...' }
  in { status: :done, **rest }
    puts rest
end          # 結果：{:code=>"138", :value=>"...実行結果..."}
```

◆キーと同名の変数に代入する

　in条件値でハッシュのキー名と代入すべき変数とが同名の場合には、以下のように変数を省略でき

ます。よって、リスト4.24の❶は、以下のように表しても同じ意味です（マッチしたvalueキーの値
は、同名の変数valueに反映されます）。

```
in { status: :done, value: }
```

◆if／unless節でマッチング条件をさらに絞り込む

配列／ハッシュの構造だけでなく、その値そのものでも絞り込みたい場合、in条件値の後方に、if／
unless節（ガード条件）を付与することもできます（リスト4.32）。

▶リスト4.32　pattern_guard.rb

```
case { title: '独習Java 新版', price: 2980 }
  in { title: '独習Java 新版', price: } if price < 3000
    puts "お値段は#{price}円です！"
end        # 結果：お値段は2980円です！
```

◆マッチング結果を変数に代入する

「=>」を利用することで、マッチングした構造の一部（または全体）を変数に代入できます。た
とえばリスト4.33は、マッチしたauthorsキーの値（配列）を変数authorsに反映する例です。

▶リスト4.33　pattern_assign.rb

```
case { title: '独習Java 新版', publisher: '翔泳社',
       authors: ['山田太郎', '鈴木次郎'] }
  in { title: _, publisher: '翔泳社', authors: ['山田太郎', *] => authors }
    puts authors
end        # 結果：山田太郎、鈴木次郎
```

もちろん、authors配列配下の「鈴木次郎」だけを取得したいならば、in条件値は、これまでと同
じく、以下のように表せます。

```
in { title: _, publisher: '翔泳社', authors: ['山田太郎', name] }
```

また、マッチしたハッシュ全体を取得したいならば、以下のように表します（この例であれば、
ハッシュ全体がbookに反映されます）。

```
in { title: _, publisher: '翔泳社', authors: ['山田太郎', *] } => book
```

◆ 補足 パターンマッチングの省略構文

分岐を伴わない ―― マッチング結果の代入だけを意図しているならば、パターンマッチングを
1行で表すこともできます（リスト4.34）。

▶ リスト4.34　pattern_omit.rb

```
book = { title: '独習Java 新版', publisher: '翔泳社',
  authors: ['山田太郎', '鈴木次郎'] }
book => { title:, authors: }


puts title          # 結果：独習Java 新版
puts authors        # 結果：山田太郎、鈴木次郎
```

「値 => パターン」の形式で、マッチした結果が右辺の変数に代入されるわけです（**右代入**などと
も呼ばれます）。いわゆる多重代入（3.2.4項）のハッシュ版と言ってもよいでしょう（ただし、配列
でも利用できます）。

 note　パターンマッチングはRuby 3.0で正式リリースされましたが、右代入はExperimental（実験
的）の扱いです。将来のバージョンで、仕様も変化する可能性があります。

4.1.8　補足 条件式を指定する場合の注意点

条件分岐に限らず、制御構文を扱うようになると、条件式の記述は欠かせません。以下では、条件
式を表す場合に注意しておきたい点を、いくつかまとめておきます。

(1)「10 == i」という書き方

比較演算子は＝ではなく==である点に注意してください。言語によっては、

```
if i = 10
```

のような条件式を認めるものもあるため（そして、それはたいてい誤りです）、人によっては、意図
して以下のようなコードを書く場合もあります。

```
if 10 == i
```

このようにすることで、誤って「10 = i」とした場合にも、数値リテラル（10）に変数を代入でき
ず、文法エラーとなるからです。

しかし、Rubyではそもそも条件式の「i = 10」に対して「 found `= literal' in conditional, should be ==」（条件式では==とすべき）のような警告を返します。あえて「10 == i」といった一見して特異な式を表す必要はありません（特別な意図があるのではないかと勘繰られてしまうため、むしろ「読みにくいコード」となります）。

（2）true／false値を「==」で比較しない

ここまで漠然と説明してきましたが、真偽とtrue／falseとは正確には異なるものです。Rubyではnil、falseだけが偽を表す値で、trueを含むその他の値——たとえば108のような数値、"xyz"のような文字列はすべて真です。true／falseは真偽を表す代表的な値ですが、それがすべてではないわけです。

よって、条件式で以下のようなコードを書くべきではありません。

```
if flag == true ────────────────────────────────── ❶
```

flagがtrue／falseであるならば、単に

```
if flag ～ ───────────────────────────────────── ❷
```

と書けば十分だからです。そもそもflagが10などの数値であれば❶は偽となりますし、❷は真です。変数の真偽だけに関心があるのならば、❷のように表すのが妥当でしょう（同じく、「flag == false」は「!flag」と表すべきです）。

 note そもそも論としては、「==」「!=」などによる比較そのものを避けるべきです。たとえば、偶数であるかを判定するために「num % 2 == 0」とするよりも、偶数かを判定するeven?のようなメソッドを設けたほうがコードは明快になるからです（メソッドの定義については第8章で改めます）。
同様に、nilであるかをチェックするのに「num == nil」という書き方は避けてください。標準のメソッドとしてnil?があるので、「num.nil?」とします。

（3）条件式からはできるだけ否定を取り除く

論理演算子は、複合的な条件を表すのに欠かせませんが、時として、思わぬバグの温床ともなるので要注意です。特に否定＋論理演算子の組み合わせは一般的に混乱のもとなので、できるだけ肯定表現に置き換えるべきです。

```
# flag1／flag2がいずれも真でない場合
if !flag1 && !flag2 ～
```

このような場合に利用できるのが**ド・モルガンの法則**です。一般的に、以下の関係が成り立ちます。

```
!A && !B == !(A || B)
!A || !B == !(A && B)
```

　上の関係が成り立つことは、ベン図を利用することで簡単に証明できます（図4.4）。

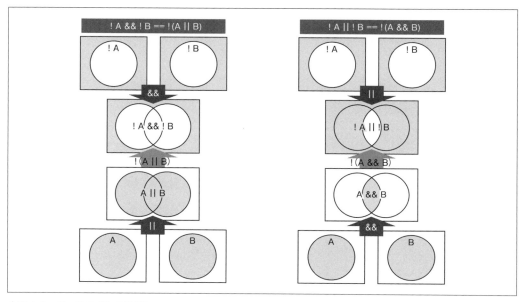

❖図4.4　ド・モルガンの法則

　ド・モルガンの法則を利用することで、先ほどの条件式は以下のように書き換えられます。否定同士の論理積に比べると、ぐんと意味が取りやすくなったと思いませんか。

```
if !(flag1 || flag2) ～
```

　ここまで来たら、あと少しです。ifの代わりにunlessを利用することで、さらに否定を取り除けます。

```
unless flag1 || flag2 ～
```

練習問題　4.1

[1] 条件分岐構文（if命令）を使って、90点以上であれば「優」、70点以上であれば「良」、50点以上であれば「可」、それ未満の場合は「不可」と表示するコードを作成してください。点数が75点であった場合の結果を表示させてください。

[2] 条件式「!X && !Y」を「!(X || Y)」に置き換えられることを、ベン図を使って証明してみましょう。

4.2 繰り返し処理

　条件分岐と並んでよく利用されるのが**繰り返し処理** —— 構造化プログラミングで言うところの「反復」です（図4.5）。Rubyではwhile／until／forといった繰り返し命令が用意されており、条件式、リスト、指定回数などに基づいて、繰り返し処理を実行できます。個々の構文だけでなく、それぞれの特徴を理解しながら学習を進めていきましょう。

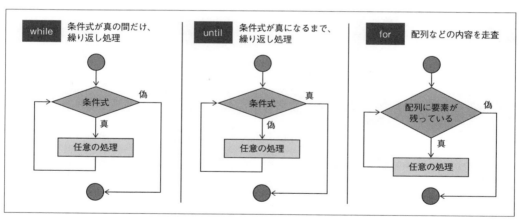

❖図4.5　繰り返し処理

> *note* ただし、Rubyで本格的にコードを記述するうえで、繰り返し構文（特にfor）を利用する機会はあまりありません。というのも、Rubyではより目的特化した繰り返しのためのメソッドを用意しているからです。
> 本節では「繰り返しの構造を理解する」「他の人が書いた繰り返し構文も読めるようにする」ことを目的としていますが、一般的には専用メソッドを優先して利用する、と覚えておいてください。

4

制御構文

4.2.1 条件式が真の間だけ処理を繰り返す —— while 命令

while命令を利用することで、条件式が真である間だけ、配下の処理を繰り返すことができます。最も原始的な繰り返し命令です。

構文 while命令

```
while 条件式
  ...条件式が真である間、繰り返し実行すべき処理...
end
```

たとえばリスト4.35は、変数iの値が1〜5で変化する間、処理を繰り返し実行するコードです。

▶リスト4.35　while_basic.rb

```
i = 1

while i < 6
  puts "#{i}番目のループです。"
  i += 1
end
```
 ❶

実行結果

```
1番目のループです。
2番目のループです。
3番目のループです。
4番目のループです。
5番目のループです。
```

この例では、繰り返しの対象は❶のコードです。変数iをインクリメント（加算）しながら、その値を順に出力しています。変数iが6以上になったところで、whileループは終了します。

> *note* 既出のif／unless、caseと同じく、whileを式として扱うこともできます。ただし、while式は、既定ではnilを返します。意味ある戻り値を返すには、break命令を利用してください。詳しくは4.4.1項で改めます。

◆ (補足) 無限ループ

無限ループとは、永遠に終了しない——終了条件が偽にならないループのことです（図4.6）。たとえばリスト4.35から「i += 1」を削除、またはコメントアウトしてみましょう。「1番目のループです。」というメッセージが延々と表示され、終了しなくなってしまうはずです（その場合、Ctrl + C で強制終了してください）。

リスト4.35での終了条件は「i < 6」がfalseになること、つまり、変数iが6以上になることですが、「i += 1」を取り除いたことで、変数iが1のまま変化せず、ループを終了できなくなっているのです。

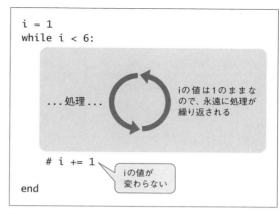

❖図4.6　無限ループ

このような無限ループは、コンピューターへの極端な負荷の原因ともなり、（アプリだけでなく）コンピューターそのものをフリーズさせる原因にもなります。繰り返し処理を記述する際には、まずループが正しく終了できるのか、条件式を確認してから実行するようにしましょう。

 プログラミングのテクニックとして、意図的に無限ループを発生させることもあります。しかし、その場合も必ずループの脱出ルートを確保しておくべきです。手動でループを脱出する方法については、4.4節で詳しく解説します。

◆ 後置while

条件式を繰り返すべき処理の後方に記述する、後置構文もあります。簡単な繰り返しを1行で表す場合に便利な構文です（リスト4.36）。

▶リスト4.36　while_after.rb

```
str = ''
str += '●' while str.length < 10
puts str          # 結果：●●●●●●●●●●
```

lengthメソッドは、文字列の長さ（文字数）を返します。この例であれば文字列strの長さが10になるまで、strに●を追加し続けます。結果、10個の●から成る文字列が生成されます。

後置whileは、**while修飾子**と呼ばれる場合もあります。

◆後置while（begin...end）

begin...endでくくることで、複数の命令を束ねることもできます。リスト4.37は、begin...endで束ねた命令に対して、後置whileを付与した例です。

▶リスト4.37　while_begin.rb

```
i = 1

begin
  puts "#{i}番目のループです。"
  i += 1
end while i < 6
```

実行結果

```
1番目のループです。
2番目のループです。
3番目のループです。
4番目のループです。
5番目のループです。
```

リスト4.35と同じ結果を得られることが確認できます。

ただし、begin...endと後置whileの組み合わせは、厳密には、前置whileとは異なる挙動を取ります。試しに、リスト4.35とリスト4.37の先頭行を以下のように書き換えてみましょう。

```
i = 1 ➡ i = 6
```

ループの継続条件式（i < 6）が最初から偽になるパターンです。この場合、リスト4.37では「6番目のループです。」というメッセージが一度だけ表示されますが、リスト4.35ではなにも表示されません。

これは、前置whileがループの先頭で条件式を判定（前置判定）するのに対して、後置while + begin...endではループの末尾で条件式を判定（後置判定）するからです（図4.7）。このため、条件式が最初から偽であるために、前置whileは一度もループを実行しませんが、後置while + begin...endでは最低一度はループを実行することになります。

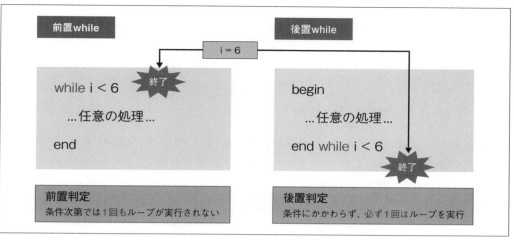

❖図4.7　前置whileと後置whileの違い

4.2.2　条件式が真になるまで処理を繰り返す ── until命令

　条件式が真の間、処理を繰り返すwhile命令に対して、条件式が**真になるまで**、処理を繰り返す
until命令もあります。

構文 until命令

```
until  条件式
  ...条件式が偽である間、繰り返し実行すべき処理...
end
```

　たとえばリスト4.38は、リスト4.35をuntil命令で書き換えた例です。

▶リスト4.38　until_basic.rb

```
i = 1

until i > 5
  puts "#{i}番目のループです。"
  i += 1
end
```

```
1番目のループです。
2番目のループです。
3番目のループです。
4番目のループです。
5番目のループです。
```

until命令でも、while命令と同じく、後置untilを利用できます。リスト4.39と4.40は、それぞれリスト4.36、4.37を書き換えたものです。begin...end付きでは後置判定になる点もwhileの場合と同じです。

▶リスト4.39　until_after.rb（後置until）

```
str = ''
str += '●' until str.length > 9
puts str        # 結果：●●●●●●●●●●
```

▶リスト4.40　until_begin.rb（begin...end付きuntil）

```
i = 1

begin
  puts "#{i}番目のループです。"
  i += 1
end until i > 5
```

実行結果

```
1番目のループです。
2番目のループです。
3番目のループです。
4番目のループです。
5番目のループです。
```

4.2.3　リストの内容を順に処理する ―― for命令

プログラムを組む際に、配列／ハッシュのような型からすべての値を取り出したい、ということはよくあります。そのようなときに利用するのがfor命令です。for命令を利用することで、配列／ハッシュなどから順に要素を取り出し、決められた処理を実行できます。

```
for 仮変数 in 配列
  ...個々の要素を処理するためのコード...
end
```

仮変数は、リストから取り出した要素を一時的に格納するための変数です。for命令の配下では、仮変数を介して個々の要素にアクセスします（図4.8）。

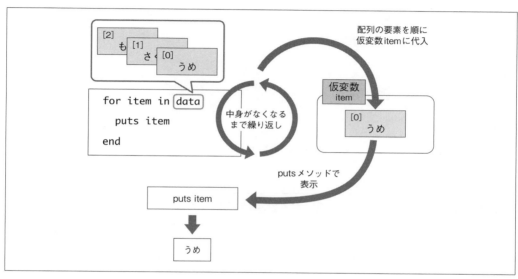

❖図4.8　for命令

たとえばリスト4.41は、リストdataから取り出した要素の値を順に表示する例です。

▶リスト4.41　for_basic.rb

```
data = ['うめ', 'さくら', 'もも']

for item in data
  puts item
end
```

実行結果

```
うめ
さくら
もも
```

ちなみに、for命令で繰り返し処理できる型には、配列のほか、ハッシュ、Range（4.2.4項）、Set、Fileなどがあります。リスト4.42は、ハッシュをfor命令で列挙する例です。

▶リスト4.42　for_hash.rb

```
data = { orange: 'みかん', apple: 'リンゴ', grape: 'ぶどう' }

for key, value in data
  puts "#{key}: #{value}"
end
```

実行結果

```
orange: みかん
apple: リンゴ
grape: ぶどう
```

ハッシュはキー／値のセットなので、for命令にもkey、valueと2個の仮変数を渡します（多重代入と同じです）。

4.2.4　決められた回数だけ処理を実行する —— for + Range

for命令では、指定された配列／ハッシュを繰り返し処理するばかりではありません。指定の回数で繰り返しを実行することもできます。

ただし特別な構文があるわけではなく、「列挙可能な型を渡して順に取り出していく」という流れは、これまでと同じです。しかし、今回のような用途では対象の配列がないので、これを疑似的に作成します。それがRange型の役割です。

まずは、具体的な例を見てみましょう。リスト4.43は、リスト4.35をfor命令で書き換えた例です。

▶リスト4.43　for_range.rb

```
for i in 1..5
  puts "#{i}番目のループです。"
end
```

実行結果

```
1番目のループです。
2番目のループです。
3番目のループです。
```

```
4番目のループです。
5番目のループです。
```

m..nで「m以上n以下」の値範囲を表します（この例であれば1〜5）。Range値を作成してしまえば、値範囲から順に値を取り出し、処理する流れは前項と同じです（図4.9）。

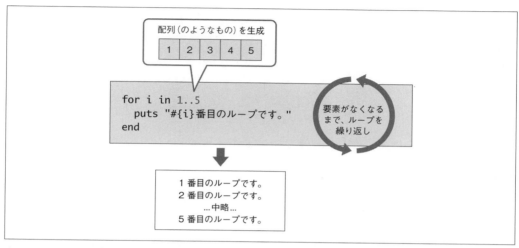

❖図4.9　for命令（5回ループする方法）

◆Range型のさまざまな表現

以下に、Range型を生成するためによく利用する記法を挙げておきます。リスト4.43を書き換えて、結果の変化を確認してみましょう。

（1）未満

m..n（ピリオド2個）がm以上n以下を表すのに対して、m...n（ピリオド3個）でm以上n**未満**を表すこともできます。

```
for i in 1...5
```

実行結果

```
1番目のループです。
2番目のループです。
3番目のループです。
4番目のループです。
```

（2）値の増分を設定

stepメソッドを利用することで、たとえば1飛ばしの値範囲を生成することもできます。

```
for i in (1..1Ø).step(2)
```

```
1番目のループです。
3番目のループです。
5番目のループです。
7番目のループです。
9番目のループです。
```

同じく、5➡1と減っていく値範囲を表すならば「(5..1).step(-1)」とします（単に5..1は不可です）。

（3）上限を持たない範囲

終端を省略することで、上限を持たない値範囲も生成できます。ただし、このようなRangeをfor命令に渡した場合には、無限ループになるので要注意です。

```
for i in (1..)
```

```
1番目のループです。
...中略...
124ØØ番目のループです。
124Ø1番目のループです。
...後略...
```

 note Ruby 2.7以降では、下限を持たない値範囲も表現可能になりました。

- ..10　：−∞〜10
- nil..nil：−∞〜+∞（全範囲）

ちなみに、上限／下限なしの範囲は「nil..10」「10..nil」のようにも表せます（これまでは省略形で表していたわけです）。全範囲だけは「nil..nil」のみで、nilを省略した「..」は不可です。

（4）数値以外のRange

　Range型には数値だけでなく、文字列、日付値などを与えることもできます。たとえば以下はa〜eの値範囲を表した例です。

```
for i in 'a'..'e'
```

実行結果

```
a番目のループです。
b番目のループです。
c番目のループです。
d番目のループです。
e番目のループです。
```

4.2.5 　補足　条件式での範囲式

　条件式として範囲式を用いることで、「状態を保存できる条件式」（**フリップフロップ**）を表現することも可能です。一般的には、繰り返し処理と合わせて利用することから、ここであわせて扱っておきます（リスト4.44）。

▶リスト4.44　for_flip.rb

```
data = [1, 2, 3, 4, 5, 6, 2, 8, 4, 10]
for i in data
  if (i == 2)..(i == 4) ────────────────────────────── ❶
    puts i
  end
end          # 結果：2、3、4、2、8、4
```

　太字の条件式がフリップフロップです。フリップフロップ式は、具体的には、図4.10のような流れで評価されます。

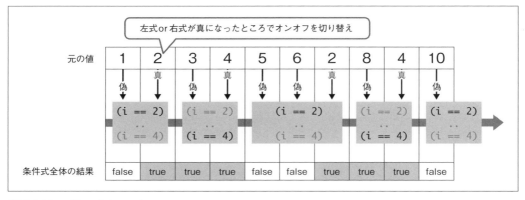

❖図4.10　フリップフロップ

- 最初は左式（ここでは「i == 2」）を評価
  - 左式が真になるまでは、式全体はfalse
  - 左式が真になったところで、式全体はtrue

- 次に右式（ここでは「i == 4」）を評価
  - 右式が真になるまでは、式全体はtrue
  - 右式が真になったところで、式全体はfalse

- 初期状態に戻る（左式の評価を開始）

複数回の評価でtrue／false（状態）が保持され、オンオフを管理できるわけです。

少し複雑かもしれません。頭を抱えてしまった人は、まず結論として（この例であれば）、

i == 2である地点からi == 4である範囲を表す

ことを理解しておけば十分です（条件式が真になる値に囲まれた範囲、を表すわけです）。

◆ 「..」と「...」との違い

フリップフロップ式において「..」「...」の違いが出るのは、左式／右式が同じときです（それ以外ではいずれも同じ結果を返します）。

たとえば以下は、リスト4.44の❶を書き換えたコードと、その結果です。

```
if (i == 2)..(i == 2)
 # 結果：2、2
```

```
if (i == 2)...(i == 2)
 # 結果：2、3、4、5、6、2
```

左右の条件式が等しい場合、

- 「..」では合致した箇所だけを抜き取るのに対して
- 「...」では合致した要素を挟んだ領域を抜き取る

わけです。

4.3 繰り返し処理（専用メソッド）

ここまでwhile、until、forなどの制御構文を解説してきましたが、実はRubyではこれらを利用する機会はそれほどありません。というのも、Rubyでは、それぞれの型に応じた繰り返しのためのメソッドが豊富に用意されているからです。

本節では、これら繰り返しメソッドの中でも特によく利用するものを解説するとともに、ブロックの基本構文について理解します。

4.3.1 配列を順に処理する —— eachメソッド

eachメソッドは、for命令と同等の役割を担うメソッドで、配列／ハッシュの内容を順に取り出しながら、決められた処理を実行します。

構文 eachメソッド

```
list.each do |elem|
  statements
end
```

```
list       ：任意の配列
elem       ：個々の要素を格納するための変数
statements ：個々の要素を処理するためのメソッド
```

たとえばリスト4.45は、リスト4.41をeachメソッドで書き換えた例です。

▶リスト4.45　method_each.rb

```
data = ['うめ', 'さくら', 'もも']

data.each do |item|
  puts item
end
```

```
うめ
さくら
もも
```

「do |item| … end」でくくられた部分を**ブロック**と言います。ブロックとは「複数の処理を束ねたもの」と言い換えてもよいでしょう。

eachとは、あくまで配列から取り出した要素を順にブロックに引き渡すだけのメソッドです（図4.11）。その要素をどのように処理するかは、eachメソッドを使う側が自由に決められるわけです。

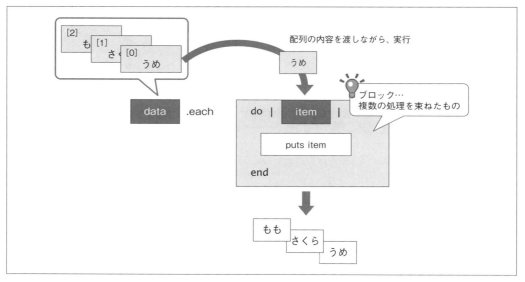

❖図4.11　eachメソッド

|item|は、要素を受け取るための引数（仮の変数）なので、名前は自由です（|x|のようにしてもかまいません）。このような引数を**ブロックパラメーター**と呼びます。

eachメソッドのように、ブロックを受け取るメソッドのことを**ブロック付きメソッド**と呼びます。ブロック付きメソッドはRubyプログラミングでは頻出する仕組みなので、本節で積極的に慣れていきましょう。

◆ブロックの簡易構文

ブロックは、do...endの代わりに、{...}でくくることも可能です。よって、リスト4.45のeachメソッドは、以下のように書き換えてもほぼ同じ意味です。

```
data.each { |item|
  puts item
}
```

ほぼ、と言ったのは、双方の結合度（優先順位）が異なるためです。具体的な例は6.1.2項で改めるので、**まずはdo...end、{...}いずれを利用するかによって結果が変化する場合がある**、と覚えておきましょう。

現時点では、まずは**do...endで、それで賄えない場合、もしくは、ブロックを1行で表すような簡易なコードでのみ{...}を利用する**、と覚えておきましょう。

○   `data.each { |item| puts item }`

△   `data.each do |item| puts item end`   ➡ 見にくい！

note Rubyでは、{...}で表す要素がブロックのほかにもう1つあります。
そう、ハッシュ（2.4.1項）です。その性質上、書き方によっては文法的にあいまいになるケースがあります。たとえば以下のような例です。

```
hoge { ... }, 'foo'
```

{ ... }はhogeメソッドに付随するブロックでしょうか。それともハッシュ型の引数でしょうか。結論を言ってしまうと、この例では{ ... }はブロックと見なされます。ハッシュを渡した場合にはエラーです。メソッドの第1引数にハッシュ型の引数を渡したい場合には、以下のようにカッコでくくるようにしてください（第2引数以降であれば問題ありません）。

```
hoge({ ... }, 'foo')
```

◆ **番号指定パラメーター** `2.7`

Ruby 2.7以降では、ブロックの|item|のような仮引数を、_1～_9のような**番号指定パラメーター**で代替できるようになりました（_9までで_10以降の連番は使えません）。リスト4.46は、リスト4.45を番号指定パラメーターで書き換えたものです。

▶リスト4.46　method_each.rb

```
data.each { puts _1 }
```

前掲のコードと比べると、格段にコードがシンプルになっていることが確認できます。
ただし、一般的に連番は意味ある名前に比べ、可読性に欠けます（itemと_1といずれが意味をく

み取りやすいでしょうか）。使い捨てのコードなどでの利用に限定し、まずは、これまで通りの引数表記を優先することをお勧めします（本書でも、以降では番号指定パラメーターは利用**しません**）。

4.3.2 指定回数だけ処理を繰り返す —— timesメソッド

指定の回数だけループを繰り返すには、timesメソッドを利用します。たとえばリスト4.47は、リスト4.43をtimesメソッドで書き換えた例です。

▶リスト4.47　method_times.rb

```
5.times do |i|
  puts "#{i+1}番目のループです。"
end
```

timesメソッドは、指定の回数だけブロックを繰り返します。ブロックパラメーターには現在の周回が渡されますが、周回は0スタートである点に注意してください（そのため、ここではブロックの中で#{i+1}と加算しています）。

値（ここでは5）がゼロ以下である場合には、なにもしません。

◆ 指定の値範囲でループを繰り返す

start〜endの範囲で値を増加させながら処理を繰り返すならば、uptoメソッドも利用できます。たとえばリスト4.48は、リスト4.47をuptoメソッドで書き換えた例です。

▶リスト4.48　method_upto.rb

```
1.upto(5) do |i|
  puts "#{i}番目のループです。"
end
```

実行結果

```
1番目のループです。
2番目のループです。
3番目のループです。
4番目のループです。
5番目のループです。
```

start～endの範囲で値を減少させていく、downtoメソッドもあります（リスト4.49）。

▶リスト4.49　method_downto.rb

```
5.downto(1) do |i|
  puts "#{i}番目のループです。"
end
```

実行結果

```
5番目のループです。
4番目のループです。
3番目のループです。
2番目のループです。
1番目のループです。
```

さらに、（±1ではなく）増減値を指定したい場合には、stepメソッドを利用できます。

構文 stepメソッド

```
start.step(limit, step = 1) do |num|
  statements
end
```

start	：開始値
limit	：終了値
step	：増減値
num	：現在値を格納するためのブロックパラメーター
statements	：繰り返し実行する処理

たとえばリスト4.50は1～10の範囲で3ずつ値をインクリメントする例です。

▶リスト4.50　method_step.rb

```
1.step(10, 3) do |i|
  puts "#{i}番目のループです。"
end
```

実行結果

```
1番目のループです。
4番目のループです。
7番目のループです。
10番目のループです。
```

stepメソッドでは、浮動小数点数も利用できます。たとえば、「2.5.step(10.0, 1.5)」であれば、2.5、4.0、5.5、7.0、8.5、10.0のようにインクリメントしていきます。

4.3.3 無限ループを定義する —— loopメソッド

loopメソッドを利用することで、無限ループを簡単に記述できます（リスト4.51）。

▶リスト4.51　method_loop.rb

```
loop do
  puts '続くよどこまでも'
end
```

この例ではメッセージが永遠に表示されるので、Ctrl + Cで強制終了してください。

4.3.4 制御構文とメソッド構文との相違点

for／whileなどの制御構文とeach／timesなどのメソッド構文との決定的な違いは、ループの内外で仮変数（引数）を共有できるかどうかです。リスト4.52、リスト4.53で、具体的な例を見てみましょう。

▶リスト4.52　scope_for.rb

```
data = ['うめ', 'さくら', 'もも']

for item in data
  puts item
end               # 結果：うめ、さくら、もも

puts item          # 結果：もも ────────────────────────────────❶
```

▶リスト4.53　scope_each.rb

```
data = ['うめ', 'さくら', 'もも']

data.each do |item|
  puts item
end               # 結果：うめ、さくら、もも

puts item          # 結果：エラー ────────────────────────────❷
```

forループで利用している仮変数itemはループの外でも見えているのに対して（❶）、eachメソッドで利用しているブロックパラメーターitemはループの外では参照できずに「undefined local variable or method `item'～」（itemというローカル変数は存在しません！）のようなエラーとなります（❷）。

> このような現象を難しげに説明するならば、do...endによってブロックスコープが作られているということです。スコープについては8.2節で改めますが、Rubyではスコープをまたいで変数を共有することはできません。
> 一方、forループはブロックではないので、forの内外ではスコープは同じです。よって、変数も同じものとして共有できます。

　一般的には、変数の見える範囲（スコープ）はできるだけ小さいほうが、コードの誤りは少なくできます（意図しない変数を変更／参照してしまう危険が減るからです）。このような理由から、Rubyではfor命令よりもeachメソッドを利用すべきです（ここではfor、eachを例にしていますが、より一般的には、「繰り返しの制御構文よりもブロック付きメソッドを利用」することをお勧めします）。
　以降も、代替する手段がないなど特別な理由がない限りは、ブロック付きメソッドを優先して利用していくものとします。

練習問題　4.2

［1］ eachメソッドを利用して、図4.Aのような九九表を作成してみましょう。

```
1 2 3 4 5 6 7 8 9
2 4 6 8 10 12 14 16 18
3 6 9 12 15 18 21 24 27
4 8 12 16 20 24 28 32 36
5 10 15 20 25 30 35 40 45
6 12 18 24 30 36 42 48 54
7 14 21 28 35 42 49 56 63
8 16 24 32 40 48 56 64 72
9 18 27 36 45 54 63 72 81
```

❖図4.A　九九表を表示

4.4 ループの制御

繰り返し命令ではいずれも、あらかじめ決められた終了条件を満たしたタイミングで、ループを終了します。しかし、処理によっては、（終了条件にかかわらず）特定の条件を満たしたところで強制的にループを中断したい、あるいは、特定の周回だけをスキップしたい、ということもあるでしょう。

Rubyでは、このような場合に備えて、break／next／redoというループ制御構文を用意しています。

4.4.1 ループを中断する —— break命令

break命令を利用することで、for／while本来の終了条件にかかわらず、繰り返し処理を強制的に中断できます。

たとえばリスト4.54は、配列の内容を順に取り出す例です。その際、「×」という要素が見つかった場合に、ループを即座に終了するものとします。

▶リスト4.54　break_basic.rb

```ruby
data = ['さくら', 'うめ', 'ききょう', '×', 'ぼたん']

data.each do |item|
  break if item == '×' ────────────────────────────────── ❶
  puts item
end
```

実行結果

```
さくら
うめ
ききょう
```

この例のように、break命令はifのような条件分岐命令とあわせて利用するのが一般的です（図4.12）。無条件にbreakしてしまうと、そもそもループが1回しか実行されません。

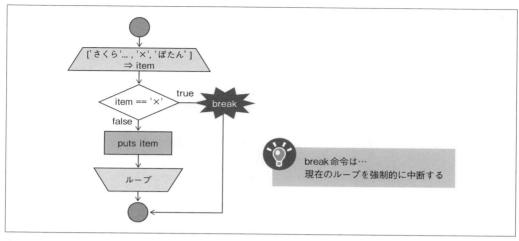

❖図4.12　break命令

 note ❶は、後置if構文です。以下のように表しても同じ意味です。

```
if item == '×'
  break
end
```

◆ ループの戻り値を返す

breakに値を渡すことで、ループは戻り値を返すこともできます。たとえばリスト4.55は、0〜100の値を加算していき、合計値が1000を超えたところでループを脱出、そのときの周回値を出力します。

▶リスト4.55　break_return.rb

```ruby
sum = 0

result = 101.times do |i|
  sum += i
  break i if sum > 1000
end

puts "合計が1000を超えるのは、1 〜 #{result}を加算したときです。"
    # 結果：合計が1000を超えるのは、1 〜 45を加算したときです。
```

この例であれば、timesメソッドの戻り値はループを抜けたときのブロックパラメーターiの値ということになります。ここでは、メソッド構文を利用していますが、for／whileなどの制御構文でも同様にループの戻り値を表現できます。

 note 結果表示に際して、以下のようにブロックパラメーターの値を直接表示してもよいのでは、と思った人もいるかもしれません。

```
puts "合計が1000を超えるのは、1 〜 #{i}を加算したときです。"
```

しかし、これは「undefined local variable or method `i' 〜」（iは存在しません！）のようなエラーとなります。これは、ブロックパラメーターの有効範囲がブロック（do...end）の中だけだからです。4.3.4項もあわせて参照してください。

4.4.2 現在の周回をスキップする —— next命令

ループそのものを完全に抜けてしまうbreak命令に対して、現在の周回だけをスキップし、ループそのものは継続して実行するのがnext命令の役割です。

たとえばリスト4.56は、0〜100の範囲で偶数値だけを加算し、その合計値を求める例です。

▶リスト4.56　next.rb

```
sum = 0

101.times do |i|
  next if i % 2 != 0
  sum += i
end

puts "合計値は#{sum}です。"          # 結果：合計値は2550です。
```

このように、next命令を用いることで、特定条件のもと（ここではtimesメソッドのブロックパラメーターiが奇数のとき）で、現在の周回をスキップできます（図4.13）。

偶数／奇数の判定は、値が2で割り切れるか（2で割った余りが0か）どうかで判定しています（この例であれば、stepメソッドで1置きでカウントしたほうがシンプルですが、あくまでnext命令の例と捉えてください）。

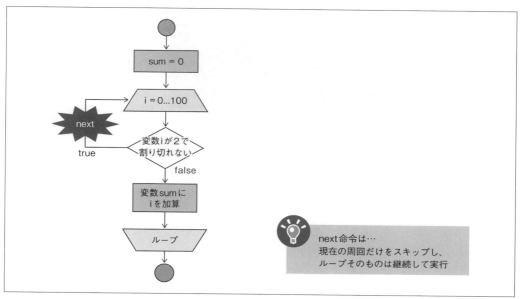

❖図4.13　next命令

4.4.3　現在の周回を再実行する ── redo命令

　next命令が現在の周回をスキップするのに対して、redo命令を用いることで、現在の周回を再実行できます。

　たとえばリスト4.57は、ユーザーから入力された値に基づいて「こんにちは、●○さん！」というメッセージを表示する例です（図4.14）。ただし、なにも入力されなかった場合には、再度入力を促します。

▶リスト4.57　redo.rb

```
loop do
  print '名前を教えてください：'
  # ユーザーからの入力を待ち受け
  name = gets.rstrip ─────────────────────────────────────── ❶
  # 入力が空ならば、再度入力を促す
  redo if name == '' ─────────────────────────────────────── ❷
  # 入力されたら、メッセージを出力して終了
  puts "こんにちは、#{name}さん！"
  break ────────────────────────────────────────────────── ❸
end
```

実行結果

```
問題   出力   デバッグコンソール   ターミナル
PS C:\data\selfrb> ruby -w "c:\data\selfrb\chap04\redo.rb"
名前を教えてください：Yamada
こんにちは、Yamadaさん！
PS C:\data\selfrb>
```

❖図4.14　入力値に基づいてメッセージを出力

　キーボードからの入力を受け取るには、getsメソッドを利用します（❶）。getsメソッドを呼び出すと、コンソールは入力待ちの状態となり、入力が確定した（＝Enterキーが押された）ところで、次の文が実行されます。

　受け取った文字列はgetsメソッドの戻り値として返されます。この例であれば、rstripメソッド（5.2.7項）で文字列の末尾から空白／改行を除去した結果を、変数nameに代入しています（getsメソッドの戻り値には、入力確定のためのEnter（改行）まで含まれるため、これを除去しておかなければならないのです）。

　❷は、入力値のチェックです。入力値（変数name）が空の場合、redo命令でループの先頭に戻ります。これで、コンソールからなんらかの値が入力されるまで、ループを繰り返すことになるわけです（図4.15）。

　なんらかの値が入力された場合には、メッセージを出力した後、break命令でループを明示的に終了します（❸）。loopメソッドで無限ループを生成した場合には、このように別な出口を設けるのが基本です。

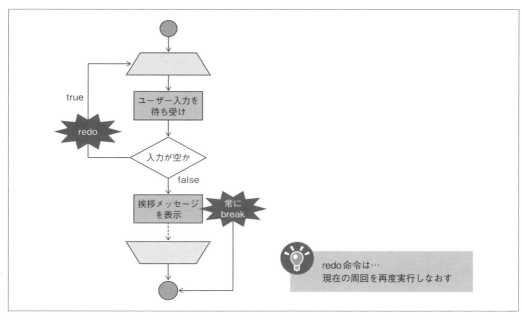

❖図4.15　redo命令

note 本サンプルをWindowsで実行するとコマンドラインに入力した文字が、文字化けして表示されます。これは、ターミナル（PowerShell）の既定の文字コードがWindows31-J（Shift-JIS）であるためです。

文字化けを解消するには、❶を以下のように書き換えてください。encodeメソッドの詳細は5.2.10項を参照してください。

```ruby
name = gets.encode('UTF-8', 'Windows-31J',
  invalid: :replace, replace: '').rstrip
```

4.4.4 入れ子のループをまとめて抜け出す

制御命令は、互いに入れ子（ネスト）にできます。ネストされたループの中で、無条件にbreak命令を使用した場合、内側のループだけを脱出します。

具体的な例も見てみましょう。リスト4.58は、九九表を作成するためのサンプルです。ただし、各段ともに50を超えた値は表示しないものとします。

▶リスト4.58 nest_break.rb

```ruby
1.upto(9) do |i|
  1.upto(9) do |j|
    result = i * j
    break if result > 50
    print "#{result} "
  end                          ❷ 内側のuptoループ        ❶ 外側のuptoループ
  puts                         ❸
end
```

実行結果

```
1 2 3 4 5 6 7 8 9
2 4 6 8 10 12 14 16 18
3 6 9 12 15 18 21 24 27
4 8 12 16 20 24 28 32 36
5 10 15 20 25 30 35 40 45
6 12 18 24 30 36 42 48
7 14 21 28 35 42 49
8 16 24 32 40 48
9 18 27 36 45
```

ここでは、変数result（ブロックパラメーターi、jの積）が50を超えたところで、break命令を実行しています。これによって内側のループ（❷）を脱出するので、結果として、積が50以下である九九表を出力できるわけです。

note 引数なしのputs（❸）は、なにも出力せずに改行文字だけを出力しなさい、という意味です。

　では、これを「積が一度でも50を超えたら、九九表そのものの出力を停止する」には、どのようにしたらよいでしょう。これには、catch／throwメソッドを利用します（リスト4.59）。

▶リスト4.59　nest_catch.rb

```ruby
catch :nest do
  1.upto(9) do |i|
    1.upto(9) do |j|
      result = i * j
      throw :nest if result > 50                              ❷
      print "#{result} "
    end
    puts
  end
end                                                               ❶
```

実行結果

```
1 2 3 4 5 6 7 8 9
2 4 6 8 10 12 14 16 18
3 6 9 12 15 18 21 24 27
4 8 12 16 20 24 28 32 36
5 10 15 20 25 30 35 40 45
6 12 18 24 30 36 42 48
```

catchメソッドでは、入れ子になったループ全体をくくります（❶）。

構文 catchメソッド

```
catch name do
  statements
end
```

name	：ブロックの名前
statements	：任意の処理（一般的にはネストしたループ）

あとは、catchブロックの配下で「throw ブロック名」とすることで（❷）、ブロック全体 —— つまり、入れ子になったループ全体をまとめて抜けられます。

catchで指定した名前と、throwのそれとが一致しない場合には、「uncaught throw :nest2 ～」のようなエラーとなります。

note catch／throwは、他の言語では例外処理（4.5節）で用いられることがあります。しかし、Rubyのcatch／throwは例外処理とは関係ないので、混同しないようにしてください。

◆ループの戻り値

break命令と同じく、throwメソッドでもループ（正しくはcatchブロック）の戻り値を指定できます。たとえばリスト4.59を、リスト4.60のように書き換えてみます。

▶リスト4.60　nest_throw.rb

```ruby
output = catch :nest do
  1.upto(9) do |i|
    1.upto(9) do |j|
      result = i * j
      throw :nest, result if result > 50
      print "#{result} "
    end
    puts
  end
end

puts
puts "#{output}で終了しました。"          # 結果：54で終了しました。
```

throwメソッドの第2引数が戻り値です。この例であれば、ブロックを抜ける時点での変数result は、catchブロックの戻り値として変数outputに代入されます。

throwメソッドの第2引数が指定されなかった場合、catchブロックの戻り値はnilです。

練習問題　4.3

[1] 現在のループをスキップする命令、現在のループを脱出する命令を、それぞれ答えてください。

[2] リスト4.56のコードをloopメソッドで書き換えてみましょう。

4.5 例外処理

例外とは、アプリを実行したときに発生する異常な状態、エラーのことです。また、発生した例外に対処するための処理のことを**例外処理**と言います。

もちろん、エラーの中には未然に防げるものもあります。たとえば「数値を受け取るはずのメソッドに文字列を渡してしまった」「変数を参照しようとしたら未定義であった」などです。これらは例外などという言葉を持ち出すまでもなく、プログラムのバグなので、リリース前に開発者の責任で修正すべきものです。

一方、開発者の責任では回避できない問題もあります。たとえば「アクセスしようとしたファイルが存在しなかった」「接続を試みたデータベースが停止していた」などの問題です。これらの問題が、本節で焦点とする例外です。これらの例外は開発者の責任ではありませんが、それでも、これらの問題を検出する必要はあります（必要に応じて、例外の原因となる情報を記録したり、ユーザーに通知したり、そもそもアプリを正常に停止させたり、といった処理を行うことになるはずです）。そこでRubyでは、このような例外の検知／対処のために、例外処理という仕組みを提供しているのです。

4.5.1 例外を処理する —— begin...rescue命令

そこで登場するのが**例外処理**です。例外処理とは、あらかじめ発生する**かもしれない**エラーを想定しておき、実行を継続できるよう処理する、または、安全に終了させるための処理のことです。例外処理を表すのは、begin...rescue命令の役割です。

構文 begin...rescue命令

```
begin
  ...例外が発生するかもしれないコード...
rescue 例外の種類 => 例外変数
  ...例外発生時の処理...
end
```

リスト4.61は、ユーザーから入力された数値を受け取って、その値の平方根を返すためのコードです。

▶リスト4.61　rescue_basic.rb

```
begin
  print '数字を入力してください：'
```

```
  # 入力値をFloat型に変換（7.5.4項）
  num = Float(gets)
  puts "平方根は... #{Math.sqrt(num)}"
rescue Math::DomainError => ex
  puts "エラー発生：#{ex.message}"
end
```
❶

```
数字を入力してください：5
平方根は... 2.2360679774979

数字を入力してください：−2
エラー発生：Numerical argument is out of domain - "sqrt"
```

　上が正しく正数を入力した場合、下が負数を入力した場合の結果です。異常時にのみrescue節
（❶）が呼び出される（＝正常時にはrescue句は実行されない）ことを確認してみましょう（図4.16）。

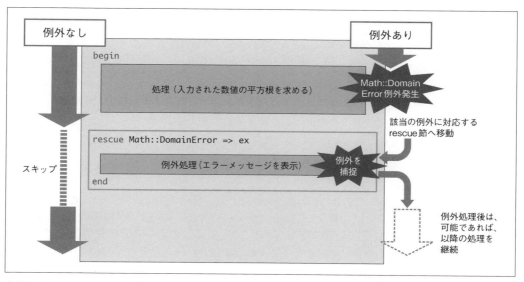

❖図4.16　begin...rescue命令

　❶のMath::DomainErrorは、例外の種類です。この例ではMath::DomainError例外（演算上、不正
な値 —— この場合は負数）を見つけたら処理するrescue節を表しています。begin節の中で発生す
る例外が複数想定される場合、図4.17のようにrescue節を複数列記してもかまいません。

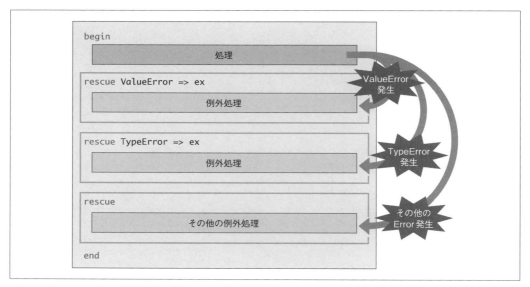

❖図4.17　rescue節は複数列記も可能

　構文上、rescue節は空にもできますが、それは避けてください。rescue節を空にするということは、発生した例外を無視する（＝握りつぶす）ことであり、問題発生時の原因特定を困難にします。最低でも、サンプルのように例外情報を出力し、例外の発生を確認できるようにしておきます（そもそも処理すべき方法を持たないならば、無理して処理せず、Rubyがエラーを通知するに任せるべきです）。

　例外情報には、例外変数exを介してアクセスできます（名前に決まりはありませんが、e、exとするのが一般的です）。ここでは、そのmessageメソッドを呼び出してエラーメッセージを出力しているだけですが、なんらかの処理を行った後（可能であれば）以降の処理を継続してもかまいません。具体的な例は、次項で触れます。

 note 標準的な例外には、この他にもArgumentError（引数が不正）、NameError（名前が見つからない）、TypeError（型が違う）などがあります。詳しくは10.1.1項を参照してください。

◆ 補足 rescue節のさまざまな記法

　rescue節には、上で見たほかにも、以下のような記法があります。

（1）例外変数を参照しない場合

　rescue節の中で例外変数を参照する必要がない場合には、「=> ～」は省略してもかまいません。

```
rescue Math::DomainError
  puts 'エラーが発生しました！'
end
```

（2）複数の例外種類をまとめて捕捉したい場合

たとえばArgumentError、Math::DomainErrorに対して、同じ例外処理を実装したい場合には、以下のように、例外をカンマ区切りで列挙します。

```
rescue ArgumentError, Math::DomainError => ex
```

たとえばリスト4.61の例であれば、ArgumentError（引数が不正）例外もまとめて捕捉することで、入力値が負数の場合だけでなく、数値でない場合も検出できます。例外変数を必要としない場合、「=> ～」を省略できるのは、例外が1つの場合と同じです。もちろん、それぞれの例外で行うべき処理が異なる場合、rescue節そのものを分けてください。

（3）すべての例外を捕捉する

例外名そのものを省略することも可能です。

```
rescue
  puts 'エラーが発生しました！'
end
```

ただし、**（3）** の記法はすべての例外をまとめて処理してしまうことから、本来捕捉すべき例外を隠蔽してしまう可能性があります（詳しくは10.1.1項も参照してください）。まずは捕捉する例外の種類は明示する、を基本と考えてください。

（4）rescue修飾子

if／unlessなどと同じく、rescueも修飾子構文を用意しています。式1が例外を発生した場合にのみ、式2を評価します。

構文 rescue修飾子

```
式1 rescue 式2
```

以下に具体的な例も挙げておきます（リスト4.62）。

▶リスト4.62　rescue_after.rb

```
num = 0                                                           ❶
result = 100 / num rescue nil
p result        # 結果：nil
```

この例であれば「100 / num」がゼロ除算になるため、例外が発生し、太字の式全体としてはnil を返します。❶に0以外の値（たとえば20）を渡した場合に、具体的な計算結果（たとえば5）が返 されることも確認しておきましょう。

 エキスパートに訊く

Q： そもそも、なぜbegin...rescue命令が必要なのでしょうか。メソッドの戻り値からエラーの有無 を調べて、エラーがあった場合のみ処理するという方法ではダメなのでしょうか。

A： もちろん、発生しそうな問題をif命令でチェックすることも可能です。

しかし、一般的なアプリではチェックすべき項目が多岐にわたっており、本来のロジックが膨大な チェック処理の中に埋もれてしまう恐れがあります。これはコードの読みやすさといった観点から も好ましいことではありません。

しかし、begin...rescue命令というエラー（例外）処理専用の構文を利用することで、次のような メリットがあります。

- begin...rescue命令は例外専用の構文なので、汎用的な分岐命令であるifと違って、本来の 分岐処理に埋もれにくい（＝コードが読みやすい）
- メソッドの戻り値をエラー通知のために利用しなくて済むようになる（＝戻り値は本来の結 果、エラーは例外、と明確に区別できる）
- 関連する例外はまとめて処理できる（＝逐一、チェックのコードを記述する必要がない）

begin...rescue命令を利用することで、例外処理をよりシンプルに、かつ、確実に記述できるよう になるのです。

4.5.2 例外の後処理を定義する —— begin...rescue...else...ensure 命令

begin...rescue命令では、後処理を行うための節としてelse／ensureを用意しています。

構文 begin...rescue...else...ensure命令

```
begin
  ...例外が発生するかもしれないコード...
rescue 例外の種類 => 例外変数
  ...例外発生時の処理...
else
  ...例外が発生しなかったときの処理...
ensure
  ...例外の有無にかかわらず実行する処理...
end
```

else節は**例外なしで**begin節が終了した場合に、ensure節は**例外の有無にかかわらず**begin／rescue節が終了した後に、それぞれ実行されます（図4.18）。

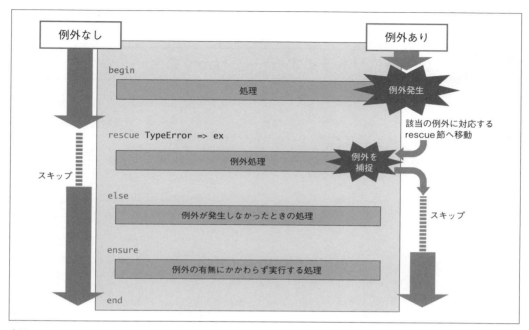

❖図4.18　begin...rescue...else...ensure命令

　リスト4.63は、else節を利用して、先ほどのリスト4.61を書き換えた例です（ensure節を利用した例は、4.5.4項で改めて触れます）。正の数値以外を入力した場合に、エラーメッセージを表示したうえで何度でも入力を求めます。

▶リスト4.63　rescue_else.rb

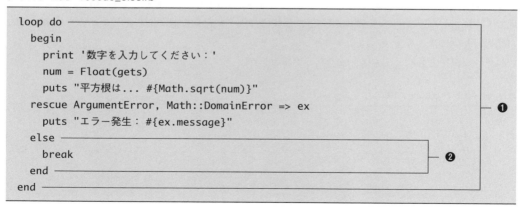

```
loop do
  begin
    print '数字を入力してください：'
    num = Float(gets)
    puts "平方根は... #{Math.sqrt(num)}"
  rescue ArgumentError, Math::DomainError => ex
    puts "エラー発生：#{ex.message}"                    ❶
  else
    break                                              ❷
  end
end
```

ポイントは入力／表示処理そのものをloopブロックでくくっている点です（❶）。loopはいわゆる無限ループを表すので、このままでは処理を終えることはできません。

そこでelse節の登場です。else節でbegin節が正常終了した場合に明示的にbreakするのです（❷）。これで「正しい値を入力するまで処理を繰り返す」コードを表現できます。

4.5.3 例外時にリトライする —— retry命令

前項ではelse節を説明する便宜上、loopメソッド＋break命令を利用しましたが、このような場合にはretry命令を利用することで、よりシンプルにコードを表現できます。retry命令はrescue節で呼び出すことで、例外時にbegin節の先頭から処理を再試行できます。

リスト4.64は、リスト4.63をretry命令を使って書き換えた例です。

▶リスト4.64　rescue_retry.rb

```
begin
  print '数字を入力してください：'
  num = Float(gets)
  puts "平方根は... #{Math.sqrt(num)}"
rescue ArgumentError, Math::DomainError => ex
  puts "エラー発生：#{ex.message}"
  # 例外時にはbegin節を再試行
  retry
end
```

4.5.4 例外処理の戻り値

以前から触れているように、Rubyの制御構文はすべて式です（つまり、値を返します）。例外処理でも、begin／rescue／else節いずれかで**最後に評価された式**の値が戻り値となります（ensure節の値は戻り値にはなりません）。

具体的な例でも確認してみましょう（リスト4.65）。

▶リスト4.65　rescue_return.rb

```
result = begin
  'begin'
  # 1 / 0 ─────────────────────────────────────────────── ❶
rescue
  'rescue'
else
```

```
  'else'
ensure
  'ensure'
end
puts result          # 結果：else
```

　最初の段階では、begin ➡ else ➡ ensure の順で実行されるので、結果として else 節の値が戻り値となります（繰り返しですが、ensure 節の値は戻り値にはなりません）。

　では、❶のコメントを解除するとどうでしょう。ゼロ除算で例外が発生するので、実行されるのはbegin ➡ rescue ➡ ensure の順となります。結果は rescue となることを確認しておきましょう。

note 例外処理はなかなかに奥深い世界です。まずここでは基本的な begin...rescue 命令の用法を理解するに留め、詳細は 10.1 節で改めて解説します。

☑ この章の理解度チェック

[1] 以下は、case...in 命令で利用できるパターンの例です。以下のパターンにマッチする実際の配列／ハッシュ（の例）、パターンに含まれる変数に代入される値を答えてください。

① `[10, 15, x, 30]`

② `[10, 15, *x, 30]`

③ `[10, 15, _, 30]`

④ `{ category: :ruby, title: }`

⑤ `[Integer, 10..99, 12|13]`

[2] 次のようなコードを実際に作成してください。

① 変数 x が 0 以外の場合にだけ「ゼロでありません」と出力する（後置 unless を利用すること）

② 配列 data の内容を順に出力する

③ 1 ～ 100 の値を順に出力する

④ 変数 value の型に応じて「文字列」「シンボル」「その他」と表示する（case...when 命令を使うこと）

⑤ [1, 2, 0, 5, 6, 0, 8] のような配列で、0 ～ 0 で囲まれた要素だけを順に出力する

[3] 以下は、ユーザーから入力された名前をもとに、「こんにちは、●○さん！」というメッセージを出力するためのコードです。入力が空だった場合は、何度でも入力を求めます。 ① ～ ⑤ の空欄を埋めて、コードを完成させてください。

▶ex_error.rb

```
  ①   do
  print '名前を教えてください：'
  name =   ②  .rstrip
    ③   if name == ''
  puts "こんにちは、#{name}さん！"
    ④
  ⑤
```

[4] eachメソッドとnext命令とを使って、100～200の範囲にある奇数値の合計を求めてみましょう。

[5] 以下は、[3] のコードをretry命令を使って書き換えたものです。 ① ～ ⑥ の空欄を埋めて、コードを完成させてください。

▶ex_rescue.rb

```
  ①
  print '名前を教えてください：'
  name =   ②  .rstrip
  raise RangeError, '入力がありません。'   ③
  puts "こんにちは、#{name}さん！"
    ④   RangeError => ex
  puts "エラー発生：#{ex.message}"
    ⑤
  ⑥
```

「raise RangeError, '入力がありません。'」は、
指定されたメッセージでエラーを発生させなさい、
という意味です。

Chapter **5**

標準ライブラリ
基本

この章の内容

Rubyでは、標準的な言語機能に加えて、コードから自在に呼び出せる命令（群）をたくさん提供しています。このような命令群を**ライブラリ**と呼び、Rubyを学ぶ場合には、ライブラリの用法も含めた理解が欠かせません（4.3節などで登場したeach、loopなどのメソッドはすべてライブラリに属するものです）。

本書でも第5〜7章を割いて、Ruby標準で提供されているライブラリの中でも、特によく利用するものに絞って、用法を解説していきます。

5.1 オブジェクト指向プログラミングの基本

プログラム上で扱う対象をオブジェクト（モノ）に見立てて、オブジェクトを中心にコードを組み立てていく手法のことを**オブジェクト指向プログラミング**と言います。1.1.4項でも触れたように、Rubyでは数値、文字列をはじめ、扱っているすべての値がオブジェクトです。よって、意識せずに、皆さんはすでにオブジェクト指向プログラミングに触れていたことになります。

とはいえ、現時点ではなんとなく言われるがままに、コードを写経してきたという人も多かったはずです。Rubyのライブラリとは、オブジェクトの集合でもあります。ライブラリを本格的に学んでいくに先立って、オブジェクトの概念、そして、その使い方について整理しておきましょう。

5.1.1 クラスとオブジェクト

繰り返しですが、オブジェクトとはアプリの中で実際に操作できるモノです。もっと言えば、コンピューターのメモリ上に実在するデータと言ってもよいでしょう。たとえば、これまで何度も登場した文字列も、オブジェクトの一種です（図5.1）。

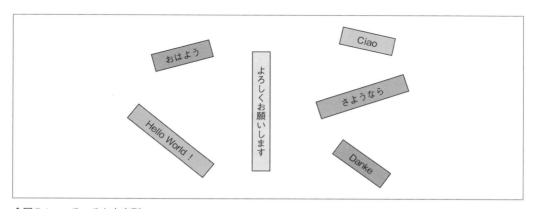

❖図5.1　いろいろな文字列

文字列オブジェクトは、プログラム上で扱うために、以下のような情報や機能を備えている必要があります。

- 文字列そのもの（データ）
- 文字列の長さを求める、部分文字列を切り出す、文字列を検索する、などの機能（道具）

　ただし、無限に存在する文字列オブジェクトそれぞれに対して、いつもデータの入れ物と道具を一から準備するのは非効率です。そこで、すべての文字列を普遍的に表現／操作できるようなひな形が必要となります。それが**クラス**です（図5.2）。これまでは型と呼ばれていたものと、ほぼイコールと考えてかまいません。

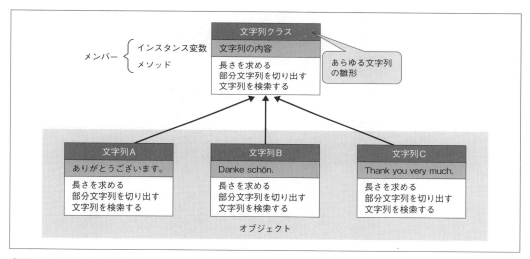

❖図5.2　クラスとオブジェクト

　クラスに用意されたデータの入れ物を**インスタンス変数**、データを操作するための道具のことを**メソッド**と言います。双方を総称して**メンバー**と呼ぶ場合もあります。

　オブジェクト指向プログラミングでは、あらかじめ用意されたクラス（ひな形）から、具体的なデータを備えたオブジェクトを作成し、操作そのものはオブジェクト経由で行うのが基本です。

　クラスが設計図、オブジェクトが設計図をもとに作成された製品、と言い換えてもよいでしょう。Rubyでは、あらかじめ潤沢なクラスが用意されており、これらを組み合わせることで、アプリ個別の要件を実現していきます。もちろん、クラスはアプリ開発者が自ら準備することもできます（詳しくは第9章を参照してください）。

5.1.2 クラスのインスタンス化

クラスを元にして、具体的なモノを作成する作業のことを**インスタンス化**、インスタンス化によってできるモノのことを**オブジェクト**、または**インスタンス**と呼びます（図5.3）。インスタンス化とは、クラスを利用するために「クラスの複製を作成し、自分専用のメモリ領域を確保すること」と言ってもよいでしょう。

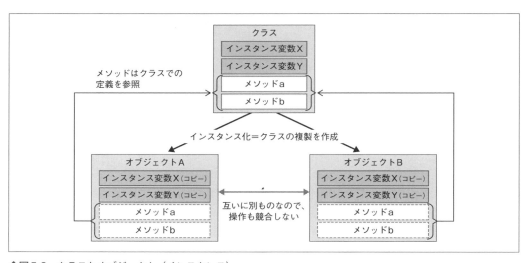

❖図5.3　クラスとオブジェクト（インスタンス）

クラスをインスタンス化するには、以下のような方法があります。

（1）リテラル表現を利用する

108、'Hoge'、[1, 2, 3]のようなリテラルを書くことは、すべて特定の型（クラス）に応じたインスタンスを生成することと同義です。この例であれば、先頭からInteger、String、Arrayクラスのインスタンスが生成されます。

（2）newメソッドを利用する

リテラル表現は、インスタンスを生成する手軽な手段ですが、すべての型（クラス）で用意されているわけではありません。数値、文字列など、よく利用するものについて、いちいち利用するたびにインスタンス化を意識させるのは面倒なので、より直接的に表現できるリテラルが用意されているだけです。

一般的なクラスは、newというメソッドを利用してインスタンス化します。

```
変数名 = クラス名.new(引数, ...)
```

引数（パラメーター）とは、オブジェクトを生成する際に必要な情報です。たとえば日時（Time）オブジェクトであれば、対象となる年月日、時分秒を渡します。

```
t = Time.new(2021, 6, 25, 11, 37, 25)
```

（3）インスタンス生成のためのメソッドを利用する

クラスによっては、new メソッドの代わりに、インスタンス生成のための専用メソッドを用意しているものもあります。たとえば、Time クラスであれば、now メソッドを利用することで、現在時刻を表す Time インスタンスを生成できます。

```
t = Time.now
```

このように、インスタンスを生成するにはさまざまな方法があり、クラスによって変化します。詳細は、関係するクラスが登場したところで順に解説していきます。

5.1.3 メソッドの種類と呼び出し

生成されたオブジェクトを経由して、配下のメソッドにもアクセスできます。具体的な構文は、以下の通りです。

構文 メソッドの呼び出し

```
オブジェクト.メソッド(引数, ...)
```

たとえば、String オブジェクト str から末尾の「.rb」を除去するならば delete_suffix メソッドを呼び出します。

```
str.delete_suffix('.rb')
```

これまで div、each などのメソッドも登場しましたが、それぞれ数値型、配列型が用意するメソッドを呼び出していたわけです。

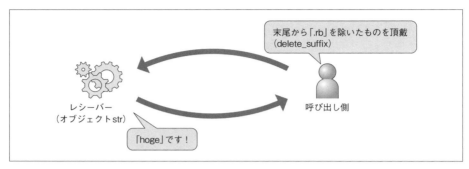

❖図5.A　レシーバー（str.delete_suffixの例）

◆ クラスメソッドの呼び出し

　メソッドによっては、オブジェクトを生成しなくても、クラスから直接に呼び出せるものがありま
す。このようなメソッドのことを**クラスメソッド**と呼びます。

構文 クラスメソッドの呼び出し

```
クラス名.メソッド(引数, ...)
```

　たとえば先ほど登場したnew、nowなどのメソッドは、いずれもクラス経由で呼び出せるクラス
メソッドです。

```
t = Time.now
    クラス名から呼び出せる！
```

　nowは（インスタンスを操作するのではなく）インスタンスそのものを生成するためのメソッド
なので、インスタンスを生成せずに利用でき、また、できなければならないわけです。
　クラスメソッドに対して、オブジェクト（インスタンス）を生成してから呼び出すメソッドのこと
を**インスタンスメソッド**と呼びます。大まかに、

- ● インスタンスメソッドは、インスタンスの情報を取得／操作するためのもの
- ● クラスメソッドは、クラスの情報を取得／操作するためのもの

と理解しておきましょう。

◆関数的メソッドの呼び出し

インスタンスメソッド／クラスメソッドとは別に、見た目に特殊な —— レシーバーを伴わないメソッドがあります。たとえば、これまで何度も利用してきたputs／loopメソッドなどがそれです。このようなメソッドのことを**関数的メソッド**と呼びます。

```
puts 'こんにちは、Ruby!!'
```

ただし、関数的メソッドでも、本当にレシーバー（インスタンス）がないわけではありません。ただ、意識する必要がないので省略できる、というだけです。詳しくは10.3.6項で改めるので、まずはputsなども（書き方が異なるだけで）実体はインスタンスメソッドの一種である、とだけ理解しておきましょう。

> *note* メソッドの種別とは別に、呼び出しのパターンとして、以下のものもあります。忘れてしまったという人は、参照先の項であわせて再確認しておきましょう。
>
> - ブロックを伴うメソッド呼び出し（4.3.1項）
> - 演算子形式のメソッド呼び出し（3.1.2項）
>
> ブロックを伴うメソッドは、インスタンスメソッド／クラスメソッドを問わず、存在します。一方、演算子形式のメソッドは、実体はインスタンスメソッドです。

5.1.4 ライブラリ活用の前に知っておきたいテーマ

クラス（オブジェクト）を利用するうえでの基本ルールはここまでです。本項では、前項までの知識に加えて、本章以降で登場するライブラリを利用していくうえで知っておきたい（知っておくと便利な）テーマ —— require、Safe Navigation Operator、キーワード引数について触れておきます。

特にrequire、キーワード引数は第5章〜第7章でもよく登場するので、ここできちんと押さえておきましょう。

◆非組み込みライブラリの読み込み —— require

Rubyのライブラリは、大きく図5.4のように分類できます。

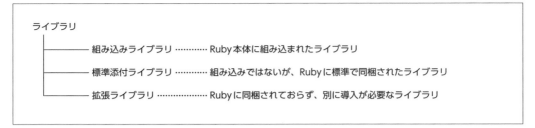

ライブラリ
├── 組み込みライブラリ ………… Ruby本体に組み込まれたライブラリ
├── 標準添付ライブラリ ………… 組み込みではないが、Rubyに標準で同梱されたライブラリ
└── 拡張ライブラリ ……………… Rubyに同梱されておらず、別に導入が必要なライブラリ

❖図5.4　ライブラリの分類

　これらのうち、**組み込みライブラリ**はRuby本体にあらかじめ組み込まれているので、利用にあたっても特別な準備は不要です。Integer、String、Arrayなど、これまでに登場した機能のほとんどは組み込みライブラリです。

　一方、標準添付ライブラリは、Rubyと一緒にまとめてインストールされるものの、Ruby本体とは別ものなので、あらかじめ読み込んでおく必要があります。たとえばSet（6.2節）というクラスを利用するには、以下のようにしてsetライブラリを読み込んでおきましょう。

```
require 'set'
        ライブラリ名
```

　ライブラリの名前については、登場都度に紹介していきます。

　なお、図5.4にある拡張ライブラリは、そもそもRubyとは別にインストールしなければならないライブラリです。導入の方法については、p.220で触れています。

◆Safe Navigation Operator

　実際のコーディングでは、「オブジェクトが非nilのときにだけ、そのメンバーにアクセスしたい」（＝nilの場合はそのままnilを返したい）という状況はよくあります。このような処理を、Rubyでは「&.」（**Safe Navigation Operator**）を使って簡単に表すことが可能です（リスト5.1）。

▶リスト5.1　method_nullsafe.rb

```
str = nil
p str&.upcase          # 結果：nil ──────────────── strがnilでもエラーにならない！
```

　太字部分を「.」演算子に置き換えると、「undefined method `upcase' for nil〜」のようなエラーになることを確認してください。「&.」演算子を利用しない場合には、以下のように変数strがnilでないことを確認してからメソッドにアクセスしなければなりません。

```
p str.upcase unless str.nil?
```

「app&.title&.upcase」のように、「&.」演算子を連結することも可能です。この場合、変数appが非nilのときにtitleメソッドにアクセスし、その戻り値が非nilの場合にupcaseメソッドにアクセスする、という意味になります。

if／unlessを使ったnilチェックよりも「&.」演算子がシンプルなのは明らかで、レシーバーがnilである可能性がある場合には積極的に活用していきましょう。

> *note* 「&.」演算子は、その形状が膝を抱えた人間にも見えることから、**ぼっち演算子**と呼ばれることもあります。

◆ キーワード引数

引数は「値, …」のようにカンマ区切りで値を列挙するのが基本ですが、メソッドによっては「名前: 値, …」の形式で渡せる場合もあります。たとえば以下のようなメソッドです（メソッドの意味は該当項で触れるので、まずはコードの雰囲気のみを味わってください）。

```
data = file.readlines("\r\n", chomp: true)
          値をそのまま渡す   名前付きの値を渡す
```

「名前: 値, …」形式の引数が**キーワード引数**です（これに対して「値, …」形式の引数を**位置引数**と呼ぶこともあります）。キーワード引数を使えるものは、この後、それぞれのメソッドで登場したところで確認してください。

◆ 補足 ハッシュ引数の省略構文

Rubyでは、

> **引数リストの末尾がハッシュ型である場合に、{...}を省略できる**

というルールがあります。

たとえば、以下のコードはいずれも同意です。

```
msg.gsub(/¥$¥{.*?¥}/, { '${to}' => '山田', '${from}' => '鈴木' })
msg.gsub(/¥$¥{.*?¥}/, '${to}' => '山田', '${from}' => '鈴木')
```

省略形の見た目はキーワード引数ですが、実体はあくまで別もの（ハッシュ）です。現時点で、双方の違いを意識することはありませんが、構文では別ものとして記載されます。徐々に慣れていきましょう。

以上、ライブラリ利用の基本を理解できたところで、ここからは具体的なライブラリの用法を理解していくことにします。

練習問題　5.1

[1] クラスとオブジェクト（インスタンス）の関係を説明してみましょう。

[2] Rubyのメソッドを、呼び出し方法の観点から3種類に分類してみましょう。

5.2 文字列の操作

まずは、文字列を操作するためのメソッドからです。

5.2.1 文字列の長さを取得する

文字列の長さ（文字数）を取得するには、lengthメソッドを利用します（リスト5.2）。

▶リスト5.2　str_len.rb

```
title = 'WINGSプロジェクト'

puts title.length       # 結果：11 ─────────────────────────────── ❶
puts title.size         # 結果：11 ─────────────────────────────── ❷
puts title.bytesize     # 結果：23 ─────────────────────────────── ❸
```

lengthメソッドでは、日本語（マルチバイト文字）を正しく1文字としてカウントします（❶）。エイリアス（別名）としてsizeメソッドを利用しても同じ意味です（❷）。

文字数でなく、文字列のバイト数を知りたいならば、bytesizeメソッド（❸）を使用してください。ただし、bytesizeメソッドの戻り値は、使用している文字コードによって変化します。上の結果はUTF-8の場合です（たとえばShift_JISであれば、結果は17になります）。

Alias length ➡ size

エイリアス（Alias）とは、メソッドの別名です。たとえば本文であれば、sizeメソッドは lengthメソッドのエイリアスなので、いずれを利用しても同様の動きをします。Rubyでは、こうしたエイリアスがたくさん用意されています。

開発者の好みに応じて、よりしっくりくる名前を選択できるのも、Rubyの良いところです。以降でも Alias アイコンで、よく見かけるエイリアスを紹介していきます。

◆空文字列であることを確認する

空文字列（＝文字列の長さがゼロ）であることを確認するならば、lengthメソッドを利用する代わりに、empty?メソッドを利用します（リスト5.3）。

▶リスト5.3　str_empty.rb

```
title = 'WINGSプロジェクト'

puts ''.empty?              # 結果：true
puts '  '.empty?            # 結果：false ─────┐
puts '   '.strip.empty?     # 結果：true        ├─❶
```

空白だけの文字列でも、empty?メソッドは空とは見なさないので要注意です（❶）。このような場合には、strip（5.2.7項）で空白を除去してから空判定します。

 Active Support（p.220）では、より拡張されたblank?メソッドも用意されています。blank? メソッドでは、レシーバーがnil、false、空白のみの文字列（全角スペースも含む）、空の配列／ハッシュの場合にtrueを返します。より広い意味での空を判定したい場合には、blank?メソッドを利用することでコードを簡潔に表現できます。

blank?の逆に、「空ではない」を判定するpresent?メソッドもあります。

5.2.2　文字列を大文字⇔小文字で変換する

文字列の大文字／小文字を変換するメソッドには、表5.1のようなものがあります。

❖表5.1　大文字／小文字の変換メソッド

メソッド	概要
upcase	小文字➡大文字に変換
downcase	大文字➡小文字に変換
swapcase	大文字と小文字を反転
capitalize	先頭だけ大文字に変換（その他の文字は小文字）

それぞれの具体的な例を見てみましょう（リスト5.4）。

```
data1 = 'Wings Project'
data2 = 'vii'
data3 = 'Fußball'


puts data1.downcase        # 結果：wings project
puts data1.upcase          # 結果：WINGS PROJECT
puts data1.swapcase        # 結果：wINGS pROJECT
puts data1.capitalize      # 結果：Wings project
puts data2.upcase          # 結果：Ⅶ ─────────────────────── ❶
puts data3.upcase          # 結果：FUSSBALL ──────────────── ❷
```

❶、❷は特殊文字の例です。❶のように、マルチバイト文字も正しく大文字／小文字化できます。❷の「ß」（エスツェット）はドイツ語で「ss」の意味です。小文字の扱いなので、downcaseメソッドでは変化しませんが、upcaseメソッドでは「SS」のように変換されます。

◆ 破壊的メソッド

大文字／小文字に変換した結果を（戻り値として返す代わりに）レシーバーに書き戻す —— upcase!、downcase!、swapcase!、capitalize!などのメソッドもあります。このようなメソッドのことを**破壊的メソッド**と呼びます。

```
data1.downcase!
puts data1            # 結果：wings project（自分自身が変化）
```

Rubyでは、破壊的メソッドとそうでないメソッドとがある場合、双方を区別するために、破壊的メソッドの末尾には「!」を付与するという慣習があります。一般的には、破壊的な操作は注意して行うべきなので、「!」を付けて区別しているわけです（あくまで区別であって、破壊的メソッドのすべてに「!」が付いているわけではありません）。

本書でも破壊的メソッドと非破壊的メソッドとが存在する場合には、初出の際に①を付与して記述します。

> *note*　そもそも!に破壊的操作で**ない**意図を持たせているライブラリもあります。たとえば処理に失敗した場合にfalseを返すメソッドと、例外を発生するメソッドとがある場合、後者に!を付与しているようなライブラリもあります。たとえば以下のような具合です。
>
> ● save　：データを保存し、失敗したらfalseを返す
> ● save!　：データを保存し、失敗したら例外を返す
>
> あくまで!付きメソッドは!なしの同名メソッドとなんらかの区別（注意）を促している、という程度の意味で理解しておくとよいでしょう。

◆ 補足 大文字／小文字を無視した比較

まず、「==」演算子による比較では、文字列の大文字／小文字は区別するのが基本です（リスト5.5）。

▶リスト5.5 str_case_ignore.rb

```
msg = 'aiueo'
msg2 = 'AIUEO'


puts msg == msg2          # 結果：false
```

もしも大文字／小文字を区別せずに比較したいならば、以下のような方法があります。

```
puts msg.downcase == msg2.downcase      # 結果：true ━━━━━━━━━ ❶
puts msg.casecmp?(msg2)                 # 結果：true ━━━━━━━━━ ❷
```

❶は比較する文字列を小文字で揃えてから比較しています。より直接的には、casecmp?メソッドを利用してもかまいません（❷）。こちらは大文字／小文字を区別しない「==」演算子です。

5.2.3 部分文字列を取得する

文字列から部分的な文字列を取り出すには、slice① メソッドを利用します。

構文 slice メソッド

```
str.slice(nth [, len]) -> String | nil
str.slice(range) -> String | nil
str.slice(substr) -> String | nil
str.slice(regexp) -> String | nil
```

str	：元の文字列
nth	：インデックス番号
len	：文字数
range	：抜き出す範囲
substr	：部分文字列
regexp	：正規表現パターン
戻り値	：抜き出した文字列（引数が範囲外の場合はnil）

まずは、具体的なサンプルを見てみましょう（リスト5.6）。図5.5は、これら部分文字列の取得イメージです。

```
title = 'あいうえおかきくけこ'

puts title.slice(2)              # 結果：う ──────────────── ❶
puts title.slice(2, 3)           # 結果：うえお ─────────────── ❷
puts title.slice(-2)             # 結果：け ──────────────── ❸
puts title.slice(-2, 3)          # 結果：けこ ─────────────── ❹
puts title.slice(2..5)           # 結果：うえおか ────────────── ❺
puts title.slice(2...5)          # 結果：うえお ─────────────── ❻
puts title.slice(2..)            # 結果：うえおかきくけこ ─────────── ❼
puts title.slice(..5)            # 結果：あいうえおか ───────────── ❽
puts title.slice('えおか')        # 結果：えおか ─────────────── ❾
puts title.slice('さしす')        # 結果：nil（表示されない）──────── ❾
puts title.slice(/[う-お]{2,}/)   # 結果：うえお ─────────────── ❿
```

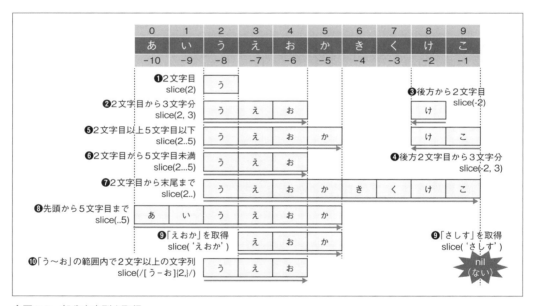

❖図5.5　部分文字列を取得

❶は、最も基本的な例です。指定されたインデックス位置から特定の1文字だけを返します（インデックス値が0スタートなのは配列と同じです）。引数lenを指定することで、指定範囲（nth〜nth＋len-1番目）の文字列を抜き出すことも可能です（❷）。

❸、❹は、引数nthに負数を指定した例です。この場合は、末尾を-1として、前方にさかのぼった位置を開始地点とします。❹の場合は「け」を開始地点に3文字抜き出そうとしますが、文字列の

末尾を超えているので、結果は2文字となります。

> *note* 引数lenに負数を渡すことはできません。エラーにはなりませんが、0以下の値を渡した場合には
> 空文字列を返すだけです。

❺〜❽は、Range型の値を渡す例です。「..」（❺）はm以上n**以下**、「...」（❻）はm以上n**未満**を表すのでしたね。❼、❽のように終点／始点を省略した場合には、指定の点から以降（または指定の点まで）を抜き出します。

❾は、部分文字列（引数substr）を指定した例です。この場合、元の文字列に引数substrがあればそれを、存在しなければnilを返します。これ単体で利用することはあまりなく、ブラケット構文（5.2.4項）で部分文字列の置換に際して、主に利用することになるでしょう。

❿は、正規表現パターン（引数regexp）を指定した例です。正規表現については7.1節で改めるので、ここではまず「う〜お」の範囲にある2文字以上の文字列を抜き出している、とだけ理解しておいてください。

◆ 抜き出した文字列を削除する

slice！（！付き）を利用すれば、抜き出した部分文字列を元の文字列から除去できます（リスト5.7）。

▶リスト5.7　str_slice2.rb

```ruby
title = 'あいうえおかきくけこ'

puts title.slice!(2, 3)    # 結果：うえお
puts title                 # 結果：あいかきくけこ（「うえお」が除去された）
```

5.2.4 部分文字列を取得／置換／削除する ── ブラケット構文

sliceメソッドの省略構文として、ブラケットを用いることも可能です（リスト5.8）。リスト5.6と比べてみましょう。

▶リスト5.8　str_bracket.rb

```ruby
title = 'あいうえおかきくけこ'

puts title[2]              # 結果：う
puts title[-2, 3]          # 結果：けこ
puts title[2..5]           # 結果：うえおか
puts title['えおか']        # 結果：えおか
puts title[/[う-お]{2,}/]   # 結果：うえお
```

ブラケット構文を用いることで、文字列の一部を置換／削除することも可能です（リスト5.9）。

▶リスト5.9 str_bracket2.rb

```ruby
title = 'あいうえお'

title[2..3] = '★★'                                              ❶
puts title           # 結果：あい★★お
title[0, 2] = ''                                                ❷
puts title           # 結果：★★お
title[2, 0] = '◎'                                               ❸
puts title           # 結果：★★◎お
title['★'] = '☆'                                               ❹
puts title           # 結果：☆★◎お
```

❶が基本的な置換です。この例であれば、2〜3文字目を「★★」で置き換えます（図5.6）。

❷のように空文字列を代入することで、該当範囲を（置き換える代わりに）削除することも可能です（この例であれば0〜1文字目を削除します）。

❸は「2文字目から0文字」を表すので、2文字目の直前に指定の文字を挿入します。

文字範囲ではなく、特定の部分文字列を置き換えたいならば、❹のようにブラケットに部分文字列を渡します。ただし、置き換えの対象となるのは（複数マッチする部分文字列があったとしても）最初の1つだけです。該当する文字列をすべて置き換えるならば、gsubメソッド（7.1.9項）を利用してください。

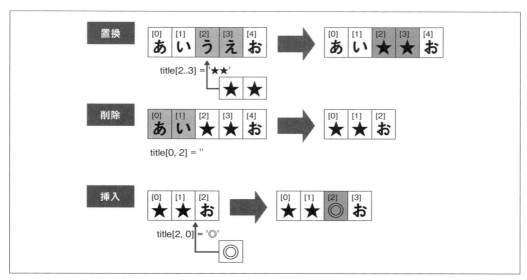

❖図5.6 ブラケット構文

5.2.5 文字列を検索する

ある文字列の中で、特定の文字列が登場する文字位置を取得するには、index ／ rindex メソッドを利用します。index メソッドは検索を**前方**から、rindex メソッドは**後方**から、それぞれ開始します。

構文 index ／ rindex メソッド

```
str.index(pattern, pos = 0) -> Integer | nil
str.rindex(pattern, pos = self.size) -> Integer | nil
```

```
str      ：元の文字列
pattern ：検索文字列
pos      ：検索開始位置
戻り値   ：ヒットした文字位置（見つからない場合はnil）
```

まずは、具体的なサンプルを見てみましょう（リスト5.10）。

▶リスト5.10　str_index.rb

```
msg = 'にわにはにわにわとりがいる'

puts msg.index('にわ')         # 結果：0 ─────────────────── ❶
puts msg.index('にも')         # 結果：nil（表示されない）─────── ❷
puts msg.rindex('にわ')        # 結果：6 ─────────────────── ❸
puts msg.index('にわ', 3)      # 結果：4 ─────────────────── ❹
puts msg.index('にわ', -7)     # 結果：6 ─────────────────── ❺
```

❶はindexメソッドの最も基本的な例です。文字列を先頭から順に検索して、見つかった場合にはその文字位置を返します。先頭文字は0文字目と数えます。検索文字列が見つからなかった場合には、nilを返します（❷）。

> *note*　ただし、部分文字列が元の文字列に含まれているかどうかだけを確認したいならば（＝文字位置の取得が不要なのであれば）、indexメソッドではなく、include?メソッド（5.2.8項）のほうがより直感的です。

同じく、❸はrindexメソッドの最もシンプルな例です。文字列を後方から検索します。ただし、戻り値はあくまで**先頭からの文字位置**です。

引数posを指定することで、検索の開始位置を指定することも可能です（❹～❺）。引数posの数え方は、sliceメソッド（5.2.3項）と同じです。

note 引数patternには、固定文字列のほか、正規表現パターンを渡すことも可能です。正規表現については7.1.1項も参照してください。

5.2.6 文字列を連結する

文字列を連結するには、＋／＜＜演算子、またはconcatメソッドを利用します。ただし、役割が微妙に異なるので、以下では例を見ながら動作を確認していきます。

◆既存の文字列に連結する

まず、現在の文字列に対して、文字列を追加するならば、＜＜演算子、またはconcatメソッドを利用します（リスト5.11）。

▶リスト5.11　str_concat.rb

```
msg = 'あいうえお'
nmsg = msg.concat('かきくけこ')                                    ❶
puts msg                    # 結果：あいうえおかきくけこ
puts nmsg                   # 結果：あいうえおかきくけこ
puts msg.equal?(nmsg)       # 結果：true
```

確かに、元のmsgに対して文字列が追加されています。concatメソッドの戻り値（nmsg）は自分自身なので、equal?メソッドもtrueであることが確認できます（＝戻り値と元の文字列とは同じオブジェクト）。

❶は、以下のように書き換えても同じ意味です。

```
nmsg = msg << 'かきくけこ'
```

◆新たな文字列を生成する

一方、元の文字列は変更せずに、連結した結果を新たな文字列として返すのが＋演算子です（リスト5.12）。

▶リスト5.12　str_plus.rb

```
msg = 'あいうえお'
nmsg = msg + 'かきくけこ'
puts msg                    # 結果：あいうえお
puts nmsg                   # 結果：あいうえおかきくけこ
puts msg.equal?(nmsg)       # 結果：false
```

＋演算子によって、元の文字列（msg）は変更され**ない**点に注目です。

　一般的には、新たな文字列を生成しないconcatメソッド、<<演算子のほうが処理効率は高くなりますが、もちろん状況によっては＋演算子を利用すべき局面もあります。双方の違いをきちんと理解しておきましょう。

◆ 補足 内部バッファーを指定する

　concatメソッド、<<演算子は、最初に確保した文字列サイズ（内部バッファー）を超えて文字列を連結しようとすると、文字列サイズを自動で拡張します。こうしたメモリの再割り当てはそれなりにオーバーヘッドの大きな処理なので、あらかじめ最終的に生成される文字列サイズが想定できているならば、初期化の際にサイズを明示しておくことをお勧めします。

　これには、String::newメソッドでcapacityオプションを指定します。capacityオプションの既定は、渡された文字列が127バイト以内の場合には127、さもなければ文字列サイズとなります。

```
msg = String::new('あいうえお', capacity: 10000)
```

　capacityオプションは省略可能ですが、文字列リテラルを渡すだけのString::newメソッドの呼び出しは避けてください（文字列リテラルとnewメソッドとで二重にオブジェクトが生成されるのは非効率です）。

```
×    msg = String::new('あいうえお')
```

5.2.7 文字列の前後から空白を除去する

　strip①／lstrip①／rstrip①メソッドを利用することで、文字列前後の空白を除去できます。stripメソッドは**前後双方**の空白、lstripメソッドは**前方だけ**の空白、rstripメソッドは**後方だけ**の空白をそれぞれ対象とします（リスト5.13）。

▶リスト5.13　str_strip.rb

```
msg = "　　こんにちは　\t\n\r"
puts '「' + msg.strip + '」'       # 結果：「こんにちは」
puts '「' + msg.lstrip + '」'      # 結果：「こんにちは　Tab⏎」
puts '「' + msg.rstrip + '」'      # 結果：「　　こんにちは」
```

　ここで言う空白には、以下のようなものを含みます（全角空白は含まれ**ない**点に要注意です）。

- 半角スペース
- タブ（\t）
- キャリッジリターン（\r）
- 改行（\n）
- 改ページ（\f）
- 垂直タブ（\v）

全角空白も除去する例については、10.2.1項で改めて解説します。

◆ 末尾の改行文字を除去する

空白文字全般を除去するstripに対して、末尾の改行文字を除去するならばchomp①メソッドを利用します（リスト5.14）。

▶リスト5.14　str_chomp.rb

```
msg = "こんにちは\r\n\n\n"

p msg.chomp                 # 結果："こんにちは\r\n\n"  ─────────────── ❶
p msg.chomp("\r\n")         # 結果："こんにちは\r\n\n\n\n"  ───────── ❷
p msg.chomp('')             # 結果："こんにちは"  ───────────────── ❸
```

まず既定では、末尾の改行文字（\r、\n、\r\n）を1つ削除します（❶）。特定の改行文字を除去したいならば、❷のように明示的に対象の文字を指定します。❷であれば、末尾に「\r\n」はないので、削除される文字はありません。

引数に空文字列を指定した場合（❸）には、パラグラフモードとなります。パラグラフモードでは、末尾の**連続する**改行文字をすべて除去します。

◆ 末尾の任意の文字列を除去する

空白／改行文字に限らず、任意の末尾文字を除去するならばchop①メソッドを利用します（リスト5.15）。

▶リスト5.15　str_chop.rb

```
p "Ruby".chop              # 結果："Rub"
p "Ruby\n".chop            # 結果："Ruby"
p "Ruby\r\n".chop          # 結果："Ruby"
```

ただし、末尾が「\r\n」の場合だけは2文字をまとめて除去します。

◆指定の文字列を除去する

指定された特定の文字列を先頭／末尾から除去するならば、delete_prefix①／delete_suffix①メソッドも利用できます（リスト5.16）。

▶リスト5.16　str_delete.rb

```
url = 'http://wings.msn.to/hello.php'

puts url.delete_suffix('.php')      # 結果：http://wings.msn.to/hello
puts url.delete_prefix('http:')     # 結果：//wings.msn.to/hello.php
```

5.2.8　文字列に特定の文字列が含まれるかを判定する

文字列に指定された部分文字列が含まれるかを判定するには、include?メソッドを利用します。単に含まれるかではなく、ある文字列が先頭／末尾に位置するか（＝文字列がある文字列で始まる／終わるか）を判定するならば、start_with?／end_with?メソッドも利用できます。

構文 include?／start_with?／end_with?メソッド

```
str.include?(substr) -> bool
str.start_with?(*prefixes) -> bool
str.end_with?(*strs) -> bool
```

str	：元の文字列
substr／prefixes／strs	：検索文字列
戻り値	：指定の文字列が含まれる場合はtrue

リスト5.17は、具体的な例です。

▶リスト5.17　str_include.rb

```
msg = 'WINGSプロジェクト'

puts msg.include?('プロ')              # 結果：true ──────────────┐
puts !msg.include?('プロ')             # 結果：false ─────────────┘ ❶
puts msg.start_with?('WINGS')          # 結果：true ──────────────── ❷
puts msg.end_with?('クツ', 'クト')      # 結果：true ──────────────── ❸
puts msg[2..6].include?('プロ')        # 結果：true ──────────────── ❹
```

❶はinclude?メソッドの例です。!演算子を用いることで、含まれ**ない**を表現できます。

❷～❸はstart_with?／end_with?メソッドの例です。引数は複数指定できます。その場合、指定された引数の**いずれか**で始まる（終わる）場合にtrueを返します。

文字列の特定範囲に、部分文字列が含まれているかを確認したいならば、❹のようにブラケット構文と併用します。

5.2.9 文字列を特定の区切り文字で分割する

文字列を特定の区切り文字で分割するために、Rubyでは、いくつかの方法を提供しています。

◆一般的な分割 —— splitメソッド①

一般的な分割の用途には、splitメソッドを利用します。

構文 splitメソッド

```
str.split(sep = $;, limit = 0) -> [String]
```

```
str   ：元の文字列
sep   ：区切り文字（既定はnil）
limit ：最大分割数
戻り値 ：分割した文字列配列
```

リスト5.18に、具体的なサンプルを示します。

▶リスト5.18　str_split.rb

```
msg = ' ねこ いぬ たぬき '
msg2 = 'ねこ|いぬ|たぬき|'

p msg.split            # 結果：["ねこ", "いぬ", "たぬき"] ——————————————❶
p msg.split(' ')       # 結果：["ねこ", "いぬ", "たぬき"] ——————————————❷
p msg.split('')  ————————————————————————————————————————————————┐
    # 結果：[" ", "ね", "こ", " ", "い", "ぬ", " ", "た", "ぬ", "き", " "] ——┘ ❸
p msg2.split('|', 2)   # 結果：["ねこ", "いぬ|たぬき|"] ——————————————❹
p msg2.split('|', 0)   # 結果：["ねこ", "いぬ", "たぬき"] ——————————————❺
p msg2.split('|', -1)  # 結果：["ねこ", "いぬ", "たぬき", ""] ——————————❻
```

❶は引数sepを省略したパターンです。この場合は前後から空白を除去したうえで、半角空白で文字列を分割します。❷のように明示的に区切り文字を指定しても同じです。

❸は、区切り文字として空文字列を指定した例です（空白ではありません）。この場合、文字列を文字単位に分割します。

❹のように、引数limitを指定した場合には、指定された分割数を上限に、文字列を分割します。

引数limitが0（既定）の場合は、分割数の制限はなしで、（ある場合は）配列末尾の空要素を除去します（❺）。引数limitが負数の場合も分割数の制限はありませんが、末尾の空要素は除去しません（❻）。❺、❻の例であれば、文字列が区切り文字「|」で終わっているので、❻の結果配列（末尾）には空文字列が加わっている点に注目です。

◆分割した結果を順に処理 ── splitメソッド②

splitメソッドにブロックを渡すことで、分割された結果を順にループ処理することもできます。ブロックパラメーター（以下ではsubstr）には分割された要素が渡されます（リスト5.19）。

▶リスト5.19　str_split_block.rb

```ruby
msg = 'ねこ,いぬ,たぬき'

msg.split(',') do |substr|
  puts "こんにちは、#{substr}です。"
end
```

実行結果

```
こんにちは、ねこです。
こんにちは、いぬです。
こんにちは、たぬきです。
```

なお、文字単位の分割&処理に特化するならば、each_charメソッドを利用するのがより簡単です（リスト5.20）。

▶リスト5.20　str_each_char.rb

```ruby
msg = 'こんにちは'

msg.each_char do |ch|
  print ch, ';'
end          # 結果：こ;ん;に;ち;は;
```

◆改行文字で文字列を分割する —— lines メソッド

改行文字に特化した分割機能を提供するのが、lines メソッドです。

構文 lines メソッド

```
str.lines(rs = $/, chomp: false) -> [String]
```

str	：元の文字列
rs	：改行文字（既定は\n）
chomp	：末尾の改行文字を除去するか
戻り値	：分割した文字列配列

リスト5.21に、具体的な例を示します。

▶リスト5.21　str_lines.rb

```ruby
msg = "おはよう\nこんにちは\nこんばんは\n\nさようなら"
msg2 = "おはよう\r\nこんにちは\r\nこんばんは\r\nさようなら"

p msg.lines
    # 結果：["おはよう\n", "こんにちは\n", "こんばんは\n", "\n", "さようなら"] —— ❶
p msg2.lines("\r\n")
    # 結果：["おはよう\r\n", "こんにちは\r\n", "こんばんは\r\n", "さようなら"] —— ❷
p msg.lines("")
    # 結果：["おはよう\nこんにちは\nこんばんは\n\n", "さようなら"] ———————— ❸
p msg.lines(chomp: true)
    # 結果：["おはよう", "こんにちは", "こんばんは", "", "さようなら"] ————————— ❹
```

lines メソッドは既定で「\n」で文字列を分割します（❶）。❷のように改行コードを明示的に指定することも可能です。

引数rsを空にした場合は、パラグラフモードとなります（❸）。パラグラフモードでは改行が2個以上連続して登場する箇所で、文字列を分割します。

引数chompをtrueとすることで、分割した文字列の末尾から改行文字を除去することも可能です（❹）。既定（false）では、改行文字は分割文字列の末尾に残る点に注目です。

◆分割した各行を処理する —— each_line メソッド

分割した各行を処理するためのeach_line メソッドもあります（リスト5.22）。ブロックを伴うほかは、指定できる引数はlines メソッドと同じなので、特筆すべき点はありません。

```
msg = "おはよう\r\nこんにちは\r\nこんばんは\r\nさようなら"

msg.each_line("\r\n", chomp: true) do |line|
  puts line
end
```

実行結果

```
おはよう
こんにちは
こんばんは
さようなら
```

◆ 文字列を2分割する —— partition メソッド

splitメソッドがすべての区切り文字で文字列を分割するのに対して、区切り文字が**最初に**見つかった位置で文字列を分割するのがpartitionメソッドです。**最後に**見つかった位置で分割するrpartitionメソッドもあります（リスト5.23）。

▶リスト5.23　str_partition.rb

```
msg = 'example.com/index.html'

p msg.partition('.')     # 結果：["example", ".", "com/index.html"]
p msg.rpartition('.')    # 結果：["example.com/index", ".", "html"]
p msg.partition('|')     # 結果：["example.com/index.html", "", ""] ─┐
p msg.rpartition('|')    # 結果：["", "", "example.com/index.html"] ─┘ ❶
p msg.partition('')      # 結果：["", "", "example.com/index.html"] ─┐
p msg.rpartition('')     # 結果：["example.com/index.html", "", ""] ─┘ ❷
```

partition／rpartitionメソッドの戻り値は、

区切り前の文字列, 区切り文字, 区切り後の文字列

形式の配列です。区切り文字が見つからなかった場合には、❶のように、「元の文字列, 空, 空」（partitionの場合）、または「空, 空, 元の文字列」（rpartitionの場合）となります。

区切り文字列が空の場合、結果は逆となります（❷）。partitionメソッドが「空, 空, 元の文字列」を、rpartitionメソッドが「元の文字列, 空, 空」を返します。

5.2.10 文字コードを変換する

Rubyでは、文字列自身が文字コード情報を持っており、その情報はencode①メソッドを用いることで変換することも可能です。

構文 encodeメソッド

```
str.encode(encoding [, from_encoding] [, options = nil]) -> String
```

str	：元の文字列
encoding	：変換先の文字コード
from_encoding	：元の文字コード
options	：動作オプション（「オプション：値」のハッシュ。指定できるオプションは表5.2）
戻り値	：変換された文字列

❖表5.2　encodeメソッドの動作オプション（引数optionsのオプション）

オプション名	概要	
invalid	不正な文字があった場合の処理	
	設定値	**概要**
	nil	Encoding::InvalidByteSequenceError例外を発生（既定）
	:replace	不正な文字を置換文字で置き換え
undef	変換先の文字コードで未定義の文字があった場合の処理	
	設定値	**概要**
	nil	Encoding::UndefinedConversionError例外を発生（既定）
	:replace	不正な文字を置換文字で置き換え
replace	invalid／undefオプションで利用される置換文字（既定は、Unicodeであれば「U+FFFD」、それ以外は「?」）	
xml	文字列の処理方法	
	設定値	**概要**
	:text	「&」「<」「>」をエスケープ、未定義の文字は文字参照として置換
	:attr	「&」「<」「>」「"」をエスケープ、未定義の文字は文字参照として置換
universal_newline	trueでCR、CRLF改行をLF改行に置換	
cr_newline	trueでLF改行をCR改行に置換	
crlf_newline	trueでLF改行をCRLF改行に置換	

リスト5.24に、具体的な例も示します。

▶リスト5.24　str_encode.rb

```
msg = '叱られて'
encoded = msg.encode('Shift_JIS', undef: :replace, replace: '●') ——————— ❶
puts encoded                    # 結果：●られて
puts encoded.encoding           # 結果：Shift_JIS ——————————————————— ❷
```

変数msgの「叱」（環境依存文字）はShift_JISでは対応する文字がないので、undefオプションで置換文字に置き換えるように指定しておきます（❶）。また、置換文字も、replaceオプションで「●」としておきましょう。もちろん、変換できない場合にそのまま例外を発生させてよいならば、よりシンプルに以下のように表せます。

```
encoded = msg.encode('Shift_JIS')
```

現在の文字コードは、encodingメソッドで取得できます（❷）。

> ●*note* 文字コードは、String::newメソッドでencodingオプションを指定することでも指定できます。
>
> ```
> msg = String.new('こんにちは', encoding: 'Shift_JIS')
> ```

5 標準ライブラリ 基本

5.2.11 文字列を整形する

printf／sprintfメソッドを利用することで、指定された書式に基づいて文字列を整形できます。printfは整形された文字列をそのまま出力しますし、sprintfは結果を文字列として返します。

厳密には、String型のメソッドではなく、レシーバー抜きで呼び出せる関数的メソッドですが、文字列とのセットのほうが理解しやすいので、ここであわせて解説しておきます。

構文 printf／sprintfメソッド

```
printf(format, *arg) -> nil
sprintf(format, *arg) -> String
```

format ：書式文字列
arg ：書式に割り当てる値
戻り値 ：整形済みの文字列（sprintfの場合）

引数format（書式文字列）には、%…の形式で、変換指定子（プレイスホルダー）を埋め込むことができます（図5.7）。変換指定子とは、引数argで指定された文字列（群）を埋め込むための場所、と考えればよいでしょう。変換指定子以外の部分はそのまま出力されます。

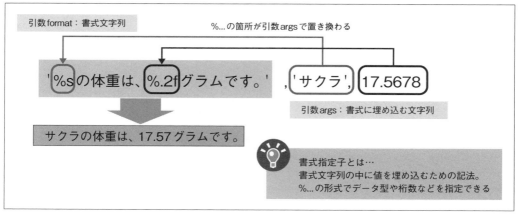

❖図5.7　printfメソッド

変換指定子は、以下の形式で表します。

構文 変換指定子

%[*nth$*][フラグ][幅][.精度]指示子

nth$　：引数指定。nth番目の引数を整形
フラグ　：データの詰め方、符号、0埋めなど
幅　　　：数字列の幅、文字列の長さ
精度　　：小数部の有効桁数など
指示子　：引数の型

それぞれに指定できる文字には、表5.3のようなものがあります。

❖表5.3　主な書式指定子

分類	書式	概要
フラグ	#	2／8／16進数に対して「0b」「0o」「0x」などのプレフィックスを付与
	+	数値に符号を付与（正数でもプラスを付与）
	'␣'（空白）	数値に符号を付与（ただし、正数では空白を付与）
	0	右詰めの場合に不足桁を0で補完
幅	―	最低限の表示幅（符号、小数点、数値プレフィックスなども含んだ桁数）
精度	―	型によって意味は変化（詳細はリスト5.25 ❼～⓫）
指示子	c	数値（0～255）を文字コードと見なす
	s	文字列
	p	Object#inspectメソッドによる結果
	d、i	整数（10進数表記）
	u	符号なし整数（10進数表記）

分類	書式	概要
指示子	b、B	整数（2進数表記）
	o	整数（8進数表記）
	x、X	整数（16進数表記）
	f	浮動小数点数（小数点表記。精度の指定がない場合、小数点以下6桁）
	e、E	浮動小数点数（指数表記。eの場合小文字、Eの場合大文字）
	g、G	浮動小数点数（指数が -4 より小さいか精度以上の場合eと同じ。それ以外はfと同じ）

リスト5.25は、その具体的な例です。

▶リスト5.25　str_format.rb

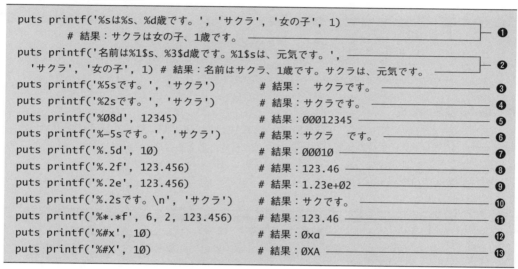

```
puts printf('%sは%s、%d歳です。', 'サクラ', '女の子', 1)          ─────────────
        # 結果：サクラは女の子、1歳です。 ──────────────────────────────────── ❶
puts printf('名前は%1$s、%3$d歳です。%1$sは、元気です。',          ─────────────
    'サクラ', '女の子', 1) # 結果：名前はサクラ、1歳です。サクラは、元気です。 ─────── ❷
puts printf('%5sです。', 'サクラ')             # 結果：  サクラです。 ──────────── ❸
puts printf('%2sです。', 'サクラ')             # 結果：サクラです。 ───────────── ❹
puts printf('%08d', 12345)                   # 結果：00012345 ───────────── ❺
puts printf('%-5sです。', 'サクラ')            # 結果：サクラ  です。 ─────────── ❻
puts printf('%.5d', 10)                      # 結果：00010 ──────────────── ❼
puts printf('%.2f', 123.456)                 # 結果：123.46 ──────────────── ❽
puts printf('%.2e', 123.456)                 # 結果：1.23e+02 ─────────────── ❾
puts printf('%.2sです。\n', 'サクラ')          # 結果：サクです。 ─────────────── ❿
puts printf('%*.*f', 6, 2, 123.456)          # 結果：123.46 ─────────────── ⓫
puts printf('%#x', 10)                       # 結果：0xa ────────────────── ⓬
puts printf('%#X', 10)                       # 結果：0XA ────────────────── ⓭
```

❶～❷　シンプルなパターン

❶は、最も基本的な例です。書式指定子の指示子（型）だけを指定しています。このような場合、%s、%s、%d...が、それぞれ引数arg...によって順に置き換えられます。❷のように1$、2$...とすることで、1番目、2番目の引数を参照します。引数arg...に対応するものがなくてもかまいません（たとえば❷であれば、「女の子」に対応すべき「2$」がありません）。

❸～❻　値の表示幅

書式指定子の幅を指定したパターンです。不足した桁の分だけ、値の左側が空白で埋められます（❸）。実際の文字列よりも指定幅が短い場合には、すべての文字列が表示されます（❹）。あくまで最小幅を表すだけで、指定桁で切り捨てられるわけでは**ありません**。

空白以外の文字で補いたい場合には❺のようにします（この例では0で補完）。

右側を埋めたい（＝左詰め）場合には幅を負数で指定してください（❻）。

❼～⓫　精度の指定

「.」後方の数値は精度を表し、指示子が表す型によって挙動が変化します。具体的には、表5.4の通りです。

❖表5.4　精度の意味

No.	型	精度の意味
❼	整数型	数値の桁数
❽	小数点型（f）	小数点以下の桁数
❾	小数点型（e、g）	有効桁数
❿	文字列型	表示幅

❿は❹の表示幅とも似ていますが、❹が最小幅を表していたのに対して、❿は本来の意味での表示幅を表します（指定値が実際の文字列幅よりも小さい場合は、文字列を切り捨てます）。

なお、精度／幅として「*」を指定した場合、具体的な値を引数argから受け取る、という意味になります（この場合は幅、精度はそれぞれ6、2となります⓫）。

⓬～⓭　n進数の表現

フラグ「#」と指示子「b」「o」「x」を利用すれば、2／8／16進数による表記も可能です（⓬）。指示子として「B」「X」とした場合には（大文字の「O」はありません）、付与されるプレフィックスも大文字となります（⓭）。

練習問題　5.2

[1] ブラケット構文を利用して、文字列「プログラミング言語」から「ミング」という文字列を抜き出してみましょう。

[2] splitメソッドを利用して、「鈴木\t太郎\t男\t50歳\t広島県」のようなテキストをタブ文字で分割し、その結果を順に出力してみましょう。

5.3　日付／時刻の操作

Rubyでは、日付／時刻を扱うために、表5.5のようなクラスが用意されています。

クラス	概要	require
Time	日付／時刻	time（一部機能のみ）
Date	日付のみ	date
DateTime	日付／時刻	date（非推奨）

　そこで、いずれのクラスを利用するかですが、結論から言ってしまうと、まずは組み込みのTimeクラスを利用すれば十分です（よく似た機能にDateTimeがありますが、こちらは執筆時点ですでに非推奨の扱いになっています）。あえて日付だけの表現を要する場合に、Dateクラスを利用すればよいでしょう。

　本節でも、その前提で、Timeクラスを中心に解説を進めます。

> *note* ただし、Timeクラスでも、一部のメソッドを利用するにはrequireが必要となります。具体的には、parse／strptimeメソッドをはじめ、整形メソッド（httpdate、iso8601、rfc2822、xmlschema）などが、それです。

5.3.1　日付／時刻値を生成する

　Rubyでは、日付／時刻値を生成するためにさまざまな方法を用意しています。

◆現在の日付／時刻から生成する

now／todayメソッドを利用します（リスト5.26）。

▶リスト5.26　time_now.rb

```
require 'date'

puts Time.now      # 結果：2021-02-06 15:40:22 +0900
puts Date.today    # 結果：2021-02-06
```

※結果は実行のたびに異なります。

　nowメソッドは現在の日時を返すのに対して、todayメソッドは現在の日付（時刻情報を持たない）を、それぞれ返します。

Alias now ➡ new

◆指定された年月日、時分秒から生成する

mktime／newメソッドを利用します。

構文 mktime／newメソッド

```
Time.mktime(year, mon = 1, day = 1,
  hour = 0, min = 0, sec = 0, usec = 0) -> Time
Time.new(year, mon = nil, day = nil,
  hour = nil, min = nil, sec = nil, utc_offset = nil) -> Time
```

year	：年
mon	：月（1〜12）
day	：日（1〜31）
hour	：時（0〜23）
min	：分（0〜59）
sec	：秒（0〜59）
usec	：マイクロ秒
utc_offset	：タイムゾーン（+hh:mm ／ -hh:mm形式）
戻り値	：生成されたTimeオブジェクト

具体的な例は、リスト5.27の通りです。

▶リスト5.27　time_make.rb

```
require 'date'

puts Time.mktime(2021, 6, 25, 11, 37, 25, 103)
    # 結果：2021-06-25 11:37:25 +0900
puts Time.mktime(2021, 'Jul', 25, 11, 37, 25, 103) ────────────────── ❶
    # 結果：2021-07-25 11:37:25 +0900
puts Time.mktime(2021, 13, 11)    # 結果：エラー ────────────────────── ❷
puts Time.new(2021, 6, 25, 11, 37, 25, '+05:00') ─────────────────── ❸
    # 結果：2021-06-25 11:37:25 +0500
puts Time.utc(2021, 6, 25, 11, 37, 25, 103) ──────────────────────── ❹
    # 結果：2021-06-25 11:37:25 UTC
puts Date.new(2021, 8, 5)        # 結果：2021-08-05 ───────────────── ❺
puts Date.new(2021, -1, -1)      # 結果：2021-12-31 ─────────────────
```

Timeオブジェクトの生成には、mktimeメソッドを利用します。引数monには「Jul」（省略名）を指定してもかまいません（❶）。

❷は、決められた時間範囲を超えた値を指定したパターンです。その場合は、自動的な繰り上げ／繰り下げは行われず、ArgumentError例外を発生します（たとえば1月32日を2月1日と見なすよう

なことはしません）。時間範囲とは、たとえば月であれば1〜12ですし、分であれば0〜59です。

mktimeメソッドで生成される日時のタイムゾーンは、システム既定のタイムゾーンとなります。異なるタイムゾーンの日時を指定するならば、newメソッドを利用します（❸）。

また、協定世界時の日時を作成するならば、より直感的なutcメソッド（❹）を利用してもかまいません（newメソッドの引数utc_offsetを「UTC」としても同じ意味ですが、冗長です）。

❺は、日付（Dateオブジェクト）の生成です。こちらはTimeと異なり、月日に負数を指定することも可能です。その場合、末尾からさかのぼった月日となります。たとえば日が−1であれば末日を表します（よって、ゼロは指定できません）。

Alias mktime ➡ local

◆日付／時刻文字列から変換する①

parseメソッドを利用します。

構文 parseメソッド

```
Time.parse(date , now = Time.now) -> Time
Date.parse(date , complete = true) -> Date
```

date	：日付／時刻文字列
now	：現在の時刻
complete	：年が2桁の場合に補完するか
戻り値	：変換後のTime／Dateオブジェクト

リスト5.28に、具体的な例を示します。

▶リスト5.28　time_parse.rb

```
require 'time'
require 'date'

puts Time.parse('2021/5/14 11:37:40')      # 結果：2021-05-14 11:37:40 +0900
puts Time.parse('2021-5-14 11:37:40')      # 結果：2021-05-14 11:37:40 +0900
puts Time.parse('2021/05')                 # 結果：2021-05-01 00:00:00 +0900
puts Time.parse('20210514 113740')         # 結果：2021-05-14 11:37:40 +0900
puts Time.parse('Sat, 4 Dec 2021 11:37:11 +05:00')
    # 結果：2021-12-04 11:37:11 +0500
puts Time.parse('S50.12.13')    # 結果：1975-12-13 00:00:00 +0900 ────────❶
puts Time.parse('12:15') ──────────────────────────────────────────────┐
    # 結果：2021-02-06 12:15:00 +0900（日付は実行日によって異なります）──┘ ❷
```

```
puts Time.parse('12:15', Time.mktime(2025, 8, 6)) ─────────────┐
    # 結果：2025-08-06 12:15:00 +0900 ─────────────────────────┘ ❸
puts Date.parse('2021-06-25 11:37:40')      # 結果：2021-06-25 ──┐
puts Date.parse('20210625')                 # 結果：2021-06-25 ──┘ ❹
```

　例を見てもわかるように、Time::parse メソッドでは比較的柔軟にさまざまな形式の日付／時刻文字列を解釈してくれます（❶のように和暦を利用した記述も解析できます）。

　❷は、日付を省略した例です。その場合は現在の日時をもとに上位要素が補われます（逆に時刻が省略された場合には、その要素の最小値で補われます）。もしも特定の日付で補いたい場合には、引数 now に明示的に日付／時刻値を指定します（❸）。

　Date::parse メソッドでも考え方は同じです（❹）。ただし、戻り値は Date オブジェクトなので、時刻部分は無視されます。

◆ 日付／時刻文字列から変換する②

　上でも見たように、parse メソッドだけでもかなりの解析が可能ですが、フォーマットによっては意図したように解析できない場合もあります。そもそも「●○年●○月●○日」のような日本語表記は parse メソッドでは解析できません。

　そのような場合には、strptime メソッドで明示的にフォーマットを指定することで、正しく認識できるようになります。

構文 strptime メソッド

```
Time.strptime(date, format, now = Time.now) -> Time
Date.strptime(date, format = '%F') -> Date
```

date	：日付／時刻文字列
format	：解析に利用する書式（利用可能な指定子は p.214 の表5.8を参照）
now	：現在の時刻
戻り値	：変換後の Time ／ Date オブジェクト

リスト5.29は、その具体的な例です。

▶リスト5.29　time_strptime.rb

```
require 'time'
require 'date'

puts Time.strptime('2021年5月14日 11時37分40秒', '%Y年%m月%d日 %H時%M分%S秒')
        # 結果：2021-05-14 11:37:40 +0900
puts Date.strptime('2021年5月14日', '%Y年%m月%d日')          # 結果：2021-05-14
```

あらかじめ決められたフォーマットをもとに解析するhttpdate、iso8601のような解析メソッドもあります（リスト5.30）。リスト5.41で扱っている整形メソッドに1：1で対応しているので、あわせて参照してください。

▶リスト5.30　time_strptime2.rb

```
require 'time'
require 'date'

puts Time.httpdate('Tue, 05 Oct 2021 01:23:17 GMT')
    # 結果：2021-10-05 01:23:17 UTC
puts Time.iso8601('2021-10-05T01:23:17+09:00')
    # 結果：2021-10-05 01:23:17 +0900
puts Time.rfc2822('Tue, 5 Oct 2021 01:23:17 +0900')
    # 結果：2021-10-05 01:23:17 +0900
puts Time.rfc822('Tue, 5 Oct 2021 01:23:17 +0900')
    # 結果：2021-10-05 01:23:17 +0900
puts Date.iso8601('2021-10-05T01:23:17+09:00')       # 結果：2021-10-05
puts Date.jisx0301('R03.10.05')                      # 結果：2021-10-05
puts Date.rfc2822('Tue, 5 Oct 2021 01:23:17 +0900')  # 結果：2021-10-05
puts Date.rfc3339('2021-10-05T01:23:17+09:00')       # 結果：2021-10-05
puts Date.rfc822('Tue, 5 Oct 2021 01:23:17 +0900')   # 結果：2021-10-05
```

Alias iso8601 ➡ xmlschema（Time クラス）、iso8601 ➡ rfc3339（Date クラス）

◆ **タイムスタンプ値から生成する**

atメソッドを利用することで、タイムスタンプ値から日付／時刻値を生成できます（リスト5.31）。タイムスタンプ値とは、基準時（1970/01/01 00:00:00 UTC）からの経過秒のことです。Time型のto_fメソッドなどから取得できます。

▶リスト5.31　time_at.rb

```
dt = Time.mktime(2020, 12, 4, 11, 35, 57)
ts = dt.to_f
puts ts              # 結果：1607049357.0
puts Time.at(ts)     # 結果：2020-12-04 11:35:57 +0900
```

◆ 日付 ◄► 時刻値に変換する

to_date ／ to_time メソッドを利用することで、あらかじめ生成された Time オブジェクトから Date オブジェクトを（またはその逆を）生成することも可能です（リスト 5.32）。

▶リスト 5.32　time_todate.rb

```
require 'date'

dt  = Time.mktime(2020, 12, 4, 11, 35, 57)
dt2 = Date.new(2021, 8, 5)

puts dt.to_date    # 結果：2020-12-04
puts dt2.to_time   # 結果：2021-08-05 00:00:00 +0900
```

to_time メソッドによる変換では、不足の時刻部分はシステム既定のタイムゾーンで 00:00:00 が補完されます。

5.3.2 年月日、時分秒などの時刻要素を取得する

表 5.6 のようなメソッドを利用します（リスト 5.33）。ただし、時刻要素を取得するメソッドは Time クラスでのみ利用できます。

❖表 5.6　日付／時刻要素を取得するためのメソッド

メソッド	概要
year	年
month、mon	月（1〜12）
day、mday	日（1〜31）
hour	時（0〜23）
min	分（0〜59）
sec	秒（0〜59。うるう秒の場合は60）
nsec	ナノ秒
zone	タイムゾーン
yday	通算日（1〜366）
wday	曜日（0：日曜日〜6：土曜日）
subsec	時刻を表す分数

▶リスト 5.33　time_get.rb

```
require 'date'
```

```
dt = Time.mktime(2021, 6, 25, 11, 37, 25, 103)
puts dt                    # 結果：2021-06-25 11:37:25 +0900
puts dt.year               # 結果：2021
puts dt.month              # 結果：6
puts dt.day                # 結果：25
puts dt.hour               # 結果：11
puts dt.min                # 結果：37
puts dt.sec                # 結果：25
puts dt.nsec               # 結果：103000
puts dt.zone               # 結果：東京 (標準時)
puts dt.yday               # 結果：176
puts dt.wday               # 結果：5
puts dt.subsec             # 結果：103/1000000
```

その他、monday?、tuesday?…のように、日付／時刻値が月曜、火曜…であるかを判定するための
メソッドもあります（リスト5.34）。

▶リスト5.34　time_get2.rb

```
require 'date'

dt = Time.mktime(2021, 6, 25, 11, 37, 25, 103)
puts dt.monday?            # 結果：false
puts dt.friday?            # 結果：true
```

練習問題　5.3

[1] 以下の日時を表すTimeオブジェクトを生成してください。

① 現在の日付

② 2021年12月4日11時

③ 2021年6月25日（タイムゾーンは+0800）

5.3.3　日付／時刻値を加算／減算する

Time ／ Date クラスでは「+」「−」などの演算子を独自に再定義しており、日付／時刻を数値と同
じように加算／減算できます。

たとえばリスト5.35は、指定の日時に対して3時間後、3週間前のような日時を求める例です。

▶リスト5.35　time_plus.rb

```
require 'date'

dt = Time.mktime(2021, 6, 25, 11, 37, 25, 103)
puts dt + (3 * 60 * 60)
    # 結果：2021-06-25 14:37:25 +0900（3時間後）
puts dt - (3 * 60 * 60 * 24 * 7)
    # 結果：2021-06-04 11:37:25 +0900（3週間前）

d = Date.new(2021, 11, 10)
puts d + 10                    # 結果：2021-11-20（10日後）
puts d - 10                    # 結果：2021-10-31（10日前）
puts d << 2                    # 結果：2021-09-10（2か月前）
puts d >> 1                    # 結果：2021-12-10（1か月後）
```

❶ ❷

❶は、Time オブジェクトへの加算／減算です。数値の単位は秒なので、3時間であれば「3 * 60 * 60」、3週間であれば「3 * 60 * 60 * 24 * 7」と表します。

❷は、Date オブジェクトへの加算／減算です。「+」「-」を利用する点は Time と同じですが、数値の単位は日になります。さらに、「<<」「>>」で月単位の加算／減算も可能です。

◆ 補足 Active Support の便利な日付／時刻メソッド

ただし、大きな単位を加算／減算する場合、秒単位の演算は直感的でなく、時として間違いのもととなります。そこで Active Support（p.220）では、時刻演算のためにさまざまな便利メソッドを用意しています。

以下に、主なものを紹介しておきます。

（1）●○年後、●○月前など

10.years（10年間）、30.minutes（30分間）のような期間を表現できます（リスト5.36）。

▶リスト5.36　time_plus_sup.rb

```
require 'active_support'
require 'active_support/core_ext'

dt = Time.mktime(2021, 6, 25, 11, 37, 25, 103)
puts dt + 3.hours + 20.minutes    # 結果：2021-06-25 14:57:25 +0900
puts dt - 3.weeks                 # 結果：2021-06-04 11:37:25 +0900
```

上で示したほかにも、years、months、days、secondsなどが利用可能です。

（2）特定日

現在の日付を基点として、昨日、月末など、特定の日付を取得することも可能です（表5.7）。

❖表5.7　特定日取得のためのメソッド

メソッド	概要
yesterday	昨日
tomorrow	明日
prev_*xxxxx*	前年／月／週（*xxxxx*はyear、month、week）
next_*xxxxx*	翌年／月／週（*xxxxx*はyear、month、week）
beginning_of_*xxxxx*	年／四半期／月／週の最初の日（*xxxxx*はyear、quarter、month、week）
end_of_*xxxxx*	年／四半期／月／週の最後の日（*xxxxx*はyear、quarter、month、week）

5.3.4　日付／時刻値の差分を求める

Time／Date同士では、「-」演算子を利用することで、互いの差を求めることもできます。

構文 日付／時刻値の差分

```
time1 - time2 -> Float
```
```
time1、time2 ：日付／時刻値（Time / Date）
戻り値　　　　：時差（秒）
```

リスト5.37は、指定された日時dt1、dt2が何日差であるかを求める例です。

▶リスト5.37　time_minus.rb

```
dt1 = Time.mktime(2021, 12, 4, 11, 35, 57)
dt2 = Time.mktime(2021, 12, 15, 12, 17, 11)
puts ((dt2 - dt1) / (60 * 60 * 24)).floor        # 結果：11
```

日付／時刻値同士の差は秒単位で返されます。よって、（たとえば）日付差を求めたい場合には、60秒×60分×24時間で割って、floorメソッド（7.5.1項）で小数点以下を切り捨てます。

5.3.5　日付／時刻値を比較する

「<」「>」などの比較演算子を利用することで、日付／時刻同士の大小を比較できます（リスト5.38）。

▶リスト5.38　time_compare.rb

```
dt1 = Time.mktime(2021, 10, 5, 11, 23, 17, 358)
dt2 = Time.mktime(2020, 12, 4, 15, 35, 58, 469)
puts dt1 < dt2        # 結果：false
```

この結果は、dt1がdt2よりも大きい ―― つまり、dt1はdt2よりも未来ということを意味します。

ある日付が特定の期間に含まれるかを確認したいならば、between?メソッドも利用できます。た
とえばリスト5.39は、現在の日時が2020/01/01～2021/12/01の間であるかを判定しています。

▶リスト5.39　time_between.rb

```
dt1 = Time.mktime(2020, 1, 1)
dt2 = Time.mktime(2021, 12, 1)

puts Time.now.between?(dt1, dt2)        # 結果：true
```

※結果は実行のタイミングによって変化します。

5.3.6　日付／時刻値を整形する

日付／時刻値を整形するには、strftimeメソッドを利用します。

構文 strftimeメソッド

```
time.strftime(format = '%F') -> String
date.strftime(format = '%F') -> String
```

```
time    ：日付／時刻
date    ：日付
format  ：書式文字列
戻り値   ：整形された日付／時刻値
```

引数formatは、表5.8のような指定子の組み合わせで表現できます。

❖表5.8　日付／時刻値を整形するための指定子（例は「2021-06-06 01:37:25 +0900」の場合）

分類	指定子	概要	戻り値の例
標準	%c	日時	Sun Jun 6 01:37:25 2021
	%x、%D	日付	06/06/21
	%F	日付（ISO 8601の日付フォーマット）	2021-06-06
	%X、%T	時刻	01:37:25
	%R	24時間制の時刻（時間：分）	01:37
	%r	12時間制の時刻（時間：分：秒 AM／PM）	01:37:25 AM

分類	指定子	概要	戻り値の例
カスタム	%C	世紀（西暦を100で割った商を切り捨てた値）	20
	%y	西暦（2桁）	21
	%Y	西暦（4桁）	2021
	%b、%h	月名（短縮形）	Jun
	%B	月名	June
	%m	月（0埋め。01～12）	06
	%d	日（0埋め。01～31）	06
	%e	日（半角空白埋め。1..31）	6
	%a	曜日名（短縮形）	Sun
	%A	曜日名	Sunday
	%w	曜日（0：日～6：土）	0
	%u	曜日（1：月～日：7）	7
	%H	時間（24時間。0埋め。00～23）	01
	%k	時間（24時間。空白埋め。0～23）	1
	%I	時間（12時間。0埋め。01～12）	01
	%l	時間（12時間。空白埋め。0～12）	1
	%p	午前／午後（AM／PM）	AM
	%P	午前／午後（am／pm）	am
	%M	分（0埋め。00～59）	37
	%S	秒（0埋め。00～59。60はうるう秒）	25
	%L	ミリ秒（000～999）	000
	%z	タイムゾーン（オフセット値）	+0900
	%:z	タイムゾーン（コロン入りのオフセット値）	+09:00
	%::z	タイムゾーン（コロン入りの秒も含むオフセット値）	+09:00:00
	%Z	タイムゾーンの名前	東京 (標準時)
	%j	年内の通算日（001～366）	157
	%U	年内の週番号（週の初めは日曜。00～53）	23
	%W	年内の週番号（週の初めは月曜。00～53）	22
	%%	文字 '%'	%

リスト5.40に、具体的な例を示します。

▶リスト5.40　time_format.rb

```
dt = Time.mktime(2021, 10, 5, 1, 23, 17)
puts dt.strftime('%c')        # 結果：Tue Oct  5 01:23:17 2021
puts dt.strftime('%x')        # 結果：10/05/21
puts dt.strftime('%X')        # 結果：01:23:17
puts dt.strftime('%Y年 %m月 %d日 (%a) %I時 %M分 %S秒')
        # 結果：2021年 10月 05日 (Tue) 01時 23分 17秒
```

あらかじめ決められたフォーマットに整形するならば、リスト5.41のようなメソッドも利用できます。

▶リスト5.41　time_format2.rb

```
require 'time'
require 'date'

dt = Time.mktime(2021, 10, 5, 1, 23, 17)
d = Date.new(2021, 10, 5)
puts dt.httpdate      # 結果：Mon, 04 Oct 2021 16:23:17 GMT
puts dt.iso8601       # 結果：2021-10-05T01:23:17+09:00
puts dt.rfc2822       # 結果：Tue, 05 Oct 2021 01:23:17 +0900
puts dt.rfc822        # 結果：Tue, 05 Oct 2021 01:23:17 +0900
puts d.iso8601        # 結果：2021-10-05
puts d.jisx0301       # 結果：R03.10.05
puts d.rfc2822        # 結果：Tue, 5 Oct 2021 00:00:00 +0000
puts d.rfc3339        # 結果：2021-10-05T00:00:00+00:00
puts d.rfc822         # 結果：Tue, 5 Oct 2021 00:00:00 +0000
puts d.to_s           # 結果：2021-10-05
```

5.3.7 タイムゾーンを変換する

Timeクラスでは、システム既定のタイムゾーンを使っています（日本で利用しているコンピューターであれば、おそらく+09:00であるはずです）。このタイムゾーンを変更するには、utc／localtimeメソッドを利用します（リスト5.42）。

▶リスト5.42　time_utc.rb

```
dt = Time.now
puts dt                      # 結果：2021-02-10 11:22:54 +0900
puts dt.utc                  # 結果：2021-02-10 02:22:54 UTC ————————❶
puts dt.localtime            # 結果：2021-02-10 11:22:54 +0900 ————————❷
puts dt.localtime('+05:00')  # 結果：2021-02-10 07:22:54 +0500 ————————❸
```

※結果は実行のたびに異なります。

utcメソッド（❶）は、タイムゾーンを協定世界時（UTC）に変換します。逆に、システム既定のタイムゾーン（ローカルタイム）に変換するにはlocaltimeメソッドを利用します（❷）。localtimeメソッドに「+HH:MM」「-HH:MM」形式の文字列を渡すことで、任意のタイムゾーンに変換することも可能です（❸）。

```
puts dt.localtime        # 結果：2021-02-10 02:22:54 +0000
```

Alias utc ➡ gm

5.3.8 日付を繰り返し処理する

　現在の日付から指定の日付まで繰り返し処理するためのupto、downto、stepメソッドもあります。
4.3.2項では数値での例を示していますが、その日付版なので、詳しい構文はそちらもあわせて参照し
てください。

　たとえばリスト5.43は、2021/06/01 〜 2021/06/30の範囲で処理を繰り返す例です。

▶リスト5.43　time_upto.rb

```ruby
require 'date'

# 「2021/06/-1」は月末を表す
Date.new(2021, 6, 1).upto(Date.new(2021, 6, -1)) do |d|
  puts d
end
```

実行結果

```
2021-06-01
2021-06-02
2021-06-03
...中略...
2021-06-29
2021-06-30
```

5

標準ライブラリ 基本

☑ この章の理解度チェック

[1] 以下は、Rubyのオブジェクト指向構文に関する説明です。空欄を埋めて、文章を完成させてください。

> クラスに用意されたデータの入れ物を [①]、データを操作するための道具のことを [②] と言います。双方を総称して [③] と呼ぶ場合もあります。
>
> クラスを元にして、具体的なモノを作成する作業のことを [④]、[④] によってできるモノのことを [⑤]、または [⑥] と呼びます。クラスを [④] するには、[⑦] などのメソッドを利用するほか、クラスによっては専用の [⑧] が用意されているものもあります。

[2] 図5.Bは文字列のブラケット構文を解説した図です。空欄に対応する式を埋めて、図を完成させてください。

❖図5.B　部分文字列を取得

[3] 以下は2021年6月25日11時37分25秒（タイムゾーンは＋08:00）を表すTimeオブジェクトを生成した後、その5週間後の日付を求め、最終的な値を「●○年●○月●○日●○時●○分●○秒」の形式で出力するコードです。空欄を埋めて、コードを完成させてください。

▶ex_dt_format.rb

```
tm = Time. ①  (2021, 6, 25, 11, 37, 25,  ② )
tm2 = tm + (  ③  )
puts tm2. ④ ('  ⑤  ')
```

[4] 文字列や日付／時刻の操作に関する問題です。以下のようなコードを書いてみましょう。

① 文字列「となりのきゃくはよくきゃくくうきゃくだ」の最後に登場する「きゃく」の位置を検索する

② 文字列「●○の気温は●○℃です。」という書式文字列に「千葉」「17.256」という数値を埋め込む。ただし、数値は小数点以下2桁までを表示すること

③ 文字列「彼女の名前は花子です。」に含まれる「彼女」を「妻」に置き換える（ブラケット構文を利用すること）

④ 2021/11/10と2021/12/4との日付差を求める（結果は日数で表示すること）

⑤ 文字列「はじめまして\r\n\n」の末尾に登場する改行文字をすべて除去する

Column ▶ **Rubyのパッケージ管理システム「RubyGems」**

RubyGemsは、Rubyの拡張ライブラリ（**gem**と呼ばれます）を管理するためのツールです。RubyGemsを利用することで、指定したライブラリはもちろん、ライブラリが依存する（＝動作に必要なライブラリ）もあわせてインストールできるので、ライブラリ導入の手間が大幅に削減されます。その他、インストール済みライブラリの更新／削除、検索などにも対応しており、ライブラリ（パッケージ）を全面的に管理するためのツールと言ってよいでしょう。

RubyGemsでライブラリをインストールするには、gemコマンドを利用します。以下はActive Support（p.220）をインストールする例です。

```
> gem install activesupport
```

その他にも、表5.Aのようなコマンドを利用できます。

❖表5.A　gemコマンドの主なサブオプション（Packageはライブラリ名）

コマンド	概要
gem install *Package* --pre	プレリリース版をインストール
gem update *Package*	インストール済みライブラリの更新
gem update --system	RubyGems自身の更新
gem uninstall *Package*	インストール済みライブラリの削除
gem search *Package*	指定のライブラリを検索（部分一致）
gem list	インストール済みのライブラリをリスト

Active Supportは、Rails（p.114）に搭載されているコンポーネントの一種です。Object／Class、String、Numeric、Enumerableなど、標準ライブラリを拡張することで、よりRubyの表現力を向上してくれるライブラリです。

元々の由来から、Rails環境でないと利用できない、と思われがちですが、Active Supportを単体で導入することも可能です。本文でも特に有用と思われる機能を紹介しているので、是非積極的に活用してみてください。導入には、以下のようにgemコマンド（p.219）を実行します。

```
> gem install activesupport
```

あとは、個々のファイルからActive Supportをrequireするだけです。ただし、用途によってrequireの方法が異なります。

```
# 特定の機能（ここではtimeメソッド）だけを利用
require 'active_support'
require 'active_support/core_ext/numeric/time'

# Stringクラスに関わるコア拡張だけを利用
require 'active_support'
require 'active_support/core_ext/string'

# すべてのコア拡張を利用
require 'active_support'
require 'active_support/core_ext'

# Active Supportの全機能を利用
require 'active_support/all'
```

ちなみに、すべての機能をrequireしたとしても、すべてのライブラリがロードされるわけではありません。autoload機能を利用して、実際に呼び出されたタイミングで読み込まれるようになっているからです。

Chapter **6**

標準ライブラリ
配列／セット／ハッシュ

型の中でも、複数の値を束ねるための仕組みを持つものを総称して、**コレクション**や**コンテナー**などと呼びます。そして、Rubyでは、コレクションとして、図6.1のような型を用意しています。

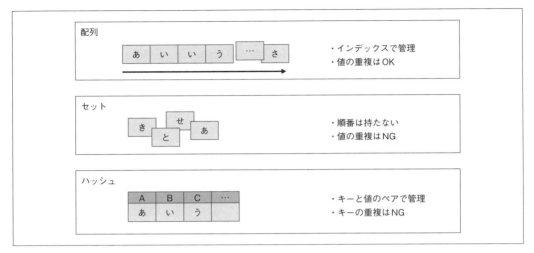

❖図6.1　コレクション

配列は、順に並んだ値を扱うための型です。中身の値は重複していてもかまいませんし、型が異なっていてもかまいません。言語によっては、**リスト**などとも呼ばれる仕組みで、最も基本的なコレクションです。

一方、**セット**は、順番を持たず、値の重複も許しません。値の有無や互いの包含関係に関心がある場合に利用するコレクションです。数学における集合の概念に近い型と思ってもよいでしょう。

そして、**ハッシュ**は、キー／値の組みで、配下の要素を管理します。値は重複してもかまいませんが、キーは重複できません。**連想配列**、**マップ**などと呼ぶこともあります。

Rubyでは、これらの型を目的に応じて使い分けていくわけです。個々の用法を理解するのはもちろんですが、型のメリット／デメリット、仕組みを理解して、適所を判断できる基礎を身につけていきましょう。

本章で扱うArray、Set、HashはいずれもEnumerableモジュールをインクルードしています。モジュールについては、まずは「クラスのようなもの」と思っておいてかまいません。ここでは、Array、Set、HashがEnumerableモジュールが提供するメソッドを共通して利用できる、とだけ理解しておきましょう。

Enumerableとは英語で「列挙可能」という意味で、複数の要素をループ処理するために、表6.Aのようなメソッドを用意しています。本章では紙面の都合上、これらのメソッドのほとんどを6.1節（配列）で解説しますが、Set／Hashでも共通して利用できます。

❖表6.A　Enumerableモジュールのメソッド

all?	any?	chunk	collect	count	cycle
detect	each_slice	each_with_index	find	find_all	find_index
first	grep	grep_v	group_by	include?	inject
map	max	min	minmax	none?	one?
partition	reduce	reject	reverse_each	select	sort
sort_by	sum	tally	uniq	zip	

ちなみに、コレクション型以外にも、Range（4.2節）、File（7.2節）、Enumerator（6.4節）などがEnumerableモジュールをインクルードしています。

6.1 配列

配列は、複数の値を順番を持って束ねるための基本的な型です。作成から基本操作までは2.3節でも触れているので、本節ではその理解を前提に、より本格的な機能に踏み込んでいきます。

6.1.1 配列を作成する

2.3節では[...]、%w、%iで配列を作成しましたが、newメソッドも利用できます（リスト6.1）。

▶リスト6.1　array_new.rb

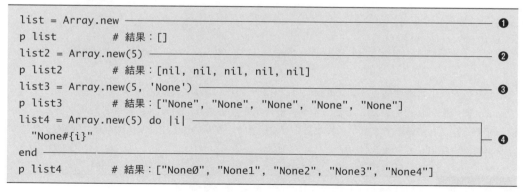

```
list = Array.new ───────────────────────────── ❶
p list          # 結果：[]
list2 = Array.new(5) ───────────────────────── ❷
p list2         # 結果：[nil, nil, nil, nil, nil]
list3 = Array.new(5, 'None') ───────────────── ❸
p list3         # 結果：["None", "None", "None", "None", "None"]
list4 = Array.new(5) do |i| ──────────────┐
  "None#{i}"                               ├─ ❹
end ───────────────────────────────────────┘
p list4         # 結果：["None0", "None1", "None2", "None3", "None4"]
```

❶は、空の配列を生成します。ただし、一般的にはブラケット構文で[ ]としたほうがシンプルです。

❷は、指定サイズの配列を生成します。この例であれば、サイズ5の配列を生成します。それぞれ

の要素は、既定ではnilとなります。

　もしもあらかじめ任意の初期値を渡したいならば、第2引数を指定してください。❸であれば、すべての要素がNone（文字列）である配列を生成します。

　さらに、newメソッドにブロックを渡すことで、インデックス値から動的に初期値を生成することも可能です（❹）。ブロックは、引数（ブロックパラメーター）としてインデックス値を受け取り、戻り値として要素の値を返すようにします（図6.2）。その結果、❹であればNone0〜None4からなる配列が生成されることになります。

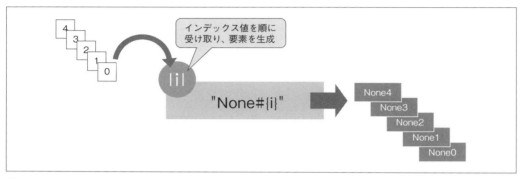

❖図6.2　Array::newメソッド（ブロック構文）

◆ 初期値はすべて同じオブジェクト

　ただし、❸で指定した初期値はすべて同一のオブジェクトである（＝それぞれの要素に複製されるわけではない）点に注意してください。

　たとえば以下は、リスト6.1で生成したlist3の0番目の要素を更新する例です。

```
list3[0].concat('!!!!')
p list3         # 結果：["None!!!", "None!!!", "None!!!", "None!!!", "None!!!"]
```

　concatメソッドは破壊的なメソッドなので、レシーバーに影響を及ぼします。

　concat後の配列list3を確認すると、すべての要素が変更されている（＝すべてのオブジェクトが同一である）ことが確認できます。異なるオブジェクトで配列を初期化したいならば、❹のようにブロック構文を利用してください。

6.1.2　配列から特定範囲の要素を取得する

　配列から特定範囲の要素を取り出すには、ブラケット構文を利用します。

ブラケット構文

```
list[start, length] -> Array | nil
list[range] -> Array | nil
```

list	：元の配列
start	：先頭のインデックス番号
length	：要素数
range	：抜き出す範囲
戻り値	：抽出した配列（引数が範囲外の場合はnil）

ブラケット構文での start ／ length ／ range の考え方は、部分文字列で紹介した構文と同じなので、ここではサンプルとイメージ図を示すに留めます（リスト6.2、図6.3）。詳しくは、5.2.3項もあわせて参照してください。

▶リスト6.2　array_slice.rb

```ruby
data = ['あ', 'い', 'う', 'え', 'お', 'か', 'き', 'く', 'け', 'こ']
p data[2, 5]          # 結果：["う", "え", "お", "か", "き"]
p data[2..5]          # 結果：["う", "え", "お", "か"]
p data[2, 10]         # 結果：["う", "え", "お", "か", "き", "く", "け", "こ"]
p data[..5]           # 結果：["あ", "い", "う", "え", "お", "か"]
p data[-7, 2]         # 結果：["え", "お"]
p data[-7..-5]        # 結果：["え", "お", "か"]
```

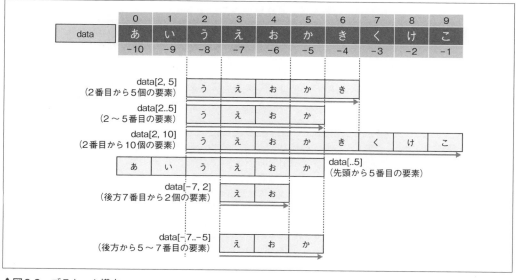

❖図6.3　ブラケット構文

文字列の場合と同じく、ブラケット構文はsliceメソッドでも置き換えられます。

◆存在しない要素を取得した場合

ブラケット構文では、指定の要素が存在しない場合にnilを返します。要素が存在しない場合になんらかの既定値を返したい場合には、fetchメソッドを利用してください。

構文 fetchメソッド

```
list.fetch(nth, ifnone) -> object
list.fetch(nth) {|nth| ... } -> object
```

list	：元の配列
nth	：インデックス番号
ifnone	：要素が存在しない場合の既定値
戻り値	：取得した要素（要素が存在しない場合は既定値、またはブロックの結果）

リスト6.3は、その具体的な例です。

▶リスト6.3　array_fetch.rb

```
data = ['山田', '鈴木', '日尾', '本多', '掛谷']
puts data[5]                # 結果：nil（表示されない）
puts data.fetch(5, '×')     # 結果：×
puts data.fetch(5)          # 結果：エラー ─────────────❶
puts data.fetch(5) { |i| ─────────────────
  "権兵衛#{i}"                                          ❷
}                           # 結果：権兵衛5 ─────────────
```

fetchメソッドで、引数ifnoneを指定せず、指定されたインデックス値が存在しなかった場合、IndexError例外を返します（❶）。

既定値を、与えられた設定値によって動的に生成することも可能です（❷）。ブロックパラメーターに渡されるのは引数nthの値、ブロックの戻り値はそのままfetchメソッドの戻り値となります。

note　❷では、ブロックを{...}で表していますが、これをdo...endで表すことはできません（「index 5 outside of array bounds: -5...5（IndexError）」のようなエラーとなります）。
これは、do...endが{...}よりも優先順位が低いために起こる現象です。do...endで表した場合、❷の例では「puts data.fetch(5)」が先に処理され、その戻り値をブロックで処理する、という意味になってしまうのです。fetchメソッドで、引数ifnoneがなく、指定されたインデックス値も存在しない場合、❶と同じくIndexError例外が発生します。

◆先頭／末尾からn個の要素を取り出す

first／lastメソッドを用いることで、先頭／末尾からn個の要素を取り出せます（リスト6.4）。引数を省略した場合には、先頭／末尾の1個を取得します。

▶リスト6.4　array_first.rb

```ruby
data = ['山田', '鈴木', '日尾', '本多', '掛谷']
p data.first(3)        # 結果：["山田", "鈴木", "日尾"]
p data.last(3)         # 結果：["日尾", "本多", "掛谷"]
p data.last            # 結果："掛谷"
```

ブラケット構文でも代用できますが、特に末尾から複数の要素を取得するようなコードは冗長になりますし、first／lastメソッドを利用したほうが「先頭／末尾を取得」という意図を明確にできます。

◆飛び番の要素を取得する

ブラケット構文では特定範囲の要素を取得するだけでしたが、values_atメソッドを利用することで、飛び番の要素を拾い出すこともできます。

構文 values_atメソッド

```
list.values_at(*selectors) -> Array
```

list	：元の配列
selectors	：インデックス値（整数／Range）
戻り値	：インデックスに対応する要素群

引数selectorsには、ブラケット構文で利用できる値（正負の整数値、Range値）を列挙できます（リスト6.5）。

▶リスト6.5　array_values.rb

```ruby
data = ['山田', '鈴木', '日尾', '本多', '掛谷']
p data.values_at(1, 2, 10)      # 結果：["鈴木", "日尾", nil] ───────── ❶
p data.values_at(0..2, 4)       # 結果：["山田", "鈴木", "日尾", "掛谷"]
p data.values_at(3)             # 結果：["本多"] ───────── ❷
```

存在しないインデックス値（範囲）が指定された場合にはnilが返されます（❶）。また、引数selectorsで指定された要素が1つであっても、values_atメソッドの戻り値は常に配列となります（❷）。

◆要素をランダムに取り出す

配列から任意の要素を取り出す、sampleメソッドもあります（リスト6.6）。

▶リスト6.6　array_sample.rb

```
data = ['山田', '鈴木', '日尾', '本多', '掛谷']
p data.sample(2)        # 結果：["日尾", "山田"] ————————————————❶
p data.sample(1Ø)       # 結果：["山田", "鈴木", "掛谷", "日尾", "本多"] ——❷
p data.sample           # 結果："掛谷" ———————————————————————————❸
```

※結果は実行のたびに異なります。

　sampleメソッドは、配列から指定された個数だけ要素を取り出します（❶）。重複したインデックス値を取り出さないことが保証されています（よって、元の配列がユニークであれば、戻り値もユニークとなります）。

　引数が要素数よりも大きい場合には、配列全体を取り出しますし（❷）、引数が省略された場合には1つだけ要素を取り出します（❸）。

6.1.3　配列の要素数を取得する

lengthメソッドは、配列に含まれる要素の数を取得します（リスト6.7）。

▶リスト6.7　array_len.rb

```
data = ['山田', '鈴木', '日尾', '本多', '掛谷']
puts data.length    # 結果：5
puts data.empty?    # 結果：false ————————————————————————————❶
```

　要素数がゼロであるか（＝空であるか）を確認するだけならば、empty?メソッドを利用してもかまいません（❶）。

　ここまではわかりやすいので、問題はないでしょう。しかし、2次元配列の場合はどうでしょう（リスト6.8）。

▶リスト6.8　array_len_dim.rb

```
data = [
  ['Sみかん', 'Mみかん', 'Lみかん'],
  ['S八朔', 'M八朔', 'L八朔'],
  ['Sネーブル', 'Mネーブル', 'Lネーブル'],
]
puts data.length        # 結果：3
```

2次元配列の正体は、あくまで「配列の配列」です。「Array型の要素を持つ1次元配列」と言い換えてもよいでしょう。よって、lengthメソッドの戻り値もArray型要素の個数である3となります。

入れ子となった配列の要素数を個別に求めたいならば、mapメソッドを利用します。

```
p data.map { |e| e.length }          # 結果：[3, 3, 3]
```

mapメソッドについては6.1.12項で後述するので、まずは個々の要素（配列）についてサイズを求めたものを返しているとだけ理解しておいてください。

さらに、入れ子となった配列すべての要素数（合計）を求めるならば、sumメソッドを加えます。

```
puts (data.map { |e| e.length }).sum          # 結果：9
```

mapメソッドで求めた個々の要素数 ── この場合、[3, 3, 3]をsumメソッドに渡すことで、要素数を合計しているわけです。

別解として、flatten[1]メソッドを利用してもかまいません。

```
puts data.flatten.length          # 結果：9
```

flattenは多次元配列を1次元配列にフラット化する（＝ばらす）ためのメソッドです。flattenメソッドであれば、3次元以上の配列でも要素数を確認できます。

> *note* flattenメソッドでは、引数でどの階層までフラット化するかを指定できます（既定では全階層）。たとえばリスト6.Aは、3階層までをフラット化します。
>
> ▶リスト6.A array_flatten.rb
>
> ```
> data = [1, 2, [3, 4, [5, 6, [7, 8, [9, 10]]]]]
> p data.flatten(3)  # 結果：[1, 2, 3, 4, 5, 6, 7, 8, [9, 10]]
> ```

Alias length ➡ size

◆条件に合致した要素をカウントする

lengthメソッドは、基本的に配列内の要素をすべてカウントするものですが、countメソッドを使えば、特定の条件に合致した要素だけをカウントすることもできます（リスト6.9）。

▶リスト6.9　array_count.rb

```
data = ['ひまわり', 'ばら', 'カサブランカ', 'チューリップ', '萩']
puts data.count('ばら')                  # 結果：1 ─────────────── ❶
puts data.count { |e| e.length > 2 }     # 結果：3 ─────────────── ❷
```

引数になんらかの値を渡した場合（❶）には、配列の要素から引数に一致するものの個数を返します（一致とは、「==」演算子がtrueを返す、ということです）。

より複雑な判定をしたい場合には、ブロックを渡すことも可能です。その場合、ブロックが真を返した要素だけがカウントされます。

❷の例であれば、要素の文字数（e.length）が2より大きい —— 3文字以上の要素だけをカウントします。

◆要素の登場回数をカウントする

同じ要素の個数をカウント（集計）するための、tallyというメソッドもあります（リスト6.10）。

▶リスト6.10　array_tally.rb

```
data = ['赤', '赤', '白', '白', '青', '赤', '白', '赤', '白', '青', '赤', '白']
puts data.tally        # 結果：{"赤"=>5, "白"=>5, "青"=>2}
```

tallyメソッドの戻り値は「要素 => 出現回数」のハッシュ形式です。

6.1.4　配列の前後に要素を追加／削除する

配列に要素を追加／削除するには以下のようなメソッドを利用します。

構文 push／pop／shift／unshiftメソッド

```
list.push(*obj) -> self ─────────────────────── 末尾に追加
list.pop -> object | nil ───────────┐
list.pop(n) -> Array ───────────────┴── 末尾から削除
list.shift -> object | nil ─────────┐
list.shift(n) -> Array ─────────────┴── 先頭から削除
list.unshift(*obj) -> self ──────────────────── 先頭に追加
```

```
list   ：元の配列
obj    ：追加／削除する要素
n      ：要素の数
戻り値 ：追加後の配列（push／unshiftの場合）
         削除した要素（pop／shiftの場合。失敗時はnil）
```

具体的な例も見てみましょう（リスト6.11、図6.4）。

▶リスト6.11　array_push.rb

```
data = ['山田', '鈴木', '日尾', '本多', '掛谷']
data.push('佐藤')
p data                   # 結果：["山田", "鈴木", "日尾", "本多", "掛谷", "佐藤"]
p data.pop(2)            # 結果：["掛谷", "佐藤"]
p data                   # 結果：["山田", "鈴木", "日尾", "本多"]
p data.shift(2)          # 結果：["山田", "鈴木"]
p data                   # 結果：["日尾", "本多"]
data.unshift('田中')
p data                   # 結果：["田中", "日尾", "本多"]
```

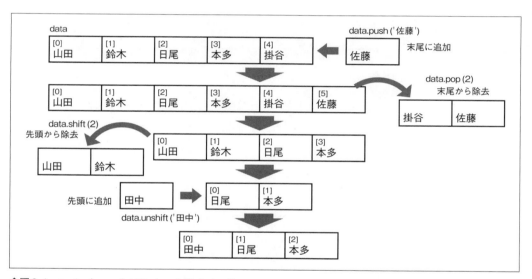

❖図6.4　push ／ pop ／ shift ／ unshift メソッド

Alias　push ➡ append、unshift ➡ prepend

◆ 補足 スタックとキュー

　push ／ pop ／ shift ／ unshift メソッドをデータ構造の観点から見てみると、もう少し理解が深まります。これらのメソッドを組み合わせることで、配列をいわゆるスタック／キューとして利用できるようになります。

(1) スタック (Stack)

スタック (Stack) は、**後入れ先出し** (LIFO：Last In First Out)、または**先入れ後出し** (FILO：First In Last Out) とも呼ばれる構造のことです。たとえば、アプリでよくあるUndo機能では、操作を履歴に保存し、最後に行った操作から順に取り出しますが、このような操作に使われるのがスタックです。

あるいは、キャリアカー（乗用車を運搬するためのトラック）をイメージしてみるとよいかもしれません（図6.5）。この場合、順番に積み込んだ乗用車は、最後に積み込んだものからしか降ろすことはできません。

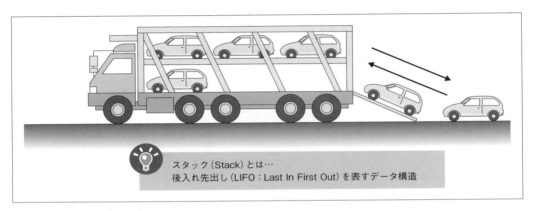

❖図6.5　スタック (Stack)

具体的な例も見てみましょう（リスト6.12）。

▶リスト6.12　array_stack.rb

```
data = []
data.push(10)
data.push(15)
data.push(30)
p data                  # 結果：[10, 15, 30]
p data.pop              # 結果：30
p data                  # 結果：[10, 15]
```

pushメソッドで配列の末尾に要素を追加し、popメソッドで末尾の要素から取り出していく、というわけです。

(2) キュー（Queue）

　キュー（Queue）は、（LIFO／FILOに対して）**先入れ先出し**（FIFO：First In First Out）とも呼ばれるデータ構造です（図6.6）。最初に入った要素から順に処理する（取り出す）流れが、スーパーのレジなどで精算を待つ様子にも似ていることから、**待ち行列**とも呼ばれます。この場合、レジに先に並んだ人が最初に精算を終え、出ていくことができます。

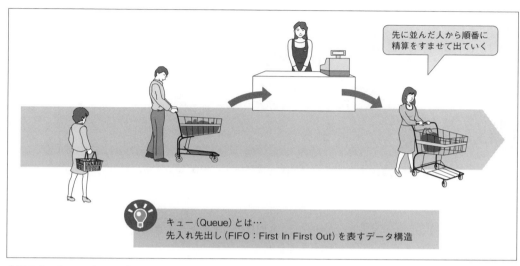

❖図6.6　キュー（Queue）

　このようなキュー構造を表現するには、pushメソッドとshiftメソッドの組み合わせを利用します（リスト6.13）。

▶リスト6.13　array_queue.rb

```
data = []
data.push(10)
data.push(15)
data.push(30)
p data              # 結果：[10, 15, 30]
p data.shift        # 結果：10
p data              # 結果：[15, 30]
```

　pushメソッドで配列の末尾に要素を追加し、shiftメソッドで先頭から要素を取り出します。配列の末尾が待ち行列の最後尾を、配列の先頭から出口を、それぞれ表しているわけです。

note　キューは、たとえばメールの大量送信のような状況で利用します。送信すべきメールをキューに蓄積しておき、最初にキューに入ったものから順に送信するわけです。

ブラケット構文を利用することで、配列の任意の場所に要素を追加したり、既存の要素を置き換えたり、あるいは削除したり、といった処理を短いコードで実施できます。以降の例は、以下のようなリストdataを更新した場合の結果を表します（完全なコードはarray_slice_update.rbを参照してください）。

```
data = ['あ', 'い', 'う', 'え', 'お']
```

まず、要素を置き換えるには、以下のようにします。

```
data[1..2] = [ '1', '2', '3']
p data         # 結果：["あ", "1", "2", "3", "え", "お"]
```

これで、1～2番目の要素を「'1', '2', '3'」で置き換えます。置き換え前後の要素の個数は違っていてもかまいません（この場合は、置き換え後のほうが要素数が多いので、配列全体としてもサイズは大きくなります）。

これを利用して、空のリストを代入すれば、範囲要素の削除という意味になります。

```
data[2..3] = []
p data          # 結果：["あ", "い", "お"]
```

特殊な範囲指定として、以下のような書き方もあります。

```
data[1...1] = ['1', '2', '3']
p data          # 結果：["あ", "1", "2", "3", "い", "う", "え", "お"]
```

この場合は1...1なので、既存の要素は選択されず、1番目の要素の直前に「'1', '2', '3'」を挿入します。「1」（インデックス指定）でも、「1..1」（ピリオドが2個）でもない点に注目です。

以上の操作をまとめたのが、図6.7です。

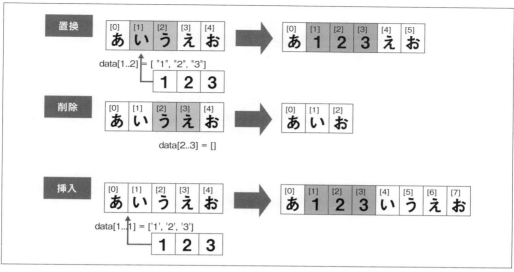

❖図6.7　範囲指定で要素を追加／置換／削除

◆挿入／削除に特化したメソッド

　ブラケット構文のほか、要素の挿入／削除に特化したメソッドもあります。機能が重なる面はありますが、より挿入／削除の意図は明確になります。

構文 insert ／ delete ／ delete_at ／ clear メソッド

```
list.insert(nth, *val) -> self ——————————————————— 指定位置に挿入
list.delete(val) -> object | nil ——————————————————— 指定値を削除
list.delete_at(pos) -> object | nil ——————————————— 指定位置の要素を削除
list.clear -> self ———————————————————————————————— すべて削除
```

```
list      ：元の配列
nth、pos ：インデックス番号
val       ：削除する要素
戻り値   ：挿入／削除後の配列（insert ／ clearの場合）
          削除した要素（delete ／ delete_atの場合）
```

　具体的な例は、リスト6.14です。

▶リスト6.14　array_insert.rb

```
data = ['山田', '鈴木', '日尾', '本多', '掛谷']
data.insert(3, '山田', '井上')
p data                # 結果：["山田", "鈴木", "日尾", "山田", "井上", "本多", "掛谷"]
p data.delete('山田')  # 結果："山田" ─────────────────────────────────❶
p data                # 結果：["鈴木", "日尾", "井上", "本多", "掛谷"]
p data.delete_at(2)   # 結果："井上" ──────────────────────────────────❷
p data                # 結果：["鈴木", "日尾", "本多", "掛谷"]
data.clear ──────────────────────────────────────────────────────❸
p data                # 結果：[]
```

　deleteメソッドは、指定された値と同値であるもの（「==」演算子がtrueであるもの）」をすべて削除します（❶）。特定のインデックス値で要素を削除したいならば、delete_atメソッドを利用してください（❷）。

　無条件にすべての要素を破棄するならば、clearメソッドを利用します（❸）。

◆条件式によって要素を削除する

　より高度な条件で要素を削除したいならば、keep_ifメソッドも利用できます。

構文 keep_ifメソッド

```
list.keep_if {|item| ... } -> self
```

list	：元の配列
item	：個々の要素
戻り値	：削除後の配列

　配列の内容をブロックで判定し、その中で真と判定された要素を残します（＝偽である要素を削除します）。たとえばリスト6.15は、配列から文字列長が3以上の要素だけを削除する例です。

▶リスト6.15　array_keepif.rb

```
data = ['ひまわり', 'ばら', 'カサブランカ', 'チューリップ', '萩']
data.keep_if { |e| e.length < 3 }
p data          # 結果：["ばら", "萩"]
```

6.1.6 配列を連結する

　concatメソッド、+演算子を利用します（リスト6.16）。双方の違いは、前者が元の配列（レシー

バー）を破壊的に変更するのに対して、後者が連結後に新たな配列を生成して返す点です。詳しくは、6.3.1項でも触れているので、あわせて参照してください。

▶リスト6.16　array_concat.rb

```ruby
data1 = ['山田', '鈴木', '日尾']
data2 = ['本多', '掛谷']

p data1 + data2          # 結果：["山田", "鈴木", "日尾", "本多", "掛谷"]
p data1                  # 結果：["山田", "鈴木", "日尾"]（影響なし）
p data2                  # 結果：["本多", "掛谷"]（影響なし）
p data1.concat(data2)    # 結果：["山田", "鈴木", "日尾", "本多", "掛谷"]
p data1                  # 結果：["山田", "鈴木", "日尾", "本多", "掛谷"]（影響あり）
p data2                  # 結果：["本多", "掛谷"]（影響なし）
```

6.1.7　配列を順に処理する方法

eachメソッドで配列から値を順に取り出す方法については、4.3.1項でも触れました。ここでは、その理解を前提に、より目的特化したループ処理について紹介しておきます。

◆インデックス番号／値をセットで取り出す

each_with_indexメソッドを利用することで、値とインデックス番号を取り出しながらのループが可能になります（リスト6.17）。

▶リスト6.17　array_each_with_index.rb

```ruby
data = ['山田', '鈴木', '日尾', '本多', '掛谷']
data.each_with_index do |value, index|
  puts "#{index}：#{value}"
end
```

実行結果

```
0：山田
1：鈴木
2：日尾
3：本多
4：掛谷
```

インデックス、値双方を受け取るので、ブロックパラメーターも value、index と 2個指定しています。value（値）、index（インデックス）の順序である点に要注意です。

note インデックス値だけを取り出す each_index、要素を逆順に取り出す reverse_each などのメソッドもあります。用法は each メソッドと同じなので、紙面では割愛します。具体的なサンプルは、配布サンプルの array_each_index.rb／array_reverse_each.rb を参照してください。

◆配列をn個ずつ区切ったものを処理する

要素を（1つ1つではなく）指定の個数で区切ったうえで、順に処理する each_slice メソッドもあります（リスト6.18）。

▶リスト6.18　array_each_slice.rb

```
data = ['山田', '鈴木', '日尾', '佐藤', '井上', '本多', '掛谷']
data.each_slice(3) do |ary|
  p ary
end
```

実行結果

```
["山田", "鈴木", "日尾"]
["佐藤", "井上", "本多"]
["掛谷"]
```

この例であれば、配列 data を3個ずつ区切ったものを、p メソッドで出力しています。ブロックパラメーター ary に渡されるのは、分割された配列です。

配列 data のサイズが指定の個数で割り切れない場合（この例であれば、要素数は7で区切りの個数は3）、最後の配列サイズは必ずしも指定の個数にはならない点にも注目です。

◆複数の配列をまとめて処理する

zip メソッドを利用することで、複数の配列を束ねて処理することも可能です（リスト6.19）。

▶リスト6.19　array_zip.rb

```
data1 = ['ぱんだ', 'うさぎ', 'こあら', 'とら']
data2 = ['panda', 'rabbit', 'koala']
```

```
p data1.zip(data2)  # 結果：[["ぱんだ", "panda"], ["うさぎ", "rabbit"], ⏎
["こあら", "koala"], ["とら", nil]]
```
❶

```
data1.zip(data2) do |ary|
  puts "#{ary[0]} = #{ary[1]}"
end
        # 結果：ぱんだ = panda、うさぎ = rabbit、こあら = koala、とら =
```
❷

❶は、zipメソッドに対して、単に配列を渡した例です。この場合、各配列の要素を束ねた入れ子の配列を生成します（引数には、2個以上の配列を渡してもかまいません）。サンプルのように配列同士のサイズが異なる場合は、不足分はnilで補われます。

束ねた配列を順に処理するならば、ブロックを渡します（❷）。ブロックに渡されるのは束ねられた個々の要素（の配列）です。

◆配列を複数回走査する

これまで扱ってきたループ系のメソッドは配列の内容を一通りだけ走査するものでしたが、cycleメソッドを利用することで指定の周回だけ配列をループ処理できます。たとえばリスト6.20は、配列の内容を3回ループする例です。

▶リスト6.20　array_cycle.rb

```
data = ['ぱんだ', 'うさぎ', 'こあら']
data.cycle(3) { |v| puts v }
```

実行結果

```
ぱんだ
うさぎ
こあら
ぱんだ
うさぎ
こあら
ぱんだ
うさぎ
こあら
```

引数を省略した場合には、cycleメソッドは無限に周回を繰り返します。

6.1.8 配列の要素を結合する

join メソッドを利用することで、配列の各要素を指定の区切り文字で連結できます。

構文 join メソッド

```
list.join(sep = $,) -> String
```

```
list    : 元の文字列
sep     : 任意の区切り文字
戻り値  : 結合後の文字列
```

具体的なサンプルはリスト 6.21 です。

▶リスト6.21　array_join.rb

```
data = ['赤', '白', '青', '黒', '緑']
data2 = [1, 2, 3, 4, 5]
data3 = ['赤', '白', '青', ['黒', '緑']]

p data.join("\t")      # 結果："赤\t白\t青\t黒\t緑" ─────────┐
p data.join            # 結果："赤白青黒緑" ───────────────┘ ❶
p data2.join(',')      # 結果："1,2,3,4,5" ──────────────── ❷
p data3.join(',')      # 結果："赤,白,青,黒,緑" ──────────── ❸
```

❶は、最も基本的なパターンです。引数 sep を省略した場合、各要素は区切り文字なしにそのまま連結されます。

join メソッドで連結できるのは文字列だけではありません。非文字列の要素も to_s メソッド（3.1.2項）で文字列化してから連結されます（❷）。

❸は、入れ子の配列を連結するパターンです。この場合は、配列を再帰的に掘り下げ、すべての要素をフラットに連結します。

6.1.9 配列を複製する

clone ／ dup メソッドを利用します（リスト 6.22）。

▶リスト6.22　array_clone.rb

```
data = ['赤', '白', '青', '黒', '緑']
data2 = data.clone
```

```
p data2                    # 結果：["赤", "白", "青", "黒", "緑"]
p data == data2            # 結果：true
p data.equal?(data2)       # 結果：false
```

確かに、「==」演算子がtrueを返し（＝中身は同じ）、equal?メソッドがfalseを返す（＝実体は別もの）であることが確認できます。

よくありがちな間違いが、「=」演算子による代入で、コピーしてしまうことです。しかし、3.2.2項でも触れたように、これは参照のコピーにすぎません。値のコピーにはならない点に注意してください。

```
×    data2 = data
```

 note clone／dupも厳密には別ものです。dupメソッドはオブジェクトの内容だけをコピーしますが、cloneメソッドは凍結状態（7.5.3項）、特異メソッド（10.2.2項）もまとめた完全コピーとなります。完全コピーによるオーバーヘッドはごく限定されているので、一般的にはcloneメソッドを優先して利用することをお勧めします。

◆ シャローコピーとディープコピー

copy／dupメソッドによるコピーは、いわゆる**シャローコピー**（浅いコピー）です。つまり、配下の要素がミュータブルである場合、コピー先の変更はコピー元にも影響を及ぼします。具体的なコードでも確認してみましょう（リスト6.23）。

▶リスト6.23　array_clone_shallow.rb

```
data = [
  [1, 2, 3],
  [4, 5, 6],
  [7, 8, 9],
]

data2 = data.clone
data2[0][0] = 1000
p data          # 結果：[[1000, 2, 3], [4, 5, 6], [7, 8, 9]]
p data2         # 結果：[[1000, 2, 3], [4, 5, 6], [7, 8, 9]]
```

配下の配列（[1, 2, 3]、[4, 5, 6]、[7, 8, 9]）は、それぞれ参照をコピーしただけなので、コピー先data2への変更はそのままコピー元dataにも影響してしまうわけです。

これを避けるには、Active Support（p.220）のdeep_dupメソッドを利用してください。リスト6.24のように書き換えてみましょう。

▶リスト6.24　array_deep_dup.rb

```
require 'active_support'
require 'active_support/core_ext'
...中略...
data2 = data.deep_dup
data2[0][0] = 1000
p data          # 結果：[[1, 2, 3], [4, 5, 6], [7, 8, 9]]
p data2         # 結果：[[1000, 2, 3], [4, 5, 6], [7, 8, 9]]
```

確かに、今度は互いの変更が双方に影響**しない**（＝配下の配列も別ものとして複製されている）ことが確認できます。このようなコピーのことを**ディープコピー**（深いコピー）と言います。

6.1.10　配列を検索する

配列から、特定の要素が登場するインデックス位置を取得するには、indexメソッドを利用します。

構文 indexメソッド

```
list.index(val) -> Integer | nil
list.index { |item| condition } -> Integer | nil
```

list	：対象の配列
val	：検索する要素
item	：個々の要素
condition	：検索のための条件式
戻り値	：ヒットしたインデックス位置（存在しない場合はnil）

まずは、具体的なサンプルを見てみましょう（リスト6.25）。

▶リスト6.25　array_index.rb

```
data = ['ひまわり', 'ばら', 'カサブランカ', 'チューリップ', 'ばら']
p data.index('ばら')            # 結果：1 ─────────────────── ❶
p data.index('None')            # 結果：nil ───────────────── ❷
p data.index{ |e| e.length > 5 } # 結果：2 ─────────────────── ❸
p data.rindex('ばら')           # 結果：4 ─────────────────── ❹
```

❶～❷は、基本的な例です。配列を先頭から順に検索して、見つかった場合には、そのインデックス位置を返します。配列内に同じ値がある場合にも、返されるのは先頭位置だけです。検索値が存在しない場合には、nilが返されます（❷）。

❸は、ブロックを利用した構文です。ブロック構文では、配列の内容をブロックで判定し、最初に合致した（＝条件式が真である）要素のインデックス値を取得します。この例であれば、要素の文字列長（e.length）が5より大きいものを検索します（❸）。

配列を後方から検索するrindexメソッドもあります（❹）。ここでは、シンプルな非ブロック構文を例としていますが、ブロックを利用した構文も利用できます。

Alias index ➡ find_index

◆要素の有無を確認する

目的の要素が存在しない場合、indexメソッドはnilを返します。ただし、要素の有無を確認するだけであれば（＝登場位置に興味がないのであれば）、include?メソッドを利用したほうがコードはすっきりするでしょう（リスト6.26）。

▶リスト6.26　array_include.rb

```ruby
data = ['ひまわり', 'ばら', 'カサブランカ', 'チューリップ', 'ばら']
puts data.include?('ひまわり')           # 結果：true
puts data[2..4].include?('ひまわり')      # 結果：false ─────────────❶
```

配列の特定範囲からのみ要素を検索したい場合には、ブラケット構文と併用することも可能です（❶）。

6.1.11　条件に合致した要素を取得する

配列の検索結果を、（インデックス位置ではなく）要素値そのものとして返すならば、findメソッドを利用します。

構文 findメソッド

```
list.find { |item| condition } -> object
```

list	：対象の配列
item	：個々の要素
condition	：検索のための条件式
戻り値	：条件に合致した要素

ブロックのルールは、indexメソッドの場合と同じです。たとえばリスト6.27は、書籍情報の配列から価格が2000円未満のものを検索する例です。

▶リスト6.27　array_find.rb

```
data = [
  { title: '独習Python', price: 3000 },
  { title: '独習Java 新版', price: 2980 },
  { title: '速習 Vue.js 3 ', price: 636 },
  { title: '速習 Spring Boot', price: 636 },
]
p data.find { |item| item[:price] < 2000 }
        # 結果：{:title=>"速習 Vue.js 3 ", :price=>636}
```

　条件に合致した要素をすべて取得したいならば、find_allメソッドも利用できます。以下は、リスト6.26の太字部分をfind_allメソッドで書き換えた場合の結果です。

```
p data.find_all { |item| item[:price] < 2000 }
```

実行結果

```
[
  {:title=>"速習 Vue.js 3 ", :price=>636},
  {:title=>"速習 Spring Boot", :price=>636}
]
```

※結果は見やすいように改行を追加しています。

　Alias　find ➡ detect、find_all ➡ filter／select

◆条件に合致しない要素を取得する

　条件に合致した要素を取得するfind／find_allメソッドに対して、条件に合致**しない**要素を取り出すならば、reject①メソッドがあります。

　たとえば以下は、リスト6.27の太字部分をrejectメソッドで書き換えた場合の結果です。

```
p data.reject { |item| item[:price] < 2000 }
```

```
[
  {:title=>"独習Python", :price=>3000},
  {:title=>"独習Java 新版", :price=>2980}
]
```

◆配列を正規表現で検索する

配列を、指定の正規表現パターン（7.1節）で検索するならば、grepメソッドを利用します。たとえばリスト6.28は、数値だけで構成される要素を抜き出す例です。

▶リスト6.28　array_grep.rb

```
data = ['りんご', '150', 'みかん', '50']
p data.grep(/^[0-9]+$/)          # 結果：["150", "50"]
```

より正確には、grepは正規表現に特化したメソッドではありません。引数と要素値を「===」演算子で比較するメソッドです。

「===」演算子については4.1.5項でも触れていますが、正規表現だけでなく、Module／Class型、Range型との比較も可能です。たとえばリスト6.29は、配列から指定範囲の値（ここでは2～7）を抜き出す例です。

▶リスト6.29　array_grep2.rb

```
data = [2, 5, 7, 9]
p data.grep(2..7)          # 結果：[2, 5, 7]
```

note 正規表現にマッチ**しない**要素を抜き出したいならば、grep_vメソッドもあります。たとえば以下は、リスト6.28の太字部分をgrep_vメソッドで置き換えた場合の結果です。

```
p data.grep_v(/^[0-9]+$/)          # 結果：["りんご", "みかん"]
```

◆nilでない要素だけを取り出す

配列からnil要素を除去する（＝nilでない要素だけを取得する）ならば、compact①メソッドを利用できます（リスト6.30）。

▶リスト6.30　array_compact.rb

```
data = ['りんご', nil, 'みかん', '50']
p data.compact          # 結果：["りんご", "みかん", "50"]
```

6.1.12　配列内の要素を順番に加工する

map①メソッドは、配列の要素をブロックで順に加工し、最終的にできた新しい配列を返します。

構文 mapメソッド

```
list.map {|item| ... } -> [object]
```

list　：対象の配列
item　：個々の要素
戻り値　：加工後の配列

ブロックは、加工後の値（要素）を返すようにします。
たとえばリスト6.31は、個々の配列要素を二乗した配列を返します。

▶リスト6.31　array_map.rb

```
data = [1, 3, 5]
p data.map { |v| v ** 2 }          # 結果：[1, 9, 25]
```

Alias map ➡ collect

6.1.13　配列が特定の条件を満たすかを判定する

all?、any?、one?、none?などのメソッドがあります（表6.1）。

❖表6.1　配列内の真偽を判定するメソッド

メソッド	概要
all?	要素のすべてが真か
any?	要素のいずれかが真か
one?	要素の1つだけが真か
none?	要素のすべてが偽か

リスト6.32で、具体的な例も見てみましょう。

▶リスト6.32　array_all.rb

```
data = [15, 31, 23, 18, 26]

puts data.all? { |e| e % 3 === 0 }        # 結果：false ─────────┐
puts data.any? { |e| e % 3 === 0 }        # 結果：true           │
puts data.one? { |e| e % 3 === 0 }        # 結果：false ─────────┤❶
puts data.none? { |e| e % 7 === 0 }       # 結果：true ─────────❷
```

❶は、要素内の数値が3で割り切れる要素があるかを判定しています。この例であれば、配列data
には3で割り切れる要素が2個あるので、any?メソッドはtrueを返しますが、all?、one?メソッドは
falseとなります。

❷は、配列dataに7で割り切れる値が存在するかを確認する例です。ここでは、1つも存在**しない**
ので、none?メソッドの結果はtrueとなります。

◆all?、any?、one?、none?メソッドの別構文

all?、any?、one?、none?メソッドには、ブロックを省略する構文、正規表現パターンを渡す構文
もあります（リスト6.33）。

▶リスト6.33　array_all2.rb

```
p [15, nil, 23, 18, 26].all?                      # 結果：false ─────────❶
p ['Hoge221', 'Bar15', 'Foo13'].all?(/[0-9]{2,}/) # 結果：true ─────────❷
```

ブロックを省略した場合には、要素の真偽を単純に判定します。Rubyでは、nil／falseを偽、そ
れ以外を真と見なすのでした。❶であればnilが含まれていることから、all?メソッド全体としては
falseとなります。

❷は、引数に正規表現パターンを示した例です。この場合、引数（正規表現）と要素がマッチする
かを判定します。この例であれば、要素に2桁以上の数値が含まれているかを判定します。

> *note*　grepメソッド（6.1.11項）と同じく、❷の構文は要素と条件値とを「===」演算子で比較しま
> す。よって、すべての値が2〜7の範囲内にあるかを判定するならば、以下のようにも表せます。
>
> ```
> p [2, 5, 7].all?(2..7)        # 結果：true
> ```

6.1.14 配列の内容を並べ替える

sort／reverseメソッドなどを利用します。

◆並びを逆順にする

並びを逆順にするだけであれば、reverse①メソッドを利用します（リスト6.34）。

▶リスト6.34　array_reverse.rb

```
data = ['ぱんだ', 'うさぎ', 'こあら', 'とら']
p data.reverse        # 結果：["とら", "こあら", "うさぎ", "ぱんだ"]
```

◆配列を昇順にソートする

一般的な昇順ソートを行うならば、sort①メソッドを利用します（リスト6.35）。

▶リスト6.35　array_sort.rb

```
data = ['ぱんだ', 'うさぎ', 'こあら', 'とら']　————————————————————❶
data2 = [205, 13, 78, 50]　——————————————————————————————————❷
data3 = ['ぱんだ', 15, 'こあら']　——————————————————————————————❸
p data.sort           # 結果：["うさぎ", "こあら", "とら", "ぱんだ"]
p data2.sort          # 結果：[13, 50, 78, 205]
p data3.sort          # 結果：エラー
```

sortメソッドは、要素の型に応じて大小を判定します。たとえば❶の文字列配列であれば辞書順に並べますし、❷の数値リストであれば数値の大小によって並べ替えます。

その性質上、❸のように文字列／数値と互いに大小比較できない型が混在した配列のソートは、「comparison of Integer with String failed (ArgumentError)」（数値と文字列の比較に失敗した）のようなエラーとなります。

◆任意のキーで並べ替える

sortメソッドにブロックを渡すことで、配列を独自のルールで並べ替えることが可能です。たとえばリスト6.36は、配列を文字数について昇順ソートする例です。

▶リスト6.36　array_sortby.rb

```
data = ['さくら', 'バラ', 'チューリップ', 'コスモス']
p data.sort { |m, n| m.length <=> n.length }
        # 結果：["バラ", "さくら", "コスモス", "チューリップ"]
```

ブロックのルールは、以下の通りです。

- 引数m、nは比較する配列要素（2個）
- 引数m、nを<=>演算子で比較した結果を返す

<=>演算子は、以下のようなルールで大小比較の結果を返します。

- m＞nの場合は正数
- m＜nの場合は負数
- m==nの場合は0

この例であれば、文字列長（m.length、n.length）を<=>演算子で比較しているので、文字列長についてソートしなさい、という意味になるわけです。

ちなみに、以下のようにm、nの順序を変えることで、文字列長について（昇順ではなく）降順にソートします。

```
p data.sort { |m, n| n.length <=> m.length }
```

note 正しくは、ブロック配下の比較は<=>演算子のルールに沿ってさえいれば、<=>演算子を利用しなくてもかまいません。本文の例であれば、以下のように表しても同じ意味です。

```
data.sort { |m, n| m.length - n.length }
```

ただし、<=>演算子を利用できる文脈であれば、<=>を利用したほうが比較の意図が明確になります。

---

note 類似のメソッドとして、sort_by[1]メソッドもあります。sort_byメソッドのブロックには、個々の要素（1個）が渡されるので、戻り値として比較のための値を返すようにします。たとえばリスト6.36をsort_byメソッドで書き換えた場合には、以下のようになります。

```
p data.sort_by { |e| e.length }
    # 結果：["バラ", "さくら", "コスモス", "チューリップ"]
```

sortメソッドではブロックが比較回数だけ実行されるのに対して、sort_byメソッドの実行回数は要素数と同じです。そのため、比較値生成のためのオーバーヘッドが高い場合には、sort_byメソッドのほうが高いパフォーマンスを望めます。

◆ **例** 役職をもとにソートする

sortメソッドのブロック構文を利用すれば、たとえば役職（部長→課長→係長→主任）順にハッシュ配列をソートすることもできます（リスト6.37）。

▶リスト6.37　array_sort_title.rb

```ruby
title = ['部長', '課長', '係長', '主任']
data = [
  {name: '山田太郎', position: '主任'},
  {name: '鈴木次郎', position: '部長'},
  {name: '田中花子', position: '課長'},
  {name: '佐藤恵子', position: '係長'},
]
p data.sort { |m, n| title.index(m[:position]) <=> title.index(n[:position]) }
```

実行結果

```
[
  {:name=>"鈴木次郎", :position=>"部長"},
  {:name=>"田中花子", :position=>"課長"},
  {:name=>"佐藤恵子", :position=>"係長"},
  {:name=>"山田太郎", :position=>"主任"}
]
```

※結果は見やすいように改行を追加しています。

ポイントは太字部分、ハッシュ配列dataのpositionをキーに配列title（役職順リスト）を検索し、その登場位置で大小比較します。このように、どのような値も大小比較できる形に変換できれば、ソートが可能です。

◆ **配列をランダムにソートする**

shuffle①メソッドを利用することで、配列の内容をランダムにソートすることも可能です（リスト6.38）。

▶リスト6.38　array_shuffle.rb

```ruby
data = ['あ', 'い', 'う', 'え', 'お']
p data.shuffle        # 結果：["お", "あ", "え", "い", "う"]
```

※結果は実行のたびに異なります。

6.1.15 最大／最小の要素を取得する

max ／ min メソッドを利用します（リスト6.39）。

▶リスト6.39　array_max.rb

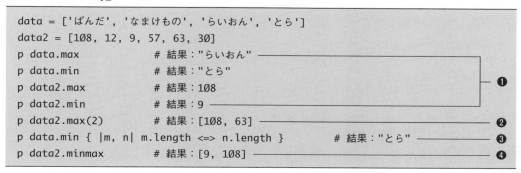

```
data = ['ぱんだ', 'なまけもの', 'らいおん', 'とら']
data2 = [108, 12, 9, 57, 63, 30]
p data.max                 # 結果："らいおん" ─────────┐
p data.min                 # 結果："とら"              │
p data2.max                # 結果：108                 ├──❶
p data2.min                # 結果：9 ──────────────────┘
p data2.max(2)             # 結果：[108, 63] ───────────────────────❷
p data.min { |m, n| m.length <=> n.length }      # 結果："とら" ───────❸
p data2.minmax    # 結果：[9, 108] ─────────────────────────────────❹
```

max ／ min メソッドは、既定で、その型の比較ルールで要素を比較します。よって、数値であれば大小で、文字列であれば辞書順に、それぞれ値を比較します（❶）。

引数に数値を渡すことで、（最大／最小の1要素ではなく）上位n個の要素を取得することも可能です（❷）。

❸は、ブロックを渡した例です。ブロックのルールは、sort メソッドと同じなので、6.1.14項もあわせて参照してください。

 note ブロック構文を利用すれば、p.250で触れたような役職の高い／低い人を求めるような比較も可能です。余力のある人は、リスト6.37を参考に自分で書いてみましょう。

minmax メソッド（❹）を利用すれば、最大値／最小値をまとめて取得することもできます。戻り値は「最小値, 最大値」形式の配列です。min ／ max と同じく、ブロックで比較ルールをカスタマイズすることも可能です。

6.1.16 要素値の合計を求める

sum メソッドを利用します。

```
list.sum(init = 0) -> object
```

list	：対象の配列
init	：初期値
戻り値	：要素の合計値

リスト6.40は、その具体的な例です。

▶リスト6.40　array_sum.rb

```
data = [3, 4, 5, 6]
data2 = ['赤', '白', '青', '黒', '緑']
data3 = [[3], [4, 5],[6]]
p data.sum                    # 結果：18
p data2.sum('')               # 結果："赤白青黒緑" ─────────────┐
p data3.sum([])               # 結果：[3, 4, 5, 6] ──────────────┤ ❶
p data.sum / data.length      # 結果：4 ─────────────────────── ❷
```

sumメソッドは正しくは「init + e1 + … + eN」（e1…eNは配列の要素）を求めるためのメソッドです。よって、配列要素が非数値である場合 ―― たとえば文字列、配列である場合は（❶）、文字列、配列をすべて連結してくれます（その場合は、引数initに空文字列／空配列を渡します）。ただし、文字列／配列の連結であれば、それぞれjoinメソッド（6.1.8項）／flattenメソッド（6.1.3項）を利用したほうが直感的ですし、なにより高速です。

なお、配列の平均値を求めるaverageのようなメソッドは存在しません。❷のように、「合計値÷要素数」で求めてください。

6.1.17　配列内の要素を順に処理して1つにまとめる

reduceメソッドを利用します。

構文 reduceメソッド

```
list.reduce(init = self.first) {|result, item| ... } -> object
```

list	：任意の配列
init	：初期値
result	：演算結果を格納するための変数
item	：個々の要素を受け取るための変数

たとえばリスト6.41は、配列内の数値の総積を求めるためのコードです。

▶リスト6.41　array_reduce.rb

```
data = [2, 4, 6, 8]
p data.reduce { |result, e| result * e }          # 結果：384 ——————————— ❶
```

ブロックは、引数として

- 演算結果を格納するための変数（ここではresult）
- 個々の要素を受け取るための変数（ここではe）

を受け取ります。resultの内容は引き継がれていくので、この例であれば引数resultに対して順に要素の値を掛け込んでいく、という意味になります（図6.8）。

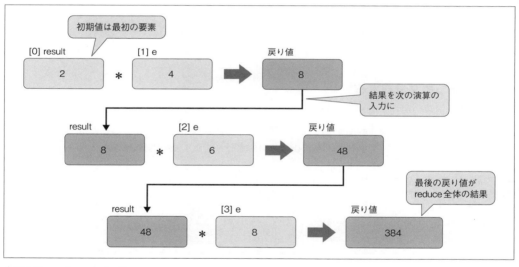

❖図6.8　reduceメソッド

引数initは、最初にresultに渡す値を表します。省略された場合には、配列の先頭要素が渡されます。よって、❶は以下のように書いてもほぼ同じ意味です。

```
p data.reduce(1) { |result, e| result * e }
```

Alias reduce ➡ inject

6.1.18 配列を分割する

配列を決められたルールで分割するには、以下のようなメソッドを利用します。

◆要素をグループ化する

group_by メソッドを利用することで、配列内の要素を複数のグループに分割できます（リスト6.42）。

▶リスト6.42　array_group.rb

```
data = ['さとう', 'しお', 'す', 'しょうゆ', 'みそ', 'ソース', 'こしょう']
p data.group_by { |e| e.length }  # 結果：{3=>["さとう", "ソース"], ⏎
2=>["しお", "みそ"], 1=>["す"], 4=>["しょうゆ", "こしょう"]}
```

group_by メソッドは、ブロックの戻り値が等しいものを同じグループと見なし、「ブロックの戻り値 => 対応する要素の配列」形式のハッシュを返します。この例であれば、要素の文字数が等しいものでグループ化しています。

◆条件によって2分割する

配列を任意個数の配列に分割する group_by メソッドに対して、条件に合致するかどうかによって2分割するのであれば、partition メソッドを利用します。

たとえばリスト6.43は、文字列長が4より大きいかどうかで配列を分割します。

▶リスト6.43　array_group2.rb

```
data = ['ひまわり', 'ばら', 'カサブランカ', 'チューリップ']
p data.partition { |e| e.length > 4 }
        # 結果：[["カサブランカ", "チューリップ"], ["ひまわり", "ばら"]]
```

partition メソッドの戻り値は、[真であった要素群, 偽であった要素群]形式の2次元配列です。

◆式の値によってチャンク化する

chunk メソッドは、ブロックの値（戻り値）によって配列を分割します。具体的には、要素を先頭から順にブロックで処理していき、その結果値が切り替わるポイントでチャンク化（分割）します。

たとえばリスト6.44は、要素が数値であるかどうかで配列を分割する例です。

▶リスト6.44　array_chunk.rb

```
data = ['白菜', 'ねぎ', '150', '水菜', '人参', '120']

data.chunk { |e|
  e.match?(/^[0-9]+$/)
}.each { |result, data|
  p [result, data]
}
```

実行結果

```
[false, ["白菜", "ねぎ"]]
[true, ["150"]]
[false, ["水菜", "人参"]]
[true, ["120"]]
```

　chunkメソッドは、ブロックの戻り値が同じ値である間を単一のチャンクとして扱います（図6.9）。

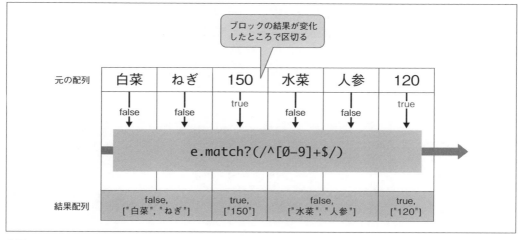

❖図6.9　chunkメソッド

　なお、chunkメソッドの戻り値は、（配列ではなく）Enumeratorオブジェクトです。pメソッドでは型名情報がそのまま表示されるだけなので、eachメソッドに渡して中身を列挙します。

　なお、Enumeratorオブジェクトの中身は「ブロックの戻り値, チャンクに属する要素群」形式の配列なので、eachメソッドのブロックパラメーターも2個である点に注意してください。

練習問題 6.1

[1] 下表は、コレクションに関する説明です。空欄を埋めて、表を完成させてください。

❖主なコレクションの型

型名	概要
配列	順に並んだ値を扱うための型。要素は重複 ① で、型が異なっていてもよい。
セット	数学の集合の概念に近い型。要素は順番を ② 、重複も ③ 。
④	⑤ の組みで要素を管理する型。値は重複可能だがキーは重複できない。

[2] 以下は、配列を新規に作成して、その内容を更新した後、一覧表示する例です。空欄を埋めて、コードを完成させてください。

▶p_list.rb

```
data1 = [10, 15, 30]
data2 = [60, 90]
data1. ①
data1. ② (50)
data1. ③ (1, 20)
data3 = data1 ④ data2
data3. ⑤ do |value, index|
  puts "#{index}:#{value}"
end
```

実行結果

```
0 : 15
1 : 20
2 : 30
3 : 50
4 : 60
5 : 90
```

6.2 セット（集合）

　セット（Set）は、配列と同じく、複数の値を束ねるための型です（図6.10）。ただし、配列とは違って、順番を持ちません。よって、何番目の要素を取り出す、といったことはできません。また、重複した値も許しません。

　数学における集合の概念にも似ており、ある要素（群）がセットに含まれているか、他のセットとの包含関係に関心があるような状況でよく利用します。

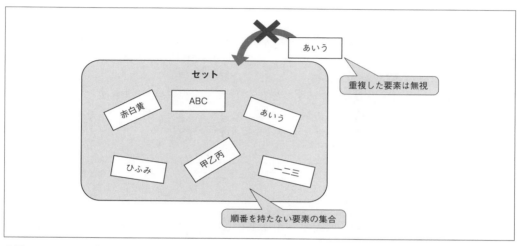

❖図6.10　セット（Set）

 note 本章冒頭でも触れたように、セットもまたEnumerableモジュールをインクルードしています。よって、p.223の表6.Aで紹介したようなメソッドは、セットでも共通して利用できます。用法は配列のそれに準ずるので、本節では割愛します。詳細は前節の対応する項を参照してください。

6.2.1　セットの生成

　まずは、さまざまな方法でセットを作成してみましょう（リスト6.45）。なお、セットは順番を持たないため、実行結果の並び順はその都度変わります。

▶リスト6.45　set_basic.rb

```
require 'set'

sets = Set['山田', '田中', '鈴木']
p sets            # 結果：#<Set: {"山田", "田中", "鈴木"}>
sets2 = Set.new(['山田', '田中', '鈴木', '山田'])
p sets2           # 結果：#<Set: {"山田", "田中", "鈴木"}>
sets3 = Set.new([15, 31, 35, 38]) { |e| e % 3 }
puts sets3        # 結果：#<Set: {0, 1, 2}>
```
❶❷❸

❶は、最も基本的なセットの宣言です。値をカンマで区切って、全体をSet[...]でくくります。Set[]とすれば、空のセットを意味します。

配列などEnumerableな型からセットを作成したいならば、Set::newメソッドを利用します（❷）。例のように、元となる配列に重複がある場合（ここでは「山田」）には、重複した値は無視されます。本節冒頭でも触れたように、セットとは一意な値の集合だからです。

さらに、newメソッドにブロックを渡すことで、元となる配列を加工した結果でもって、セットを作成することも可能です（❸）。この例であれば、配列の要素を3で割った余りをセットに格納します。この場合も、加工結果が重複したら破棄される点は同じです。

> *note* 単に、既存の配列から重複を除去するだけならばuniqメソッドを利用してもかまいません（戻り値はあくまで配列です）。

```
p ['山田', '田中', '鈴木', '山田'].uniq    # 結果：["山田", "田中", "鈴木"]
```

6.2.2　セットの基本操作

セットの生成方法を理解できたところで、まずは、要素の追加／削除、列挙といった基本操作を見ていきましょう（リスト6.46）。

▶リスト6.46　set_add.rb

```
require 'set'

sets = Set['鈴木', '佐藤', '田中', '山本']
sets.add('伊藤')
sets.add('田中')
p sets            # 結果：#<Set: {"鈴木", "佐藤", "田中", "山本", "伊藤"}>
```
❶

```
sets.delete('山本') ─────────────────────────────────────── ❷

sets.each do |e| ──────────────────────────────────────────
  p e                                                        ❸
end              # 結果："鈴木"、"佐藤"、"田中"、"伊藤" ─┘

p sets.first       # 結果："鈴木" ───────────────────────── ❹
p sets.length      # 結果：4 ──────────────────────────────── ❺

sets.clear ────────────────────────────────────────────────── ❻
p sets             # 結果：#<Set: {}>
```

addメソッドは、既存のセットに対して要素を追加します（❶）。ただし、何度も触れているように、セットは重複を許しません。重複した値（ここでは「田中」）は無視されます。deleteメソッドによる削除も可能です（❷）。

また、既存の要素に対するアクセスも、配列に比べると制限されています。たとえば、ブラケット構文によるアクセスはできません。できるのはeach系のメソッドによる列挙（❸）とfirstメソッドによる取り出し（❹）、lengthメソッドによるサイズの把握（❺）くらいです。ただし、要素を取り出す際の順序は保証されません。

セット配下の要素を破棄するには、clearメソッドを利用します（❻）。

Alias add ➡ <<

◆追加／削除に成功したかを確認する

単に要素を追加／削除するだけのadd／deleteメソッドに対して、追加／削除に成功した場合にだけ自分自身を、失敗した（＝変化がなかった）場合にはnilを返すadd?／delete?メソッドもあります。

特にadd?メソッドは、要素が実際に追加されたのか、重複によって実際には変化しなかったのかを区別したい場合に活用できるでしょう（リスト6.47）。

▶リスト6.47　set_add2.rb

```
require 'set'

sets = Set['鈴木', '佐藤', '田中', '山本']

if sets.add?('山崎')
  puts '追加されました。'
else
  puts '追加されませんでした。'
```

```
  end
p sets
```

```
追加されました。
#<Set: {"鈴木", "佐藤", "田中", "山本", "山崎"}>
```

◆特定の条件に合致した要素だけを削除する

（特定の要素ではなく）指定の条件に合致した要素をまとめて削除したいならば、delete_ifメソッドを利用できます。

たとえばリスト6.48は、「山」で始まる要素を除去するサンプルです。

▶リスト6.48　set_delete.rb

```
require 'set'

sets = Set['山崎', '佐藤', '田中', '山本']
sets.delete_if { |e| e.start_with?('山') }
p sets          # 結果：#<Set: {"佐藤", "田中"}>
```

6.2.3　要素の有無／包含関係を判定する

前項で触れたような制約から、セットは特定の要素を出し入れするような用途には適しません。一般的にセットを利用するのは、ある値がすでに存在するか、または、あるセットが別のセットに含まれているか（＝サブセットであるか）など、集合関係に関心がある場合になるでしょう。

具体的な例を見ていきましょう（リスト6.49）。

▶リスト6.49　set_subset.rb

```
require 'set'

sets1 = Set[10, 13, 32]
sets2 = Set[15, 25, 37, 20]
sets3 = Set[25, 37]

p sets1.include?(15)              # 結果：false ————————————❶
p sets3.subset?(sets2)           # 結果：true ————————————❷
p sets3.proper_subset?(sets2)    # 結果：true ————————————❸
```

```
p sets2.superset?(sets3)            # 結果：true ─────────────────── ❹
p sets2.proper_superset?(sets3)     # 結果：true ─────────────────── ❺
p sets1.intersect?(sets2)           # 結果：false ──────────┐
p sets1.disjoint?(sets2)            # 結果：true ───────────┴──────── ❻
```

　セットに値が存在するかどうかを判定したいならば、include?メソッドを利用します（❶）。値が存在するかどうかの判定で、セットの包含関係を判定するわけでは**ない**点に注意してください。よって、以下のような判定はfalseとなります。

```
p sets1.include?(sets3)
```

　包含関係（＝あるセットが特定のセットに含まれているか）を確認したいならば、❷のようにsubset?メソッドを利用してください。

　proper_subset?メソッドも利用できますが、こちらは真部分集合を意味します（❸）。つまり、「あるセットが別のセットに含まれるが、等しくはない」を判定します（図6.11）。

　逆に、セットが別のセットを含むかを判定したいならば、superset?メソッド（❹）を利用します（subset?メソッドの逆です）。真上位集合を判定するproper_superset?メソッドもあります（❺）。

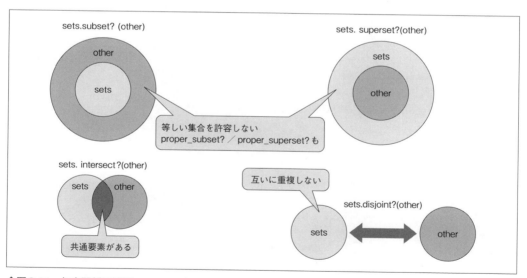

❖図6.11　包含関係の確認

　包含関係ではなく、互いに共通する要素が存在するかを判定したいならばintersect?メソッドを、存在しない（＝素である）ことを判定したいならばdisjoint?メソッドも利用できます（❻）。

Alias include? ➡ member?

和集合／差集合／積集合などを求める

セットは、数学の集合にもよく似た仕組みで、集合計算を得意とします。具体的には、図6.12のような集合計算を標準で提供しています。

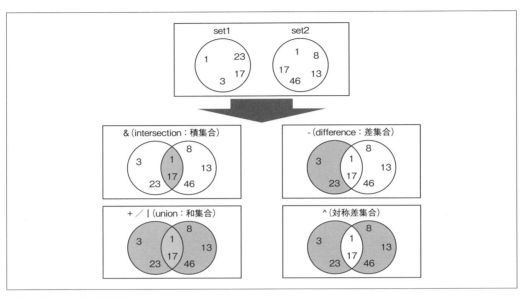

❖図6.12　Setの集合計算

それぞれの動作を実際のコードで確認してみます（リスト6.50）。

▶リスト6.50　set_union.rb

```ruby
require 'set'

sets1 = Set[1, 20, 30, 60, 10, 15]
sets2 = Set[10, 15, 30, 35]
sets3 = Set[20, 40, 60]
p sets1 + sets2              # 結果：#<Set: {1, 20, 30, 60, 10, 15, 35}>
p sets1 | sets2              # 結果：#<Set: {1, 20, 30, 60, 10, 15, 35}>（上と同じ）
p sets1 + sets2 + sets3      # 結果：#<Set: {1, 20, 30, 60, 10, 15, 35, 40}>
p sets1 - sets2              # 結果：#<Set: {1, 20, 60}>
p sets1 - (sets2 + sets3)    # 結果：#<Set: {1}>
p sets1 & sets2              # 結果：#<Set: {10, 15, 30}>
p sets1 & sets2 & sets3      # 結果：#<Set: {}>
p sets1 ^ sets3              # 結果：#<Set: {40, 1, 30, 10, 15}>
```

それぞれの演算子は、以下のメソッドで書き換えも可能です（「^」のみ対応するメソッドはありません）。

- ＋／｜（union：和集合）
- －（difference：差集合）
- ＆（intersection：積集合）

たとえば以下は、太字部分のコードと同じ意味です。

```
p sets1.union(sets2)
```

6.2.5 セットを指定の条件で分割する

divideメソッドを利用することで、セットを任意の条件で分割することも可能です。たとえばリスト6.51は、セットを3の剰余（0、1、2）によって分割する例です。

▶リスト6.51　set_divide.rb

```
require 'set'

sets = Set[1, 6, 11, 30, 23, 10]
p d_sets = sets.divide { |e| e % 3 }
      # 結果：#<Set: {#<Set: {1, 10}>, #<Set: {6, 30}>, #<Set: {11, 23}>}>
```

セット内の各要素を順にブロックで処理し、その値が等しいものを同じ集合として分割するわけです。戻り値は入れ子のSetとなります。

練習問題　6.2

[1] 「10、105、30、7」「105、28、32、7」という集合を作成し、その積集合を求めるためのコードを作成してみましょう。

6.3 ハッシュ

ハッシュ（Hash）は、一意のキーと値のペアで管理されるデータ構造です。ハッシュについてはすでに2.4節でも触れているので、そちらもあわせて参照してください。

> *note* 本章冒頭でも触れたように、ハッシュもまたEnumerableモジュールをインクルードしています。よって、p.223の表6.Aで紹介したようなメソッドは、ハッシュでも共通して利用できます。用法は配列と同じため、本節では割愛します。詳細は6.4節の対応する項を参照してください。

6.3.1 ハッシュの生成

ハッシュを生成するには、まずは{ キー => 値, … }のリテラル表現を利用するのが簡便です。しかし、ハッシュには他にもさまざまな生成の手段が用意されています。文脈によって、複数の手段を使い分けられるようにすると便利です。

◆配列からハッシュを生成する

ブラケット構文を利用することで、配列をハッシュに変換できます。

構文 ハッシュの生成

```
Hash[kv]
```

kv ：キー／値の組み

ただし、引数kvにもさまざまな表記があるので、リスト6.52に主な例をまとめます。

▶リスト6.52　hash_array.rb

```
p Hash['りんご', 150, 'みかん', 50, 'バナナ', [200]] ─────────────── ❶
        # 結果：{"りんご"=>150, "みかん"=>50, "バナナ"=>[200]}

data = ['りんご', 150, 'みかん', 50, 'バナナ', [200]] ───────────
p Hash[*data] ──────────────────────────────────────────── ❷
        # 結果：{"りんご"=>150, "みかん"=>50, "バナナ"=>[200]}
```

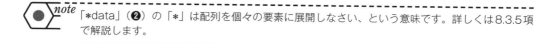

```
data2 = [['りんご', 150], ['みかん', 50], ['バナナ', [200]]]
p Hash[data2]
        # 結果：{"りんご"=>150, "みかん"=>50, "バナナ"=>[200]}

keys = ['りんご', 'みかん', 'バナナ']
values = [150 , 50, [200]]
p Hash[keys.zip(values)]
        # 結果：{"りんご"=>150, "みかん"=>50, "バナナ"=>[200]}
```

❶は、最もシンプルな例です。キー／値を交互に渡します。あらかじめ「キー, 値, …」形式の配列を用意している場合には、「*」付きで引き渡すこともできます（❷）。

> *note*
> 「*data」（❷）の「*」は配列を個々の要素に展開しなさい、という意味です。詳しくは8.3.5項で解説します。

❸のように「キー, 値」の組みを並べた配列を渡すことも可能です（❷と似ていますが、❸はキー／値ごとに入れ子の配列ができている点に注目です）。

❹は、キー／値それぞれが別の配列として用意されている例です。この場合はzipメソッド（6.1.7項）を介することで、❸と同じ形式の配列を生成できるので、これをHash[...]に渡します。

◆既定値付きのハッシュを生成する

存在しないキーにアクセスした場合、既定ではnilが返されます。しかし、Hash::newメソッドを利用することで、キーが存在しない場合の既定値をあらかじめ設定しておくことも可能です（リスト6.53）。

▶リスト6.53　hash_def.rb

```
h = {}
p h[:orange]          # 結果：nil

h2 = Hash.new('×')
p h2[:orange]         # 結果："×"
```

既定値は、newメソッドの引数として設定するだけです。

ただし、newメソッドで与えられた既定値は、すべて同一のオブジェクトである点に注意してください。リスト6.54は、その具体的な例です。

▶リスト6.54　hash_def_bad.rb

```
h = Hash.new('×××')
puts h[:hoge]          # 結果：×××          ❶
h[:hoge].concat('!!!')                        ❷
puts h[:hoge]          # 結果：×××!!!        ❸
puts h[:foo]           # 結果：×××!!!        ❹
```

　この例では❶で:hogeをキーに既定値を受け取り、concatメソッド（❷）で、その内容を変更しています（concatメソッドは破壊的メソッドでしたね）。結果、❸で:hogeキーの値に変更が反映されるのはもちろん、:fooキーに新たに適用された既定値（❹）も変更後のものとなる点に注目です。これが、引数で指定された既定値がすべて同一のオブジェクトである、という意味です。

　このような既定値の引き回しを避けるならば、newメソッドのブロック構文を利用してください（リスト6.55）。

▶リスト6.55　hash_def_block.rb

```
h = Hash.new { |hash, key| hash[key] = '×××' }

puts h[:hoge]          # 結果：×××
h[:hoge].concat('!!!')
puts h[:hoge]          # 結果：×××!!!        ┐
puts h[:foo]           # 結果：×××          ┘ ❶
```

　Hash::newメソッドのブロックは、存在しないキーを参照したときに呼び出され、既定値を生成します。ブロックパラメーターには、

- hash（ハッシュ本体）
- key（参照時のキー）

が渡されるので、太字では該当するキーに対して、既定値として「×××」を設定しているわけです。

　ブロック構文での既定値は、都度、生成（設定）されるものなので、個々に別のオブジェクトとなることが保証されます。確かに、concatメソッドで既定値を操作しても、その影響は:hogeキーに対してだけで、:fooキーには波及**しない**ことが確認できます（❶）。

6.3.2　ハッシュ表とキーの注意点

　ハッシュは、内部的に**ハッシュ表（ハッシュテーブル）**と呼ばれる配列を持ちます（図6.13）。

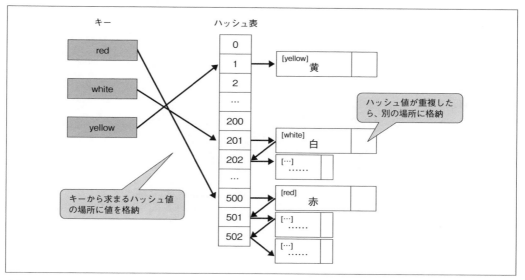

❖図6.13　ハッシュ表（ハッシュテーブル）

　要素を保存する際に、キーからハッシュ値を求めることで、ハッシュ表のどこに値（オブジェクト）を保存するかを決定します。

note **ハッシュ値**は、オブジェクトの値をもとに算出した任意の整数値です。オブジェクト同士が等しければハッシュ値も等しいという性質があります。ただし、ハッシュ値が等しくても、オブジェクトが必ずしも等しいとは限りません。
具体的なハッシュ値の算出方法については、10.4.3項でも解説します。

　しかし、ハッシュ値のすべてのパターンに対応するサイズのハッシュ表をあらかじめ用意しておくのは現実的ではありません。よって、一般的には任意サイズのハッシュ表を用意しておいて、ハッシュ値を表サイズ未満の値に丸め、格納先を決定します。

　その性質上、ハッシュ値（または、その格納先）は重複する可能性もあります。その場合は、決められたルールでハッシュ表内の別の場所に値を格納します。

◆ハッシュのキーにはシンボルがお勧め

　ハッシュのキーには、任意のオブジェクトを利用できます。しかし、一般的にはシンボルを優先して利用することをお勧めします。

　というのも、ハッシュではキーのハッシュ値をもとに値を検索します。よって、生存期間中、ハッシュ値（ということは、キーとなるオブジェクトの内容）が変動してはいけません。ハッシュ値が変動した場合、ハッシュは正しく値を検索できなくなるからです。

具体的な例も見てみましょう。リスト6.56は、配列をキーにした例です。

▶リスト6.56　hash_bad.rb

```
key = [1, 2]
h = { key => 'ほげ' }
puts h[key]          # 結果：ほげ
key[0] = 10 ─────────────────────────────────────── ❶
─────────────────────────────────────────────────── ❸

puts h[key]          # 結果：nil（表示されない）─────── ❷
```

❶でキー（配列）の中身を書き換えた結果、❷でもハッシュの中身を取得できなくなっている（＝ nilが返される）ことが確認できます。ちなみに、ハッシュ値は再計算することも可能です。具体的には、❸の箇所に以下のコードを加えてみましょう。

```
h.rehash
```

この状態で❷を確認すると、今度は正しく値を取得できているはずです。

ただし、キーの変更とハッシュ再計算を意識しながらコードを記述しなければならないのは手間ですし、なにより誤りのもとです。よって、一般的にはイミュータブル（変更不可）なシンボルを利用するのが安全なのです。

> *note*　より正しくは、ハッシュのキーとして利用できるのはhashメソッドを持つこと（＝ハッシュ値を得られる）が条件です。ただし、hashメソッドはほとんどの型の原型となるObjectクラスで定義されているので、（明示的にhashメソッドを無効化していない限り）大概の型はキーとして利用可能なのです。
> それは、ユーザー定義クラスでも例外ではありません。ユーザー定義クラスでのhashメソッドの実装については、10.4.3項で改めます。

6.3.3　ハッシュから値を取り出す

ハッシュから値を取得するには、まずブラケット構文を利用するのが基本です。しかし、その他にも用途に応じて、さまざまな取得のためのメソッドが用意されています。

◆ 値がない場合に既定値を返す

fetchメソッドは、指定されたキーに対応する値を、キーが存在しない場合は既定値を返します。

```
h.fetch(key, default = nil) {|key| ... } -> object
```

h	：対象のハッシュ
key	：キー
default	：既定値
戻り値	：キーに関連づいた値（該当のキーがない場合は既定値、またはブロックの評価結果）

　既定値はHash::newメソッド（6.3.1項）でも指定できますが、こちらはあくまでハッシュ全体の既定値です。キー個々の既定値を指定したい場合には、fetchメソッドを利用します（リスト6.57）。

▶リスト6.57　hash_fetch.rb

```
h = {}
puts h.fetch(:orange, '×')                          # 結果：×
puts h.fetch(:orange) { |key| "No #{key}" }         # 結果：No orange ────── ❶
```

　fetchメソッドには、ブロックを指定することも可能です（❶）。ブロックは、指定のキーが存在しない場合に呼び出され、既定値を動的に生成します。ブロックパラメーターは、指定されたキーです。

◆ 複数の値をまとめて取得する

　fetch_valuesメソッドを利用します（リスト6.58）。

▶リスト6.58　hash_fetch_values.rb

```
h = { orange:'みかん', grape:'ぶどう', melon:'めろん' }
p h.fetch_values(:orange, :grape, :melon) ──────────────────
      # 結果：["みかん", "ぶどう", "めろん"] ──────────────── ❶
p h.fetch_values(:orange, :apple)          # 結果：エラー ────────────── ❷
p h.fetch_values(:orange, :apple) { |key| "??#{key}??" } ──────────
      # 結果：["みかん", "??apple??"] ──────────────────── ❸
```

　fetch_valuesメソッドの戻り値は、対応する値の配列です（❶）。

　❷は、引数keyが1つでも存在しなかった場合の例です。この場合、fetch_valuesメソッドはKeyError例外を発生します。

　キーが存在しない場合も既定値を返したい場合には、❸のようにブロックを付与してください。ブロックの引数はキー値、戻り値は既定値となります。

◆入れ子のハッシュを再帰的に参照する

digメソッドは、指定のキーで入れ子のハッシュを再帰的に参照し、その値を取得します（リスト6.59）。

▶リスト6.59　hash_dig.rb

```
h = { hoge: { foo: { bar: 100 } } }
p h.dig(:hoge, :foo, :bar)      # 結果：100 ─────────────────❶
p h.dig(:hoge, :piyo, :bar)     # 結果：nil ─────────────────❷
```

❶であれば:hoge − :foo − :barキーの値を返します。❷は:hoge − **:piyo** − :barキーを意味しますが、途中の:piyoキーが存在しないので、戻り値はnilです。

◆指定のキーに合致する要素を切り出す

sliceメソッドは、現在のハッシュから、指定されたキー（群）に合致するキー／値を切り出します（リスト6.60）。fetch_valuesにも似ていますが、こちらの戻り値は部分ハッシュです。

▶リスト6.60　hash_slice.rb

```
h = { orange:'みかん', grape:'ぶどう', melon:'めろん' }
p h.slice(:orange, :melon)        # 結果：{:orange=>"みかん", :melon=>"めろん"}
```

◆特定の条件を満たす要素を取り出す

select①メソッドは、指定の条件でキー／値を判定し、trueとなるものだけを取得します。たとえばリスト6.61は、キー／値のいずれもが5文字以上のものだけを取り出す例です。

▶リスト6.61　hash_select.rb

```
h = { orange:'みかん', cherry:'さくらんぼ', melon:'めろん' }
p h.select { |key, value| key.length > 4 && value.length > 4 }
        # 結果：{:cherry=>"さくらんぼ"}
```

Alias select ➡ filter

◆特定のキー／値が含まれているかを判定する

値を取得するのではなく、単にキー／値が存在するかどうかを判定したいだけであれば、key?／value?メソッドを利用します（リスト6.62）。

▶リスト6.62　hash_key.rb

```
h = { orange:'みかん', grape:'ぶどう', melon:'めろん' }
puts h.key?(:orange)         # 結果：true
puts h.value?('みかん')       # 結果：true
```

Alias key? ➡ has_key? ／ include? ／ member?、value? ➡ has_value?

6.3.4　特定の要素を削除する

ハッシュから特定の要素を削除するために、以下のようなメソッドが用意されています。

◆指定のキーを削除する

deleteメソッドは最もシンプルな削除メソッドで、指定のキーを削除します（リスト6.63）。

▶リスト6.63　hash_delete.rb

```
h = { orange:'みかん', grape:'ぶどう', melon:'めろん' }
p h.delete(:orange)          # 結果："みかん" ──────────────────────────❶
p h.delete(:apple)           # 結果：nil ────────────────────────────❷
p h.delete(:apple) { |key| "No #{key}" }     # 結果："No apple" ────────❸
```

deleteメソッドの戻り値は、削除された要素（値）です（❶）。キーが存在しなかった（＝要素を削除できなかった）場合にはnilを返します（❷）。

❸のように、ブロックを渡すことで、キーが存在しない場合の戻り値をカスタマイズすることも可能です。

◆条件に合致した要素を削除する

条件によって要素を削除するならば、delete_ifメソッドを利用します。たとえばリスト6.64は、値がnilである要素をすべて削除する例です。

▶リスト6.64　hash_delete_if.rb

```
h = { orange:'みかん', grape:nil, melon:'めろん', apple:nil }
h.delete_if { |key, value| value.nil? }
p h          # 結果：{:orange=>"みかん", :melon=>"めろん"}
```

ブロックの引数はキー／値、戻り値は削除するかどうかを表す真偽値です。

6

標準ライブラリ　配列／セット／ハッシュ

◆ハッシュの中身をクリアする

無条件にすべての要素を破棄したいならば、clearメソッドを利用します（リスト6.65）。

▶リスト6.65　hash_clear.rb

```
h = { orange:'みかん', grape:'ぶどう', melon:'めろん' }
h.clear
puts h.empty?          # 結果：true
puts h.length          # 結果：0
```

ちなみに、ハッシュの内容が空かどうかは、empty?メソッドで判定できます。あるいはlengthメソッド（ハッシュのサイズ）が0かどうかを確認してもかまいません。

Alias length ➡ size

6.3.5　ハッシュの内容を順に処理する

ハッシュの内容を列挙するには、表6.2のようなメソッドを利用します。

❖表6.2　キー／値を列挙するためのメソッド

メソッド	概要
each	キー／値を列挙
each_key	キーを列挙
each_value	値を列挙

リスト6.66に、具体的な例を示します。

▶リスト6.66　hash_each.rb

```
h = { orange:'みかん', grape:'ぶどう', melon:'めろん' }

h.each do |key, value|
  puts "#{key}:#{value}"
end         # 結果：orange：みかん、grape：ぶどう、melon：めろん

h.each_key do |key|
  puts key
end         # 結果：orange、grape、melon

h.each_value do |value|
  puts value
end         # 結果：みかん、ぶどう、めろん
```

p.223の表6.Aでも触れたように、ハッシュでもEnumerableモジュールが提供する繰り返し系のメソッドは利用できます。用法はほぼ同じですが、ハッシュの場合、ブロックパラメーターがキー／値の2値である点に注意してください（リスト6.67）。

▶リスト6.67　hash_all.rb

```
h = { orange: 'ミカン', apple: 'リンゴ', melon: 'メロン' }
p h.all? { |key, value| value.length < 5 }          # 結果：true
```

Alias　each ➡ each_pair

6.3.6　ハッシュを加工／結合する

複数のハッシュを結合したり、既存のハッシュを加工したりすることも可能です。

◆ハッシュ同士をマージする

まずは、ハッシュ同士を順にマージするmerge①メソッドからです（リスト6.68）。

▶リスト6.68　hash_merge.rb

```
h = { orange: 'ミカン', apple: 'リンゴ' }
h2 = { orange: '蜜柑', melon: 'メロン' }

p h.merge(h2)
    # 結果：{:orange=>"蜜柑", :apple=>"リンゴ", :melon=>"メロン"}          ❶

p h.merge(h2) { |key, oldval, newval| "#{oldval},#{newval}" }
    # 結果：{:orange=>"ミカン,蜜柑", :apple=>"リンゴ", :melon=>"メロン"}    ❷
```

mergeメソッドは、前から順にハッシュを結合していきます。キーが重複した場合には、後方の値で上書きします（❶）。

重複時の処理をカスタマイズしたい場合には、❷のようにブロックを利用してください。ブロックは、引数として

- キー値
- 前方の値
- 後方の値

を受け取り、結合後の値を返します。❷の例であれば、重複した値をカンマ区切りで連結します。

◆ハッシュのキー／値を加工する

既存のキー／値を加工するには、transform_keys[1]／transform_values[1]メソッドを利用します（リスト6.69）。

▶リスト6.69　hash_transform.rb

```
h = { orange: 'ミカン', apple: 'リンゴ', melon: 'メロン', olive: 'オリーブ' }

p h.transform_keys { |key| key[0] }
        # 結果：{"o"=>"オリーブ", "a"=>"リンゴ", "m"=>"メロン"}
p h.transform_values { |value| value * 2 }  # 結果：{:orange=>"ミカンミカン", ↩
:apple=>"リンゴリンゴ", :melon=>"メロンメロン", :olive=>"オリーブオリーブ"}
```

ブロックは、それぞれキー／値を受け取り、加工結果を返します。

その性質上、transform_keysメソッドでは加工の結果、キーが重複する場合があります。たとえばこの例であれば、キーの0文字目を抜き出しているので、orange、oliveはいずれも「o」となります。ハッシュはキーの重複を認めていないので、この場合、後者の値（ここでは「オリーブ」）が優先されます。

◆ハッシュのキー／値を反転させる

「キー => 値」を「値 => キー」に反転させるならば、invertメソッドを利用します（リスト6.70）。

▶リスト6.70　hash_invert.rb

```
h = { mikan:'みかん', grape:'ぶどう', melon:'めろん', orange:'みかん' }
p h.invert          # 結果：{"みかん"=>:orange, "ぶどう"=>:grape, "めろん"=>:melon}
```

transform_keysメソッドと同じく、invertメソッドも反転によってキーが重複する可能性があります。その場合は、後者の値（ここでは:orange）が優先されます。

6.3.7　キーを同一性で判定する

ハッシュでは、キーをほとんどの場合、同値性（Equivalence）── つまり、「==」演算子のルールで比較します（例外もあります。詳細は10.4.3項を参照してください）。これを同一性（Identity）で判定するように変更することも可能です。

同値性と同一性の復習も兼ねて、動作を確認してみましょう。まずは、ハッシュ既定の動作からです（リスト6.71）。

▶リスト6.71 hash_identity.rb

```
h = { 'orange' => 'みかん' }
p h['orange']          # 結果："みかん"
```

当然、太字部分のorangeは同値なので、値を正しく取り出せます。

では、以下のようにcompare_by_identityメソッドを呼び出してみましょう。これでハッシュのキーは同一性で判定されるようになります。

```
h = { 'orange' => 'みかん' }
h.compare_by_identity
p h['orange']          # 結果：nil
```

この場合、得られる結果はnilです（＝目的のキーにアクセスできません）。太字部分のorangeは値は同じですが、異なるオブジェクトであるからです。

ちなみに、同様に同一性比較を有効にした場合も、以下のようなシンボルキーでは、値に正しくアクセスできます（シンボルは、同じ値であればオブジェクトとしても同一であるからです）。

```
h = { orange: 'みかん' }
h.compare_by_identity
p h[:orange]           # 結果："みかん"
```

6.4 Enumerator

p.222でも触れたように、Arrayをはじめ、Set／Hashなどの型はEnumerableモジュールをインクルードしています。モジュールについては後述しますが、おおざっぱにはインクルード元に（ここではArray、Hashなどで）eachメソッドを用意しておくことで、それに付随してさまざまな繰り返しのための機能を追加してくれる仕組み、と理解しておけばよいでしょう（図6.14）。

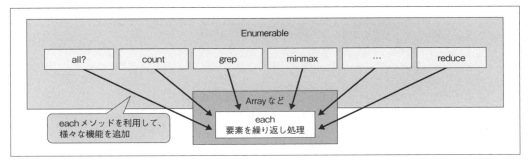

❖図6.14　Enumerableモジュール

　Enumerableモジュールを利用することで、「列挙のための機能を個々のクラスで定義しなくても
よい」「同一の機能を同名のメソッドで提供できるのでわかりやすい」などのメリットがあります。

　しかし、Enumerableモジュールにも制限があります。というのも、冒頭で触れたように、Enumerable
モジュールを利用するには、元のクラスにはeachメソッドが用意されていなければなりません。

　しかし、eachメソッド以外 —— たとえばString#each_line、String#each_charのようなメソッド
からEnumerableモジュールの機能を利用できれば便利です。

　そこで登場するのがEnumeratorクラスです。EnumeratorはEnumerableモジュールのラッパー
で、eachメソッドを持たないクラスにもEnumerableの機能を提供します。

6.4.1　Enumeratorの基本

　Enumeratorを利用することで、たとえばString#each_lineメソッドの結果をもとにEnumerable#
any?メソッドを呼び出す、といったことが可能になります。リスト6.72に具体的な例も見てみま
しょう。

▶リスト6.72　enum_basic.rb

```
msg = <<EOS
はじめまして。
こんにちは。
WINGSプロジェクトメンバーへのご参加ありがとうございます。
EOS
p msg.each_line.any? { |e| e.length > 20 }          # 結果：true
```

　この例であれば、文字列msgの各行で20文字を超えるものがあるかをチェックしているわけです。
Enumeratorオブジェクトは、each／each_lineなど繰り返しのためのメソッドをブロックなしで呼
び出した場合に得ることが可能です。

6.4.2 繰り返し処理の遅延評価

遅延評価版のEnumerator（＝Enumerator::Lazy）もあります。いきなり遅延評価と言ってもわかりにくい人のために、まずは遅延評価を利用**しない**例から見てみましょう。

```
p (1..).select { |i| i % 5 == 0 }.take(10)
```

「1..」は終端のないRangeなので、無限ループです。最終的には10件の結果が欲しいだけなのですが、最初に「1以上のすべての整数」をselect処理しようとするため、結果が返らなくなってしまいます（[Ctrl]＋[C]で強制終了してください）。

では、Enumerator::Lazyで書き換えてみましょう（リスト6.73）。

▶リスト6.73　enum_lazy.rb

```
enum = (1..).lazy.select { |i| i % 5 == 0 }.take(10)
p enum.force              # 結果：[5, 10, 15, 20, 25, 30, 35, 40, 45, 50]
```

Enumerable::Lazyは、Enumerable#lazyメソッドで取得できます（Range型はEnumerableをインクルードしているので、lazyメソッドも利用できます）。Enumerator::Lazyは、標準的なEnumeratorと違って、その場では処理されません（ただ、処理内容が記録されていくだけです）。そして、最終的にforceメソッドが呼び出されたところで、ためておいた処理がまとめて実行されるわけです。実施されるのは最終結果を得るための周回だけなので、今度は無限ループにはならず、直ちに結果を得られます。

◆firstメソッド

リスト6.73は、firstメソッドを使って以下のように表してもかまいません。firstメソッドは、Enumeratorから先頭n個の要素を取り出します。

```
enum = (1..).lazy.select { |i| i % 5 == 0 }
p enum.first(10)
```

eachメソッドのように、渡されたブロックの指示に従って処理を繰り返すものを**内部イテレーター**と言います。繰り返し処理そのものはオブジェクト（メソッド）の内部で記述されているため、このように呼ばれます。

内部イテレーターでは、繰り返しそのものを意識することなく、処理そのもの、抽出の条件などの記述に集中できるため、コードを簡潔に表せるというメリットがあります。反面、その性質上、繰り返しそのものが内部に隠蔽されているため、細かな制御はしにくいという制限があります。

たとえば配列から2個ずつ要素を取り出すような処理は、内部イテレーターでは表現しにくいものです。そこで**外部イテレーター**であるEnumeratorです。外部イテレーターとは内部イテレーターに対する用語で、繰り返しの処理を（オブジェクトの）外側で表現できることから、そのように呼ばれます。

以下に、「英語，日本語，...」形式の配列から外部イテレーターを使って順に要素を取り出し、「英語: 日本語」形式のリストを作成してみましょう（リスト6.74）。

▶リスト6.74　enum_iterator.rb

```
# Enumeratorを生成
enum = ['orange', 'みかん', 'apple', 'りんご', 'grape', 'ぶどう'].to_enum
# 中身がなくなるまでループ
loop do
  puts "#{enum.next}: #{enum.next}"
end
```

実行結果

```
orange: みかん
apple: りんご
grape: ぶどう
```

Enumerator#nextメソッド（太字部分）は、Enumeratorから次の要素を取り出します。ここでは、ループの中でnextメソッドを2回ずつ呼び出しているので、1周で2個の要素が取り出されるわけです（図6.15）。

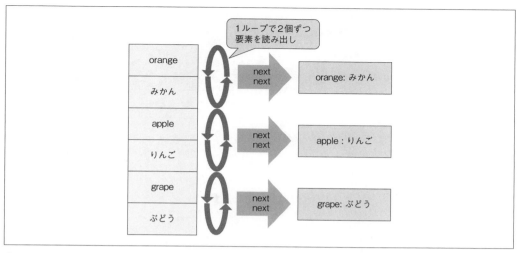

❖図6.15 Enumerator クラスの例

nextメソッドは取得すべき要素がない場合、StopIteration例外を発生します。loopメソッドはStopIteration例外が発生したところで、ループを終了します。

ちなみに、Enumeratorにはイテレーターを操作するために、他にも表6.3のようなメソッドが用意されています。

❖表6.3 Enumerator クラスの主なメソッド

メソッド	概要
peek	次の要素を取得（ただし、読み込み位置を変更しない）
rewind	読み込み位置を先頭に戻す
size	要素数を取得

☑ この章の理解度チェック

[1] 次の文章は、コレクションについて説明したものです。正しいものには○、誤っているものには×をつけてください。

（　　） セットは順に並んだ値を扱うための型である。ただし、中身の重複は許されない。

（　　） ハッシュ値は、オブジェクト同士が等しければ等しく、異なれば必ず異なる値を持つ。

（　　） 配列／セット／ハッシュはいずれもEnumerableモジュールをインポートしており、共通の機能を利用できる。

（　　） ハッシュ型のキーとして利用できるのは文字列、シンボルだけである。

（　　） あるセットが別のセットの内容をすべて含んでいるかを判定したいならば、subset?メソッドを利用する。

[2] 以下は辞書を初期化、操作した結果を出力するためのコードです。空欄を埋めて、コードを完成させてください。

▶ex_hash.rb

```
map = { cucumber: 'キュウリ', lettuce: 'レタス', carrot: 'ニンジン' }
map[  ①  ] = '  ②  '
map.  ③  (:lettuce)
map.  ④   { |key| key[  ⑤  ] }
map.each do |k, v|
  puts "  ⑥  "
end
```

実行結果

```
cucu:胡瓜
carr:ニンジン
```

[3] 以下はセットを利用したコードですが、誤りが4点あります。これを指摘してください。

▶ex_set.rb

```
sets1 = { 2, 4, 8, 16, 32 }
sets2 = sets1.select {|item| item > 20 }
p sets2    # 結果：[2, 4, 8, 16]
p sets1 + sets2       # 結果：#<Set: {32}>
```

[4] 次のようなコードを実際に作成してください。

① ハッシュhからキー:appleにアクセスする（ただし、キーが存在しない場合は既定値「-」を返す）

② 配列dataからすべての「×」を削除する

③ 配列dataから0〜2番目の要素を削除する（ブラケット構文を利用すること）

④ 既定値付きのハッシュhを作成する（ブロック構文を利用すること。既定値は「-」）

⑤ ハッシュhのキー値を列挙する

標準ライブラリ
その他

第5章では文字列／日付などの基本的な型を扱うライブラリを、第6章では配列／セット／ハッシュを中心とするコレクション型を、それぞれ扱ってきました。本章では、これらの章では扱いきれなかった、その他のライブラリについて解説していきます。

以下に、本章で扱うテーマをまとめます。

- 正規表現
- ファイルの操作
- HTTP通信
- 数学演算など

7.1 正規表現

正規表現（Regular Expression）とは、「あいまいな文字列パターンを表現するための記法」です。おおざっぱに説明するなら、「ワイルドカードをもっと高度にしたもの」と言い換えてもよいかもしれません。ワイルドカードとは、たとえばWindowsのエクスプローラーなどでファイルを検索するために使う「*.rb」「*day*.rb」といった表現です。「*」は0文字以上の文字列を意味しているので、「*.rb」であれば「math.rb」や「hoge.rb」のようなファイル名を表しますし、「*day*.rb」なら「today.rb」や「day01.rb」「today99.rb」のように、ファイル名に「day」という文字を含む.rbファイルを表します。

ワイルドカードは比較的なじみのあるものだと思いますが、あくまでシンプルな仕組みなので、複雑なパターンは表現できません。そこで登場するのが正規表現です（図7.1）。たとえば、[0-9]{3}-[0-9]{4}という正規表現は一般的な郵便番号を表します。「0〜9の数値3桁」＋「-」＋「0〜9の数値4桁」という文字列のパターンを、これだけ短い表現の中で端的に表しているわけです。

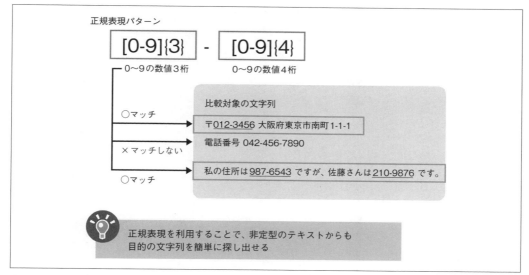

正規表現パターン

$$[0-9]\{3\} - [0-9]\{4\}$$

0〜9の数値3桁　　0〜9の数値4桁

比較対象の文字列

○マッチ　　〒012-3456 大阪府東京市南町1-1-1

×マッチしない　　電話番号 042-456-7890

○マッチ　　私の住所は 987-6543 ですが、佐藤さんは 210-9876 です。

正規表現を利用することで、非定型のテキストからも
目的の文字列を簡単に探し出せる

❖図7.1　正規表現

　たったこれだけのチェックでも、正規表現を使わないとしたら、煩雑な手順を踏まなければなりません（おそらく、文字列長が8桁であること、4桁目に「-」を含むこと、それ以外の各桁が数値で構成されていることを、何段階かに分けてチェックしなければならないでしょう）。しかし、正規表現を利用すれば、正規表現パターンと比較対象の文字列とを渡すだけで、あとは両者が合致するかどうかを正規表現エンジンが判定してくれるのです。

　単にマッチするかどうかの判定だけではありません。正規表現を利用すれば、たとえば、掲示板への投稿記事から有害なHTMLタグだけを取り除いたり、任意の文書からメールアドレスだけを取り出したり、といったこともできます。

　正規表現とは、非定型のテキスト、HTMLなど、散文的な（ということは、コンピューターにとって再利用するのが難しい）データを、ある定型的な形で抽出し、データとしての洗練度を向上させる —— いわば、人間のためのデータと、システムのためのデータをつなぐ橋渡し的な役割を果たす存在とも言えます。

7.1.1　正規表現の基本

　正規表現によって表された文字列パターンのことを**正規表現パターン**と言います。また、与えられた正規表現パターンが、ある文字列の中に含まれる場合、文字列が正規表現パターンに**マッチする**と言います。

　先ほどの図7.1でも見たように、正規表現パターンにマッチする文字列は1つだけとは限りません。1つの正規表現パターンにマッチする文字列は、多くの場合、複数あります。

標準ライブラリ｜その他

ここでは、正規表現の中でも特によく使うものについて、その記法を紹介していきます（表7.1）。取り上げるのは、数多くあるパターンのほんの一部ですが、これらを理解し、組み合わせるだけでもかなりの文字列パターンを表現できるようになるはずです。

❖表7.1　Rubyで利用できる主な正規表現パターン

分類	パターン	マッチする文字列
基本	XYZ	「XYZ」という文字列
	[XYZ]	X、Y、Zいずれかの1文字
	[^XYZ]	X、Y、Z以外のいずれかの1文字
	[X-Z]	X～Zの範囲の中の1文字
	[X|Y|Z]	X、Y、Zのいずれか
量指定	X*	0文字以上のX（"so*n"の場合"sn"、"son"、"soon"、"sooon"などにマッチ）
	X?	0、または1文字のX（"so?n"の場合 "sn"、"son"にマッチ）
	X+	1文字以上のX（"so+n"の場合"son"、"soon"、"sooon"などにマッチ）
	X{n}	Xとn回一致（"so{2}n"の場合"soon"にマッチ）
	X{n,}	Xとn回以上一致（"so{2,}n"の場合"soon"、"sooon"などにマッチ）
	X{,m}	Xとm回以下一致（"so{,2}n"の場合"soon"、"son"、"sn"にマッチ）
	X{m,n}	Xとm～n回一致（"so{2,3}n"の場合"soon"、"sooon"にマッチ）
位置指定	^	行の先頭に一致
	$	行の末尾に一致
	\A	文字列の先頭に一致
	\z	文字列の末尾に一致
	\Z	文字列の末尾に一致（最後の文字が改行の場合その手前）
文字セット	.	任意の1文字
	\w	単語文字、数字、アンダースコアに一致（[a-zA-Z0-9_]と同意）
	\W	文字以外に一致（[^\w]と同意）
	\d	10進数値に一致（[0-9]と同意）
	\D	10進数値以外の数値に一致（[^\d]と同意）
	\h	16進数値に一致（[0-9a-fA-F]と同意）
	\H	16進数値以外の数値に一致（[^\h]と同意）
	\n	改行（ラインフィード）に一致
	\r	復帰（キャリッジリターン）に一致
	\t	タブ文字に一致
	\s	空白文字に一致（[\t\r\n\f\v]と同意）
	\S	空白以外の文字に一致（[^\s]と同意）

　たとえば表7.1を手がかりに、URLを表す正規表現パターンを読み解いてみましょう。

http(s)?://([\w-]+\.)+[\w-]+(/[\w ./?%&=-]*)?

　まず、「http(s)?://」に含まれる「(s)?」は、「s」が0～1回登場することを意味します。つまり、「http://」または「https://」にマッチします。

続く「([\w-]+\.)+[\w-]+」は、英数字／アンダースコア（\w）、ハイフンで構成される文字列で、途中にピリオド（\.）を含むことを意味します。そして、「(/[\w ./?%&=-]*)?」で後続の文字列が英数字、アンダースコア（\w）、その他の記号（-、?、%、&など）を含む文字から構成されることを意味します。

　以上が、ごくおおざっぱな正規表現の基本ですが、本書ではここまでに留めます。あとは、以降のサンプルを見ながら、あるいは、本書のサンプルコードを読み解きながら、少しずつ表現の幅を広げていきましょう。『詳説 正規表現 第3版』（オライリージャパン刊）などの専門書を併読するのもお勧めです。

Rubyで正規表現を利用するならば、図7.Aのようなサービスも併用してみるとよいでしょう。Rubularはブラウザー上で動作する正規表現エディターで、正規表現と、比較する文字列を入力することで、マッチする文字列を即座に確認できます。正規表現が思ったようにマッチしない、などの場合にも、いちいちコードを書かずに動作確認できるので、特に開発／デバッグ時には重宝します。

❖図7.A　Rubular（https://rubular.com/）

7.1.2 Regexpオブジェクトを生成する方法

それでは、ここからはRubyで正規表現を扱う方法について解説していきます。まずは、正規表現を扱うためのRegexpオブジェクトを生成する方法からです。Regexpオブジェクトは、以下のような方法で作成できます。

◆正規表現リテラル

Regexpクラスにも、文字列、数値と同じくリテラル表現が用意されています。

構文 正規表現リテラル

```
/pattern/opts
```

pattern ：正規表現パターン
opts   ：動作オプション

正規表現全体をスラッシュ（/）でくくるだけの、最もシンプルな表現です。opts（動作オプション）は、正規表現の挙動を指定するためのオプションで、省略可能です（詳しくは7.1.6項にて改めます）。

たとえば以下は、URL文字列を表す正規表現リテラルの例です。

```
ptn = /http(s)?:\/\/([\w-]+\.)+[\w-]+(\/[\w. \/?%&=-]*)?/i
```

スラッシュでリテラルの終了を表すので、リテラル内のスラッシュは「\/」のようにエスケープする必要があります。

◆パーセント記法

文字列、配列と同じく、Regexpクラスでもパーセント記法が用意されています。

構文 パーセント記法（正規表現）

```
%r{pattern}opts
```

pattern ：正規表現パターン
opts   ：動作オプション

たとえば先ほどの正規表現リテラルは、パーセント記法では以下のように表せます。

```
ptn = %r{http(s)?://([\w-]+\.)+[\w-]+(/[\w. /?%&=-]*)?}i
```

パーセント記法では「/」がリテラルの終了を意味しないので、スラッシュのエスケープが不要になります。

もちろん、パーセント記法で使っているカッコ（ここでは「{}」）はエスケープしなければなりませんが、パーセント記法ではカッコを自由に選択できます（以下の例のように、「!」のような記号も利用可能です！）。

```
%r(...)
%r[...]
%r!...!
```

まずは、正規表現パターンに含まれないカッコ／記号を利用することをお勧めします。

◆newメソッド

Regexp::newメソッドを利用して、インスタンスを生成することも可能です。

構文 newメソッド（Regexpクラス）

```
Regexp.new(pattern, opts = nil) -> Regexp
```

pattern	：正規表現パターン
opts	：動作オプション
戻り値	：正規表現オブジェクト

同じく、先ほどの例をnewメソッドで書き換えてみます。

```
ptn = Regexp.new('http(s)?://([\w-]+\.)+[\w-]+(/[\w. /?%&=-]*)?',
  Regexp::IGNORECASE)
```

動作オプション（引数opts）は「i」「m」などではなく、Regexpクラスの定数（太字部分）として指定する点に注意してください。

Alias new ➡ compile

◆すべての用法で式展開も可能

Regexp::newメソッドはもちろん、リテラル構文、パーセント記法でも式展開（2.2.5項）が可能です。

```
http = 'http(s)?://'
ptn = /#{http}([\w-]+\.)+[\w-]+(\/[\w. \/?%&=-]*)?/i
```

展開された式に正規表現として解釈されるべき記号（メタ文字）が含まれていてもかまいません。正規表現は、式展開を終えた状態で解釈されるからです。

埋め込む文字列を（正規表現ではなく）ただの文字列として解釈させたい場合には、escape メソッドを利用してください。

```ruby
http = Regexp.escape('http(s)?://')
```

Alias escape ➡ quote

7.1.3 文字列が正規表現パターンにマッチしたかを判定する

Regexp オブジェクトを生成できたところで、ここからは実際に文字列を検索する方法を見ていくことにしましょう。まずは、特定の文字列が正規表現パターンにマッチしているかどうかを判定する例からです（リスト7.1）。

▶リスト7.1　re_search.rb

```ruby
msg = '電話番号は080-111-9999です！'
if /\d{2,4}-\d{2,4}-\d{4}/ === msg
  puts '電話番号を発見！'
else
  puts '見つかりませんでした...'
end
```

実行結果

```
電話番号を発見！
```

正規表現がマッチするかを判定するには「===」演算子（イコール3個）を利用します。「===」演算子はマッチングの結果を true ／ false で返します。マッチした文字列を必要としない（＝マッチしたかどうかにだけ関心がある）場合に利用できる、最もシンプルな方法です。

◆完全一致を確認するには？

リスト7.1では、電話番号が文字列に**含まれている**ことを判定しています。文字列全体が電話番号であることを確認したいならば、正規表現を以下のように修正してください。

```ruby
/\A\d{2,4}-\d{2,4}-\d{4}\z/
```

「\A」は文字列の先頭、「\z」は末尾を、それぞれ意味します。これで文字列が正規表現パターンに完全一致することを意味します。

ちなみに、前方一致（〜で始まる）、後方一致（〜で終わる）を表したいならば、以下のようにしてください。

```
/\A\d{2,4}-\d{2,4}-\d{4}/ ─────────────────────── 前方一致
/\d{2,4}-\d{2,4}-\d{4}\z/ ─────────────────────── 後方一致
```

7.1.4 正規表現パターンにマッチした文字列を取得する

繰り返しですが、「===」演算子は文字列が正規表現パターンにマッチしたかを判定するだけです。マッチした部分文字列を取得したいならば、matchメソッドを利用してください（リスト7.2）。

▶リスト7.2 re_match.rb

```ruby
msg = '電話番号は080-111-9999です！'
if result = /(\d{2,4})-(\d{2,4})-(\d{4})/.match(msg) ──────────────── ❶
  puts "開始位置：#{result.begin(0)}"
  puts "終了位置：#{result.end(0)}"
  puts "開始前の文字列：#{result.pre_match}"
  puts "開始後の文字列：#{result.post_match}"
  puts "マッチング文字列：#{result[0]}"                               ❷
  puts "市外局番：#{result[1]}"
  puts "市内局番：#{result[2]}"
  puts "加入者番号：#{result[3]}"
else
  puts "見つかりませんでした！"
end
```

実行結果

```
開始位置：5
終了位置：17
開始前の文字列：電話番号は
開始後の文字列：です！
マッチング文字列：080-111-9999
市外局番：080
市内局番：111
加入者番号：9999
```

matchメソッド（❶）の構文は、以下の通りです。

構文 matchメソッド

```
reg.match(str, pos = 0) -> MatchData | nil
```

reg	：正規表現オブジェクト
str	：検索する文字列
pos	：検索開始位置
戻り値	：マッチング結果（マッチしない場合はnil）

引数posを指定することで、文字列の検索範囲を限定することもできます。posの指定方法については、7.1.5項もあわせて参照してください。

matchメソッドの戻り値はマッチング情報（MatchDataオブジェクト）、マッチしなかった場合にはnilです。そこで、ここでも戻り値が存在すればマッチした内容を、さもなくば見つからなかった旨をメッセージ表示しています。

MatchDataオブジェクト経由で取得できる情報には、表7.2のようなものがあります（❷）。

❖表7.2　MatchDataオブジェクトの主なメソッド

メソッド	概要
[0]	マッチ文字列全体を取得
[*n*]	*n*番目のカッコにマッチした文字列を取得（–*n*の場合は末尾から取得）
[*m..n*]	*m*番目～*n*番目のカッコにマッチした文字列を取得
[*start, length*]	*start*番目から*length*個の要素を含む部分配列を取得
begin(*n*)	*n*番目の部分文字列の先頭位置（インデックス番号）を取得
end(*n*)	*n*番目の部分文字列の末尾位置（インデックス番号）を取得
captures	$1, $2....を格納した配列を取得
named_captures	名前付きキャプチャ（7.1.8項）をハッシュで取得
pre_match	マッチした部分より前の文字列を取得
post_match	マッチした部分より後の文字列を取得

ブラケット構文では、インデックス値に0を渡すことでマッチした文字列全体を、1以上の値を指定した場合にはサブマッチ文字列を、それぞれ返します（図7.2）。範囲式でm～n番目のサブマッチ文字列を取得することも可能です。

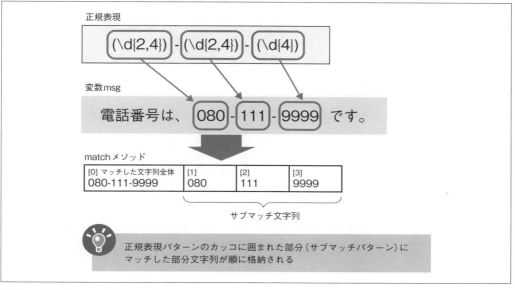

❖図7.2　サブマッチ文字列を取得

　サブマッチ文字列とは、正規表現の中で丸カッコでくくられた部分（サブマッチパターン）にマッチした部分文字列のことです。**グループ**、または**キャプチャグループ**とも言います。

　ブラケット構文を利用することで、グループにマッチした文字列を先頭から順に取り出せるというわけです。この例であれば、先頭から順に「電話番号全体」「市外局番」「市内局番」「加入者番号」を表します。

note String#matchメソッドで、❶は以下のように書き換えることもできます。

```
if result = msg.match(/(\d{2,4})-(\d{2,4})-(\d{4})/)
```

また、マッチした文字列全体を取得するだけならば、String#sliceメソッド（5.2.3項）も利用できます。

```
puts msg.slice(/\d{2,4}-\d{2,4}-\d{4}/)
```

◆　「=~」演算子による検索

　リスト7.2は、「=~」演算子で置き換えることも可能です（リスト7.3）。

▶リスト7.3　re_match_ope.rb

```ruby
msg = '電話番号は080-111-9999です！'
if /(\d{2,4})-(\d{2,4})-(\d{4})/ =~ msg
  puts "開始位置：#{$~.begin(0)}"
  puts "終了位置：#{$~.end(0)}"
  puts "開始前の文字列：#{$`}"
  puts "開始後の文字列：#{$'}"
  puts "マッチング文字列：#{$&}"
  puts "市外局番：#{$1}"
  puts "市内局番：#{$2}"
  puts "加入者番号：#{$3}"
else
  puts '見つかりませんでした！'
end
```
❶

❷

「=~」演算子は、文字列がマッチした場合にはその位置を（この場合は5）、さもなければnilを返します。そして、マッチした結果は、表7.3のようなグローバル変数で取り出せます。

❖表7.3　正規表現に関わるグローバル変数（いずれも最後に実行したマッチングの結果）

変数	概要
$~	マッチした情報（MatchDataオブジェクト）
$&	マッチした文字列全体
$1、$2...	サブマッチ文字列（数値はn番目のカッコに対応）
$`	マッチした文字列より前の文字列
$'	マッチした文字列より後の文字列

　ただし、これらのグローバル変数は一見して内容を判読しにくく、直接に得られる情報もMatchDataに比べて少ないことから、利用のメリットはほとんどありません（一般的なアプリを記述するうえで、わずかなタイプ量の節約がメリットになることはないでしょう）。「=~」の記法は、あくまで他人が書いたコードを読むための知識と捉え、まずはmatchメソッドを優先して利用することを強くお勧めします。
　ちなみに、マッチ**しない**を判定するならば、「!~」演算子を利用します。

note $&、$1、$2...は、Regexp::last_matchメソッドで置き換えも可能です（0でマッチング文字列全体、1以降でサブマッチ文字列を返します）。

```ruby
puts Regexp.last_match[0]
```

グローバル変数よりも可読性は高まりますが、タイプ量の点ではあえて利用する意味はありません。matchメソッドを利用すれば十分です。

◆matchメソッドのブロック構文

matchメソッドでは、ブロック構文を用いることで、マッチしたときにだけブロック配下の処理を実行することもできます。ブロックに引き渡されるのは、MatchDataオブジェクトです（リスト7.4）。

▶リスト7.4　re_match_block.rb

```
msg = '電話番号は080-111-9999です！'
/(\d{2,4})-(\d{2,4})-(\d{4})/.match(msg) {|result|
  puts "市外局番：#{result[1]}"
  puts "市内局番：#{result[2]}"
  puts "加入者番号：#{result[3]}"
}
```

実行結果

```
市外局番：080
市内局番：111
加入者番号：9999
```

ブロック付きmatchメソッドの戻り値は、マッチした場合はブロックの値、さもなければnilです。

7.1.5　マッチしたすべての文字列を取得する

matchメソッド、「=~」演算子のいずれも、得られる結果は最初にマッチした文字列1つだけです。もしもマッチした文字列すべてを取得したいならば、String#scanメソッドを利用してください（リスト7.5）。

構文　scanメソッド

```
str.scan(pattern) -> [String] | [[String]]
```

str	：対象の文字列
pattern	：正規表現パターン
戻り値	：マッチした部分文字列の配列（正規表現にカッコを含む場合は、カッコでくくられたパターンにマッチした部分文字列の配列の配列）

```
msg = '電話番号は000-999-9999です。携帯は080-2222-3333です！'
results = msg.scan(/((\d{2,4})-(\d{2,4})-(\d{4}))/) ──────────── ❶
results.each do |result|
  puts "マッチング文字列：#{result[0]}"
  puts "市外局番：#{result[1]}"
  puts "市内局番：#{result[2]}"
  puts "加入者番号：#{result[3]}"
  puts '-------------------------'
end
```

実行結果

```
マッチング文字列：000-999-9999
市外局番：000
市内局番：999
加入者番号：9999
-------------------------
マッチング文字列：080-2222-3333
市外局番：080
市内局番：2222
加入者番号：3333
-------------------------
```

scanメソッドの戻り値は、「サブマッチ文字列の配列」の配列です。たとえばこの例であれば、変数resultsは以下のような内容になります。

```
[
  ["000-999-9999", "000", "999", "9999"],
  ["080-2222-3333", "080", "2222", "3333"]
]
```

❶でパターン全体を丸カッコでくくっているのは、マッチング文字列全体を取得するためです。

正規表現パターンがサブマッチパターン（丸カッコ）を含まない場合、scanメソッドは単に「マッチング文字列の配列」を返します。

```
p msg.scan(/\d{2,4}-\d{2,4}-\d{4}/)
```

```
["000-999-9999", "080-2222-3333"]
```

◆matchメソッドを利用した別解

scanメソッドによる戻り値は文字列配列です。より詳細なマッチング情報（MatchData）を取得したいならば、コードは若干面倒になりますが、matchメソッドを利用することもできます（リスト7.6）。

▶リスト7.6　re_scan_match.rb

```
# 検索開始位置
pos = 0
msg = '電話番号は000-999-9999です。携帯は080-2222-3333です！'
# マッチするものがなくなるまで無限ループ
loop do
  result = /(\d{2,4})-(\d{2,4})-(\d{4})/.match(msg, pos)
  # マッチしなければループを脱出
  break unless result ─────────────────────────────── ❷
  puts "マッチング文字列：#{result[0]}"
  puts "市外局番：#{result[1]}"
  puts "市内局番：#{result[2]}"
  puts "加入者番号：#{result[3]}"
  puts '─────────────────────────'
  # マッチングの終了位置を記録（次の開始位置）
  pos = result.end(0) ─────────────────────────────── ❶
end
```

endメソッドでマッチングの終了位置を記録しているのがポイントです（❶）。これによって、次の検索では「前回のマッチング位置から検索を再開」できます。検索結果がない場合は❷でループを終了します。

確かに、リスト7.5と同じ結果を得られることを確認できます。

7.1.6　正規表現オプションでマッチング時の挙動を制御する

7.1.2項でも触れたように、正規表現パターンにはオプションを渡すこともできます。表7.4に、主なオプションをまとめておきます。

❖表7.4　正規表現の主なオプション

オプション	定数	概要
i	Regexp::IGNORECASE	大文字／小文字を区別しない
m	Regexp::MULTILINE	「.」が行末記号を含む任意の文字にマッチ（複数行モード）
x	Regexp::EXTENDED	空白とコメントの有効化（フリーフォーマットモード）
o	—	正規表現リテラルの初回評価時に一度だけ式展開を行う
u	—	正規表現をUTF-8として解釈（既定はコードの文字エンコーディング）
e	—	正規表現をEUC-JPとして解釈
s	—	正規表現をShift_JISとして解釈
n	Regexp::NOENCODING	正規表現をASCIIとして解釈

　正規表現オプションは、複数列挙することも可能です。リテラル構文、パーセント記法では列挙するだけ、newメソッドでは定数を「|」演算子で連結します。

```
/pattern/ix
%r{pattern}ix
Regexp.new('pattern', Regexp::IGNORECASE | Regexp::EXTENDED)
```

　以下では、これらオプションの中でも、特によく利用すると思われるものについて、動作を確認しておきます。

◆大文字／小文字を区別しない

　リスト7.7は、文字列に含まれるメールアドレスを、大文字／小文字を区別せずに検索する例です。

▶リスト7.7　re_ignore.rb

```
msg = '仕事用はwings@example.comです。プライベート用はYAMA@example.comです。'
results = msg.scan(/[a-z\d+\-.]+@[a-z\d\-.]+\.[a-z]+/i)
results.each do |result|
  puts result
end
```

実行結果

```
wings@example.com
YAMA@example.com
```

　大文字／小文字を無視するには、iオプションを指定します。大文字／小文字にかかわらず、すべてのメールアドレスが取得できていることが確認できます。

太字の部分を省略すると、結果が「wings@example.com」だけになることも確認しておきましょう。

note 別解として、「A-Za-z」のように大文字／小文字双方のパターンを明示することも可能です。しかし、フラグとして指定したほうがシンプルですし、なにより間違い（抜け）も防げます。まずはフラグを優先して利用してください。

```
/[A-Za-z\d+\-.]+@[A-Za-z\d\-.]+\.[A-Za-z]+/
```

◆複数行モードを有効にする

複数行モードとは、「.」の挙動を変更するためのモードです。まずは、複数行モードが無効である場合の挙動からです（リスト7.8）。

▶リスト7.8　re_multi.rb

```
msg = "初めまして。\nよろしくお願いします。"
if result = /\A.+/.match(msg)
  puts result
end
```

実行結果

```
初めまして。
```

既定で正規表現「.」は、改行を除く任意の文字にマッチします。よって、この場合であれば、文字列の先頭（\A）から改行の前までがマッチング結果として得られます。

では、複数行モードを有効にするとどうでしょう。

```
if result = /\A.+/m.match(msg)
```

この場合、「.」は改行文字も含むようになります。結果、以下のように、改行をまたがったすべての文字列にマッチするようになります。

```
初めまして。⏎
よろしくお願いします。
```

◆フリーフォーマットモードを有効にする

xオプションを有効にすることで、正規表現パターンに空白／コメントを付与できるようになります（**フリーフォーマットモード**）。たとえばリスト7.9は、リスト7.7の正規表現をフリーフォーマットモードとして、コメント／改行を加えたものです。

▶リスト7.9　re_free.rb

```
msg = '仕事用はwings@example.comです。プライベート用はYAMA@example.comです。'
results = msg.scan(/[a-z\d+\-.]+        # local
                    @                   # delimiter
                    [a-z\d\-.]+\.[a-z]+  # domain
/ix)
results.each do |result|
  puts result
end
```

フリーフォーマットモードでは、正規表現内の空白／改行は無視され、また、行末に「#」コメントを加えられるようになります（[...]内の空白などは維持されます）。複雑な正規表現を解読するのは大概困難ですが、これによって、正規表現を部位に分けて表現できるので、可読性が向上します。

> note　フリーフォーマットモードが無効の場合は、(?# comment) の形式でコメントを追加します（フリーフォーマットモードでは利用できません）。簡単なコメントであれば、こちらの記法を利用してもよいでしょう。
>
> ```
> results = msg.scan(/[a-z\d+\-.]+(?# local)@(?# delimiter)↵
> [a-z\d\-.]+\.[a-z]+(?# domain)/i)
> ```

7.1.7　補足 埋め込みフラグ

正規表現オプションは、リテラル構文、new／compileメソッドの引数として指定するほか、**埋め込みフラグ**として指定することもできます。

たとえば、リスト7.10のコードは、すべて同じ意味です。

▶リスト7.10　re_flag.rb

```
results = msg.scan(/[a-z\d+\-.]+@[a-z\d\-.]+\.[a-z]+/i)
results = msg.scan(/(?i)[a-z\d+\-.]+@[a-z\d\-.]+\.[a-z]+/) ──────────❶
results = msg.scan(/(?i:[a-z\d+\-.]+@[a-z\d\-.]+\.[a-z]+)/) ─────────❷
```

(?flag)で、それ以降の正規表現でのみオプションを有効にできます（❶）。特定範囲でオプションを有効にしたいならば、(?flag:pattern)のようにパターンをカッコでくくってもかまいません（❷）。

　この例であれば、❶は先頭でオプションを有効化していますし、❷はパターン全体をカッコでくくっているので、パターン全体でオプションが有効になります。一般的には、以下のようにパターンの一部でオプションを有効にするために利用することになるでしょう（太字部分がオプションの適用範囲です）。

```
results = msg.scan(/[a-z\d+\-.]+(?i)@[a-z\d\-.]+\.[a-z]+/)
results = msg.scan(/(?i:[a-z\d+\-.]+)@[a-z\d\-.]+\.[a-z]+/)
```

❶❷いずれの記法でも、(?im)のように、複数のオプションを列記できます。

◆特定範囲でオプションを無効化する

(?-flag)、(?-flag:pattern)の形式で、オプションを一時的に無効化することもできます。

```
results = msg.scan(/[a-z\d+\-.]+@(?-i)[a-z\d\-.]+\.[a-z]+/i)
                    ❷部分的にオプションを無効化    ❶全体にオプションを適用
```

　この例であれば、正規表現全体にiオプションを適用していますが（❶）、「@」後方でiオプションを無効化しているので（❷）、ドメイン部のマッチングは大文字／小文字を区別します。つまり、「HOGE@example.com」はマッチしますが、「HOGE@EXAMPLE.COM」はマッチしません。

　さらに、(?on-off)、(?on-off:pattern)の形式で有効／無効化するオプションを同時に指定することも可能です。たとえば(?m-i)であれば、マルチラインモードを有効にし、大文字小文字を区別するようになります。

◆文字クラスの挙動を変更する

　埋め込みフラグ構文でのみ利用できるオプションもあります。(?u)がそれで、文字クラスをUnicode文字にマッチするためのオプションです。

　まずは、(?u)を利用**しない**例からです（リスト7.11）。

▶リスト7.11　re_charclass.rb

```
ptn = /\w*/
puts ptn.match('abcあいう')        # 結果：abc
```

　既定で\w（単語文字）は[a-zA-Z0-9_]と同意なので、マルチバイト文字（ここでは「あいう」）にはマッチ**しません**。では、太字部分を以下のように変更すると、どうでしょう。

```
ptn = /(?u)\w*/
```

結果は「abcあいう」で、\wの範囲がマルチバイト文字にも及んでいることが確認できます。これが(?u)の意味です（p.296の表7.4で触れたuオプションは正規表現で利用している文字コードを表すためのもので、(?u)とは別ものなので要注意です）。

7.1.8 ⟨例⟩ 正規表現による検索

正規表現による基本的な検索の手順を理解できたところで、よく利用する正規表現の概念をいくつか、具体的な例とともに補足しておきます。

◆行頭一致と文字列の先頭一致

「^」（行頭）と「\A」（文字列の先頭）とは、意外と混同しやすい正規表現の1つです。プログラミング言語によっては、「^」が「行頭」と「文字列の先頭」と双方の意味を持つものがあるためです（このような言語では、正規表現オプションによって挙動が変化します）。

しかし、Rubyでは、両者は明確に区別されます。具体的な例も見てみましょう（リスト7.12）。

▶リスト7.12　re_top.rb

```ruby
msg = "10人のインディアン。\n1年生になったら"
results = msg.scan(/^\d+/) ————————————————————————————— ❶
results.each do |result|
  puts result
end
```

実行結果

```
10
1
```

「^」は行頭なので、1行目の先頭はもちろんのこと、改行後の先頭文字にも一致しています。一方、❶を以下のように書き換えた場合、文字列全体としての先頭にのみ一致するため、結果が変化します（改行後の文字列にはマッチしません）。

```ruby
results = msg.scan(/\A\d+/)
```

実行結果

```
10
```

これは「$」「\Z」についても同様です。複数行の文字列において、「$」はすべての行末に一致しますが、「\Z」がマッチするのは文字列全体の末尾だけです。

ただし、文字列末尾には「\Z」「\z」があるので、これまた注意です（リスト7.13）。

▶リスト7.13　re_end.rb

```
msg = "銀河鉄道999\n"
results = msg.scan(/\d+\z/)
p results          # 結果：[]
```

まず「\z」（小文字）では空の結果が返されます。文字列の末尾が改行なので、「末尾が数字」にマッチしないのです。そのような場合には、太字を「\Z」（大文字）で置き換えてみましょう。

結果は、["999"]となります。「\Z」は行末が改行の場合に改行の直前にマッチするのです。

◆最長一致と最短一致

最長一致とは、正規表現で「*」「+」などの量指定子を利用した場合に、できるだけ長い文字列を一致させなさい、というルールです。

具体的な例で、挙動を確認してみましょう（リスト7.14）。

▶リスト7.14　re_longest.rb

```
tags = '<p><strong>WINGS</strong>サイト<a href="index.html"><img src=⏎
"wings.jpg" /></a></p>'
results = tags.scan(/<.+>/)  ─────────────────────────────────── ❶
results.each do |result|
  puts result
end
```

「<.+>」は、

<...>の中に「.」（任意の文字）が「+」（1文字以上）

で、<strong>、<img>のようなタグにマッチすることを想定しています。

このコードを実行してみると、どのような結果を得られるでしょうか。おそらくはタグを個々に取り出す、以下のような結果を期待しているはずです。

```
<p>
<strong>
</strong>
<a href="index.html">
```

```
<img src="wings.jpg" />
</a>
</p>
```

しかし、そうはならず、すべてのタグ文字列がまとめて1つとして出力されます。

```
<p><strong>WINGS</strong>サイト<a href="index.html"><img src="wings.jpg" />⏎
</a></p>
```

これが「できるだけ長い」文字列を一致させる、最長一致の挙動です（<...>でくくられる最長の文字列を検索します）。もしも個々のタグを取り出したいならば、❶を

```
results = tags.scan(/<.+?>/)
```

のように修正します。「+?」は**最短一致**を意味し、今度は「できるだけ短い」文字列を一致させようとします。果たして、今度は個々のタグが分解された結果が得られるはずです。

同じく「*?」「{n,}?」「??」などの最短一致表現も可能です。

◆ 名前付きキャプチャグループ

正規表現パターンに含まれる(...)でくくられた部分のことを、グループ、またはキャプチャグループと言います。7.1.4項では、これらグループにマッチした文字列を「result[1]」のようにインデックス番号で参照していましたが、グループに意味ある名前を付与することもできます。これを**名前付きキャプチャグループ**と言います。

リスト7.15は、リスト7.4を名前付きキャプチャグループで書き換えた例です。

▶リスト7.15　re_named_capture.rb

```
msg = '電話番号は080-111-9999です！'
/(?<area>\d{2,4})-(?<city>\d{2,4})-(?<local>\d{4})/.match(msg) {|result| ── ❶
  puts "市外局番：#{result[:area]}" ─────────────────────────┐
  puts "市内局番：#{result[:city]}" ───────────────────────── ❷
  puts "加入者番号：#{result[:local]}" ──────────────────────┘
}
```

実行結果

```
市外局番：080
市内局番：111
加入者番号：9999
```

名前は、グループの先頭で?<...>の形式で宣言するだけです（❶）。この例であれば、市外局番（area）、市内局番（city）、加入者番号（local）をそれぞれ命名しています。

これら名前付きキャプチャグループにアクセスするには、ブラケットにも（インデックス番号ではなく）シンボルを渡します（❷）。

リスト7.4と同じ結果を得られることを確認してください。

◆ グループの後方参照

グループにマッチした文字列は、正規表現パターンの中であとから参照することもできます（**後方参照**）。たとえばリスト7.16は、文字列から「<a href="...">...</a>」（「...」は同じ文字列）を取り出す例です。

▶リスト7.16　re_after.rb

```
msg = '<p>サポートサイト<a href="https://www.wings.msn.to/">https://www.wings.↵
msn.to/</a></p>'
results = msg.match(/<a href="(.+?)">\1<\/a>/) ─────────────────── ❶
puts results
```

実行結果

```
<a href="https://www.wings.msn.to/">https://www.wings.msn.to/</a>
```

一般的なグループは「\1」のような番号で後方参照できます。もちろん、複数のグループがある場合は、\2、\3... のように指定します（❶）。

名前付きキャプチャグループも利用できます。その場合は、❶を以下のように書き換えてください。

```
results = msg.match(/<a href="(?<link>.+?)">\k<link><\/a>/)
```

名前付きキャプチャグループを参照するには「\k<名前>」とします。

◆参照されないグループ

これまでに何度も見てきたように、正規表現では、パターンの一部を(...)でくくることで、部分的なマッチング文字列を取得できます。ただし、(...)はサブマッチの目的だけで用いるばかりではありません。たとえば、「*」「+」の対象をグループ化するために用いるような状況もあります。リスト7.17の例を見てみましょう。

▶リスト7.17　re_no_ref.rb

```
msg = '仕事用はwings@example.comです。プライベート用はYAMA@example.comです。'
results = msg.scan(/([a-z\d+\-.]+)@([a-z\d\-]+(\.[a-z]+)*)/i) ─────────── ❶
results.each do |result|
  puts result
  puts '──────────────'
end
```

実行結果

```
wings
example.com
.com
──────────────
YAMA
example.com
.com
──────────────
```

この例では、正規表現パターン（❶）に3個のグループが含まれています（図7.3）。

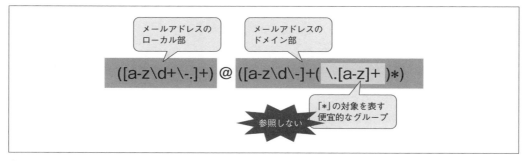

❖図7.3　参照しないグループ

しかし、3番目のグループは「*」の対象を束ねるためのもので、サブマッチを目的としたものではありません。そのようなグループは、あとから参照する際にも間違いのもとになりますし、そもそも参照しない値を保持しておくのはリソースの無駄づかいです。

　こうした場合には、(?:...) とすることで、サブマッチの対象から除外できます。たとえば❶を、以下のように書き換えてみましょう。

```
results = msg.scan(/([a-z\d+\-.]+)@([a-z\d\-]+(?:\.[a-z]+)*)/i)
```

　3番目のグループが存在しなくなった結果、以下のような結果を得られます。

実行結果

```
wings
example.com
----------------
YAMA
example.com
----------------
```

◆後読みと先読み

　正規表現では、前後の文字列の有無によって、本来の文字列がマッチするかを判定する表現があります（表7.5）。

❖表7.5　後読みと先読み

表現	概要
A(?=B)	肯定先読み（Aの直後にBが続く場合にだけ、Aにマッチ）
A(?!B)	否定先読み（Aの直後にBが続かない場合だけ、Aにマッチ）
(?<=B)A	肯定後読み（Aの直前にBがある場合にだけ、Aにマッチ）
(?<!B)A	否定後読み（Aの直前にBがない場合だけ、Aにマッチ）

　それぞれの例をリスト7.18に示します。

▶リスト7.18　re_read.rb

```ruby
# 入力文字列msgと正規表現パターンregでマッチした結果を表示するメソッド
# （ユーザー定義メソッドについては第8章を参照）
def show_match(msg, reg)
  results = msg.scan(reg)
  results.each do |result|
    puts result
```

```
  end
  puts '——————————————————————————'
end

reg1 = /いろ(?=はに)/
reg2 = /いろ(?!はに)/
reg3 = /(?<=。)いろ/
reg4 = /(?<!。)いろ/
msg1 = 'いろはにほへと'
msg2 = 'いろものですね。いろいろと'

show_match(msg1, reg1)         # 結果：いろ
show_match(msg2, reg1)         # 結果：（なし）
show_match(msg1, reg2)         # 結果：（なし）
show_match(msg2, reg2)         # 結果：いろ、いろ、いろ
show_match(msg1, reg3)         # 結果：（なし）
show_match(msg2, reg3)         # 結果：いろ
show_match(msg1, reg4)         # 結果：いろ
show_match(msg2, reg4)         # 結果：いろ、いろ ———————————————— ❶
```

　先読み、後読みにかかわらず、カッコの中（太字の部分）はマッチング結果には含まれない点に注意してください。また、❶は、先に「。」がない「いろ」を検索するので、「。いろ」が除外され、2個の「いろ」を拾っています。

◆Unicodeプロパティでひらがな／カタカナ／漢字などを取得する

　Unicodeの個々の文字には、それぞれの文字種を表すためのプロパティが割り当てられています。これらプロパティを正規表現のパターンの中で利用できるようにしたものが**Unicodeプロパティ**という仕組みです。\p{...}の形式で表します。

　たとえば文字列からひらがな、カタカナ、漢字をそれぞれ取り出すならば、リスト7.19のようにします。

▶リスト7.19　re_unicode.rb

```
msg = 'ただいまWINGSプロジェクトメンバー募集中です！'
p msg.scan(/[\p{Hiragana}]+/)       # 結果：["ただいま", "です"]
p msg.scan(/[\p{Katakana}ー]+/)     # 結果：["プロジェクトメンバー "]
p msg.scan(/[\p{Han}]+/)            # 結果：["募集中"]
```

　利用できるプロパティはそれこそ無数に存在しますが、よく利用するのは、表7.6のようなものです。

❖表7.6　よく利用するUnicodeプロパティ

プロパティ	概要
Hiragana	ひらがな
Katakana	カタカナ
Han	漢字
Punct	句読点
Digit	数字（10進数）
Space	空白
Lower	小文字英字
Upper	大文字英字

　ちなみに、ひらがなを含ま**ない**もの（否定）を表すには、\p{^Hiragana}、または\P{Hiragana}（P
が大文字）とします。

7.1.9　正規表現で文字列を置換する

　gsub[①]メソッドを利用すれば、正規表現にマッチした文字列を置き換えることもできます。

構文 gsubメソッド

```
str.gsub(pattern, replace) -> String

str      ：対象の文字列
pattern  ：正規表現パターン
replace  ：置き換え文字列
戻り値    ：置換後の文字列
```

　たとえばリスト7.20は、文字列に含まれるURLをHTMLのアンカータグで置き換える例です。

▶リスト7.20　re_replace.rb

```
msg = 'サポートサイトはhttps://www.wings.msn.to/です。https://web-deli.com/もよろしく。'
ptn = %r{http(s)?://([\w-]+\.)+[\w-]+(/[\w./?%&=-]*)?}i
puts msg.gsub(ptn, '<a href="\0">\0</a>')
```

実行結果

```
サポートサイトは<a href="https://www.wings.msn.to/">https://www.wings.msn.to/⏎
</a>です。<a href="https://web-deli.com/">https://web-deli.com/</a>もよろしく。
```

構文そのものはごくシンプルですが、ここで注目したいのは、正規表現による置き換えでは、置き換え後の文字列（引数replace）に置き換え前にマッチした文字列を含めることができるという点です（表7.7）。

❖表7.7　引数replaceで利用できる特殊文字

特殊文字	概要	例
\0、\&	マッチした文字列全体	https://www.wings.msn.to/
\1～\9	n番目のサブマッチ文字列	s、msn.、/（\1～\3の内容）
\+	最後のサブマッチ文字列	/
\`	マッチした文字列の前	サポートサイトは
\'	マッチした文字列の後	です。https://web-deli.com/もよろしく。

「例」は、リスト7.20の太字部分にマッチしたときの結果です（サンプル内で利用しているのは\0だけです）。

> note マッチしたすべての文字列を置き換えるgsubメソッドに対して、マッチした最初の文字列だけを置き換えるsubメソッドもあります。以下は、リスト7.20をsubメソッドで置き換えた場合の結果です。
>
> ```
> サポートサイトは<a href="https://www.wings.msn.to/">https://www.wings.↵
> msn.to/</a> です。https://web-deli.com/もよろしく。
> ```

◆ 注意 ダブルクォート文字列との併用

引数replaceで利用する特殊変数は「\x」の形式で表します。この形式は文字列リテラルのバックスラッシュ記法と重なるので、要注意です。たとえば以下のコードは意図したように動作しません。

```
p msg.gsub(ptn, "<a href='\0'>\0</a>")   # 結果："サポートサイトは<a href=↵
'\u0000'>\u0000</a> です。<a href='\u0000'>\u0000</a>もよろしく。"
```

ダブルクォート文字列では「\0」はバックスラッシュ記法なので、この例であれば「\u0000」と解釈されてしまうのです。もしも特殊変数として認識させたいならば、以下のように表します。

```
p msg.gsub(ptn, "<a href='\\0'>\\0</a>")
```

これで文字列としては「\0」と解釈されるからです。ただし、すべての特殊変数を「\\x」のように表すのは冗長ですし、コードも読みにくくなるので、まずは

引数replaceはシングルクォート文字列で表す

ようにするのがお勧めです。

◆名前付きキャプチャの例

gsub／subメソッドでも名前付きキャプチャを利用できます。ここで付けた名前は、引数replace
に\k<名前>で埋め込めます。

たとえばリスト7.21は、メールアドレスからローカル名とドメイン部を取り出して、「<ドメイン
部>の<ローカル名>」と置き換える例です。

▶リスト7.21　re_replace_named.rb

```
msg = '仕事用はwings@example.comです。'
ptn = /(?<localName>[a-z\d+\-.]+)@(?<domain>[a-z\d\-.]+\.[a-z]+)/i
puts msg.gsub(ptn, '\k<domain>の\k<localName>')
        # 結果：仕事用はexample.comのwingsです。
```

\k<名前>構文を利用することで、キャプチャグループが複数ある場合（さらに、それを順不同で
埋め込む場合）にも、対応関係がわかりやすくなります。

◆ブロック構文を利用した置換

gsub／subメソッドにはブロックを渡すこともできます。たとえばリスト7.22は、文字列に含ま
れるメールアドレスをすべて大文字に置き換える例です。

▶リスト7.22　re_replace_block.rb

```
msg = '仕事用はwings@example.comです。プライベート用はhome@example.comです。'
ptn = /([a-z\d+\-.]+)@([a-z\d\-.]+\.[a-z]+)/i
puts msg.gsub(ptn) { |match| match.upcase }
        # 結果：仕事用はWINGS@EXAMPLE.COMです。プライベート用はHOME@EXAMPLE.COMです。
```

ブロックは、引数としてマッチした文字列を受け取り、戻り値として置き換え後の文字列を返しま
す。この例であれば、引数match（メールアドレス）を大文字に変換したものを返しています。

ちなみに、ブロック配下では$1、$2…でサブマッチ文字列にアクセスすることも可能です（その他
の特殊変数については、p.292もあわせて参照してください）。

◆ハッシュによる置換

gsub／subメソッドの引数replaceには、ハッシュを渡すこともできます。その場合、gsub／sub
メソッドは、マッチした文字列をキーにハッシュを検索し、その値で文字列を置き換えます（リスト
7.23）。

```
table = { '${to}' => '山田', '${from}' => '権兵衛' }
template = '${to}さん：こんにちは、${from}です。'
puts template.gsub(/\$\{.*?\}/, table)
        # 結果：山田さん：こんにちは、権兵衛です。
```

　この例であれば、$|...| 形式の文字列を検索し、その内容をハッシュの値に従って置き換える例です。簡単なテンプレートの展開などに利用できる構文です。

7.1.10　正規表現で文字列を分割する

　正規表現で文字列を分割するには、5.2.9項でも触れた split メソッドを利用します。たとえば「,」「|」「;」いずれかの区切り文字で文字列を分割する、などの状況は、正規表現を利用することでコンパクトに表現できます（リスト7.24）。

▶リスト7.24　re_split.rb

```
msg = '100,150;200|250,300;350'
p msg.split(/,|\||;/)          # 結果：["100", "150", "200", "250", "300", "350"]
```

　split メソッドにはブロックを渡すこともできます。その場合、split メソッドは配列を返さず、分割された文字列でブロックを呼び出します（リスト7.25）。

▶リスト7.25　re_split_block.rb

```
results = []
msg = '100,150;200|250,300;350'
msg.split(/,|\||;/) do |str|
  results << str.to_i
end
p results          # 結果：[100, 150, 200, 250, 300, 350]
```

　この例であれば、分割された文字列を数値化（to_i）したうえで、配列 results に格納しています。split メソッドのブロック構文とは、split + each ／ map のようなものと考えればよいでしょう。分割した内容をその場で処理／加工したいなどの場合に便利です。

　その他にも、引数 limit を渡すことで、分割回数を制限することも可能です。具体的な挙動については5.2.9項もあわせて参照してください。

note Stringクラスでは、検索／置換系のメソッドの多くが文字列だけでなく、正規表現を受け取れます。具体的には、以下のようなメソッドがそれです（表7.A）。

❖表7.A　正規表現を利用できるStringクラスのメソッド

slice	gsub	index	match	match?	partition
rindex	rpartition	scan	split	start_with?	sub

ただし、いずれのメソッドにしても固定文字列で事足りるならば、あえて正規表現を利用すべきではありません。文字列リテラルのほうがコードが明瞭であるのみならず、パフォーマンスの面からも（正規表現エンジンを通さなくてよい分）有利であるからです。

練習問題　7.1

[1] 正規表現検索を利用して、文字列「住所は〒160-0000 新宿区南町0-0-0です。\nあなたの住所は〒210-9999 川崎市北町1-1-1ですね」から郵便番号だけを取り出してみましょう。

[2] 正規表現を利用して、文字列「お問い合わせはsupport@example.comまで」のメールアドレス部分を

```
<a href="mailto:メールアドレス">メールアドレス</a>
```

で置き換えてみましょう。なお、メールアドレスは正規表現で「[a-z\d+\-.]+@[a-z\d\-.]+\.[a-z]+/i」と表すものとします。

7

標準ライブラリ　その他

7.2 ファイル操作

　ここまでは値を保存するために、変数という仕組みを利用してきました。変数は、利用にあたって特別な準備もいらず、ごく手軽に値を出し入れできます。反面、その保存先はメモリなので、プログラムが終了すると値もそのまま消えてしまいます。

　しかし、より実践的なアプリでは、プログラムが終了した後も残しておけるデータの保存先が欲しくなります。そのような保存先の中でも準備がいらず、比較的手軽に利用できるのがファイルです。

　本節では最初に、openメソッドを利用して、テキストファイルを読み書きする基本を学んだ後、バイナリファイル、CSVファイルなど特殊な形式の（しかしよく利用する）ファイルの操作方法について解説します。

311

まずは、コードを実行した日付をテキストファイルに記録する例からです（リスト7.26）。

▶リスト7.26 file_write.rb

```
file = File.open('./chap07/access.log', 'a')  ────────────────── ❶
file.flock File::LOCK_EX  ──────────────────────────────────── ❹
file.puts(Time.now)  ───────────────────────────────────────── ❷
file.close  ────────────────────────────────────────────────── ❸
puts '現在時刻をファイルに保存しました。'
```

コードを実行した結果、/chap07フォルダー配下にaccess.logが生成され、図7.4のような情報が記録されていれば、コードは正しく動作しています。

❖図7.4 アクセスログをエディターで開いた結果

ごくシンプルなコードですが、リスト7.26にはファイル操作の基本である、

- ファイルを開く（オープン）
- ファイルをロックする
- ファイルを読み書きする
- ファイルを閉じる（クローズ）

が含まれています。以下でも、この流れを念頭に、個々の構文を解説していきます。

❶ファイルを開く

ファイルにテキストを書き込むには、まずはテキストファイルを「開く」必要があります。ファイルをノートに例えるならば、実際にノートを手に取り、目的のページを開くようなイメージです。すべては、ここから始まります。そして、ファイルを開くには、File::openというメソッドを使います（❶）。

構文 openメソッド

```
File.open(path, mode = 'r', perm = 0666) -> File
```

```
path  ：ファイルのパス
mode  ：オープンモード
perm  ：ファイルのパーミッション
戻り値：Fileオブジェクト
```

openメソッドは、ファイルのオープンに成功すると、戻り値としてFileオブジェクトを返します。以降、ファイルに対する読み書きは、このFileオブジェクトに対して行うことになります。

　引数modeには、表7.8の形式でオープンモードを指定できます。読み込み、書き込みの用途に応じて使い分けてください。

❖表7.8　読み書きオプション（引数mode）

モード	概要
r	読み込み専用（ファイルが存在しなければエラー。既定）
r+	読み書き両用（ファイルが存在しなければエラー）
w	書き込み専用（ファイルが存在しなければ新規作成）
w+	読み書き両用（ファイルの内容をクリア。ファイルが存在しなければ新規作成）
a	追記専用（ファイルが存在する場合は末尾に追記）
a+	読み書き両用（既存の内容に追記。ファイルが存在しなければ新規作成）
b	バイナリモード（7.2.4項）
t	テキストモード

　たとえば、今回のアクセスログのように、データを積み上げ式に記録していきたい場合には「a」を選択します。「w」では、ファイルの内容が書き込みのたびにクリアされてしまいますし、そもそも読み込み専用の「r」では書き込みそのものができません。

> *note*　オープンモード「b」「t」は、ファイルをテキスト／バイナリモードいずれで操作するかを決めるオプションです。他の「r」「w」「a」と異なり、それ単体では利用できず、「rb」「w+b」のように表します。
> テキスト／バイナリモードについては、7.2.4項で後述します。

Alias open ➡ new

❷ファイルをテキストに書き込む

　テキストを書き込むのは、putsメソッドの役割です。

構文 putsメソッド

```
file.puts(*obj) -> nil

file：対象のファイル
obj ：任意の文字列
```

　File#putsメソッドの扱いは、これまで文字列の表示に利用してきたputsメソッドと同じです。文字列の末尾には改行が付与されますし、非文字列型の値を渡した場合には文字列表現に変換されたう

えで出力されます。複数の値を渡すことも可能です（その場合、改行区切りで出力されます）。

もしも改行なしの文字列を書き込みたい場合には、write メソッドを利用してください。以下は、リスト7.26❷をwrite メソッドで書き換えたものです。

```
file.write("#{Time.now}\n")
```

❸ファイルを閉じる

ファイルのように、複数のコードから利用する可能性があるものは、使い終わった後はきちんと閉じなければなりません。さもないと、Rubyがファイルを占有してしまい、他のコードからファイルを開けなくなってしまう可能性があるからです。

ファイルを閉じるのは、close メソッドの役割です。

ただし、コードが複雑になってくると、closeのし忘れも増えてきます。また、そもそも複数のコードで利用するリソースは利用範囲を明確にし、できるだけ利用時間を短くすべきです。

そこでRubyでは、自動クローズの仕組みとしてブロック構文を提供しています。

構文 openメソッド（ブロック構文）

```
File.open(...) { |file| statements } -> object
```

file	：Fileオブジェクトを格納する変数
statements	：ファイルを操作するコード
戻り値	：ブロックの実行結果

ブロック構文を利用することで、ブロック終了時に自動的に閉じられるFileオブジェクトを生成できます。よって、リスト7.26は、リスト7.27のように書き換えても同じ意味です。

▶リスト7.27　file_write_block.rb

```
File.open('./chap07/access.log', 'a') do |file|
  file.flock File::LOCK_EX
  file.puts("#{Time.now}\n")
  puts '現在時刻をファイルに保存しました。'
end
```

ブロック構文でファイルを開くことで、ファイル操作の途中で例外（エラー）が発生したとしても、ブロックを抜けたところで「確実に」ファイルを閉じられる、というわけです。

リスト7.26では、説明の便宜上、まずはclose メソッドを利用しましたが、実際のアプリではブロック構文を優先して利用することをお勧めします。

❹ ファイルをロックする

このように、ファイルへの書き込みそのものはopen、puts、closeメソッドによって簡単にできてしまいます。しかし、ここで1つだけ注意すべき点があります。それは「ファイルへの同時書き込み」です。たとえば、図7.5のようなケースを想定してください。

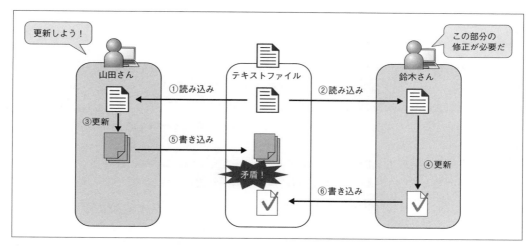

❖図7.5　ファイルが同時書き込みされてしまうと...

あるユーザー（山田さん）がファイルを開いて書き込んでいる間に、別のユーザー（鈴木さん）が元のファイルを開いて、別の書き込みをしたらどうでしょう。山田さんが書き込んだ内容が結果的に無視されてしまうかもしれません。処理の内容によっては、ファイルそのものが破壊されてしまう恐れもあります。

つまり、テキストファイルという共有のリソース（資源）に対して書き込みを行う場合には、このような同時アクセスが行われないように、あらかじめファイルをロックしておく必要があるのです。これを行っているのが、❹です。

Rubyではflockメソッドを利用することで、ごく直観的にファイルをロック／アンロックできます。

```
file.flock(operation) -> 0 | false
```

file	：Fileオブジェクト
operation	：ロックの種類（表7.9を参照）
戻り値	：成功時は0、失敗時はfalse

❖表7.9　ロックの種類（引数operationの設定値）

設定値	概要
File::LOCK_SH	共有ロック（読み込み中なので、他者による書き込みを禁止する）
File::LOCK_EX	排他ロック（書き込み中なので、他者による読み書きを禁止する）
File::LOCK_UN	ロックの解除
File::LOCK_NB	非ブロックモード

　共有ロックとは「自分が今ファイルを読み込んでいるので、他の人は書き込んではいけません（読むだけならいいですよ）」と制限するロック、**排他ロック**とは「自分が今ファイルを書き込んでいるので、他の人は読むのも書くのもやめてくださいね」と制限するロックです。それぞれ読み込み／書き込み時に指定するロックであることから、**読み込みロック**、**書き込みロック**と呼ばれる場合もあります。
　たとえば、リスト7.26では排他ロック（LOCK_EX）を指定しているので、複数のユーザーが同時にアクセスした場合、片方のユーザーはもう片方のユーザーの処理が終わるまでは処理待ちとなります。これによって、先ほどの図7.5のような不整合を解消できるというわけです（図7.6）。

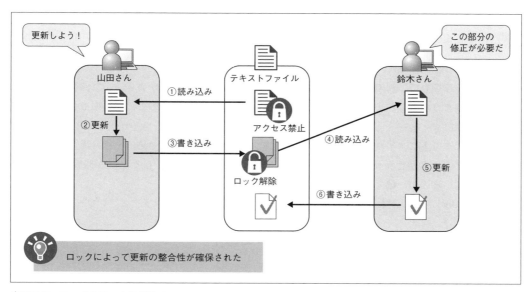

❖図7.6　ファイルロックの考え方

ロックはファイルが閉じられた（また、Rubyそのものが終了した）タイミングで自動解除されます。flockメソッドでLOCK_UNを指定してもかまいませんが、大概、ファイルの操作範囲とロック範囲とは一致しているはずです。通常は自動解除に委ねてかまいません。

> note ロックモードの中でもLOCK_NBだけはやや特殊な値で、単独では指定できません。「LOCK_SH|LOCK_NB」のように、「|」演算子で他の設定値と結合したものを指定します。
> LOCK_NBを付けた場合と付けない場合とでは、対象となるファイルがロックされているときの挙動が異なります。LOCK_SH／LOCK_EXは、既定では対象ファイルがロックされているときに自分がロックできるようになるまで待機しますが（**ブロックモード**）、LOCK_NB付きのLOCK_SH／LOCK_EXは即座に結果（false）を返します（**非ブロックモード**）。

◆文字エンコーディング

本項では、まずシンプルな例として、Ruby内部の文字エンコーディングとファイルのそれとが一致する場合（すべてがUTF-8）を扱いました。環境が許されるならば、まずは文字エンコーディングは統一するのが理想ですが、異なるシステムとデータを受け渡しするような状況では、必ずしも一致しない場合があります。

そのような場合には、読み書きに際しても文字エンコーディングを意識する必要があります。文字エンコーディングを指定するには、openメソッドの引数modeを、以下のように表します。

構文 引数mode

```
mode[:ext_enc[:int_enc]]
```

```
mode    ：オープンモード
ext_enc ：外部エンコーディング
int_enc ：内部エンコーディング
```

外部エンコーディングとは、ファイルを読み書きする際に利用する文字エンコーディング、**内部エンコーディング**とは、Ruby内部で利用される文字エンコーディングです。たとえば

EUC-JPで記録されたファイルを読み込み、UTF-8の文字列を得たい

場合には、引数modeは「r:EUC-JP:UTF-8」のように表します。同様に「w:EUC-JP:UTF-8」であれば、UTF-8文字列をEUC-JPとして出力します。

外部／内部エンコーディングを省略した場合の挙動は、表7.10の通りです。

❖表7.10　内部／外部エンコーディングによる挙動

	読み込み	書き込み
内部のみ省略	文字列には外部エンコーディングを設定	外部エンコーディングに変換
内部／外部ともに省略	既定のエンコーディングに従う	

既定のエンコーディングは、以下のコードで取得できます。

```
p Encoding.default_external        # 結果：#<Encoding:UTF-8>
```

◆オープンモードの定数

オープンモードは、rt、abのような文字列として表すほか、Fileクラスの定数として表すことも可能です。定数を利用することで、文字列よりも細かな動作の指定が可能になります（表7.11）。

❖表7.11　オープンモード（Fileクラスの定数）

分類	定数	概要
基本	File::APPEND	追記モード
	File::WRONLY	書き込み専用モード
	File::RDONLY	読み込み専用モード
	File::RDWR	読み書き両用モード
	File::BINARY	バイナリモード
作成	File::CREAT	ファイルがなければ作成
	File::EXCL	ファイルが存在する場合は失敗（CREATとセットで利用）
	File::TRUNC	ファイルが存在する場合、中身を空（ゼロ）にする
同期	File::DSYNC	データ同期モード
	File::SYNC	同期モード
	File::RSYNC	読み込み時同期モード
その他	File::NOATIME	ファイル読み込み時に最終アクセス日時を更新しない
	File::NOFOLLOW	ファイルがシンボリックリンクであった場合は例外発生
	File::NONBLOCK	ファイルが利用不可でもブロックしない
	File::NOCTTY	TTY制御しないようにTTYを開く

同期モードとは、書き込んだ値を即座にファイルに記録することを言います。Fileクラスの既定は**非同期モード**です。つまり、出力すべき値はいったん**バッファー**（値を一時的に格納するためのメモリ上の領域）に蓄積され、いっぱいになったところでまとめてファイルを出力します。これによって、ファイルへのアクセスが減るので、処理効率を改善できるわけです（図7.7）。

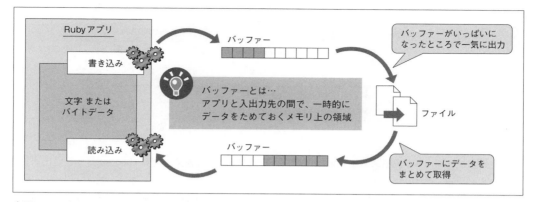

❖図7.7　バッファーによる読み書き

　バッファーにたまったデータを即座に出力するには、File#flushメソッドを呼び出します。あるい
は、openメソッドでFile::SYNCを渡すことで、同期モード（＝都度データを出力する）に切り替え
ることも可能です。

note　標準的なr、w、aとの対応は、表7.Bの通りです（複数の定数を列挙するには、「|」演算子で列
挙します）。

❖表7.B　オープンモードの対応関係

オープンモード	定数
r	File::RDONLY
w	File::WRONLY | File::CREAT | File::TRUNC
a	File::WRONLY | File::CREAT | File::APPEND

◆ 改行文字の扱い

　ファイルを扱うようになると、改行文字の扱いと無縁ではいられなくなります。というのも、（文
字エンコーディングにかかわらず）改行文字はプラットフォームによって異なるからです（2.2.5項を
参照）。改行文字が異なると、それぞれの環境でファイルを開いた場合に、表示が乱れることがある
ので、要注意です。

　オープンモード「b」「t」は、この改行文字の扱いを決めるためのオプションです。他の「r」「w」
「a」「x」と異なり、それ単体では利用できず、「rb」「r+b」のように表します。

　具体的な挙動は、表7.12の通りです。

❖表7.12　改行文字の扱い

オープンモード	改行文字の扱い
wt／w	プラットフォーム依存（WindowsであればCR、LF、CR+LFいずれもCR+LFに、macOSであればLFをそのまま書き込む）
wb	LFはそのままLFとして書き込む
rt	CR、LF、CR+LFいずれもLFとして読み込む
rb	CR、LF、CR+LFいずれもそのまま読み込む
r	プラットフォーム依存（Windowsであればrt、macOSであればrb）

　たとえばWindows＋**テキストモード**（t）の環境であれば、書き込み時にはCR+LFとして出力し、読み込み時には一律LFに変換します（macOS環境では、読み書きいずれの場合もLFはLFそのままに扱います）。これによって、Rubyのコード内部では改行の扱いを統一させながら、個々のプラットフォーム上の違いを吸収しているわけです。

　ちなみに、プラットフォームにかかわらず、オリジナルのデータを維持したい状況もあります。そのような場合には**バイナリモード**（b）を利用することで、変換を抑止できます。

7.2.2　テキストファイルを読み込む

　今度は、あらかじめ用意されたテキストファイルを読み込んで、その内容を出力してみましょう（リスト7.28）。

▶リスト7.28　file_read.rb

```
File.open('./chap07/sample.txt', 'r') do |file| ──────────────── ❶
  puts file.read ─────────────────────────── ❷
end
```

実行結果

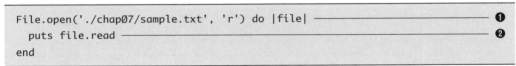

```
独習Rubyで学ぼう。
解説→例題（サンプル）→理解度チェックの
3つのステップで、Rubyの文法を習得できます。
```

　テキストファイルを読み込むには、openメソッドでオープンモードにrを指定します（❶）。あとは、取得したFileオブジェクトからreadメソッドを呼び出すことで、ファイル配下のデータをまとめて取得できます（❷）。

```
file.read(length = nil) -> String | nil
```

```
file   ：対象のファイル
length：読み込むバイト数（nilでファイルの内容をすべて取得）
戻り値 ：読み込んだ文字列（ファイルの終端に達していた場合はnil）
```

引数lengthで、読み込むサイズを指定することもできます。たとえば、❷を以下のように書き換えることで、「独習Ruby」という結果を得られます。

```
puts file.read(10)
```

その他にも、Fileオブジェクトには、データ取得のためのさまざまなメソッドが用意されています。以下に、主なものをまとめます。

◆ 行単位に分割した文字列を取得する

ファイルをまとめて取得するreadメソッドに対して、行単位に文字列を分割して配列として返してくれるのがreadlinesメソッドです。

構文 readlinesメソッド

```
file.readlines(rs = $/, chomp: false) -> [String]
```

```
file   ：対象のファイル
rs     ：行区切り文字
chomp  ：行末の改行文字を除去するか
戻り値 ：読み込んだ各行を要素とする文字列配列
```

たとえばリスト7.29は、リスト7.28をreadlinesメソッドで書き換えた例です。

▶リスト7.29　file_readlines.rb

```
File.open('./chap07/sample.txt', 'r') do |file|
  data = file.readlines(chomp: true) ─────────────────────────────────❶
  data.each do |line|
    puts line
  end
end
```

readlinesメソッドは、既定で元の改行文字を除去**しません**。行単位に文字列を処理する場合には、大概邪魔になるので、引数chompでtrueを指定しておきましょう（❶）。これで行末の改行文字が除去されます。

7

標準ライブラリ　その他

◆ 行単位にファイルを処理する

eachメソッドを利用することで、ファイルの内容を行単位に読み込むこともできます。

構文 eachメソッド

```
file.each(rs = $/, chomp: false) {|line| statements } -> self
```

file	：対象のファイル
rs	：行区切り文字
chomp	：行末の改行文字を除去するか
line	：取得した行
statements	：行を処理するためのコード
戻り値	：ブロックの実行結果

リスト7.30は、その具体的な例です。

▶リスト7.30　file_eachline.rb

```ruby
File.open('./chap07/sample.txt', 'r') do |file|
  file.each(chomp: true) do |line|
    puts line
  end
end
```

readlinesメソッドにも似ていますが、readlinesメソッドは、最初にファイル全体を配列に取り込んでいます。対して、eachメソッドでは、ファイルの内容を行単位に取得しながら、配下の処理を実行しています。このため、ファイルのサイズが大きくなっても、メモリを大きく消費しない、というメリットがあります（図7.8）。

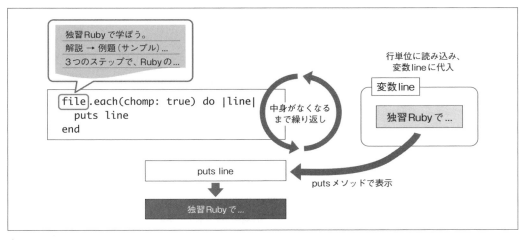

❖図7.8　eachメソッド

Fileオブジェクトは、内部的に「現在操作している位置」（オフセット位置）を記憶しています。オフセット位置を示す情報のことを**ファイルポインター**と言います。ファイルポインターは読み取りによって、順に後方に移動していきます。eachメソッドによる読み取りとは、ファイルの先頭からファイルポインターをずらしながら、ファイルの末尾（＝ポインターが移動できなくなる）まで読み込みを繰り返すこと、と言い換えてもよいでしょう。

> **note** ファイルを開いた直後のオフセット位置は、オープンモードによって変化します。r、wのようなモードでは、オフセット位置はファイルの先頭です。しかし、モードaではオフセット位置はファイルの末尾となり、それ以降への書き込み ── つまり、追記となります。

◆オフセット位置を変更する

これまでは、オープンモード既定のオフセット位置に沿ってファイルを操作してきましたが、seekメソッドを利用することで、明示的にオフセット位置を変更することもできます。

構文 seekメソッド

```
file.seek(offset, whence = IO::SEEK_SET) -> 0
```

file	：対象のファイル
offset	：オフセット値
whence	：移動の基点
戻り値	：移動が成功した場合に0

たとえばリスト7.31は、3文字目からファイルの読み込みを開始する例です。

▶リスト7.31　file_seek.rb

```
File.open('./chap07/sample.txt', 'r') do |file|
  file.seek(6)
  file.each_line do |line|
    puts line
  end
end
```

実行結果

Rubyで学ぼう。
解説→例題（サンプル）→理解度チェックの
3つのステップで、Rubyの文法を習得できます。

7

標準ライブラリ その他

引数offsetの単位はバイトです。UTF-8では1文字を3バイトで表すので、6バイトをスキップした結果、3文字目（＝7バイト目）から読み込みを開始していることが確認できます。

引数whenceを指定することで、移動の基点を表すことも可能です。指定できる値は、表7.13の通りです。

❖表7.13　引数whenceの定数

定数	offsetの基点
IO::SEEK_SET	ファイルの先頭から（既定）
IO::SEEK_CUR	現在のファイルポインターから
IO::SEEK_END	ファイルの末尾から

無条件にオフセット位置を先頭に戻したい場合には、rewindメソッドも利用できます。

```
file.rewind
```

以上、ファイル操作の基本を理解できたところで、以降ではFileクラスと関連クラスの機能について解説していきます。

7.2.3　インスタンスなしでファイルを操作する

（インスタンスメソッドではなく）クラスメソッドであるFile::writeを利用することでも、Fileオブジェクトを作らずに指定の文字列をファイルに書き込めます。

構文 writeメソッド

```
File.write(path, string, offset = nil, opt = {}) -> Integer
```

path　　：書き込み先のパス
string　：書き込む文字列
offset　：書き込み位置（バイト数）
opt　　：動作オプション（指定可能なオプションは表7.14）
戻り値　：出力できたバイト数

❖表7.14　主な動作オプション

オプション	概要
:mode	オープンモード（7.2.1項を参照）
:external_encoding	外部エンコーディング
:internal_encoding	内部エンコーディング
:encoding	外部／内部エンコーディング（「ext_enc:int_enc」の形式）
:textmode	テキストモードにするか（true／false）
:binmode	バイナリモードにするか（true／false）

たとえば以下は、リスト7.26をFile.writeメソッドで書き換えたものです。

```
File.write('./chap07/access.log', "#{Time.now}\n", mode: 'a')
```

引数offsetを指定することで、offsetバイト目から書き込みを開始することもできます。File.writeメソッドの戻り値は、書き込んだ値のサイズ（バイト数）を返すので、以下のようなコードで連続した書き込みも可能です（リスト7.32）。

▶リスト7.32　file_write2.rb

```
FILE_PATH = './chap07/data.dat'
start = 0
start = File.write(FILE_PATH, '一富士', start)
start += File.write(FILE_PATH, '二鷹', start)
start += File.write(FILE_PATH, '三茄子', start)
```

File.writeメソッドの戻り値を変数startに足し込むことで、開始位置（offset）をずらしながら書き込んでいます。結果、「一富士二鷹三茄子」のような文字列が記録されます（図7.9）。

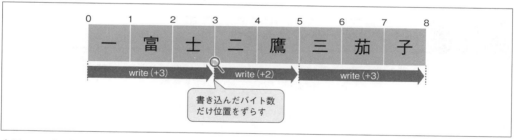

❖図7.9　書き込み位置の移動

　なお、引数offsetを指定するかどうかで、文字列切り捨てのルールが変化する点にも注意です。まず、offsetを省略した場合、既存の内容はすべてクリアされます。一方、offsetを指定した場合には、指定範囲を上書きするだけで、既存の内容は残ります。

note リスト7.32は、引数offsetの動作を確認するためのサンプルです。一般的には、このような連続した書き込みでは、File#write（インスタンスメソッド）を利用することをお勧めします。File#writeでは、現在の書き込み位置を記憶して、前回の終了位置から書き込みを開始するからです。

◆ファイルの読み込みも可能

同様に、File::read（クラスメソッド）を利用することで、インスタンスを作成することなく、ファイルの内容を取り出せます。

readメソッド

```
File.read(path, length = nil, offset = 0, opt = {}) -> String | nil
```

path	：読み込み先のパス
length	：読み込む長さ
offset	：読み込み開始位置
opt	：動作オプション（指定可能なオプションはp.324の表7.14）
戻り値	：読み込んだ内容

リスト7.33は、リスト7.28をFile::readメソッドで書き換えたものです。

▶リスト7.33　file_read2.rb

```
puts File.read('./chap07/sample.txt')
```

7.2.4　バイナリデータの読み書き

バイナリデータを読み書きするならば、openメソッドでrb、wbのように、読み書きを表すオープンモードに「b」（バイナリモード）を追加し、改行文字の変換を抑止するだけです。

たとえばリスト7.34は、input.pngを読み込み、その結果をそのままoutput.pngに出力する例です（つまり、input.png の内容をoutput.pngにコピーします）。

▶リスト7.34　file_binary.rb

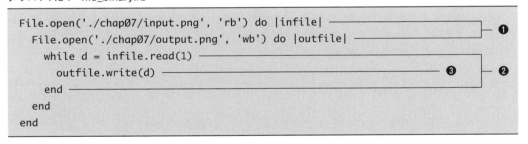

```
File.open('./chap07/input.png', 'rb') do |infile|        ─────────────── ❶
  File.open('./chap07/output.png', 'wb') do |outfile|    ───────
    while d = infile.read(1)        ───────────────                  ❷
      outfile.write(d)              ──────────────── ❸
    end        ───────
  end
end
```

読み込み用／書き込み用にそれぞれファイルを開きます（❶）。複数のファイルを操作するには、このようにopenメソッド（ブロック）を入れ子にします。

バイナリファイルを読み込むのは、テキストファイルの場合と同じく、readメソッドの役割です（❷）。引数「1」でバイト単位にデータを読み込みます。

readメソッドは、読み取るべきデータが残っていない場合に、nilを返します。ここでは、その性質を利用して、オフセット位置がファイルの終端に達したところで（＝ファイルをすべて読み切ったところで）ループを脱出しているわけです。

読み取ったデータは、writeメソッドでoutput.pngに書き込みます（❸）。

note ここでは、バイナリファイル操作の例として、Fileクラスを利用していますが、複製だけであれば、fileutilsライブラリのcopyメソッドを利用するのがより便利です。詳しくは、7.3.5項も参照してください。

7.2.5 テキスト情報を.rbファイルに同梱する

たとえばヒアドキュメントで表すような複数行のテキストなどは、意外とコードの見通しを悪化させます。さりとて、別ファイルとして独立させるほどの分量でもない、そんな場合には、__END__キーワードの利用をお勧めします。

__END__は、名前の通り、コードの終端を表すためのキーワード。以降のテキストは、コメントと同じく、スクリプトとして実行されることはありません。ただし、コメントと違って、__END__以降の内容はFileオブジェクトとして定数DATAに保持されて、コードから読み込むことが可能です。__END__（DATA）とは、.rbファイル内のちょっとしたデータ領域と言ってもよいでしょう。

たとえばリスト7.35は、リスト7.30を__END__を使って書き換えたものです。

▶リスト7.35　file_data.rb

```ruby
DATA.each(chomp: true) do |line|
  puts line
end


# 以降はデータ領域
__END__
独習Rubyで学ぼう。
解説→例題（サンプル）→理解度チェックの
3つのステップで、Rubyの文法を習得できます。
```

csvライブラリを利用することで、タブ／カンマ区切りなど、区切り文字付きテキストを手軽に読み書きできるようになります。たとえばリスト7.36は、あらかじめ用意したdata.tsv（タブ区切りテキスト）を表示する例です。

▶リスト7.36　file_csv.rb

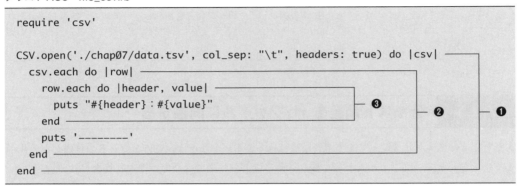

```ruby
require 'csv'

CSV.open('./chap07/data.tsv', col_sep: "\t", headers: true) do |csv|
  csv.each do |row|
    row.each do |header, value|
      puts "#{header}：#{value}"
    end
    puts '---------'
  end
end
```

実行結果

```
名前：りんご
値段：220
---------
名前：ぶどう
値段：350
---------
名前：みかん
値段：200
---------
```

区切りファイルを読み込むには、まず、CSV::openメソッドでファイルを開きます（❶）。

構文 openメソッド

```
CSV.open(filename, mode = "rb", options = Hash.new) {|csv| statements } -> nil
```

filename	：ファイル名
mode	：オープンモード
options	：動作オプション（「キー：値」のハッシュ形式。利用可能なオプションは表7.15）
csv	：区切りファイルを操作するためのCSVオブジェクト
statements	：ファイルを処理するコード

❖表7.15　引数optionsの情報（ハッシュのキー）

オプション	概要
col_sep	フィールドの区切り文字列
row_sep	行の区切り文字
quote_char	クォート文字
headers	1行目をヘッダーとするか
force_quotes	すべてのフィールドをクォートでくくるか（書き込み時）
skip_blanks	空行を読み飛ばすか
skip_lines	指定した正規表現にマッチした各行をコメントと見なすか

　col_sepオプションの既定値は「,」（カンマ）です。今回のように、カンマ区切り以外の文字列を扱う際には、最低限、col_sepパラメーターを指定しておきましょう。

　CSVオブジェクトを生成できてしまえば、あとはFileオブジェクトと同じく、eachメソッドで行情報を取り出せます（❷）。ただし、CSVオブジェクトから取り出した行情報は、区切り文字で分割された結果（CSV::Rowオブジェクト）です。

　CSV::Rowオブジェクトからは、同じくeachメソッドで各フィールドの内容を順に取り出せます（❸）。ブロックパラメーターにはヘッダー（header）、値（value）が渡されるので、ここでは「ヘッダー: 値」の形式で順に出力しています。

> note CSV::Rowクラスでは、ブラケット構文を利用することで個々のフィールドにアクセスすることも可能です。
>
> ```
> row[0]        ➡インデックス番号でアクセス
> row['名前']    ➡ヘッダー名でアクセス
> ```

　ちなみに、先頭行にヘッダーを持たない場合、CSV::Rowクラスは配列のように動作します。具体的には、CSV::openメソッドのheadersオプションをfalseに変更した上で、❸を以下のように書き換えてください。値だけを順に列挙できます。

```
row.each do |value|
  puts value
end
```

◆ タブ区切りテキストを出力する

　同様に、「<<」演算子を利用することで、配列の内容をカンマ／タブ区切り形式のテキストに変換することも可能です（リスト7.37）。

▶リスト7.37　file_csv_write.rb

```
require 'csv'

CSV.open('./chap07/member.tsv', 'w', col_sep: "\t",  ──────────────────┐
  force_quotes: true) do |csv|  ────────────────────────────────────────┘❶
  csv << %w(101 山田太郎 090-1111-2222)  ──────────────────┐
  csv << %w(102 鈴木次郎 080-3333-4444)  ──────────────────┤❷
  csv << %w(103 佐藤花子 070-5555-6666)  ──────────────────┘
end
```

この結果、以下のようなmember.tsvが生成されます。

```
"101"[Tab]"山田太郎"[Tab]"090-1111-2222"
"102"[Tab]"鈴木次郎"[Tab]"080-3333-4444"
"103"[Tab]"佐藤花子"[Tab]"070-5555-6666"
```

openメソッドに渡されたforce_quotesオプションは、値をクォート文字（quote_charオプション）でくくるかどうかを表します（❶）。既定のクォート文字は「"」で、フィールド値に区切り文字（ここではタブ文字）が含まれる場合にだけ、クォート文字でくくります。書き込みなので、オープンモードはもちろん「w」か「a」を指定します。

　書き込みの準備ができたら、あとは、openブロックの中で「<<」演算子にフィールド値を表す配列を渡すだけです（❷）。

7.2.7 オブジェクトのシリアライズ

　シリアライズ（Serialize）とは、オブジェクトのような構造化データをバイト配列に変換することを言います。オブジェクトはあくまでRubyの世界の中でのみ扱える形式ですが、バイト配列は汎用的なデータ形式です。シリアライズによって、オブジェクトをたとえばファイル／データベースに保存したり、ネットワーク経由で受け渡ししたりすることが可能になります（図7.10）。

　シリアライズされたバイト配列を、元のオブジェクト形式に戻すことを**デシリアライズ**と言います。Rubyで、こうしたシリアライズ／デシリアライズを行うには、Marshalクラスを利用します。

 note 本項の理解は、クラス定義の知識を前提にしています。ここではコードの意図だけを説明するので、9.1節でクラス定義を理解した後、再度読み解くことをお勧めします。

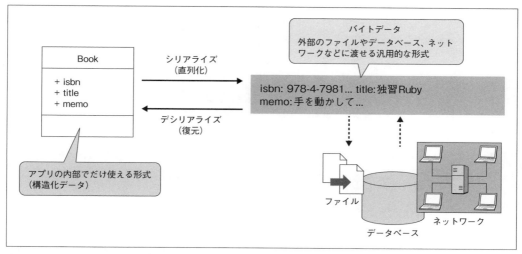

❖図7.10　シリアライズ／デシリアライズ

◆オブジェクトをファイルに保存する

　まずは、あらかじめ準備したBookオブジェクトをシリアライズし（リスト7.38）、ファイル（book.bin）に保存してみます（リスト7.39）。

▶リスト7.38　book.rb

```
class Book
  attr_accessor :isbn, :title, :memo

  def initialize(isbn, title, memo)
    @isbn = isbn
    @title = title
    @memo = memo
  end
end
```

▶リスト7.39　marshal_dump.rb

```
require_relative 'book'

book = Book.new('978-4-7981-6364-2', '独習Ruby', '手を動かしておぼえる解説書')
Marshal.dump(book, File.open('./chap07/book.bin', 'w'))
```

　オブジェクトをシリアライズするのは、Marshal::dumpメソッドの役割です。

```
Marshal.dump(obj [,port [,limit = -1]]) -> IO
```

```
obj   ：シリアライズするオブジェクト
port  ：出力先
limit ：シリアライズするオブジェクト階層の上限（既定は無限）
戻り値：引数port（portを省略した場合はシリアライズ結果）
```

引数objにはユーザー定義クラスを含めて、大概のオブジェクトを指定できます（よって、簡単なデータ交換であればハッシュを利用してもかまいません）。ただし、以下のオブジェクトは対象外です。

- 無名のClass/Moduleオブジェクト
- 状態をシステムが保持しているオブジェクト（Dir、File::Stat、IO、File、Socketなど）
- MatchData、Data、Method、UnboundMethod、Proc、Thread、ThreadGroup、Continuationオブジェクト
- 特異メソッドが定義されたオブジェクト
- 上記のオブジェクトを含んだオブジェクト

引数portは、シリアライズ結果の出力先を表します。Fileオブジェクトをはじめ、IO派生オブジェクト、またはStringオブジェクトを指定できます。引数portを省略した場合、dumpメソッドはシリアライズの結果を戻り値として返します。

```
result = Marshal.dump(book)
```

サンプルを実行できたら、まずはbook.binが生成されていることを確認してください（バイナリデータなので、テキストエディターでそのまま開くことはできません）。

◆ファイルからオブジェクトを読み込む

シリアライズした値（book.bin）を読み込み、デシリアライズするのがリスト7.40のコードです。正しくデシリアライズできたことを確認するために、ここではBookオブジェクトからtitleメソッドにアクセスしています。

▶リスト7.40　marshal_load.rb

```
require_relative 'book'

book = Marshal.load(File.open('./chap07/book.bin', 'r'))
puts book.title          # 結果：独習Ruby
```

ファイルに保存したオブジェクトをデシリアライズするには、loadメソッドを利用します。

loadメソッド

```
Marshal.load(port, proc = nil) -> object
```

port　：読み込み
proc　：手続きオブジェクト
戻り値：元と同じ状態のオブジェクト

用法そのものは簡単ですが、以下のような注意点もあります。

（1）オリジナルのクラス定義を読み込んでおくこと

　当然ですが、デシリアライズした結果となるクラス定義は、あらかじめインポートしておく必要があります。この例であればbook.rbがそれですし、その他にも非組み込みのライブラリなどは忘れがちなので、要注意です。

（2）データ形式のバージョンが等しいこと

　dumpメソッドで生成されたデータには、Marshalクラスのバージョン情報が記録されます。loadメソッドでは、現在のMarshalバージョンと、シリアライズデータのバージョンとを比較し、

- メジャーバージョンが等しいもの
- マイナーバージョンが等しいか、シリアライズデータのほうが低いもの

だけをデシリアライズします（上の条件を満たさないものはエラーとなります）。
　Marshalモジュールのバージョンは、以下のように確認できます。

```
puts Marshal::MAJOR_VERSION        # 結果：4
puts Marshal::MINOR_VERSION        # 結果：8
```

Alias load ➡ restore

7.2.8　シリアライズ／デシリアライズの方法をカスタマイズする

marshal_dump／marshal_loadメソッドを再定義することで、Marshalクラスによるシリアライズ／デシリアライズの方法をカスタマイズできます。たとえばリスト7.41、リスト7.42は、Bookクラスをシリアライズする際に、@memoを除外し、@isbn／@titleだけを書き出す例です。

▶リスト7.41　book.rb

```
class Book
  ...中略（p.331のリスト7.38を参照）...

  # シリアライズ（dump）時の処理
  def marshal_dump ──────────────────────────┐
    [@isbn, @title]                           │ ❶
  end ────────────────────────────────────────┘

  # デシリアライズ（load）時の処理
  def marshal_load(obj) ──────────────────────┐
    @isbn = obj[0]                            │
    @title = obj[1]                           │ ❷
  end ────────────────────────────────────────┘
end
```

▶リスト7.42　marshal_custom.rb

```
require_relative 'book'

book = Book.new('978-4-7981-6364-2', '独習Ruby', '手を動かしておぼえる解説書')
dumped = Marshal.dump(book)

rebook = Marshal.load(dumped)
p rebook     # 結果：#<Book:0x0000000006390138 @isbn="978-4-7981-6364-2", ⏎
@title="独習Ruby"> ──────────────────────────────────────────────── ❸
```

marshal_dump メソッド（❶）は、Marshal::dump メソッドが呼び出されたときに呼び出され、オブジェクトをシリアライズします。戻り値がそのままシリアライズ結果となるので、この例であれば、「@isbn／@title の値を配列として束ねる」という意味になります。@memo は戻り値に含まれないので除外されますし、逆に、シリアライズ時に固有の情報を付与することも可能です。

一方、Marshal::load メソッドによって呼び出されるのが、marshal_load メソッド（❷）です。引数 obj はシリアライズされたオブジェクト（この例では、marshal_dump メソッドの戻り値である配列）です。この時点でインスタンス化されたばかりの（＝初期化されていない）オブジェクトが用意されているので、インスタンス変数に必要な情報を反映させます。

❸でも、シリアライズ／デシリアライズで切り捨てられている @memo が反映されて**いない**ことが確認できます。

練習問題 7.2

[1] 以下は、リスト7.37で生成したmember.tsvを読み込み、リストとして出力するためのコードです。空欄を埋めて、コードを完成させてください。

▶p_csv.rb

```
  ①  'csv'

CSV.  ②  ('./chap07/practice/member.tsv',  ③ : "\t", ⏎
headers: false) do |csv|
  csv.  ④  do |row|
    puts "  ⑤  "
  end
end
```

実行結果

```
山田太郎：Ø9Ø-1111-2222
鈴木次郎：Ø8Ø-3333-4444
佐藤花子：Ø7Ø-5555-6666
```

7.3 ファイルシステムの操作

File／Dir、FileUtilsなどのクラスには、ファイルシステム上のフォルダー／ファイルを操作したり、情報を取得したりするための機能が用意されています。ここでは、それらの中でも特によく利用すると思われる例を挙げていきます。

7.3.1 フォルダー配下のファイル情報を取得する

Dir::foreachメソッドを利用することで、指定されたフォルダー配下のサブフォルダー／ファイル情報を順に取得／処理できます。

構文 foreachメソッド

```
Dir.foreach(path) {|file| statements } -> nil
```

path	：対象のフォルダー
file	：フォルダー配下のサブフォルダー／ファイル名
statements	：任意の処理

たとえばリスト7.43は、/chap07/docフォルダー配下のサブフォルダー／ファイル情報を列挙する例です。

▶リスト7.43　dir_foreach.rb

```
PATH = "#{__dir__}/doc"
Dir.foreach(PATH) do |file| ─────────────────────────────── ❹
  # 特殊なフォルダーは除外
  next if file == '.' || file == '..' ─────────────────── ❶
  # 絶対パスを生成
  f = File.join(PATH, file) ─────────────────────────── ❷
  puts f
  puts File.file?(f) ? 'ファイル' : 'フォルダー'
  puts "#{File.size(f)} byte" ────────────────────── ❸
  puts File.mtime(f)
  puts "--------------------------------"
end
```

実行結果

```
c:/data/rb_kenshou/chap07/doc/foo
フォルダー
0 byte
2021-02-18 14:47:25 +0900
--------------------------------
...中略...
c:/data/rb_kenshou/chap07/doc/z002.txt
ファイル
```

```
4 byte
2021-02-18 14:47:25 +0900
-------------------------------
```

　foreachブロックの引数は、指定されたフォルダー配下のサブフォルダー／ファイルの名前です。ただし、「..」（上位フォルダー）、「.」（カレントフォルダー）のような特別なフォルダー名も含まれているので、ここでは❶で除外しておきましょう。

　あとはフォルダー＋ファイル名で絶対パスを生成したうえで（❷）、ファイルの情報を取得します（❸）。ファイルに関する情報は、Fileのクラスメソッドとして取得できます。表7.16は、主なものです。

❖表7.16　ファイル情報に関わるメソッド（Fileクラスの主なクラスメソッド）

メソッド	概要
basename(*path* [,*suffix*])	ベース名（*path*の末尾が*suffix*と一致した場合は、それを除去したものを返す）
extname(*path*)	拡張子
dirname(*path*)	フォルダー名
split(*path*)	[フォルダー名, ベース名]の配列
file?(*path*)	ファイルであるか
directory?(*path*)	ディレクトリであるか
ftype(*path*)	ファイルの種類（file、directory、link、socketなど）
size(*path*)	ファイルサイズ（バイト単位）
empty?(*path*)、zero?(*path*)	ファイルサイズが0であるか
exists?(*path*)	ファイルが存在するか
birthtime(*path*)	作成時刻
atime(*path*)	最終アクセス時刻
mtime(*path*)	最終更新日時
readable?	読み取り可能か
writable?	書き込み可能か
executable?	実行可能か
join(**path*)	指定のパス要素を連結

　パスの組み立てには、joinメソッドを利用すると便利です（❷）。joinメソッドは、指定されたパス（フォルダーとファイルの名前）を連結したものを返します。文字列同士の「+」演算子とも似ていますが、パス同士の連結で「/」「\」などの区切り文字を補ってくれる点が異なります。joinメソッドには、3個以上の引数を渡してもかまいません。

note 最初から特殊なフォルダー「.」「..」を除いたものだけを取得してくれるchildrenメソッドもあります。childrenメソッドを利用することで、❹は以下のように修正できます。

```
Dir.children(PATH).each do |file|
```

◆File::Statオブジェクト

リスト7.43のように、特定のファイルについて複数の情報を取得したいならば、File::statメソッドを利用するのが便利です。File::statメソッドはファイルに関する情報を格納したFile::Statオブジェクトを返します。ファイルに関する情報をまとめて取得するので、複数の情報にアクセスするならば、個別の情報メソッドよりも効率的ですし、個々にパスを指定しなくてよい分、わずかながらコードが簡単化できます。

リスト7.44は、リスト7.43❸をstatメソッドで書き換えた例です。

▶リスト7.44　dir_foreach2.rb

```
# File::Statオブジェクトを生成
stat = File.stat(f)
puts f
puts stat.file? ? 'ファイル' : 'フォルダー'
puts "#{stat.size} byte"
puts stat.mtime
```

7.3.2 フォルダー／ファイル情報を再帰的に取得する

指定されたフォルダー直下の情報を取得するforeachメソッドに対して、globメソッドを利用すれば、配下のサブフォルダーを再帰的に検索することも可能です（リスト7.45）。

▶リスト7.45　path_glob.rb

```
PATH = File.join(__dir__, 'doc/**/*')
Dir.glob(PATH) do |f|
  puts f
  puts File.file?(f) ? 'ファイル' : 'フォルダー'
  puts "#{File.size(f)} byte"
  puts File.mtime(f)
  puts '---------------------'
end
```

実行結果

```
c:/data/selfrb/chap07/doc/foo
フォルダー
0 byte
2021-02-18 14:41:52 +0900
```

```
------------------------
c:/data/selfrb/chap07/doc/foo/a001.log
ファイル
4 byte
2021-02-18 14:42:48 +0900
------------------------
...後略...
```

glob メソッドの構文は、foreach メソッドの構文と同様です。ただし、パスにワイルドカードを利用できる点が異なります（表7.17）。

ワイルドカード	概要	例
*	任意の文字列（空文字列を含む）にマッチ	*.txt（配下の.txtファイル）
?	任意の1文字にマッチ	fo?（配下のfoで始まる3文字のファイル）
[...]	ブラケット内のいずれかの文字にマッチ	*.[ch]（配下の.c／.hファイル）
[^...]	ブラケット内の文字のいずれでも**ない**ものにマッチ	[^st]*.*（sかtで始まらないファイル）
{...}	カンマで区切られたいずれかの文字にマッチ	{s,t}*.*（sかtで始まるファイル）
**/	「*/」の0回以上の繰り返し	foo/**/*.txt（fooフォルダー以下のすべての.txtファイル）

よって、「/doc/**/*」で/docフォルダー配下の任意階層のフォルダーを意味するわけです。

ただし、「*」は先頭文字の「.」にはマッチしません。よって、.htaccessのようなファイルも取得するならば、以下のように動作オプションを設定してください。

```
Dir.glob(PATH, File::FNM_DOTMATCH) do |f|
```

これで「*」「?」などのワイルドカードが先頭の「.」にマッチするようになります。

ちなみに、その他にもglobメソッドで利用できる動作オプションには、表7.18のようなものがあります。

❖表7.18　globメソッドの動作オプション（Fileクラスの定数）

定数	概要
FNM_NOESCAPE	「\」を（エスケープ文字でなく）普通の「\」と見なす
FNM_PATHNAME	*、?、[]が「/」にマッチしない
FNM_CASEFOLD	大文字／小文字を区別しない
FNM_DOTMATCH	「*」「?」などが先頭の「.」にマッチ

7

標準ライブラリ　その他

File／Dirクラスのメソッドを利用することで、フォルダーを新規作成、リネーム、削除できます（表7.19）。

❖表7.19 フォルダー操作のためのメソッド

メソッド	概要
Dir.mkdir(*path*, *mode*=0777)	フォルダー*path*を新規作成（*mode*はパーミッション）
File.rename(*from*, *to*)	フォルダー*from*を*to*にリネーム
Dir.rmdir(*path*)	フォルダー*path*を削除

具体的な例も見てみましょう（リスト7.46）。処理のタイミングのたびに「Hit any key...」というメッセージが表示されるので、Enterキーを押すことで先に進みます（本来、getsメソッドはユーザーからの入力値を戻り値として返しますが、ここでは利用していません）。

▶リスト7.46 path_make.rb

```
Dir.mkdir('./chap07/sub') ─────────────────────────────────── ❶
puts 'Hit any key...'; gets
File.rename('./chap07/sub','./chap07/copy') ───────────────── ❷
puts 'Hit any key...'; gets
Dir.rmdir('./chap07/copy') ─────────────────────────────────── ❸
```

/chap07フォルダー配下に対して、/subフォルダーを作成した後（❶）、/copyにリネーム（❷）、最後に/copyフォルダーを削除しています（❸）。ただし、以下の点に注意してください。

- mkdirで該当するフォルダーがすでに存在する場合はErrno::EEXIST例外を発生
- renameで変更後のフォルダーがすでに存在する場合はErrno::EACCES例外を発生
- rename／rmdirでは対象のフォルダーが存在しない場合はErrno::ENOENT例外を発生
- フォルダーの中身が空でない場合の rmdir 呼び出しはErrno::ENOTEMPTY例外を発生

なお、（フォルダーではなく）ファイルを削除したい場合には、Dir::rmdirメソッドの代わりにFile::deleteメソッドを利用してください。

Alias delete ➡ unlink（File クラス）、rmdir➡delete／unlink（Dir クラス）

カレントフォルダーはDir::getwdメソッドで確認できます。リスト7.Bのように、まずはコードを起動したフォルダーを得られるはずです。また、カレントフォルダーを移動したい場合にはchdirメソッドを呼び出します。

▶リスト7.B　path_get.rb

```
puts Dir.getwd          # 結果：C:/data/selfrb
Dir.chdir('..')
puts Dir.getwd          # 結果：C:/data
```

Alias getwd ➡ pwd

- -

7.3.4　フォルダーを作成／削除する（複数階層）

fileutilsライブラリを利用することで、複数階層に対応した操作も可能になります。

まずは、サンプルで動作を確認してみましょう（リスト7.47）。例によって、サンプル実行時には作成のタイミングでキー入力を求められるので、Enter キーで先に進んでください。

▶リスト7.47　path_make_multi.rb

```
require 'fileutils'

FileUtils.mkdir_p('./chap07/sub/gsub') ——————————————————————❶
puts 'Hit any key...'; gets
FileUtils.rm_r('./chap07/sub') ——————————————————————————————❷
```

リスト7.46と異なるのは、作成すべきフォルダーが複数階層に及んでいる点です。このような状況で、❶をmkdirメソッドで書き換えると、Errno::ENOENT例外を発生します。/gsubフォルダーを作成しようとするが、途中で存在しない/subが挟まっているためです。mkdir_pメソッドは、このように、

パスの途中に存在しないフォルダーが挟まっている場合に、これを再帰的に作成

してくれるわけです。

❷も同様です。rmdirメソッドで書き換えた場合、Errno::ENOTEMPTY例外を発生します。rmdirメソッドでは削除すべきフォルダーが空でなければならないのです。対して、rm_rメソッドは指定のフォルダー配下のサブフォルダー／ファイルを再帰的に削除してくれます。

7.3.5 ファイル／フォルダーを複製する

cpメソッドを利用します。

構文 cpメソッド

```
FileUtils.cp(src, dest, options = {}) -> nil
```

src	：コピー元のファイル（配列で複数指定も可能）
dest	：コピー先のフォルダー／ファイル
options	：動作オプション（「オプション名: 値」の形式。利用可能なオプションは表7.20）

❖表7.20　cpメソッドの動作オプション

オプション	概要
preserve	更新時刻、（可能ならば）所有グループ／ユーザーを複製するか
noop	trueで、実際の複製操作を行わない
verbose	詳細情報を表示するか

具体的な例も見てみましょう（リスト7.48）。

▶リスト7.48　fs_copy.rb

```
require 'fileutils'

FileUtils.cp('./chap07/sample.txt', './chap07/data.txt') ─────────── ❶
FileUtils.cp('./chap07/sample.txt', './chap07/doc') ─────────────── ❷
FileUtils.cp(%w(./chap07/sample.txt ./chap07/input.png), './chap07/doc') ── ❸
FileUtils.cp_r('./chap07/doc', './chap07/data') ──────────────── ❹
```

❶と❷は、引数srcが単一のファイルを表す場合です。その場合、引数destがファイルであれば、新たな名前でコピーしますし、フォルダーであればその配下にファイルをコピーします。引数destにすでにファイルが存在する場合は、そのまま上書きします。

引数srcには、配列として複数のファイルを指定することで、引数destで指定のフォルダーにファイルをまとめてコピーすることもできます（❸）。この場合、引数destがフォルダーでない場合はエラーとなります。

特定のフォルダーの内容をまとめてコピーしたいならば、（cpメソッドではなく）cp_rメソッドを利用してください（❹）。cp_rメソッドは、引数srcで指定されたフォルダーの内容を再帰的に、引数destにコピーします。

Alias cp ➡ copy

note 複製ではなく、フォルダー／ファイルを移動したいならば、mvメソッドを利用してください。

```
FileUtils.mv('./chap07/doc/hoge', './chap07/hoge')
```

7.4 HTTP経由でコンテンツを取得する

近年、ネットワーク経由で情報／サービスにアクセスする状況は増えています。たとえばスクレイピングは、サイト上のページから情報を抽出するための技術で、インターネット上から情報を効率的に収集するために用いられます。

また、マッシュアップとは、ネットワーク上で提供されているサービスを組み合わせて、自作のアプリに取り込む技術のことです。たとえば、Amazon Product Advertising APIを利用すれば、Amazonの膨大な商品データベースをあたかも自分のアプリの一部であるかのように（しかも低コストで！）利用できるようになります（図7.11）。

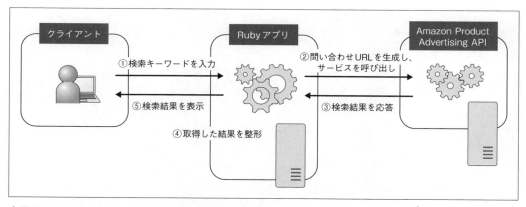

❖図7.11　Amazon Product Advertising APIの利用イメージ

そして、これらの技術を支えるのがnet/httpライブラリです。HTTP（HyperText Transfer Protocol）経由で外部の情報／サービスにアクセスするための手段を提供します。

7.4.1　net/httpライブラリの基本

まずは、net/httpライブラリの基本的なサンプルから見ていきます。リスト7.49は、CodeZine（https://codezine.jp/）にアクセスして、取得したページをコンソールにテキスト表示する例です（図7.12）。

▶リスト7.49　http_basic.rb

```ruby
require 'net/http'

# アクセス先の情報を準備
uri = URI.parse('https://codezine.jp/')                              ❶
# HTTPクライアントを生成
http = Net::HTTP.new(uri.host, uri.port)                             ❷
http.use_ssl = true                                                  ❸
# リクエストを送信
res = http.get(uri.path)                                             ❹
# レスポンスに応じて結果を表示
if res.code.to_i == 200
  puts res.body
else                                                                 ❺
  puts "#{res.code}: #{res.message}"
end
```

実行結果

```
問題    出力    デバッグ コンソール    ターミナル                    1: Code          ∨    +  ⊟  🗑  ∧  ×
        <li><a href="https://enterprisezine.jp/special/pminfo">プロジェクトマネジメント</a></li>
        <li><a href="https://www.seshop.com/">書籍・ソフトを買う</a></li>
        <li><a href="https://www.denken3.com/">電験3種対策講座</a></li>
        <li><a href="https://www.denken3.net/">電験3種ネット</a></li>
        <li><a href="https://denkou.info/">第二種電気工事士</a></li>
    </ul>
    </div>
  </section><!-- / .linkList -->
      </div><!-- / .container -->
</footer><!-- / footer -->
<div class="copy">
      <small class="container">All contents copyright &copy; 2005-2021 Shoeisha Co., Ltd. All rights reserved.
ver.1.5</small>
</div>

    </body>
</html>
PS C:\data\selfrb> []
```

❖図7.12　指定したページをHTTP経由で取得

❶アクセス先の情報を準備する

　アクセス先の情報は、URIオブジェクトとして準備しておきます。URI.parseメソッドでURL文字列を解析することで生成できます。URIオブジェクトを利用することで、URL文字列を構成する個々の情報に、簡単にアクセスできます。あとからNet::HTTPクラスにアクセス先の情報を渡す際にも、URIオブジェクト経由で文字列を生成したほうがコードの見通しはよくなるでしょう。

❖表7.21　URIクラスの主な取得メソッド

メソッド	概要
component	URIの構成要素を表すシンボルの配列
default_port	既定のポート番号
find_proxy	プロキシURI
fragment	フラグメント（#～以降の文字列）
hostname	ホスト名
password	パスワード
path	パス文字列
port	ポート番号
query	クエリ文字列
user	ユーザー名
userinfo	「username:password」形式の文字列

note　**URI**（Uniform Resource Identifier）とは、情報（ファイル）やサービス、機器など、なんらかのリソースを区別するための識別子のこと。ブラウザー上でWebページにアクセスするために入力するアドレス ── **URL**（Uniform Resource Locator）がありますが、これもまたURIの一種です。本節の文脈では、おおよそURI＝URLと捉えてもかまいません。

❷❸Net::HTTPオブジェクトを生成する

　Net::HTTPは、net/httpライブラリの中核とも言うべきクラスで、HTTP通信そのもの（リクエスト／レスポンス）を管理します。

構文 newメソッド（Net::HTTPクラス）

```
Net::HTTP.new(address, port = 80, proxy_addr = :ENV, proxy_port = nil,
  proxy_user = nil, proxy_pass = nil, no_proxy = nil) -> Net::HTTP
```

```
address    ：ホスト名
port       ：ポート番号
proxy_addr：プロキシのホスト名／アドレス
proxy_port：プロキシのポート番号
proxy_user：プロキシの認証ユーザー名
proxy_pass：プロキシの認証パスワード
no_proxy   ：プロキシなしで接続するホスト名／アドレス
戻り値     ：生成されたNet::HTTPオブジェクト
```

　引数address／portは、❶で作成したURIオブジェクト経由で取得できます。
　❸のuse_sslメソッドは暗号化通信を利用するための設定です。「https://～」形式のアドレスにアクセスする場合に必要となるものです。

❹要求（リクエスト）を送信する

Net::HTTPオブジェクトを生成できたら、あとは表7.22のようなメソッドを使ってリクエストを送信します。

❖表7.22　リクエストのためのメソッド（dataは送信するデータ、headerはヘッダー情報）

メソッド	概要
get(path [,header])	HTTP GETによる通信
post(path, data [,header])	HTTP POSTによる通信
put(path, data [,header])	HTTP PUTによる通信
patch(path, data [,header])	HTTP PATCHによる通信
delete(path [,header])	HTTP DELETEによる通信

利用するHTTPメソッドに応じて、さまざまなメソッドが用意されていますが、目的のコンテンツを取得するだけであれば、まずは基本のgetメソッドを利用します。

getメソッド以外の例、引数headerの用法については、改めて後述します。

note **ヘッダー**とは、要求／応答時にコンテンツに付与される追加情報です。コンテンツそのもの、または要求元のクライアント、サービス側に関わる情報を表します。表7.Cは、主なヘッダー情報です。

❖表7.C　主なヘッダー情報

ヘッダー名	概要
Accept	クライアントがサポートしているコンテンツの種類
Accept-Language	クライアントがサポートしている言語
Content-Type	コンテンツの種類
Content-Length	コンテンツのサイズ
Expires	コンテンツの有効期限
Last-Modified	コンテンツの最終更新年月日

❺応答（レスポンス）を処理する

getメソッドは、サーバーからの応答情報を表すNet::HTTPResponseオブジェクトを返します。Net::HTTPResponse経由で取得できる情報には、表7.23のようなものがあります。

❖表7.23　Net::HTTPResponseクラスの主なメソッド

メソッド	概要
body	応答本体
code	応答コード
http_version	HTTPのバージョン
message	応答メッセージ
value	応答コードが2xx（成功）でない場合に例外を発生

この例では、codeメソッドで応答コード（結果の種類）を受け取り、それが200（成功）であった場合には、bodyメソッドで応答の本体を取得し、さもなければ応答コード（code）と応答メッセージ（message）を取得します。

主な応答コード／メッセージには、表7.24のようなものがあります。

❖表7.24　主な応答コード／メッセージ

分類	応答コード／メッセージ	概要
100（情報）	100／Continue	継続可能
200（成功）	200／OK	応答
	201／Created	成功（サーバー側に新しいリソースを生成）
	202／Accepted	受付完了（未処理）
300（リダイレクト）	301／Moved Permanently	リソースが恒久的に移動した
	302／Found	リソースが一時的に移動した
	303／See Other	リソースが別の場所に存在する
	304／Not Modified	リソースが変更されていない
400（クライアントエラー）	400／Bad Request	不正なリクエスト
	401／Unauthorized	HTTP認証を要求
	403／Forbidden	アクセスを拒否
	404／Not Found	リソースが見つからない
	405／Method Not Allowed	HTTPメソッドが不許可
	407／Proxy Authentication Required	プロキシで認証の必要がある
	408／Request Time-out	リクエストタイムアウト
500（サーバーエラー）	500／Internal Server Error	サーバーエラー
	501／Not Implemented	応答に必要な機能が未実装
	503／Service Unavailable	HTTPサーバーが利用不可

◆より簡単なデータ取得の手段

以上が、Net::HTTPクラスを利用した基本的なデータ取得の流れです。まずは、

- サーバーとの通信の準備（Net::HTTP::new）
- リクエストを生成（getメソッド）
- レスポンスの処理（Net::HTTPResponse）

という基本的な流れを理解しておいてください。ただし、単にデータを取得するだけであれば、以下のようなメソッドを利用することで、コードがより手軽に表現できます。

（1）get_response メソッド

指定されたアドレスにリクエストを送信し、応答を取得します（リスト7.50）。

▶リスト7.50　http_simple_res.rb

```ruby
require 'net/http'

uri = URI.parse('https://codezine.jp/')
res = Net::HTTP.get_response(uri)
if res.code.to_i == 200
  puts res.body
else
  puts "#{res.code}: #{res.message}"
end
```

Net::HTTPオブジェクトの生成からリクエストの送信までをまとめて行っているわけです。

（2）get メソッド

リクエストの結果を直接文字列として取得したいならば、以下のようにも書けます（リスト7.51）。文字列なので、応答コードに応じた分岐などはできません。

▶リスト7.51　http_simple_str.rb

```ruby
require 'net/http'

uri = URI.parse('https://codezine.jp/')
body = Net::HTTP.get(uri)
puts body
```

（3）get_print メソッド

さらに、取得した応答を無条件に表示するだけならば、get_printメソッドもあります（リスト7.52）。

▶リスト7.52　http_simple_print.rb

```ruby
require 'net/http'

uri = URI.parse('https://codezine.jp/')
Net::HTTP.get_print(uri)
```

前項の例では、HTTP GETという命令を使ってHTTP通信を行っています。HTTP GETは、主にデータを取得するための命令です。リクエスト時にデータを送信することもできますが、サイズは制限されます。まとまったデータを送信するには、HTTP POST（＝postメソッド）を利用してください。

たとえばリスト7.53は、postメソッドを利用してデータを送信する例です。

▶リスト7.53　http_post.rb

```ruby
require 'net/http'

# HTTP通信のための準備
uri = URI.parse('https://wings.msn.to/tmp/post.php')
http = Net::HTTP.new(uri.host, uri.port)
http.use_ssl = true

# HTTP POSTでリクエストを送信
res = http.post(uri.path,
  URI.encode_www_form({ name: 佐々木新之助' }),
  { 'content-type': 'application/x-www-form-urlencoded' })
# 応答データを表示
if res.code.to_i == 200
  puts res.body
else
  puts "#{res.code}: #{res.message}"
end         # 結果：こんにちは、佐々木新之助さん！
```

❸
❷
❶

ポイントとなるのは2点です。

❶ Content-Typeヘッダーにapplication/x-www-form-urlencodedを指定する

Content-Typeヘッダーは、リクエストデータの型を表すための情報です。送信するデータ（ポストデータ）の形式に応じて、適切な値を設定しておきましょう。

ヘッダーは、postメソッドの第3引数に「名前 => 値」の形式で指定できます（複数のヘッダーを指定するならば、複数のキーを列記するだけです）。

❷ データ本体はpostメソッドの第2引数として指定する

ポストデータは、postメソッドの第2引数として渡します。データの形式はContent-Typeによりますが、application/x-www-form-urlencodedであれば、「名前＝値&...」形式の文字列として渡します。

このような形式の文字列を生成するには、「名前 => 値」形式のハッシュを用意しておいて、URI.

7

標準ライブラリ〔その他〕

encode_www_form メソッドに渡すのが簡単です。以下は生成されたポストデータです。

```
name=%E4%BD%90%E3%80%85%E6%9C%A8%E6%96%B0%E4%B9%8B%E5%8A%A9
```

ポストデータでは、マルチバイト文字や「&」「=」「%」など、利用できない文字があります。し
かし、encode_www_form メソッドを利用することで、これらの文字は「%xx」形式の文字列にエン
コードしてくれるので、意識する必要はありません。

以降の処理は、HTTP GET の場合と同じです。通信先での処理（post.php）については、本書の
守備範囲を超えるので、紙面上は割愛します。ここでは、name というキーを受け取って「こんにち
は、●○さん！」のようなメッセージを生成する、とだけ理解しておいてください。

post.php は配布サンプルにも含まれているので、自分の利用できるレンタルスペースなどにアップ
したうえで、太字の部分も環境にあわせて書き換えてください。

 note 先ほども触れたように、簡単なデータであれば、HTTP GET でも送信できます。その場合は、以
下のように get メソッドの末尾に「?」区切りでデータを付与してください。

```
res = http.get("#{uri.path}?#{URI.encode_www_form({ name: ⏎
'佐々木新之助' })}")
```

◆簡易なポストデータの送信

HTTP POST による通信にも、リクエストの送信からレスポンスの取得までを手軽に実行するた
めのメソッドが用意されています。post_form メソッドがそれです。

post_form メソッドを利用することで、リスト7.53❸は以下のように書き換えが可能です。

```
res = Net::HTTP.post_form(uri, { name: '佐々木新之助' })
```

7.4.3 例 JSONデータを取得する

HTTP 経由でデータを受け渡しする場合、**JSON**（JavaScript Object Notation）と呼ばれるデー
タ形式がよく利用されます。JSON とは、名前の通り、JavaScript のオブジェクトリテラルをもとに
したデータ形式で、その性質上、JavaScript との親和性に優れます。

JSON そのものは、なにもネットワークに特化した仕組みではありませんが、密接に関連するた
め、本節でも基本的な操作方法をまとめておきます。リスト7.54は、サーバー側であらかじめ用意し
た JSON データ（書籍リスト）をネットワーク経由で取得し、その内容をリスト表示する例です。

▶リスト7.54　http_json.rb

```
require 'net/http'
require 'json'

uri = URI.parse('https://wings.msn.to/tmp/books.json')
res = Net::HTTP.get_response(uri)

if res.code.to_i == 200
  # 応答データをJSONデータとして解析
  bs = JSON.parse(res.body) ──────────────────────────────────── ❶
  puts bs['books'][0]['title']
else
  puts "#{res.code}: #{res.message}"
end          # 結果：独習Java 新版
```

　JSONデータを取得するには、応答データ（bodyメソッドの戻り値）をJSON::parseメソッドで解析するだけです（❶）。parseメソッドは、解析結果をRubyオブジェクト（この場合はハッシュの配列）として返します。よって、階層化された結果に対してもインデックス番号／キーを列記するだけでアクセスできるわけです。

　なお、サンプルで利用しているbooks.jsonは配布サンプルにも含まれています。自分の利用できるレンタルスペースなどにアップロードしたうえで、太字部分のパスも環境にあわせて書き換えてください。

練習問題　7.3

[1] 以下は、指定のページにアクセスして、その結果ステータスを取得するためのコードです。空欄を埋めて、コードを完成させてください。

▶p_http.rb

```
require ' ① '

uri = URI. ② ('https://wings.msn.to/')
http = Net::HTTP.new( ③ , uri.port)
http.use_ssl = true
res = http. ④ (uri.path)
puts res. ⑤          # 結果：200
```

7.5 その他の機能

以降では、これまでに取り上げなかったその他の機能について扱います。

7.5.1 数学演算 —— Numericクラス

絶対値、丸め、数値判定など、基本的な演算はNumericクラスで定義されています。Numericクラスは、Integer／Floatクラスの共通の基底クラスです（基底クラスについては9.2節で改めるので、まずは、ここで紹介したメソッドはInteger／Float共通で利用できる、と理解しておけば十分です）。

主なメソッドには、表7.25のようなものがあります。

❖表7.25 Numericクラスのメソッド

分類	メソッド	概要
演算	abs	絶対値を取得
	abs2	絶対値の2乗を取得
	div(*x*)	*x*で割った商をIntegerで取得（3.1.3項）
	divmod(*x*)	*x*で割った解を[商, 余り]の配列として取得（3.1.4項）
	fdiv(*x*)	*x*で割った商をFloatで取得（3.1.3項）
	remainder(*x*)	*x*で割った余りを取得（3.1.4項）
丸め	round	最も近い整数を取得
	ceil	数値の切り上げ
	floor(*dig* = 0)	数値の切り捨て（*dig*は小数点以下の桁数）
	truncate	数値の丸め
判定	finite?	絶対値が有限値か
	integer?	整数であるか
	zero?	0かどうか
	negative?	0未満か
	nonzero?	非0であるか（0のときはnil、それ以外は自分自身を返す）
	positive?	0より大きいか

また、平方根／立方根をはじめ、三角関数、指数関数など、より高度な数学演算を扱うならば、mathライブラリ（Mathクラス）を利用してください。Mathクラスには、表7.26のようなメソッドが用意されています。

❖表7.26　Mathクラスのメソッド

分類	メソッド/定数	概要
三角関数	`Math::PI`	円周率（定数）
	`Math.cos(x)`	コサイン（余弦）
	`Math.sin(x)`	サイン（正弦）
	`Math.tan(x)`	タンジェント（正接）
	`Math.acos(x)`	アークコサイン（逆余弦）
	`Math.asin(x)`	アークサイン（逆正弦）
	`Math.atan(x)`	アークタンジェント（逆正接）
	`Math.atan2(y, x)`	2変数のアークタンジェント（$atan(y/x)$）
	`Math.cosh(x)`	ハイパーボリックコサイン（双曲線余弦）
	`Math.sinh(x)`	ハイパーボリックサイン（双曲線正弦）
	`Math.tanh(x)`	ハイパーボリックタンジェント（双曲線正接）
	`Math.acosh(x)`	ハイパーボリックアークコサイン（逆双曲線余弦）
	`Math.asinh(x)`	ハイパーボリックアークサイン（逆双曲線正弦）
	`Math.atanh(x)`	ハイパーボリックアークタンジェント（逆双曲線正接）
指数/対数関数	`Math::E`	自然対数の底（定数）
	`Math.exp(x)`	指数関数（e^x）
	`Math.log(x[, base])`	対数関数（底 *base* の対数 num。*base* 省略時は自然対数）
	`Math.log2(x)`	底を2とする対数
	`Math.log10(x)`	底を10とする対数
その他	`Math.sqrt(x)`	*x* の平方根を取得
	`Math.cbrt(x)`	*x* の立方根を取得
	`Math.frexp(x)`	数値の仮数/指数を配列 `[m, e]` として取得

これらの中でも主なメソッドについて、リスト7.55に利用例を示します。

▶リスト7.55　math_basic.rb

```
p (-100).abs                        # 結果：100
p (-100).abs2                       # 結果：10000
p 1234.567.ceil                     # 結果：1235
p (-1234.567).ceil                  # 結果：-1234
p 1234.567.floor                    # 結果：1234
p 1234.567.truncate                 # 結果：1234
p 1234.567.round(2)                 # 結果：1234.57
p  Math.sqrt(10000)                 # 結果：100.0
p  Math.cbrt(1000000)               # 結果：100.0
p  10.divmod(3)                     # 結果：[3, 1]
p  Math::PI                         # 結果：3.141592653589793
p  Math.cos(Math::PI / 180 * 60).round(1)   # 結果：0.5
p  Math.sin(Math::PI / 180 * 30).round(1)   # 結果：0.5
```

標準ライブラリ　その他

```
p  Math.tan(Math::PI / 180 * 45).round(1)        # 結果：1.0
p  Math::E                                        # 結果：2.718281828459045
p  Math.exp(2)                                    # 結果：7.38905609893065
p  Math.log(125, 5)                               # 結果：3.0000000000000004
p  Math.log10(100)                                # 結果：2.0
```

7.5.2　乱数を生成する —— Random クラス

乱数を生成するには、Random::rand メソッドを利用します（リスト7.56）。

▶リスト7.56　random_basic.rb

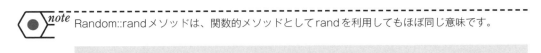

```
puts Random.rand             # 結果：0.09312968397775034 ────────────── ❶
puts Random.rand(10)         # 結果：5 ─────────────────────┐
puts Random.rand(10.0)       # 結果：5.7568929950014631     ┘ ❷
puts Random.rand(5..10)      # 結果：10 ────────────────────┐
puts Random.rand(5.0..10.0)  # 結果：8.542191964485841      ┘ ❸
puts Random.rand(5...10)     # 結果：8 ─────────────────────────────── ❹
```

※結果は、実行のたびに異なります。

　まず、❶は rand メソッドの最もシンプルな用法です。引数なしで rand メソッドを呼び出した場合、0.0以上1.0未満の乱数を返します。

　❷のように、単一の値を渡した場合、「0以上、引数未満」の乱数を返します。ただし、引数が整数の場合には結果も整数になりますし、小数であれば小数を返します。

　❸は、Range 型で指定した例です。この場合、指定範囲の乱数を返します。戻り値の型は、範囲の始点／終点双方が整数であれば整数ですし、始点／終点のいずれかが小数であれば小数になります。

　「...」（ピリオド3個）の範囲を指定した場合（❹）、終点は**含まれません**。

> *note* Random::rand メソッドは、関数的メソッドとして rand を利用してもほぼ同じ意味です。
>
> ```
> puts rand
> ```

◆ランダムな文字列を生成する

　初期パスワードなどのランダムな文字列を生成するならば、SecureRandom クラスを利用します（リスト7.57）。

```
require 'securerandom'

puts SecureRandom.alphanumeric(10)    # 結果：gb4QqeTWGl（英数字）
puts SecureRandom.base64(5)           # 結果：VcTHIno=（Base64文字列）
puts SecureRandom.hex(5)              # 結果：7ceecbaeb3（Hex文字列）
```

※結果は、実行のたびに異なります。

　引数は、生成されるランダム文字列を決めるための値です。ただし、alphanumericでは文字列サイズをそのまま表しますが、base64／hexでは複雑さの度合いを表します。指定値に対して、実際に生成されるランダム文字列のサイズは、引数値の4/3倍（base64）、2倍（hex）になります。

7.5.3　オブジェクトの変更を禁止する

　Object#freezeメソッドを利用することで、オブジェクト（レシーバー）を変更するような操作を禁止できます（これを、オブジェクトを**凍結する**と表現する場合もあります）。

> *note*　Objectクラスは、ほとんどのオブジェクトのルートとなるクラスです。Objectに属するメソッドはほとんどのオブジェクトで共通して利用できる、と考えてよいでしょう。詳しくは10.4節などで改めます。

　具体的な挙動も確認してみましょう（リスト7.58）。

▶リスト7.58　obj_freeze.rb

```
str = 'WINGS Project'
str.freeze                                                          ❶
p str.frozen?    # 結果：true                                        ❸
str.upcase!                                                         ❷
  # 結果：can't modify frozen String: "WINGS Project"(FrozenError)
```

　freezeメソッド（❶）で凍結したオブジェクトに対して破壊的な操作を加えようとすると、確かにFrozenError例外が発生し、変更できないことが確認できます（❷）。オブジェクトが凍結されているかどうかは、frozen?メソッドで確認できます（❸）。
　なお、freezeメソッドはオブジェクトを凍結するのであって、変数を凍結するわけでは**ない**点に注意です。よって、凍結した後も、変数に対する再代入は問題なく実行できます（以下のコードを❸〜❷の間に挿入してみましょう）。

```
str = 'ウィングスプロジェクト'
```

◆ 文字列の凍結

マジックコメント frozen_string_literal を宣言することで、文字列を無条件に凍結させることもできます。リスト7.58の先頭に以下の行を追加し、❶のコードをコメントアウトしてみましょう。

```
# frozen_string_literal: true
```

明示的に凍結した場合と変わらず、❷でFrozenError例外が発生します。freezeされた文字列はリソース利用の観点から最適化されており、「同じ内容であれば同じオブジェクトを参照する」ようになります。用途として許すならば、frozen_string_literalは有効にしておくことをお勧めします。

ちなみに、freezeされた文字列を解凍するならば、単項演算子「+」を利用します。たとえば、

```
(+'hoge').frozen?
```

は、frozen_string_literal が有効な状態でも false（凍結されていない）を返します。

◆ 配列／ハッシュの凍結

配列／ハッシュの凍結は、あくまで配列／ハッシュそのものの凍結で、要素への破壊的な変更を防止するわけでは**ない**点に注意です。たとえばリスト7.59の例を見てみましょう。

▶リスト7.59　obj_freeze_hash.rb

```
APP = {
  name: '独習Ruby',
  author: 'WINGS Project',
  platform: ['Windows', 'macOS'] ——————————————————— ❷    ——— ❶
}.freeze

APP[:name].upcase!
APP[:platform][0] = 'うぃんどうす'
p APP  # 結果：{:name=>"独習RUBY", :author=>"WINGS Project", :platform=>
["うぃんどうす", "macOS"]}
```

upcase!（文字列の破壊的な操作）、配列要素への代入などが認められているのです。

配列／ハッシュを完全に凍結するには、❶を以下のように修正してください。

```
APP = { ... }.each_value(&:freeze).freeze
```

each_valueメソッドでハッシュの全要素をすべて凍結しているわけです（もちろん、ハッシュそのものの凍結も忘れてはいけません）。「&:」の意味については改めて8.5.4項で触れるので、まずは「&:freeze」が「freezeメソッドで値を処理する」とだけ押さえておいてください。

もちろん、これでも完全な凍結ではありません。たとえば、以下のような変更は許容されます（入れ子となった配列内の要素は、凍結されないからです）。

```
APP[:platform][0].upcase!
```

これをさらに防ぐならば、❷を以下のように書き換えてください。

```
platform: ['Windows', 'macOS'].map(&:freeze)
```

定数で配列／ハッシュを利用する場合、まずは**要素までfreezeしておくこと**をお勧めします。ただし、入れ子が深くなった場合、すべての凍結を保証するのは難しいので、「どこまで凍結を保証するか」を決めておくのが現実的です。

◆ 凍結の解除

オブジェクトの凍結を解除する方法はありません。代わりに、cloneメソッド（6.1.9項）でfreezeオプションにfalseを渡すことで、凍結されていない複製を生成できます（リスト7.60）。既定では凍結状態は維持されます。

▶リスト7.60　obj_freeze_clone.rb

```
data = ['赤', '白', '緑'].freeze
data2 = data.clone(freeze: false)
p data.frozen?          # 結果：true
p data2.frozen?         # 結果：false
```

文字列型であれば、単項演算子「+」で同じく凍結されていない複製を生成できるので、こちらを優先して利用したほうがよいでしょう。

7.5.4 数値⟷文字列に変換する

3.1.2項でも触れたように、Rubyでは暗黙的な型変換を極力排しており、演算／処理に際しては意図した型に明示的に変換する必要があります。これを行うのが、表7.27のようなメソッドです（Integer、Float、Rational、Stringなどの型で利用できます）。

❖表7.27　型変換のためのメソッド

メソッド	変換先の型
to_i	整数（Integer）
to_f	浮動小数点数（Float）
to_r	有理数（Rational）
to_s	文字列（String）

これらのメソッドを利用した例が、リスト7.61です。

▶リスト7.61　type_convert.rb

```
p (10.0).to_i          # 結果：10
p (1/3r).to_f          # 結果：0.3333333333333333
p (0.3).to_r           # 結果：(5404319552844595/18014398509481984)
p '23xxx'.to_i         # 結果：23 ──────────────────────────❶
p 'xxx'.to_i           # 結果：0 ───────────────────────────❷
p Integer('xxx')       # 結果：エラー（invalid value for Integer(): "xxx"） ── ❸
p 'ff'.to_i(16)        # 結果：255 ─────────────────────────❹
p 255.to_s(16)         # 結果："ff" ─────────────────────────❺
```

to_*xxxxx*メソッドは、現在の値が目的の型に変換できない場合も、変換できるところまで変換する点に注目です（❶）。よって、「xxx」のような値が渡された場合もto_iの戻り値は0となります（すべての値が数値とは見なせないので、ゼロ値を返すわけです❷）。

意図した型に変換できない場合に例外を発生させたい（＝勝手に切り捨てをしてほしくない）場合には、Integer／Float／Rationalのようなメソッドを利用してください（❸）。

❹はString#to_iメソッドに引数を渡した例です。この場合、文字列を指定の基数（ここでは16進数）として解釈した結果を返します。同様に、Integer#to_sに引数を渡すことで、指定の基数に基づいた文字列表現を得られます（❺）。

Alias to_s ➡ inspect

☑ この章の理解度チェック

[1] 下表は、正規表現に関するキーワードをまとめた表です。空欄を埋めて、表を完成させてください。 ② ③ は具体的なフラグ、正規表現を2個以上答えてください。

❖正規表現に関するキーワード

キーワード	概要
マルチラインモード	正規表現「 ① 」が改行文字にもマッチ
埋め込みフラグ	正規表現パターンに埋め込み可能なフラグ表現。 ② など
最短一致	「*」「+」などの量指定子ができるだけ短い文字列をマッチさせようとする。 ③ など
名前付きキャプチャグループ	キャプチャグループを命名するための記法。 ④ のように表現でき、マッチした内容には result[:name] でアクセスできる
後読み／先読み	前後の文字列の有無によってマッチを決定。「Aの直後にBが続く場合にだけ、Aにマッチ」を表すには ⑤ と記述

[2] 複数の電話番号を含むテキスト sample.txt があるとします。sample.txt を順番に読み込み、テキストに含まれる電話番号を一覧表示してみましょう。以下のコードの空欄を埋めて、スクリプトを完成させてください。

▶ex_regex.rb

```
File. ①  ('./chap07/practice/sample.txt', ' ② ') do |file|
  file. ③ (chomp: true) do |line|
    line. ④ (/\d{2,4}-\d{2,4}-\d{4}/).each do | ⑤ |
      puts result
    end
  end
end
```

実行結果

```
111-222-3333
080-9999-8888
555-6666-7777
```

[3] 本章で登場したライブラリを使って、以下のようなコードを書いてみましょう。

① -12の絶対値を求める

② 987.654を切り捨て、小数点第2位までの値を求める

③ カレントフォルダー配下に属するサブフォルダー／ファイルを列挙する

④ 0～100の範囲の乱数（整数）を取得する

⑤ 文字列txtを「.」「\」で分割する

gem の依存関係を管理するBundler —— 導入

p.220でも触れたように、Rubyで拡張ライブラリを利用するのは簡単です。ただし、より大規模なアプリを開発するようになると、大量のgemを個々にインストールしていくのは手間です。さらに、gem Aが別のgem Bに依存している場合、gem Bだけが更新されてしまったらどうでしょう。更新内容によっては、gem Aは動作しなくなる可能性があります。複数のライブラリが依存関係を持つような環境では、gem同士が正しくバージョンの整合性を維持していなければならないのです。

そのような管理を一手に担うのがBundlerの役割です。Bundlerは、Ruby 2.6以降で標準で組み込まれているので、利用にあたって特別な準備は不要です（それ以前の環境では「gem install bundler」でインストールしておきましょう）。

利用にあたっては、まず、以下のコマンドでBundlerの設定ファイルGemfileを作成しておきます。

```
> bundler init
Writing new Gemfile to C:/data/rb_kenshou/column/Gemfile
```

カレントフォルダーに作成されたGemfileは、現在のアプリで利用するgemを列記するためのファイルです。初期状態でgemの入手先などの情報が記述されているので、これらを消さないよう、末尾にインストールしたいライブラリを追加してみましょう。

▶Gemfile

```
# frozen_string_literal: true

source "https://rubygems.org"

git_source(:github) {|repo_name| "https://github.com/#{repo_name}" }

# gem "rails"

gem 'kaminari', '>= 1.2.1'
```

この例ではkaminari（＝ページングのためのライブラリ）をインストールします。gemメソッドの第2引数は、インストールするバージョンを表します。この例では「>= 1.2.0」（1.2.0以上）と幅を持たせていますが、「1.2.1」のように固定することもできますし、「~> 1.2.0」（1.2.0以上、1.3.0未満）のような表現も可能です。ここではkaminariを追加しているだけですが、同様に複数のライブラリを列記することも可能です。

ライブラリを準備できたら、あとは以下のコマンドでインストールするだけです。

```
> bundle install
```

インストールが完了したら、gem listコマンドでもkaminariライブラリが組み込まれていることを確認してみましょう。

ユーザー定義メソッド

第5章〜第7章では、Ruby標準で利用可能なライブラリについて学びました。しかし、型（クラス）／メソッドはなにもRubyが最初から提供するものがすべてではありません。標準的なライブラリではカバーされていないけれど、アプリの中でよく利用する処理については、アプリ開発者が自らクラス／メソッドを定義することもできます。このようなクラス／メソッドを、**ユーザー定義クラス／ユーザー定義メソッド**と呼びます。

　本章では、まず、この中からより簡単なユーザー定義メソッドについて学びます。ユーザー定義メソッドの基本的な構文に始まり、メソッドの活用に欠かせないスコープの概念、引数／戻り値のさまざまな表現方法について解説します。

8.1 ユーザー定義メソッドの基本

　まずは、どのような場合にユーザー定義メソッドが必要なのかを考えてみます。たとえば、リスト8.1は三角形の面積を求めるためのコードです。三角形の底辺、高さ、面積を、それぞれ変数base、height、areaで表しています。

▶リスト8.1　triangle.rb

```
base = 8
height = 10
area = base * height / 2.0
puts "三角形の面積は#{area}です。"        # 結果：三角形の面積は40.0です。
```

　三角形の面積を求めているのは、太字の部分です。特に問題はなさそうですが、三角形の面積を複数の場所で求めたくなったらどうでしょう。同じような式を何度も書くのは面倒ですし、コードも冗長になります（冗長なコードは、コードを読みにくくする原因になります）。また、コードが重複していれば、コードを修正する手間も増えます。たとえば、三角形の面積を求める前に底辺や高さが正数であることをチェックする機能を追加しようとすると、該当するすべてのコードに影響が出てしまいます。

　大規模なアプリにもなれば、そもそも修正の対象を洗い出すだけでも相当な手間になるはずです。読みやすく、間違いの少ない、そして修正が簡単なスクリプトを記述するための第一歩は、コードの重複をなくすことです。ユーザー定義メソッドとは、まさに重複したコードを1箇所にまとめるための仕組みである、と言えます（図8.1）。

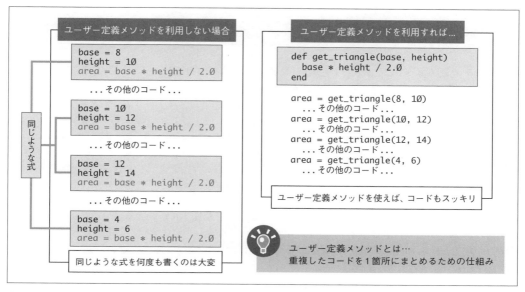

❖図8.1　ユーザー定義メソッド

8.1.1　ユーザー定義メソッドの基本構文

　以下は、ユーザー定義メソッドの基本的な構文です。ユーザー定義メソッドは、def命令で定義できます。

構文 def命令

```
def メソッド名(引数, ...)
  ...任意の処理...
end
```

　リスト8.2は、先ほどのtriangle.rbから三角形の面積を求めるコードを切り出し、ユーザー定義メソッドとして書き直した例です。

▶リスト8.2　func_basic.rb

```ruby
# get_triangleメソッドを定義
def get_triangle(base, height)
  base * height / 2.0
end

# get_triangleメソッドを呼び出す
area = get_triangle(8, 10)
```

```
puts "三角形の面積は#{area}です。"
    # 結果：三角形の面積は40.0です。
```

　ユーザー定義メソッドは、「**メソッド名(引数名, …)**」のように呼び出せます（太字部分）。この書き方は、組み込みメソッドと同じなので、特筆すべき点はありません。

　以上最低限の動作を確認できたところで、ここからは構文の細部を詳しく見ていきます。

note Ruby 3.0では、メソッド定義を1行で表すためのendless構文が追加されています（実験的機能）。たとえばリスト8.1のコードは、endless構文を利用することで、以下のように書き換えられます。

```
def get_triangle(base, height) = base * height / 2.0
```

メソッドのヘッダー部分と本文を「＝」で接続するわけです。その性質上、name=（9.1.4項）のように末尾が「＝」となるセッター（9.1.4項）定義にはendless構文は利用できません。

8.1.2 メソッド名

　識別子の命名規則に従うのは、変数の場合と同じです（識別子のルールについては、2.1.2項も参照してください）。get_triangle、update_infoのようなアンダースコア形式で表します。

　加えて、構文規則ではありませんが、メソッドとしての役割を把握できるような命名を意識してください。具体的には、以下の点に留意することをお勧めします。

◆「動詞＋名詞」の形式

　具体的には、add_elementのように「動詞＋名詞」の形式で命名することをお勧めします。

　特に、動詞は慣例的によく利用されるものは限られます（表8.1）。慣例に従うことで、名前の意図を共有しやすくなるでしょう。

❖表8.1　メソッド名でよく利用する動詞

動詞	役割	動詞	役割
add	追加	remove／delete	削除
get	取得	set	設定
insert	挿入	replace	置換
begin	開始	end	終了
start	開始	stop	終了
open	開く	close	閉じる
read	読み込み	write	書き込み
send	送信	receive	受信
create	生成	initialize、init	初期化

◆あいまいな、誤解される名前を避ける

check_update_dataのような、複数動詞の連結は原則として避けるべきです。保守性／再利用性、テスト容易性などの観点からも、メソッドの役割は1つに限定すべきだからです。この例であれば、check（値検証）なのかupdate（更新）なのか、メソッドそのものの役割を絞ることを優先してください。

当然、本来の役割と乖離した名前は論外です。たとえばcheck_dataのような名前からは、なんらかのチェック機能を期待されます。しかし、中では要素を追加／削除するなどしていたら、利用者は混乱してしまうことでしょう。

名は体を表す —— メソッドに限らず、すべての識別子を命名する場合の基本です。

◆Rubyの慣例

Rubyでは、メソッドの用途に応じて、以下のようなサフィックス（接尾辞）を付けるのが慣例的です（慣例なので、構文規則ではありません）。

（1）真偽値を返すメソッド

true／falseのように真偽値を返すメソッドでは、start_with?のように、末尾に「?」を付与します。他の言語では**is**_empty、**can**_readのような接頭辞を付ける場合もありますが、「?」が「～かどうか」の意味を表すので、Rubyでは単にempty?、read?とするのが自然です。

（2）特別なメソッド

「!」の付いたメソッドは、そのメソッドが特別であることを意味します。標準ライブラリでは、非破壊的メソッドと破壊的メソッドとを区別するためによく利用しています（破壊的メソッドに「!」を付与）。

> *note* あくまで区別、であって、破壊的メソッドのすべてに「!」が付いているとは限りません。たとえば配列ではpush、insert、deleteなどのメソッドに「!」は付きませんが、破壊的メソッドです（ただし、一般的な実装では、破壊的メソッドを実装した場合には、対となる非破壊的メソッドを用意することをお勧めします）。

ただし、その用途が「破壊的であること」を示すことに限られるわけではありません。その他にも、ライブラリによっては「!」を別な意味で利用している場合もあります。Rails（p.114）のsave／save!メソッドは、前者が保存の成否をtrue／falseで返すのに対して、後者は失敗時に例外を返します。

「!」は、あくまで緩い「区別」「注意」のための目印なのです。

8

ユーザー定義メソッド

8.1.3 仮引数と実引数

引数とは、メソッドの中で参照可能な変数のことです。メソッドを呼び出す際に、呼び出し側からメソッドに値を引き渡すために利用します。より細かく、呼び出し元から渡される値のことを**実引数**、受け取り側の変数のことを**仮引数**と、区別して呼ぶ場合もあります（図8.2）。

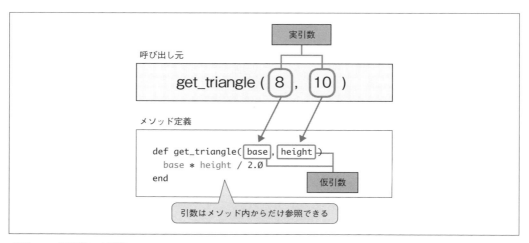

❖図8.2　仮引数と実引数

note スコープ（8.2.4項）の観点から見たとき、仮引数とはメソッドローカルな変数です。つまり、メソッドの中でのみアクセスが可能です。

引数を設計する場合の注意点は、以下の通りです。

（1）引数の個数

引数の個数は、ドキュメント上は明記されていません。著者の環境で256個の引数を試した範囲では問題なく動作していたので、現実的な用途では無制限と考えてよいでしょう。ただし、引数の把握しやすさを考えれば、5〜7個程度が現実的な上限です。

それ以上になる場合は、関連する引数をクラス（型）としてまとめることを検討してください（図8.3）。クラスの定義方法は、第9章で改めます。

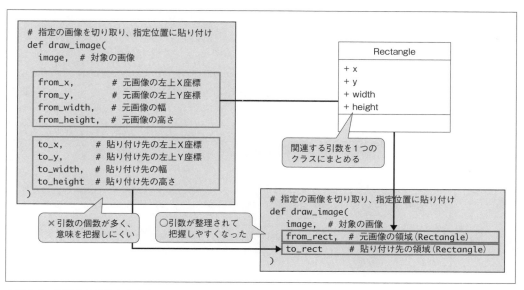

❖図8.3　関連する引数をまとめるには？

（2）引数の名前

　あとから触れるように、Rubyでは仮引数を呼び出しの際のキーとして利用することもできます。メソッド名と同じく、使い手にとって意味を捉えやすい名前を付けておくようにしましょう。

　また、関連するメソッドを複数定義するならば、名前の一貫性にも意識を向けるべきです（たとえば、hogeメソッドで高さをheightとしているのに、barメソッドではtallと表すのは混乱のもとです）。

（3）引数の並び順

　引数は、「重要なものから」「関連する情報は隣接するように」並べるべきです。たとえば、会員情報を設定するset_memberメソッドがあったとします。その引数を、以下のように並べるのは、たいていの場合、望ましくありません。

```
def set_member(tel, sex, birth, city, prefecture, name, address_other)
                電話番号  性別  誕生日  市町村   都道府県    名前    住所（番地など）
```

　情報が無作為に並んでいるため、エディターのコード補完機能を利用したとしても把握が困難です。そこで、以下のように修正してみましょう。

```
def set_member(name, sex, birth, tel, prefecture, city, address_other)
```

名前、性別のような重要な情報が先頭にきて、住所関係の情報（都道府県、市町村、番地など）が並んだことで、把握しやすくなったと思いませんか。

　また、関連するメソッドを複数定義するならば、順序にも一貫性を持たせるべきです。set_memberではbirth➡telの順序であるのに、update_memberメソッドではtel➡birthであるのは、これまた混乱のもとです。特に、get／set、read／writeなど対称関係にあるメソッドでは、一貫性をより強く意識してください。

8.1.4　戻り値

　引数（仮引数）がメソッドの入り口であるとするならば、**戻り値（返り値）** はメソッドの出口—— メソッドが処理した結果を表します。Rubyでは、メソッド配下で**最後に評価された式**がそのまま戻り値となります（p.363のリスト8.2であれば「base * height / 2.0」）。

　メソッドの配下に複数の式がある場合も問題ありません。

```
def get_triangle(base, height)
  base                    ➡ 8
  height                  ➡ 10
  base * height / 2.0     ➡ 40
end

area = get_triangle(8, 10)
```

　この例であれば「base」「height」「base * height / 2.0」がそれぞれ式ですが、最後に評価されるのは「base * height / 2.0」なので、戻り値は40です。

◆メソッドを中断するのはreturn命令

メソッドを途中で終了する（＝呼び出し元に戻す）ならば、return命令を利用します（❶）。

```ruby
def get_triangle(base, height)
  return 0
  base * height / 2.0 ─────────────────────────────────────── ❶
end
```

returnの値はそのままメソッドの戻り値となるので、get_triangleメソッドの戻り値は、常に0です。return以降の式は評価されません。

もちろん、このようなコードは意味がないので、一般的にはreturnはifのような条件分岐命令とセットで利用します。たとえばリスト8.3は、引数base／heightのいずれかが負数の場合に、get_triangleメソッドを即座に終了する例です。

▶リスト8.3　func_return.rb

```ruby
def get_triangle(base, height)
  # 引数base、heightが負数であれば終了
  return 0 if base < 0 || height < 0
  base * height / 2.0
end

p get_triangle(10, 4)      # 結果：20.0
p get_triangle(10, -2)     # 結果：0
```

戻り値がない場合には、以下のように表してもかまいません。

```ruby
return if base < 0 || height < 0
```

この場合、引数base／heightが負数の場合の戻り値はnilとなります。

> ●*note* そもそもリスト8.2を、以下のように表してもかまいません。
>
> ```ruby
> def get_triangle(base, height)
>   return base * height / 2.0
> end
> ```
>
> ただし、冗長なだけで意味はないので、まずはreturn命令は省略するのがRuby的です（途中での終了の意味でのみ用います）。

def命令で定義したメソッドは、あとで取り消したり、別の名前を付与することも可能です。

◆undef命令

undef命令は、定義済みのメソッドを破棄します（リスト8.4）。

▶リスト8.4　undef.rb

```
def get_triangle(base, height)
  base * height / 2.0
end

# メソッド定義を破棄
undef get_triangle ─────────────────────────────────────────── ❶
puts get_triangle(10, 4)
        # 結果：undefined method `get_triangle' for main:Object (NoMethodError)
```

確かに、定義したget_triangleメソッドが使えなくなっていることが確認できます。❶は、（メソッドそのものではなく）シンボルで以下のように表しても同じ意味です。

```
undef :get_triangle
```

複数のメソッドをまとめて削除するならば、カンマ区切りで列挙してください。

```
undef :get_triangle, :hoge
```

note ちなみに、undefで削除できるのはユーザー定義メソッドばかりではありません。putsのような標準のメソッドを削除することも可能です。

```
undef :puts
```

ただし、標準メソッドの削除は大概コードを読みにくくしますし、潜在的なバグの原因ともなります。特別な理由がない限りは避けてください。

◆alias命令

alias命令を利用することで、既存のメソッドに別名を付与することも可能です。

構文 alias命令

```
alias new_name name
```

```
new_name ：別名
name     ：元の名前
```

たとえばリスト8.5は、標準的なputsメソッドをshowという名前で呼び出せるようにしたものです。

▶リスト8.5　alias.rb

```
alias :show :puts

show 'こんにちは！'        # 結果：こんにちは！
puts 'こんにちは！'        # 結果：こんにちは！
```

元々のputsメソッドはもちろん、別名であるshowメソッドでも文字列を表示できていることが確認できます。

ちなみに、alias命令で別名メソッドを呼び出した後、元のメソッド（この例ではputs）を削除しても、別名メソッドは削除されません（削除されるのは元のメソッドだけです）。

```
undef :puts
show 'こんにちは！'        # 結果：こんにちは！
puts 'こんにちは！'        # 結果：エラー（undefined method `puts' for main ～）
```

8.1.6 スクリプトの外部化

ユーザー定義メソッドは、その性質上、特定のファイルでだけ利用するものではなく、複数のファイルで共有するのが一般的です。

そのようなときに、同じメソッドを繰り返し定義するのは得策ではありません。そのような場合には、メソッドの定義部分を別ファイルとして切り出しておき、それぞれのファイルからは必要に応じて読み込むのが普通です（図8.4）。

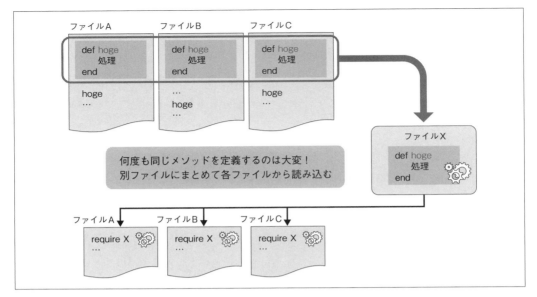

❖図8.4　スクリプトの外部化

　外部ファイル（.rb）を現在のコードに読み込むには、require、require_relative、load などのメソッドを利用します。いずれも外部ファイルを読み込むのは同じですが、微妙に役割が異なるので、順に説明していきます。

（1）require_relative メソッド

　現在の.rb ファイルを基点に、指定のファイルを読み込みます（リスト8.6、リスト8.7）。同じアプリの中で用意されたライブラリを取り込むために利用するのが一般的です。

▶リスト8.6　func.rb

```
def get_triangle(base, height)
  base * height / 2.0
end
```

▶リスト8.7　import_relative.rb

```
require_relative 'func'
p get_triangle(10, 2)        # 結果：10.0
```

　この例であれば、import_relative.rb と同じフォルダーに位置する func.rb を読み込みます。require_relative メソッドは、.rb ファイル、もしくは拡張ライブラリ（.dll、.so、.bundle）を読み込

むと決まっているので、拡張子は省略してもかまいませんし、省略するのが一般的です。

もちろん、「./lib/func」（/libサブフォルダー配下のfunc.rb）、「../func」（上位フォルダーのfunc.rb）のように、異なるフォルダーのコードを読み込むことも可能です。

（2）requireメソッド

requireメソッドは、（現在の.rbファイルではなく）$LOAD_PATHを基点に外部ファイルを検索し、取り込みます。$LOAD_PATHは予約変数の一種で、Ruby標準で用意されているライブラリへのパスなどがあらかじめ記録されています。

以下は、著者の環境で$LOAD_PATHの内容を確認した結果です。

```
p $LOAD_PATH
# 結果：["C:/Ruby30-x64/lib/ruby/site_ruby/3.0.0", "C:/Ruby30-x64/lib/ruby/⏎
site_ruby/3.0.0/x64-msvcrt", "C:/Ruby30-x64/lib/ruby/site_ruby", ⏎
"C:/Ruby30-x64/lib/ruby/vendor_ruby/3.0.0", "C:/Ruby30-x64/lib/ruby/⏎
vendor_ruby/3.0.0/x64-msvcrt", "C:/Ruby30-x64/lib/ruby/vendor_ruby", ⏎
"C:/Ruby30-x64/lib/ruby/3.0.0", "C:/Ruby30-x64/lib/ruby/3.0.0/x64-mingw32"]
```

その性質上、requireメソッドはRuby標準のライブラリ、またはgemパッケージ（p.219）を読み込むために利用します。第5章では、なんとなく

```
require 'date'
```

のようなコードを書いていましたが、実は「C:¥Ruby30-x64¥lib¥ruby¥3.0.0」配下のdate.rbを取り込んでいたわけです。

ちなみに、requireメソッドでアプリ配下のライブラリを読み込むことも可能です（リスト8.8）。

▶リスト8.8　import_require.rb

```
$LOAD_PATH.push << __dir__ ─────────────────────────────── ❶
require 'func' ──────────────────────────── 読み込み可能に
p get_triangle(10, 2)          # 結果：10.0
```

❶は、$LOAD_PATH（配列）に対して、現在のファイルがあるフォルダー（__dir__）を追加しています。これでrequire_relativeと同じく、現在の.rbファイル基準の読み込みが可能になります（ただし、それより前に同名のファイルがある場合には、そちらが優先されます）。

note requireメソッドでも「require './func'」のようにすることで、読み込みが可能です。ただし、この場合の「./~」は実行パス（カレントフォルダー）を基点としています。カレントフォルダーを変更した場合には、正しく動作しなくなってしまいます。

ユーザー定義メソッド

(3) loadメソッド

require ／ require_relativeメソッドで読み込まれたファイルのパスは、内部的には\$LOADED_FEATURESという予約変数に記録されます。このため、同じパスでrequireしても、同じファイルが重複して読み込まれることはありません。

無条件に何度でも同じファイルを読み込みたい場合には、loadメソッドを利用してください。loadメソッドは、以下のルールでファイルを読み込みます。

- 絶対パスの場合はそのままのパスで、相対パスの場合は\$LOAD_PATHを基点に、それぞれファイルを取得する
- .rb、.dllなどの拡張子を補完**しない**

その性質上、loadメソッドは設定ファイルのロードなどでよく利用されます。

```
load "#{__dir__}/config.rb"
```

ただし、特定のフォルダーからファイルをロードする場合、相対パスではなく、絶対パスを利用してください（上のNoteでも示したように、実行パスに左右されるからです）。

 note 意図的に同じファイルを何度も読み込みたいという状況を除いては、loadメソッドの利用は避けるべきです。loadメソッドは、その性質上、循環呼び出しのリスクをはらんでいるからです。**循環呼び出し**とは、呼び出し元と呼び出し先とで互いをインクルードしあう、無限ループの一種です。

◆ 補足 トップレベルでのreturn

トップレベル（＝メソッドの外）でもreturn命令（8.1.4項）は利用できます。その場合、呼び出しの方法によって、表8.2のように動作します。

❖表8.2　トップレベルでのreturnの挙動

呼び出しの方法	挙動
直接の呼び出し	Rubyに処理を戻す（実行をそのまま終了）
requireされたファイルでの呼び出し	現在のファイルを終了し、呼び出し元に処理を返す

returnのこの性質を利用して、たとえば自作のライブラリにテストコードを添付しておくこともできます。たとえばリスト8.6であれば、リスト8.9のように表します。

▶リスト8.9　func.rb

```
def get_triangle(base, height)
  ...中略...
end


return unless $0 == __FILE__ ─────────────────────────────── ❶
puts get_triangle(10, 2) ──────────────────────────────────── ❷
```

　$0はrubyコマンドに渡された.rbファイルの名前、__FILE__は実行中のファイル名を、それぞれ意味します。よって、❶は全体として、

現在実行中のファイルが直接呼び出されたものでない場合、コードを終了しなさい

という意味になります。言い換えれば、❷は

現在実行中のファイルが直接呼び出されたものである場合にだけ

実行されます。

　これによって、メソッド定義ファイルが実際に利用される場合（＝他のファイルからrequireされた場合）には実行されない —— 直接呼び出されたときにだけ実行されるテストコードを表せるわけです。

　テストコードは構文上必須ではありませんが、動作の確認という意味でも、メソッドの用法を利用者に知らせるという意味でも、記述の癖を付けることを強くお勧めします。

━━━━━━━━━━━━ **練習問題　8.1** ━━━━━━━━━━━━

[1] 与えられた引数diagonal1、diagonal2（対角線の長さ）を使用して、菱形の面積を求める
　　 get_diamondメソッドを定義してみましょう。菱形の面積は「対角線1×対角線2÷2」で求
　　 められます。

8

ユーザー定義メソッド

8.2 変数の有効範囲（スコープ）

スコープとは、コードの中での変数の有効範囲のことです。変数がコードのどこから参照できるかを決める概念です。Rubyの変数は、スコープによって大きく表8.3に分類できます。

❖表8.3　変数の種類

変数	接頭辞
グローバル変数（大域変数）	$
ローカル変数（局所変数）	なし
クラス変数	@@
インスタンス変数	@

> **note** 表8.3のほか、**疑似変数**と呼ばれる変数もあります。true、false、nil、selfなどがそれです。これらは変数のように表記できますが、値を代入することはできず、あくまで「疑似的な」（便宜的な）変数にすぎません。疑似変数は、どこからでも参照が可能です。

それぞれの変数は、接頭辞によって識別できます。つまり、これまでに扱ってきた変数とは、正確にはローカル変数であったわけです。

ローカル変数とは、コードの特定範囲（局所）でのみ有効な変数のことです。これまでは、トップレベルで定義する（＝メソッドの外で定義する）変数ばかりを見てきたので、スコープを意識する機会はほとんどありませんでした。しかし、ユーザー定義メソッドを利用するようになると、いよいよスコープの概念とも無縁ではいられなくなります。

8.2.1 ローカル変数とは？

ローカル変数のスコープは、宣言した場所によって決まります。まずは、トップレベルで宣言された変数はトップレベルでのみ有効ですし、メソッド（def配下）で宣言された変数は、そのメソッドの中でだけ参照できます。

具体的な例でも確認してみましょう（リスト8.10）。

```
def check_scope
  method_var = 'メソッド' ─────────────────────────────────── ❶
  method_var ─────────────────────────────────────────────── ❹
end

puts check_scope   # 結果：メソッド ──────────────────────── ❸
puts method_var    # 結果：エラー ────────────────────────── ❷
```

　変数method_varはメソッド配下で宣言されているので（❶）、def～endの範囲でだけ有効です。
❷でも「undefined local variable or method `method_var' for main:Object (NameError)」のような
エラーとなることが確認できます。

　ただし、メソッドローカルな変数でも、❸のように、戻り値経由で受け渡しすれば、トップレベル
からも参照できます。

> *note*
> ❶のような代入式の戻り値は、代入した値（ここでは「メソッド」）です。よって、実は❹がなく
> ても、check_scopeメソッドの戻り値は「メソッド」となります。
> ただし、ここではmethod_varの値が戻り値となることをわかりやすくするために、❹のように
> 戻り値を明示しています。

◆ トップレベルのローカル変数

　逆のパターンも見てみましょう（リスト8.11）。トップレベルで宣言されたローカル変数を、メ
ソッド配下から参照する例です。

▶リスト8.11　scope_basic2.rb

```
top_var = 'トップレベル'

def check_scope
  top_var
end

puts top_var       # 結果：トップレベル
puts check_scope   # 結果：エラー
```

　変数top_varはトップレベルで宣言されているので、トップレベルはもちろん、その配下のdef～
endの範囲でも有効に思えます。しかし、結果は「undefined local variable or method `top_var' for
main:Object (NameError)」、エラーです。

トップレベルで宣言されたローカル変数は、トップレベルでだけ有効であり、メソッドの配下は別スコープなのです（図8.5）。この点は、JavaScript、Pythonなど、他の言語に慣れていると、意外と混乱しやすい点でもあるので注意してください。

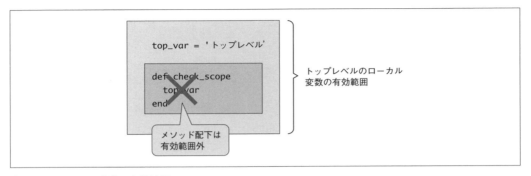

❖図8.5　ローカル変数の有効範囲

◆ スコープ間で識別子が衝突した場合

　ここで問題です。リスト8.12のように、異なるスコープ間で変数（識別子）の名前が衝突した場合、❶と❷の結果はどうなるでしょうか。

▶リスト8.12　scope_collision.rb

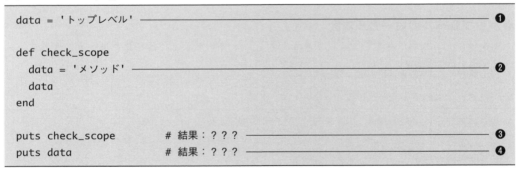

　一見すると、❶で初期化された変数dataが❷で上書きされて、❸❹はいずれも「メソッド」になるように思えます。しかし、❸は「メソッド」、❹は「トップレベル」です。
　すでに見てきたスコープの理解を前提にすれば、難しいことはありませんね。ローカル変数は、それぞれ宣言されたスコープでのみ有効です（図8.6）。よって、

　　　スコープが異なれば、名前が同じでも双方は異なるもの

なのです。

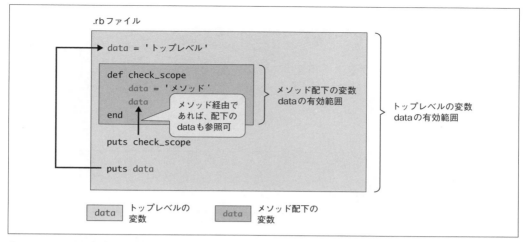

❖図8.6　識別子が衝突した場合

　間違えてしまった人は、もう一度、上記の前提でリスト8.12を読み解いてみましょう。

　まず、❶で宣言された変数dataはトップレベルでのみ有効な変数で、❷のメソッドローカルな変数とは別ものです（上位で宣言された変数であっても、配下のメソッドからアクセスすることはできません）。

　よって、❶の変数は❷で上書きされることもありませんし、❹はトップレベルにあるので、変わらず「トップレベル」を返すわけです。❸は、メソッドの戻り値を経由してメソッドローカルな❷の変数を見ているので、「メソッド」を返します。

8.2.2　グローバル変数

　局所的にしかアクセスできないローカル変数に対して、どこからでもアクセスできるのがグローバル変数です（リスト8.13）。「$名前」の形式で命名します（❶）。

▶リスト8.13　scope_global.rb

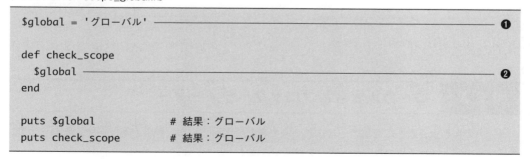

```
$global = 'グローバル'                                                        ❶

def check_scope
  $global                                                                    ❷
end

puts $global              # 結果：グローバル
puts check_scope          # 結果：グローバル
```

この例であれば、$globalがグローバル変数です。今度はどこからでもアクセスできるので、メソッド配下（❷）でも正しく値を取得できていることが確認できます。

◆ファイルをまたいだアクセスも可能

グローバル変数は、ファイルをまたいでのアクセスも可能です（リスト8.14）。ローカル変数は不可です。

▶リスト8.14　scope_global_include.rb

```
require_relative 'scope_global'

puts $global        # 結果：グローバル
```

このように、グローバル変数は有効範囲が大域にわたる変数です（図8.7）。ここでは取得の例を見ていますが、同じく変更もどこからでも可能です。その性質上、アプリが巨大になった場合は値を追跡するのが難しくなりますし、思わぬ衝突が発生する可能性もあります（衝突は大概バグの原因となります）。

そのような理由から、特別な理由がない限り、グローバル変数は利用すべきではありませんし、本書でもこれ以降、グローバル変数を用いることはありません。

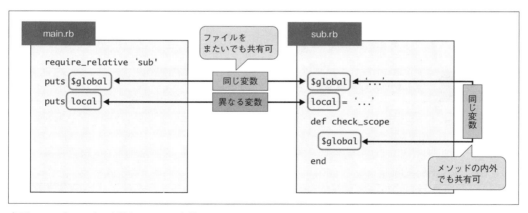

❖図8.7　グローバル変数とローカル変数

8.2.3　ローカル変数とブロックパラメーター

ローカル変数は、現在の階層でしかアクセスできない変数ですが、例外があります。というのも、ブロックの配下では上位のローカル変数を参照できます（リスト8.15）。

▶リスト8.15　scope_block.rb

```
data = [1, 2, 3]
header = "値-> "

data.each do |e|
  puts "#{header}#{e}" ─────────────────────────────────────────────── ❶
end         # 結果：値-> 1、値-> 2、値-> 3

puts e      # 結果：エラー（undefined local variable or method `e' for main ～）─ ❷
```

　確かに、ブロックの配下（❶）でブロック外部のローカル変数headerを参照できていることが確認できます。ただし、いわゆるブロックスコープがないわけではなく（図8.8）、ブロックの外側でブロックパラメーターを参照することはできません（❷）。

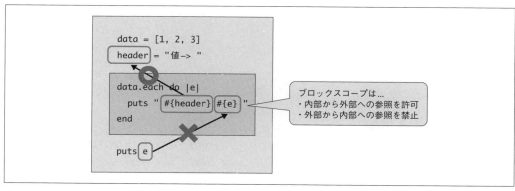

❖図8.8　ローカル変数とブロックパラメーター

　ブロックとは、（def～endと異なり）外側のローカル変数とスコープを共有しながら、新たなスコープを形成するための仕組み、とも言えます。

◆入れ子のブロックでは？

　ブロックを入れ子にした場合にも、上位のローカル変数を参照できる点は同じです（リスト8.16）。ブロックは上位のローカル変数への参照を妨げないからです。

▶リスト8.16　scope_block_nest.rb

```
data = [
  [1, 2, 3],
  [4, 5, 6],
  [7, 8, 9]
]
```

```
header = "値-> "

data.each do |e|
  e.each do |eu|
    puts "#{header}#{eu}"
  end
end
```

実行結果

```
値-> 1
値-> 2
値-> 3
値-> 4
値-> 5
値-> 6
値-> 7
値-> 8
値-> 9
```

◆ 識別子が衝突した場合

　ブロックが登場するまでは、変数のスコープは互いに排他的だったので、話は単純でした。しかし、ブロックでは、上位のローカル変数とブロックパラメーターとがスコープを共有するので、少しだけ話が複雑になります。具体的には、

**　　　ローカル変数とブロックパラメーターと、名前（識別子）が重複した場合**

を意識しなければなりません。
　いくつか、具体的な例を見ていきましょう。

（1）ブロックパラメーターがローカル変数と重複する場合

　まずは、ブロックパラメーターがローカル変数と重複した場合です（リスト8.17）。

▶リスト8.17　scope_block_conflict.rb

```
e = 10 ─────────────────────────────────────────────────── ❷
data = [1, 2, 3]

data.each do |e| ──────────────────────────────────────── ❶
```

```
    puts e ──────────────────────────────────────────────────────── ❸
end           # 結果：1、2、3

puts e        # 結果：10
```

ローカル変数とブロックパラメーター（引数）とがスコープを共有していると考えると、ブロックパラメーターe（❶）が上位のローカル変数e（❷）を上書きしそうにも見えますが、そうはなりません。

ローカル変数はブロック配下でも有効なはずですが、同名のブロックパラメーターが宣言されたことで、一時的に隠蔽されてしまうのです。ただし、これはあくまで一時的に変数を隠しているだけで、値を上書きしているわけではありません。❶での代入が上位のローカル変数に影響することはありませんし、❸もローカル変数とは別もののブロックパラメーターの値を返すだけです。

（2）ブロック内で変数に代入した場合

では、ブロック配下でローカル変数と同名の変数に代入した場合はどうでしょう（リスト8.18）。

▶リスト8.18　scope_block_conflict2.rb

```
x = 10
data = [1, 2, 3]

data.each do |e|
  x = 108 ──────────────────────────────────────────────────────── ❶
  puts e        # 結果：1、2、3
end

puts x          # 結果：108
```

❶は、ローカル変数への代入となります（ブロックパラメーターxが作られるわけではありません）。

では、ローカル変数と重複しない新たな変数yを宣言したら、どうでしょう。リスト8.18をリスト8.19のように書き換えてみます。

▶リスト8.19　scope_block_conflict3.rb

```
data.each do |e|
  y = 108 ──────────────────────────────────────────────────────── ❷
  puts e
end

puts y          # 結果：？？？ ──────────────────────────────────── ❸
```

上の理屈からすると、新たなローカル変数（❷）が生成されて、❸でも参照できるように思えますが、不可です（エラーとなります）。ブロック内で初めて生成された変数yはブロックローカルな変数であり、ブロック内でしか参照できません。混乱しそうですね。

（3）ブロックローカルな変数を明示的に宣言する

では、リスト8.18のようなケースで、（ローカル変数xではなく）新たにブロックローカルな変数を生成するには、どうしたらよいでしょう。リスト8.20のように、ブロックパラメーターの末尾にセミコロン区切りで変数を宣言します。

▶リスト8.20　scope_block_conflict4.rb

```
x = 10
data = [1, 2, 3]

data.each do |e; x|
  x = 108 ──────────────────────────────────── ❶
  puts e          # 結果：1、2、3
end

puts x            # 結果：10 ──────────────────── ❷
```

これによって、❶の代入は（ローカル変数ではなく）ブロックローカルな変数への代入となります。確かに、❷でもローカル変数xが変化して**いない**ことが確認できます。

以上を見ても、ローカル変数とブロックパラメーターとの関係は難解です。ブロック配下では、ローカル変数はできるだけ参照のみの用途にとどめ（更新はしない）、互いに衝突するような命名は避けることをお勧めします。

8.2.4　仮引数のスコープ

8.1.3項でも触れたように、仮引数とは「呼び出し元からメソッドに渡された値を受け取るための変数」です。以下のようなget_triangleメソッドであれば、仮引数はbaseとheightです。

```
def get_triangle(base, height)
  base * height / 2.0
end
```

スコープという観点から見たとき、仮引数はメソッドローカルな変数の一種です。つまり、有効範囲はメソッドの中に留まり、外部には影響を及ぼしません。ただし、引数の型によって、挙動が変化する場合があります。

まずは、具体的なサンプルで動作を確認してみましょう（リスト8.21）。

▶リスト8.21　scope_mutable.rb

```
def param_update(data)
  data[0] = 55                                                        ❸
  data
end


data = [2, 4, 6]                                                      ❶
p param_update(data)            # 結果：[55, 4, 6]                     ❷
p data                          # 結果：[55, 4, 6]                     ❹
```

2.1.1項でも触れたように、Rubyの代入の基本は参照の引き渡しです。この例であれば、❶で宣言
されたトップレベルの変数dataが、❷のメソッド呼び出しによって仮引数dataに引き渡されます。
参照の引き渡しなので、この時点でトップレベルの変数dataと仮引数dataとは、同じ値を参照する
ことになります（図8.9）。

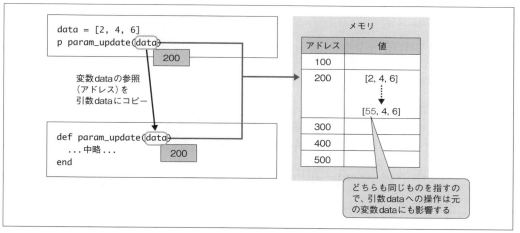

❖図8.9　参照の引き渡し

　よって、param_updateメソッドで仮引数data（配列）を操作した場合（❸）、その結果は実引数
dataにも反映されることになります（❹）。
　ところが、❸を以下のように置き換えた場合はどうでしょう。

```
def param_update(data)
  data = [1, 3, 5]                                                    ❸
  data
end
```

```
data = [2, 4, 6]
p param_update(data)              # 結果：[1, 3, 5]
p data                            # 結果：[2, 4, 6]
```

この場合は、オブジェクトそのものの置き換えになるので、この操作が実引数に影響することはありません（図8.10）。

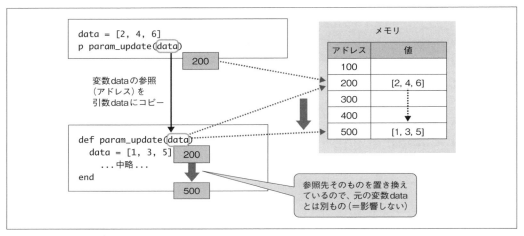

❖図8.10　参照の引き渡し（参照先そのものの置き換え）

このような挙動は、参照値の引き渡しという意味をきちんと理解していれば当たり前ですが、「トップレベル変数とメソッドローカルな変数とは互いに別もの」とだけ丸覚えしていると、混乱しやすいポイントでもあります。ここでいま一度、きちんと頭を整理しておきましょう。

 ちなみに、このような違いが発生するのはミュータブル型の引数だけです。Integer／Float、true／falseなどのイミュータブル型では、値の変更は常に参照の置き換えを意味するからです。

練習問題　8.2

[1] グローバル変数とローカル変数の違いについて説明してみましょう。

[2] ブロック配下のスコープについて、「上位のローカル変数」「ブロック変数」という言葉を使って説明してみましょう。

8.3 引数のさまざまな記法

ユーザー定義メソッドの基本を理解できたところで、以降は、ユーザー定義メソッドに関するさまざまなテクニックを紹介します。まずは、引数に関するトピックからです。

8.3.1 引数の既定値

「引数名 = 値」の形式で、仮引数に既定値を設定できます。たとえばリスト8.22は、get_triangleメソッドの引数base、heightにそれぞれ既定値5、1を指定する例です。

▶リスト8.22　args_default.rb

```ruby
def get_triangle(base = 5, height = 1)
  base * height / 2.0
end

puts "三角形の面積は#{get_triangle}です。" ──────────── ❶
      # 結果：三角形の面積は2.5です。 ────────────
puts "三角形の面積は#{get_triangle(10)}です。" ──────────── ❷
      # 結果：三角形の面積は5.0です。 ────────────
puts "三角形の面積は#{get_triangle(10, 5)}です。" ──────────── ❸
      # 結果：三角形の面積は25.0です。 ────────────
```

既定値（デフォルト値）とは、その引数を省略した場合に既定でセットされる値のことです。既定値を持つ引数は、すなわち「省略可能である」と言い換えてもよいでしょう。たとえば❶であれば、引数base／heightを省略していますが、既定値が設定されているので、「5 * 1 / 2」で面積は2.5となります。

❷は、引数heightだけを省略した例です。この場合、引数heightの既定値だけが有効になるので、「10 * 1 / 2」で面積は5.0となります。

引数baseだけを省略することはできません。省略できるのは、あくまで後方の引数だけです。たとえば、引数baseを省略したつもりで、

```ruby
get_triangle(10)
```

としても、

```
get_triangle(5, 10)
```

と見なされることはありません（heightを省略した場合との区別を、Rubyができないからです）。あくまで、引数heightが省略された、

```
get_triangle(10, 1)
```

と見なされます。

　base、heightいずれか片方を省略する可能性があるような状況では、キーワード引数を利用してください（8.3.2項で後述します）。

◆ 必須引数の位置

　ただし、リスト8.23のように、既定値引数の後方に、必須引数（＝既定値のない引数）があるのは可能です。

▶リスト8.23　args_require.rb

```
def get_triangle(base = 10, height)
  base * height / 2.0
end

puts "三角形の面積は#{get_triangle(5)}です。" ──────────────── ❶
       # 結果：三角形の面積は25.0です。
```

　この場合、❶はbaseの省略と見なされ、「10 * 5 / 2」で面積は25となります。ただし、このような記法では、呼び出し時に引数の順序が変化する問題があります。

```
get_triangle(5) ──────────────────────────── 第1引数はheight
get_triangle(5, 10) ─────────────────────── 第1引数はbase
```

　これは誤りの原因ともなるので、まずは、

　　既定値引数は、必須引数よりも後方で宣言する

を原則とすることをお勧めします。

8.3.2 キーワード引数

キーワード引数とは、次のように呼び出し時に名前を明示的に指定できる引数のことです。キーワード引数を利用することで、たとえばリスト8.24のget_triangleメソッドであれば、❶のような呼び出しが可能になります。

▶リスト8.24　args_keyword.rb

```
def get_triangle(base: 5, height: 1) ──────────────────────── ❷
  base * height / 2.0
end

puts get_triangle(height: 10)          # 結果：25.0（前方の引数だけを省略）──┐
puts get_triangle(height: 10, base: 2) # 結果：10.0（引数の順番を入れ替え）──┘ ❶
```

「仮引数名: 値」の形式で呼び出すわけです。キーワード引数を利用することで、以下のようなメリットがあります。

- 引数が多くなっても、意味を把握しやすい
- 必要な引数だけをスマートに表現できる（既定値があれば、どれを省略してもよい）
- 引数の順序を自由に変更できる

呼び出しに際して、明示的に名前を指定しなければならないので、コードが冗長になるというデメリットもありますが、

- そもそも引数の数が多い
- 省略可能な引数が多く、省略パターンにもさまざまな組み合わせがある

ようなケースでは有効な記法です。その時どきの文脈に応じて、使い分けるようにしてください。

なお、キーワード引数を利用する場合、仮引数の記法も少しだけ変化します（❷）。既定値引数の「仮引数 = 既定値」と混同しないよう、要注意です。

構文 キーワード引数

```
仮引数名: 既定値
```

既定値を省略して、「仮引数:」（コロン終わり）としてもかまいません。たとえば以下の例であれば、base／heightいずれもキーワード引数ですが、heightは省略できません。

```
def get_triangle(base: 5, height:)
```

キーワード引数と位置引数（通常の引数）とは混在させることもできます。ただし、その場合は、位置引数を先に、キーワード引数をあとに宣言してください。

```
×     def get_triangle(base:, height)

○     def get_triangle(height, base:)
```

◆ハッシュを利用した疑似的なキーワード引数

キーワード引数は、Ruby 2.0 から導入された比較的新しい構文です。それ以前のRubyでは、ハッシュを使ってキーワード引数を代用していました。

たとえばリスト8.25は、先ほどのget_triangleメソッドを疑似キーワード引数で書き換えた例です。

▶リスト8.25　args_keyword2.rb

```
def get_triangle(opts ={})
  opts = {base: 5, height: 1}.merge(opts) ————————————————— ❶
  opts[:base] * opts[:height] / 2.0 ——————————————————————— ❷
end

puts get_triangle(height: 10, base: 2)        # 結果：10.0
```

ハッシュ型の引数では、直接には既定値を設定できません（ハッシュ全体が実引数で上書きされてしまうからです）。❶のように、既定値（太字部分）を、引数として受け取った値とマージしておきましょう。

個々の値にアクセスする場合も、あくまでハッシュなので、（keyではなく）opts[key]のようにアクセスしている点に注目です（❷）。

ちなみに、ハッシュならば、呼び出しの際にも、

```
puts get_triangle({ height: 10, base: 2 })
```

のようにしなければならないように思えるかもしれませんが、こちらは不要です。

というのも、5.1.4項でも触れたように、Rubyでは、

引数リストの末尾がハッシュであれば、リテラルの{ }を省略できる

というルールがあるからです（もちろん、| |を付けても間違いではありません）。

Ruby 2.0以降の環境であれば、まずは標準的なキーワード引数を利用すれば十分ですが、たとえばRailsなどでは疑似キーワード引数が多用されています。また、旧来のアプリを保守するような状況でも、まだまだ疑似キーワード引数を見かける状況はあるでしょう。まずは、「こんな書き方もあるんだな」と頭の片隅に留めておくことをお勧めします。

note ただし、疑似キーワード引数（ハッシュ型引数）が複数連続している場合は注意です（リスト8.A）。

▶リスト8.A　args_keyword3.rb

```ruby
def show(msg, opts = {}, o_opts = {})
  p msg
  p opts
  p o_opts
end

show('こんにちは', name: '権兵衛', age: 30, job: '営業')
```

実行結果

```
"こんにちは"
{:name=>"権兵衛", :age=>30, :job=>"営業"}
{}
```

opts／o_optsの区切り目が判別できないため、すべての値が前方の引数optsに吸収されてしまうのです。このような場合は、前方の引数だけは{...}でくくります。

```ruby
show('こんにちは', { name: '権兵衛', age: 30 }, job: '営業')
```

実行結果

```
"こんにちは"
{:name=>"権兵衛", :age=>30}
{:job=>"営業"}
```

Ruby 2.6以前では、キーワード引数とハッシュとの相互変換が認められていました。つまり、リスト8.26のコードはRuby 2.6で正しく動作します。

▶ リスト8.26　args_params_keywd.rb

```
def hoge(x: 13) ─────────────────────────────────────── ❶
  puts x
end

hoge({ x: 108 })          # 結果：108 ──────────────────── ❷
```

❶で定義されているのはキーワード引数ですが、❷では渡されたハッシュがキーワード引数に自動変換されているわけです。

このような仕組みは親切と言えば親切だったのですが、時として動作がわかりにくくなったり、そもそも、さまざまな問題の原因ともなっていました。そこで、キーワード引数と通常の引数（ハッシュ）とを明確に分離しよう、と方針転換されたわけです。結果として、リスト8.26のようなサンプルは、Ruby 2.7では警告が、3.0ではエラーが発生します。

ちなみに、リスト8.25（p.390）で紹介したような疑似キーワード引数については、Ruby 3.0でも問題なく動作します。

8.3.3　可変長引数のメソッド

可変長引数のメソッドとは、引数の個数があらかじめ決まっていない（＝実行時に引数の個数が変化しうる）メソッドです。

たとえば、与えられた数値（群）の総積を求めるtotal_productsのようなメソッドは、典型的な可変長引数のメソッドです。このようなメソッドでは、呼び出し元が必要に応じて引数の個数を変えられると便利ですし、また、変えられるべきです。

```
puts total_products(12, 15, -1)
puts total_products(5, 7, 8, 2, 1, 15)
```

具体的な実装例も見てみましょう（リスト8.27）。

▶リスト8.27　args_param.rb

```
def total_products(*values) ─────────────────────────── ❶
  result = 1
  values.each do |value| ────────────────────────┐
    result *= value                               │ ❷
  end ───────────────────────────────────────────┘
  result
end

puts total_products(12, 15, -1)          # 結果：-180
puts total_products(5, 7, 8, 2, 1, 15)   # 結果：8400
```

　可変長引数は、仮引数の頭に「*」を付与することで表現できます（❶）。可変長引数として受け取った値は配列として束ねられるので、あとは❷のように、eachメソッドで引数valuesの値を順に読み込み、変数resultに掛け込んでいくだけです。

note
可変長引数とは、言うなれば配列型の引数です。よって、リスト8.27の例であれば、以下のように書き換えてもほぼ同じ意味です。

```
def total_products(values)
```

ただし、その場合は呼び出し元でも配列を意識して、以下のように記述しなければなりません（引数全体をブラケットでくくっています）。あえて比べるまでもなく記述は冗長になるので、素直に可変長引数を利用すべきです。

```
puts total_products([12, 15, -1])
```

◆可変長引数の注意点

　可変長引数の基本を理解したところで、いくつか利用にあたっての制限、注意点をまとめます。可変長引数は便利な仕組みですが、反面、使い方によっては使いにくいメソッドを生み出してしまうことにもなります。以下であれば、構文以上にお作法の領域にあたる **(3) (4)** には要注意です。

（1）可変長引数はメソッドに1つ

　まず、以下のようなメソッド定義は不可です。可変長引数が複数ある場合、どこまでをどの引数に割り当てるかがあいまいになるからです。

```
def hoge(*args, *x)
```

（2）可変長引数の順序に注意

仮引数の順序は、決まっています。まだ登場していないものもありますが、ここで整理しておきます。

- 位置引数
- 可変長引数（*args）
- キーワード引数
- 可変長引数（**keyargs）
- ブロック引数（&block）

たとえば以下は可変長引数が位置引数よりも前にあるので、文法エラーとなります。

```
def bar(*args, x = 10)
  puts args, x
end        # 結果：エラー（syntax error, unexpected '=', expecting ')'）

bar(10, 11, 12, 'Ruby')
```

ただし、厳密には位置引数の中でも必須引数（既定値を持たない引数）は、可変長引数よりも後方に書くことが許されています。

```
def bar(*args, x) ─────────────────────────── これはOK
```

末尾の実引数を引数xに割り当てることが推測可能であるからです（任意引数の場合は、末尾の実引数を引数args、xいずれに割り当てるかがあいまいです）。

とはいえ、引数が必須／任意のいずれであるかによって、引数の順序を置き換えるのは混乱の元です。まずは、可変長引数は位置引数の後方に配置すると覚えておくのが無難です。

（3）想定される引数まで可変長引数にまとめない

たとえば、リスト8.28は、

指定された文字列を「・」で連結し、前後に接頭辞（prefix）／接尾辞（suffix）を付与する

concatenateメソッドの例です。

▶リスト8.28　args_param2.rb

```
def concatenate(prefix, suffix, *args)
  result = prefix
  result += args.join('・')
  result + suffix
end

puts concatenate('[', ']', '鈴木', 'エルメシア', '富士子')
      # 結果：[鈴木・エルメシア・富士子]
```

　このようなメソッドを、リスト8.29のようなシグニチャで定義したくなるかもしれません。可変長引数argsの0、1番目の要素を接頭辞／接尾辞と見なして、2番目以降の値を連結するわけです。

▶リスト8.29　args_param3.rb

```
def concatenate(*args)
                ×すべての引数を可変長引数にまとめる
```

　このような表現は、構文上は可能ですが、コードの可読性という観点からは避けるべきです。メソッドのヘッダーだけでは、concatenateメソッドが要求する引数が把握できず、メソッドの使い勝手が低下します（利用するには、引数argsの0、1番目が接頭辞／接尾辞でなければならない、という暗黙のルールを知っていなければなりません）。

　通常の引数がまず基本、可変長引数には**定義時には個数を特定できないものだけ**をまとめるのが原則です。

（4）可変長引数で「1個以上の引数」を表す方法

　可変長引数は、正しくは0個以上の値を受け取る引数 —— つまり、省略可能な引数の一種です。よって、total_productメソッド（リスト8.27）であれば、単に「total_products」（引数なし）としても正しい呼び出しです。この場合、引数valuesにはサイズ0の配列が渡されるので、結果は1となります。

　ただし、total_productsのようなメソッドを引数なしで呼び出す意味はなく、最低でも1つ以上の引数を要求したいと思うかもしれません。その対応策として、1つはリスト8.30のようなコードが考えられます（raise命令については10.1.4項を参照してください）。

▶リスト8.30　args_params_bad.rb

```
def total_products(*values)
  raise ArgumentError, '引数は1個以上指定してください。' if values.empty?
  ...中略...
end
```

引数valuesのサイズを先頭でチェックし、中身が空の場合は例外（エラー）を発生させているわけです。

ただし、このようなメソッドは最善とは言えません。というのも、このメソッドが1つ以上の引数を要求していることは、中身のコードを読み解かなければ（あるいは、実際に実行してエラーが返されるまで）わからないからです。メソッドのヘッダーはより明確にすべきという原則からすれば、リスト8.31のようなコードがより望ましいでしょう。

▶リスト8.31　args_params_good.rb

```ruby
def total_products(init, *values)
  result = init
  ...中略...
end
```

引数を1つ受け取ることは確実なので、1つ目の引数は（可変長でない）普通の引数initとして宣言し、2個目以降の引数を可変長引数として宣言するわけです。これで、引数なしの呼び出しをエラーとして扱えるようになります。

◆可変長引数の特殊な使い方（引数の切り捨て）

可変長引数を利用することで、リスト8.32のようなメソッドを定義することも可能です。

▶リスト8.32　args_params_delete.rb

```ruby
def show(msg, *)
  puts msg
end

show('こんにちは', 'こんばんは', 'さようなら')        # 結果：こんにちは ──────❶
```

太字の部分もまた、可変長引数の一種です。しかし、仮引数名がないので、第2引数以降（ここでは「こんばんは」「さようなら」）は無視され、そのまま切り捨てられます。

8.3.4　可変長引数（キーワード引数）

「*」の代わりに、「**」を付与することで、不特定のキーワード引数を受け取ることもできます。いわゆる「キーワード引数に対応した可変長引数」と言ってもよいでしょう。

たとえばリスト8.33は、引数で与えられた情報をもとに書籍情報（ハッシュ）を生成するcreate_bookメソッドの例です。

```ruby
def create_book(isbn:, title:, **options)
  book = { isbn: isbn, title: title }
  book.merge(options) ─────────────────────────────────────── ❷
end

b = create_book(isbn: '978-4-7981-6364-2',
  title: '独習Python ', price: 3000, publisher: '翔泳社') ─────── ❶
p b  # 結果：{:isbn=>"978-4-7981-6364-2", :title=>"独習Python ", :price=>3000, ↵
:publisher=>"翔泳社"}
```

「price: 3000, publisher: '翔泳社'」（❶）のような未定義のキーワード引数は、ハッシュとして束ねられるので、あとは、❷のようにあらかじめ用意しておいたハッシュ（book）にマージするだけです。

キーワード引数の順序は自由なので、以下のように定義済みのキーワード引数（isbn、title）も含めて、順序を入れ替えても正しく認識されます。

```ruby
b = create_book(publisher: '翔泳社', isbn: '978-4-7981-6364-2',
  price: 3000, title: '独習Python')
```

なお、「*」引数と「**」引数とは同時に利用してもかまいません。ただし、その場合は「*」引数→「**」引数の順で記述してください（キーワード引数は位置引数の後方には記述できないからです）。

```ruby
def my_func(*args, **options)
```

8.3.5 「*」「**」による引数の展開

メソッドの定義時ではなく、呼び出しのときにも「*」は利用できます。実引数での「*」は、配列を個々の値に分解しなさい、という意味になります。

具体的な例も見てみましょう（リスト8.34）。

▶リスト8.34　args_unpack.rb

```ruby
data = ['こんにちは', 'おはよう', 'おやすみ']
p data    # 結果：["こんにちは", "おはよう", "おやすみ"] ─────────── ❶
p *data   # 結果："こんにちは" ─────────┐
             "おはよう"                 ├── ❷
             "おやすみ" ─────────────────┘
```

8

ユーザー定義メソッド

pメソッドは、複数の引数を与えられたときに、その値を改行区切りで出力します。しかし、❶のように配列を渡した場合、pメソッドはあくまで1個の配列と見なします（複数の引数を渡したとは見なされません）。配列の文字列表現を出力するだけです。

これを、個々の引数として扱うのが「*」の役割です（❷）。リストの先頭に「*」を付与することで、配列が展開されたものがpメソッドに渡されるのです。これで、今度は空白区切りの文字列を出力できました。

同様に、「**」を付与することで、ハッシュをキーワード引数に展開できます（リスト8.35）。

▶リスト8.35　args_unpack_hash.rb

```ruby
def create_book(isbn:, title:, **options)
  ...中略...
end
info = { isbn: '978-4-7981-6364-2', title: '独習Python',
  price: 3000, publisher: '翔泳社' }
p create_book(**info)  # 結果：{:isbn=>"978-4-7981-6364-2", ⏎
:title=>"独習Python", :price=>3000, :publisher=>"翔泳社"}
```

確かに、ハッシュinfoの内容がcreate_bookメソッドで正しく認識できていることが確認できます。また、「*」と「**」は同時に利用してもかまいません（その場合も、指定の順序は「*」引数→「**」引数です）。

> *note* リスト8.26（p.392）のようなコードも「**」を利用すれば、Ruby 3.0でも正しく動作します。
>
> ```ruby
> hoge(**{ x: 108 })
> ```

8.3.6 引数をまとめて他のメソッドに引き渡す ── 「...」引数 2.7

既存のメソッドをもとに、新たな機能を加えたメソッドを実装したい、ということはよくあります。たとえばリスト8.36は、get_triangleメソッドの結果を整形＆表示するためのshow_triangleメソッドの例です。

▶リスト8.36　args_trans.rb

```
require_relative 'func'

def show_triangle(format, base, height)
  result = get_triangle(base, height)
  printf(format, result)
end

show_triangle('三角形の面積は%.2fです。', 10, 20)
        # 結果：三角形の面積は100.00です。
```

　このような場合に個々の引数を愚直に列記してもよいのですが（太字部分）、ただ転送するだけの引数を列挙するのは面倒ですし、引数の個数が増えてきた場合には間違いのもとです。

　そこでRuby 2.7では、複数の引数をまとめて受け取り、そのまま別のメソッドに引き渡す「...」引数が追加されました。「...」引数を利用することで、show_triangleメソッドは以下のように書き換えが可能です。

```
def show_triangle(format, ...)
  result = get_triangle(...)
  printf(format, result)
end
```

　引き渡すだけの引数が「...」に替わったことで、コードがずいぶんとすっきりしました。ただし、「...」引数には以下のような制限があります。

- Ruby 2.7では「...」以外の引数は書けない（Ruby 3.0では解消）
- 「...」引数は、引数リストの最後に記述すること
- 「...」付きでメソッドを呼び出す場合、丸カッコは省略できない（始点／終点のないRange型と見なされてしまいます）

練習問題　8.3

[1] 与えられた任意個数の引数について、その平均値を求めるaverageメソッドを定義してください（ただし、結果は小数点以下まで求めるものとします）。

8.4 メソッド呼び出しと戻り値

引数のさまざまな記法を理解したところで、次はメソッドを呼び出すためのさまざまな方法と戻り値について理解を深めましょう。

8.4.1 複数の戻り値

関数から複数の値を返したい、というケースはよくあります。この場合は、戻り値を配列として束ねて返すのが一般的です。

たとえばリスト8.37は、与えられた任意個数の引数に対して、それぞれ最大値／最小値を求めるget_max_minメソッドの例です。

▶リスト8.37　return_array.rb

```ruby
def get_max_min(*args)
  return args.max, args.min ─────────────────────────────────────── ❶
end

max_v, min_v = get_max_min(10, 108, 2, -5, 3, 78) ─────────────── ❷
puts "最大値：#{max_v}"          # 結果：最大値：108
puts "最小値：#{min_v}"          # 結果：最小値：-5
```

複数の値を返すには、return命令に対してカンマ区切りで戻り値を列挙するだけです（❶）。これで列挙された値を配列として束ねたものを返します。

あるいは、ブラケットでくくって、

```ruby
[args.max, args.min]
```

と表しても大丈夫です（ブラケットでくくらない場合には、return命令は省略できません）。

配列として受け取った値を個別の変数に振り分けるには、多重代入（3.2.4項）を利用します（❷）。

8.4.2 再帰呼び出し

再帰呼び出し（Recursive call）とは、メソッドが自分自身を呼び出すことです。Ruby固有の構文というよりも、プログラミング上のテクニックの一種です。再帰呼び出しを利用することで、たとえ

ば階乗計算のように同種の手続きを繰り返し呼び出すような処理を、短いコードで表現できます。

まずは、具体的な例を見てみましょう。リスト8.38は、階乗を求めるfactorialメソッドの例です。

▶リスト8.38　call_recursive.rb

```ruby
def factorial(num)
  return num * factorial(num - 1) unless num == 0
  1
end


puts factorial(5)          # 結果：120
```

階乗とは、自然数nに対する1～nの総積のことです（数学的には「n!」と表記します）。たとえば、自然数5の階乗は5×4×3×2×1です（ただし、0の階乗は1）。

ここでは、nの階乗が「n × (n − 1)!」で求められることに着目しています。これをコードで表現しているのが太字の部分です。引数numから1を引いたもので、自分自身（factorialメソッド）を呼び出している ―― つまり、「num × (num − 1)!」を表現しているのです。

もう少しかみ砕いてみると、「factorial(5)」というメソッド呼び出しは、内部的には次のような再帰呼び出しで処理されていることになります。

```
factorial(5)
  ➡ 5 * factorial(4)
    ➡ 5 * 4 * factorial(3)
      ➡ 5 * 4 * 3 * factorial(2)
        ➡ 5 * 4 * 3 * 2 * factorial(1)
          ➡ 5 * 4 * 3 * 2 * 1 * factorial(0)
            ➡ 5 * 4 * 3 * 2 * 1 * 1
          ➡ 5 * 4 * 3 * 2 * 1
        ➡ 5 * 4 * 3 * 2
      ➡ 5 * 4 * 6
    ➡ 5 * 24
  ➡ 120
```

再帰呼び出しでは、呼び出しの終点を忘れないようにしてください。この例であれば、自然数numが0である場合に、戻り値を1としています。このような終了点がないと、メソッドは永遠に再帰呼び出しを続けることになってしまいます（いわゆる無限ループです）。

ジェネレーターとは、特定のルールに従って値の列を生成（generate）するための仕組みです。なんらかの結果（値）を生成するといった意味ではメソッドとも似ていますが、ジェネレーターはその時々の値を返せるという点が異なります。

「その時々の値とは？」と思った人は、まずはリスト8.39の例を見てみましょう。

▶リスト8.39　gen_basic.rb

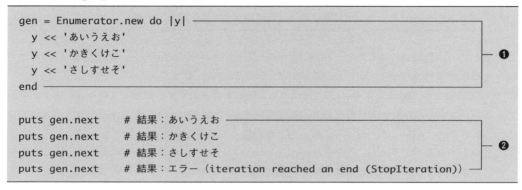

```ruby
gen = Enumerator.new do |y|
  y << 'あいうえお'
  y << 'かきくけこ'
  y << 'さしすせそ'
end

puts gen.next    # 結果：あいうえお
puts gen.next    # 結果：かきくけこ
puts gen.next    # 結果：さしすせそ
puts gen.next    # 結果：エラー (iteration reached an end (StopIteration))
```

ジェネレーターを生成するには、Enumeratorクラス（6.4.1項）のブロック構文を利用します（❶）。

構文 newメソッド（Enumeratorクラス）

```
Enumerator.new(size = nil) {|y| statements } -> Enumerator
```

size	：Enumeratorの要素数
y	：ジェネレーター管理のためのEnumerator::Yielder
statements	：値生成のための処理
戻り値	：生成されたEnumeratorオブジェクト

Enumerator::Yielderはジェネレーターを管理するためのオブジェクトで、まずは

「<<」演算子で渡された値を呼び出し元に返す

と理解しておけばよいでしょう。returnにも似ていますが、returnはその場でメソッドを終了させるのに対して、Yielder#<<は処理を一時中断するだけです（図8.11）。つまり、次に呼び出されたときには、その時点から処理を再開できます。

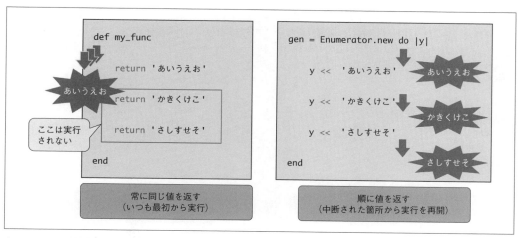

❖図8.11　3回呼び出した場合（return命令とYielderの違い）

　ジェネレーターから値を取り出すのは、nextメソッドの役割です（❷）。6.4.3項でも触れたように、Enumeratorの次の要素を取り出すわけです（次の要素がなくなった場合、StopIteration例外を発生します）。

　もちろん、ジェネレーターの実体はEnumeratorなので、eachメソッドなどで処理することも可能です。❷は、以下のように書いても同じ意味です。

```
gen.each {|e| puts e}
```

◆例 素数を求めるジェネレーター

　もう少しだけ実用性のありそうな例として、素数を列挙するためのジェネレーターを定義してみましょう（リスト8.40）。

▶リスト8.40　gen_prime.rb

```
# 素数を求めるジェネレーター
primes = Enumerator.new do |y|
  # 2から順に素数判定し、素数の場合にだけYielder#<<（無限ループ）
  (2..).each do |num|
    y << num if prime?(num)
  end
end

# 引数valueが素数かどうかを判定
def prime?(value)
```

```
    result = true          # 素数かどうかを表すフラグ
    # 2 ～ sqrt(value)で、valueが割り切れる（＝余りが0）ものがあるか
    (2..Math.sqrt(value).floor).each do |i| ─────────────────────────── ❶
      if value % i == 0
        result = false      # 割り切れるものがあれば素数でない
        break
      end
    end
    result
  end


  # 素数を順に出力
  primes.each do |p|
    puts p
    # 素数が100を超えたところで終了（これがないと無限ループになるので注意）
    break if p > 100 ──────────────────────────────────────────────── ❷
  end               # 結果：2、3、5...101
```

　素数の判定には「エラトステネスのふるい」（2から順にすべての整数の倍数を振るい落としていく
手法）が有名ですが、ここではシンプルに、2から順に約数があるかを判定していくことにします。

note 判定すべき範囲（Range）の上限は、対象となる値ではなく、sqrt(value)――対象となる値の
平方根で十分です（❶）。たとえば、24であれば、その約数は1、2、3、4、6、8、12、24で
す。約数は、それぞれ4×6、3×8、2×12……と互いを掛け合わせることで、もとの数とな
る組み合わせがあります。平方根（この場合は4.89……）は、その組み合わせの折り返しとなる
ポイントなのです。よって、折り返し点より前の値さえチェックすれば、それ以降に約数がない
ことを確認できます。

　このような例では、結果は無限に存在します。これを従来のメソッドで表すことはできません（す
べての結果を得るまで値を返すことはできないからです）。

　仮に、上限を区切って10万個までの素数を求めるとしても、10万個の値を格納するための配列を
用意しなければなりません。これだけのメモリを消費するのは、直観的にも望ましい状態ではありま
せん。

　しかし、ジェネレーターを利用することで、Yielder#<< メソッドのタイミングで都度、値が返さ
れるので、メモリ消費もその時どきの状態を監視する最小限で済みます。なにかしらのルールに従っ
て、値セットを生成するような用途では、ジェネレーターを利用することをお勧めします。

　❷では、素数が100を超えたところで、breakを使ってループを終了していますが、個数で制限す
るならばtakeメソッドを利用します。

```
primes.take(10).each do |p|
```

また、遅延評価版のジェネレーターを生成するならば、リスト8.41のようにジェネレーター定義の末尾でlazyメソッドを呼び出します。

▶リスト8.41　gen_prime_lazy.rb

```
primes = Enumerator.new do |y|
  ...中略...
end.lazy

# 100より大きい素数を10個取得
primes.select {|e| e > 100 }.take(10).each do |p| ... end
```

8.5 ブロック付きメソッド

これまで見てきたように、メソッドによってはブロックを受け取れるものもあります。たとえば、第6章でも紹介したeach、map、findなどは、その代表例です（他にもたくさんの例を紹介しているので、改めて探してみましょう）。

そして、このようなブロック付きメソッドは、ユーザー定義メソッドでも、もちろん実装できます。ここまでは、ブロック付きメソッドを使い方の面から解説してきたので、本項では、その理解を前提に、実装の方法を解説していきます。

8.5.1 ブロック付きメソッドの基本

まずは、基本的なブロック付きメソッドの例からです。リスト8.42のmy_benchmarkは、ブロックの処理時間を計測するためのメソッドです。

▶リスト8.42　block_basic.rb

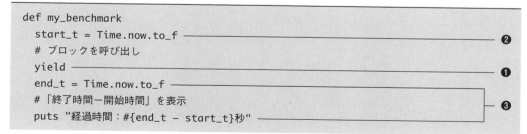

```
end

my_benchmark do ─────────────────────────────────────────────────────────┐
  sleep(5)                                                                 ④
end            # 結果：経過時間：5.0000529289245605秒 ─────────────────────┘
```

※結果は、実行のたびに異なります。

　ブロック付きメソッドを定義するには、def...end配下でyield命令を呼び出すだけです（ブロックを受け取るために、引数リストを変更する必要は「まずは」ありません！）。yield命令（❶）によって、渡されたブロックが実行されます（図8.12）。

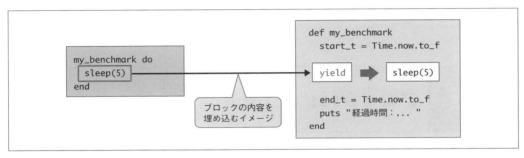

❖図8.12　ブロック付きメソッド

　この例であれば、yieldの前後で現在時刻（経過秒）を取得し、その差を求めているので（❷❸）、結果として「ブロックの実行にかかった時間を計測する」という意味になります。

　もちろん、ブロックの内容は呼び出し側で自由に変更できます（また、できなければブロック化した意味がありません）。ブロック付きメソッドを利用することで、枠組みとなる機能（ここでは処理時間を計測する部分）だけを実装しておき、詳細な機能はメソッドの利用者が決める —— より汎用性の高いメソッドを設計できるわけです。

◆ ブロックの有無を判定する

　yield呼び出しを伴うメソッドでブロックが渡されなかった場合、「no block given (yield) (Local JumpError)」のようなエラーが発生します。

　では、ブロックを省略可能にしたい場合には、あるいは、ブロックが渡されたかどうかで処理を分岐したい場合には、どのようにすればよいでしょうか。

　block_given?メソッドを利用します。block_given?は、呼び出し元のメソッドがブロック付きで呼び出されたかどうかを判定します。リスト8.42であれば、❶を以下のように修正してみましょう。

```
yield if block_given?
```

この状態で、❹を以下のように書き換えても（＝ブロックなしで呼び出しても）エラーは発生**しな
い**ことが確認できます。

```
my_benchmark
```

8.5.2 ブロックの引数／戻り値

ブロックでも、引数（パラメーター）を渡したり、戻り値を返したりすることが可能です。

◆ブロックの引数

yield命令に渡した値が、そのままブロックの引数（パラメーター）となります。たとえば、リスト8.43のwalk_arrayは、eachメソッドの自作版で、「与えられた配列listの内容を、指定されたブロックの規則に従って、順番に処理」します（本来はeachメソッドを使えば十分なので、あくまで説明のためのサンプルです）。

▶リスト8.43　block_params.rb

```
def walk_array(list)
  # 配列の内容を順に取り出す
  for item in list
    # ブロック経由で各要素を処理
    yield item ───────────────────────────── ❶
  end
end

data = [1, 3, 5, 7, 9]
walk_array(data) do |item| ───────────────
  puts "[#{item}]"                           ──── ❷
end ───────────────────────────────────
```

実行結果

```
[1]
[3]
[5]
[7]
[9]
```

この例であれば、forループで配列listを順に走査し、個々の要素itemをブロックに渡しています（❶）。

この場合、ブロック側でも引数（パラメーター）を受け取るように|…|で引数リストを用意します（❷の太字部分）。これまでの例でも見たように、ブロックパラメーターはメソッドによって個数も受け取る内容も変化します。

この例であれば、ブロックパラメーターitemは配列から読み取った個々の要素を受け取るので、ブロックとしては［値］形式に整形したものを出力する、という意味になります。

> *note* ブロックパラメーターはメソッドの引数にも似ていますが、メソッドと異なり、変数の個数はチェックされません。yieldの値よりもブロックパラメーターが少ない場合は、渡した値は無視されますし、多い場合には余計な引数はnilとなるだけです。

◆ ブロックの戻り値

ブロックでは、最後に評価された式が戻り値となります（この点は、メソッドのルールと同じです）。たとえばリスト8.44は、リスト8.42（p.405）のmy_benchmarkメソッドを改良して、ブロックでの処理結果を受け取り、表示する例です（変更箇所は太字部分）。

▶リスト8.44　block_return.rb

```
def my_benchmark
  start_t = Time.now.to_f
  result = yield                                              ❶
  puts "結果：#{result}"                                      ❷
  end_t = Time.now.to_f
  puts "経過時間：#{end_t - start_t}秒"
end

my_benchmark do
  sleep(5)
end
```

実行結果

```
結果：5
経過時間：5.0019118785858150秒
```

ブロックの戻り値は、呼び出し元ではyield命令の戻り値として受け取れます（❶）。この例では、sleepメソッドの戻り値（休止した時間）を、そのまま表示しています（❷）。

◆ブロックの戻り値（break／nextの場合）

　ただし、ブロック配下で、break／nextのような制御構文を利用した場合には要注意です。具体的な例を見てみましょう。

```
my_benchmark do
  next sleep(5)
end
```

　この場合、結果は変化しません。next命令では、処理をそのまま「yieldの呼び出し元」に返します。また、next命令に渡した値は、そのままブロックの戻り値となります。

> *note* ちなみに、returnはブロックではなく、上位のメソッドを抜けるという意味になります。この場合、my_benchmarkメソッドはトップレベルで呼び出されているので、そのままコードを終了します。

　では、break命令を実行した場合です。結果をわかりやすくするために、以下のように書き換えています。

```
result = my_benchmark do
  break sleep(1)
end

puts "my_benchmarkの戻り値：#{result}"
      # 結果：my_benchmarkの戻り値：1
```

　break命令は、処理を「メソッドの呼び出し元」に返します。つまり、yield以降の処理は無視されるので、「経過時間：～」のような結果が表示され**ない**点に注目です。
　そして、breakに渡した値は（ブロックではなく）メソッドの戻り値となる —— この例であれば、resultにブロックから渡された値が代入されていることを確認してみましょう。

8.5.3　ブロックを引数として受け取る

　ブロックをメソッド配下で実行するだけであれば、これまでに紹介した方法で十分です。しかし、渡されたブロックをさらに他のメソッドに渡したい場合もあります。そのような状況では、ブロックを仮引数として明示的に宣言します。
　たとえばリスト8.45は、渡された配列／ブロックをeachメソッドで処理するblock_procメソッドの例です。

```ruby
data = ['リンゴ', 'ミカン', 'メロン', 'イチゴ']

def block_proc(list, &block) ─────────────────────────────────────────── ❶
  puts 'start...'
  # eachブロックを実行
  list.each &block ─────────────────────────────────────────────────── ❷
  puts 'end...'
end

block_proc(data) do |item|
  puts item
end
```

実行結果

```
start...
リンゴ
ミカン
メロン
イチゴ
end...
```

ブロックを引数として受け取るには、名前の頭に「&」を付与します。「&」引数は、その性質上、

メソッドに1つ、引数リストの末尾

で宣言してください（❶）。

引数経由で渡されたブロックを、そのまま他の引数に渡すならば、❷のようにするだけです。ブロックを引き渡す際には、実引数にも「&」は必須です。

◆「&」引数の実体

「&」引数の実体は、Proc型のオブジェクトです。渡されたブロックは、Proc#callメソッドを利用することで、任意の箇所で実行することも可能です。

たとえばリスト8.46は、リスト8.45をforループ + callメソッドで書き換えた例です。

```ruby
def block_proc(list, &block)
  puts 'start...'
  # 配列の各要素を順にブロック（Proc）で処理
  for e in list
    block.call(e) ─────────────────────────────────────── ❶
  end
  puts 'end...'
end
```

callメソッド（❶）は、以下のいずれのコードで表しても同じ意味です。

```ruby
block[e]
block.(e)
```

> より厳密には「Procオブジェクト＝ブロック」ではありません。ブロックはRubyにしては珍し
> くオブジェクト**でない**存在であり、それ単体で引き回すことはできません。そこでブロックをオ
> ブジェクトとして受け渡しできるようにした存在がProcなのです。
> 仮引数の「&」とは、受け取ったブロックをProcオブジェクトに変換するための仕組み、と言い
> 換えてもかまいません。

8.5.4 Procオブジェクト

　Procはオブジェクトなので、（ブロックから暗黙的に変換するばかりではなく）明示的に生成する
こともできます（リスト8.47）。

▶リスト8.47　proc_basic.rb

```ruby
require_relative 'block_args_call'

data = ['リンゴ', 'ミカン', 'メロン', 'イチゴ']
p = Proc.new {|item| puts item } ──────────────────── ❶
block_proc(data, &p) ──────────────────────────────── ❷
```

　newメソッドに、ブロックを渡すだけです（❶）。オブジェクトなので、そのままblock_procメ
ソッド（リスト8.46）の引数として渡せる点に注目です（❷）。

note newメソッドの代わりに、procメソッドを利用してもかまいません。❶は、以下のように表しても同じ意味です。

```
p = proc {|item| puts item }
```

◆複数の「ブロック」を渡す

Procオブジェクトを利用すれば、複数の「ブロック」を渡すことも可能になります（リスト8.48）。

▶リスト8.48 block_proc.rb

```
data = ['リンゴ', 'ミカン', 'メロン', 'イチゴ']
func = Proc.new {|item| puts item }

def block_proc_multi(list, b1, b2) ─────────────────────────❶
  puts 'start...'
  list.each &b1
  puts '───────────────'
  list.each &b2
  puts 'end...'
end

p1 = Proc.new {|e| puts "[#{e}]" }
p2 = Proc.new {|e| puts "■#{e}■" }
block_proc_multi(data, p1, p2) ─────────────────────────────❷
```

実行結果

```
start...
[リンゴ]
[ミカン]
[メロン]
[イチゴ]
───────────────
■リンゴ■
■ミカン■
■メロン■
■イチゴ■
end...
```

block_proc_multiは、Procオブジェクト2個（b1、b2）を受け取り、その内容でもって配列listを処理するメソッドです。

「&」引数は1メソッドに1つしか指定できないので、引数に「&」を付与して**いない**点に注目です。この場合、b1、b2にブロックは渡せなくなりますが、Procを渡す前提であれば問題ありません（「&」引数とは、ブロックをProcに変換するための仕組みだからです）。確かに、block_proc_multiに2個の「ブロック」を渡せていることを確認してみましょう。

◆ シンボル経由でProcオブジェクトを生成する

Symbol#to_procメソッドを利用することで、シンボルをProc化することもできます。

まずは、具体的な例を見てみましょう（リスト8.49）。

▶リスト8.49　block_symbol.rb

```ruby
proc = :ceil.to_proc
p proc.call(2.4)          # 結果：3
```

シンボルをProc化した場合、callメソッドの引数をレシーバーとして、シンボルと同名のメソッドを呼び出すわけです。太字部分は、Proc::newメソッドを利用して、以下のように書き換えても同じ意味です。

```ruby
proc = Proc.new {|num| num.ceil }
```

シンボルを利用することで、簡単なブロック呼び出しをよりシンプルに記述できるようになります（リスト8.50）。

▶リスト8.50　block_symbol2.rb

```ruby
data = [1.5, 7.1, 10.8, 2.6]
p data.map(&:ceil)          # 結果：[2, 8, 11, 3] ─────────────────── ❶
```

実引数での「&」は、「その値をブロック（Proc）として操作しなさい」という意味です。つまり、太字部分は「:ceil.to_proc」を呼び出したのと同じ意味になり、全体（❶）としては、配列の各要素を小数点以下切り上げる、という意味になるわけです。

◆ 補足 case命令での活用

Procオブジェクトはcase命令のwhen句でも利用できます。その場合、Procは

case命令に渡された値を引数に、ブロックを実行

します。そして、ブロックの戻り値がtrueとなるwhen節を実行するわけです、

たとえばリスト8.51は、case命令を使って、値numが偶数／奇数いずれかを判定する例です。

▶リスト8.51　proc_case.rb

```
num = 15
case num
  when Proc.new {|n| n % 2 == 0}
    puts 'Even'
  when Proc.new {|n| n % 2 != 0}
    puts 'Odd'
end          # 結果：Odd
```

8.5.5　lambdaメソッド

Procオブジェクトを生成するもう1つの方法としてlambdaメソッドがあります。Proc::newメソッド、procメソッドと同じく、ブロックを渡すことで、Procオブジェクトを生成できます。

```
pr = lambda {|item| puts item }
```

あるいは、短縮表現として->を利用する場合もあります。->では、ブロックパラメーターは->の直後で表します。

```
pr = ->(item) { puts item }
   位置に要注意！！
```

ここまでは、Proc.new／procメソッドと同じですが、lambda（->）メソッドで作成したProcオブジェクトにはいくつかの相違点があります。

◆引数の扱い

まず、引数の扱いが異なります。具体的には、引数の個数が間違っている場合、lambdaはエラーを返しますが、Procは許容します。

サンプルでも確認してみましょう。リスト8.52は、Proc／lambdaともに、引数x、yを2個受け取るのに対して、呼び出し（call）では1個の値しか渡さない例です。

▶リスト8.52　proc_args.rb

```
Proc.new{ |x, y| p x, y }.call(1)
        # 結果：1、nil（不足の引数はnilに）
lambda{ |x, y| p x, y }.call(1)
        # 結果：エラー（ArgumentError）
```

この場合、Procでは不足の引数はnilとなりますが、lambdaでは「wrong number of arguments (given 1, expected 2)」のようなエラーとなることが確認できます（lambdaの挙動はメソッドのそれと同じです）。

◆break／next／returnでの挙動

ブロック内でbreak／next／returnが呼ばれた場合の挙動が異なります。

（a）next命令

まずは、next命令の例からです（リスト8.53）。

▶リスト8.53　lambda_jump.rb

```
def my_block(num, block)
  result = block.call(num)
  puts "結果：#{result}"
end

my_block(3, Proc.new {|x| next x * x })  ────────❶
my_block(3, lambda    {|x| next x * x })  ────────❷
```

実行結果

```
結果：9
結果：9
```

この場合は明快で、next命令はいずれのProcでも「callメソッドの呼び出し元」に値を返します（8.5.1項でも触れたyieldの場合と同じです）。

（b）break命令

では、リスト8.53の太字部分を「break」に書き換えてみましょう。この場合、❷（lambda）は（a）と同じ結果を返すのに対して、❶（Proc）は「break from proc-closure (LocalJumpError)」のようなエラーを返します。

(c) return命令

同じく、リスト8.53の太字部分を「return」に書き換えてみます。この場合、❷（lambda）は(a) と同じ結果を返しますが、❶（Proc）は結果を返しません。

これは、Procでのreturnは、Procを定義したスコープを抜けるからです。この場合、トップレベルでのProcなので、そのままコードを終了します。

以上、（a）〜（c）をまとめたものが、表8.4です。

❖表8.4　Proc／lambdaの挙動

	next	break	return
Proc	現在の手続きを抜ける	エラー	呼び出し元のメソッドを抜ける
lambda	現在の手続きを抜ける	現在の手続きを抜ける	現在の手続きを抜ける

break／returnの呼び出しでは、Proc／lambdaで挙動が異なるのです。これらを区別して使い分けるのは混乱のもとなので（自分は覚えていたとしても、他人が後から読み解けるかは別の話です）、まずは、

Proc／lambdaの中断にはnextを使う

と覚えておくのが無難です。

☑ この章の理解度チェック

[1] 以下は、ユーザー定義メソッドについて説明したものです。正しいものには○を、誤っているものには×を付けてください。

（　　）　return命令を持たないユーザー定義メソッドは戻り値を返さない。

（　　）　トップレベルで宣言された変数はすべてグローバル変数であり、どこからでも参照できる。

（　　）　require_relativeメソッドは$LOAD_PATHを基点に指定のファイルをロードする。

（　　）　メソッドに渡されたブロックを実行するには、yield命令を利用する。

（　　）　キーワード引数は「仮引数名＝既定値」の形式で列挙する。

[2] 引数として底辺base、高さheightを受け取り、平行四辺形の面積を求めるユーザー定義メソッドget_squareを記述してみましょう。なお、底辺、高さともに既定値は1とし、引数は省略可能であるものとします。

[3] 以下のprocess_numberメソッドは、与えられた数値群nums（可変長引数）をブロックで処理し、その結果を配列として返すブロック付き関数です（ブロックは引数として数値を受け取り、処理結果を戻り値として返すものとします）。

ここでは、process_numberメソッドを定義すると共に、これを利用して、与えられた数値群を自乗してみます。空欄を埋めて、コードを完成させてください。

▶ex_args_higher.rb

```ruby
def process_number(   ①   )
    result = []
    nums.   ②   do |value|
      result.   ③   (   ④   )
    end
    result
end


p process_number(5, 3, 6) { |value|
    ⑤
}          # 結果：[25, 9, 36]
```

[4] 以下は、ミュータブル／イミュータブル型の違いを確認するコードです。このコードにおける①〜④の結果を答えてください。

▶ex_scope_mutable.rb

```ruby
def increment(num)
  num += 10
  num
end

def param_update(data)
  data[0] = 100
  data
end


num = 100
data = [10, 20, 30]


p increment(num) ─────────────────────────── ①
p num ──────────────────────────────────── ②
p param_update(data) ─────────────────────── ③
p data ─────────────────────────────────── ④
```

gemの依存関係を管理するBundler —— Gemfile.lock

p.360ではBundlerによるライブラリの導入までを解説しました。ライブラリのインストールに成功すると、カレントフォルダーにはGemfileと並んで、Gemfile.lockというファイルが生成されていることが確認できます。

Gemfile／Gemfile.lockはいずれもアプリで利用するライブラリを列記したものですが、前者がバージョンに範囲を持たせている（「〜以上」などの指定です）のに対して、後者は実際にインストールされたバージョンを記録します（図8.A）。

```
≡ Gemfile ×
column > ≡ Gemfile
  1   # frozen_string_literal: true
  2
  3   source "https://rubygems.org"
  4
  5   git_source(:github) {|repo_name|
      "https://github.com/#{repo_name}" }
  6
  7   # gem "rails"
  8
  9   gem 'kaminari', '>= 1.2.0'
 10
```

```
≡ Gemfile.lock ×
column > ≡ Gemfile.lock
 25       i18n (1.8.10)
 26         concurrent-ruby (~> 1.0)
 27     kaminari (1.2.1)
 28       activesupport (>= 4.1.0)
 29       kaminari-actionview (= 1.2.1)
 30       kaminari-activerecord (= 1.2.1)
 31       kaminari-core (= 1.2.1)
 32     kaminari-actionview (1.2.1)
 33       actionview
 34       kaminari-core (= 1.2.1)
 35     kaminari-activerecord (1.2.1)
 36       activerecord
 37       kaminari-core (= 1.2.1)
 38     kaminari-core (1.2.1)
```

❖図8.A　GemfileとGemfile.lockの違い

これによって、複数の環境で完全に同じライブラリを整えることが可能になります。より正確には、bundle installは、Gemfile.lockが存在する場合にはその情報でもって、存在しなければGemfileの情報でもって、ライブラリをインストールするためのコマンドであったわけです（ただし、Gemfileで指定されたバージョンがGemfile.lockのそれを上回っている場合には、Gemfileの指定を優先します）。

Gemfile.lockが存在するにもかかわらず、改めてGemfileの情報に基づいてライブラリをその時点での最新版で刷新したい場合には、以下のコマンドを実行してください。

```
> bundle update
```

Bundlerでインストールしたライブラリをrequireするには、以下のように表します。

```
require 'bundler'
Bundler.require
```

Bundler.requireメソッドは、Gemfile.lockの情報に基づいて、対応するgemライブラリ（とそのバージョン）を選択します。

Chapter **9**

オブジェクト指向
プログラミング

プログラム上で扱う対象をオブジェクト（モノ）に見立てて、オブジェクトを中心にコードを組み立てていく手法のことを**オブジェクト指向プログラミング**と言います。Rubyもまた、オブジェクト指向に対応したオブジェクト指向言語です。

　これまでの章でも、さまざまなオブジェクトと、その元となる型（クラス）を扱ってきました。Integer（整数）、String（文字列）、Array（配列）などはRuby本体に組み込まれた型ですし、Date（日付）、Set（集合）のようにライブラリとして提供される型もあります。これらのオブジェクト（クラス）を利用することで、Rubyでは、目的特化した要件をより少ないコード量で表現できるわけです。

　そして、これらの型は誰かが用意したものを利用するばかりではありません。アプリ固有の情報を型（クラス）としてまとめることで、よりまとまりある、読みやすいコードを記述できるようになります。

> *note* たとえば「人」の情報を管理するために、height（身長）、weight（体重）のような変数と、walk（歩く）、run（走る）のようなメソッドを別個に用意してもかまいません。しかし、Personという型（クラス）を用意して、その中で人に関する情報と動き（機能）をまとめたほうがかたまりが把握しやすくなります。

9.1 クラスの定義

　オブジェクト指向プログラミングで中心となるのは**クラス**です。1.1.4項でも触れたように、オブジェクト指向プログラミングでは、クラスという設計図をもとにオブジェクト（インスタンス）を生成し、これを操作、組み合わせていくわけです。

　図9.1に、クラスの基本的な構造を示します。すべての要素は任意なので、以降はこれらの要素を1つ1つ、時には組み合わせながら、クラス定義の基本を学んでいきます。

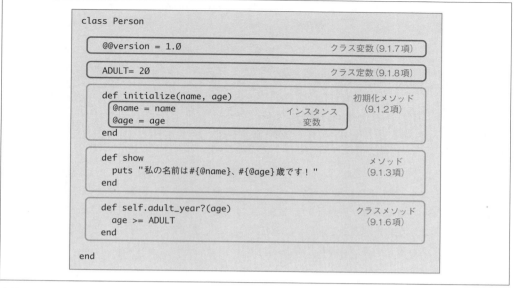

```
class Person
    @@version = 1.0                                    クラス変数(9.1.7項)

    ADULT= 20                                          クラス定数(9.1.8項)

    def initialize(name, age)                          初期化メソッド
        @name = name                    インスタンス      (9.1.2項)
        @age = age                      変数
    end

    def show                                           メソッド
        puts "私の名前は#{@name}、#{@age}歳です！"            (9.1.3項)
    end

    def self.adult_year?(age)                          クラスメソッド
        age >= ADULT                                   (9.1.6項)
    end

end
```

❖図9.1　クラスの基本構造

9.1.1　最も簡単なクラス

まずは、構文的に最低限のクラス（型）を定義してみましょう（リスト9.1）。

▶リスト9.1　class_basic.rb

```
class Person
end
```

「たったこれだけ？」と思うかもしれませんが、これだけです。クラスはclass命令で定義します。名前はPersonのように**大文字始まり**とするのが決まりです。

構文　class命令

```
class クラス名
  ...クラスの本体...
end
```

クラスとは、メソッドなどの要素を収めるための単なる器にすぎません。つまり、ここでは、これらの中身を持たないPersonクラスを定義しているわけです。

これが正しいクラスであることを確認するために、Personクラスをインスタンス化してみましょう（リスト9.2）。

▶リスト9.2　class_instance.rb

```
require_relative 'class_basic'

ps = Person.new ─────────────────────────────────────────────── ❶
p ps          # 結果：#<Person:0x000000000006406108> ───────── ❷
```

　クラスをインスタンス化するには、newメソッド（❶）を呼び出すだけです（5.1.2項などの例を思い出してみましょう）。まだPersonクラスとして扱う情報はないので、引数リストは空となります。
　結果として表示されるのは、Personの内部表現です（❷）。数値の部分はその時どきで異なりますが、まずは上のような結果が表示されれば、クラスは正しく認識できています。自分でクラスを定義するとは言っても、難しいことはありません。

◆ **補足** **クラス命名のコツ**
　クラスに対して適切な名前を付けるということは、コードの可読性／保守性という側面からも重要なポイントです。クラスの名前はコードの中だけでなく、クラス図などでもよく目にするものだからです。**クラス図**（class diagram）とは、クラス配下のメンバー、クラス同士の関係を表す図のことです（図9.2）。

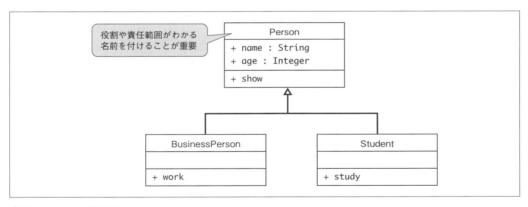

❖図9.2　クラス図の例

　名前によってクラスの役割や責任範囲を表現できていれば、クラス図によって、クラス同士の関係や役割分担が適切か、矛盾が生じていないかを直感的に把握できます。目的のコードを素早く発見できるというメリットもあるでしょう。
　以下に、クラス名を命名するうえで注意しておきたいポイントをまとめておきます。

（1）Pascal記法で統一

Pascal記法とは、すべての単語の頭文字を大文字で表す記法です。Upper CamelCase（UCC）記法とも言います。たとえば、DateTime、MatchData、FrozenErrorのように命名します。

文法上はアンダースコア、マルチバイト文字なども利用できますが、普通は利用すべきではありません。

（2）目的に応じてサフィックス／プリフィックスを付ける

たとえば、表9.1のようなサフィックス（接尾辞）／プリフィックス（接頭辞）がよく利用されます。構文規則ではありませんが、慣例的な命名に従うことで、より大きなくくりの中でのクラスの位置づけが明確になるでしょう。

❖表9.1　主なサフィックス／プリフィックス

接尾辞／接頭辞	概要
～Error	例外クラス（10.1節）
～Test	テストクラス
～able	ミックスイン（モジュール。10.3.1項）
～Abstract／Abstract～	抽象クラス（9.4.1項）

ただし、安易なサフィックス／プリフィックスの濫用は有害です。たとえばApp**Info**、User**Data**のようなサフィックスはあいまいです（App、Userで十分かもしれませんし、より具体的にAppConfig、UserSettingなどの名前を検討すべきかもしれません）。*Xxxxx*Util、*Xxxxx*Managerのような名前も同様です。あいまいであるということは安易になんでも詰め込む原因となり、そのクラスが雑多な機能の掃きだめとなる危険性をはらんでいるからです。

サフィックス／プリフィックスを利用するならば、開発プロジェクトとして分類の意味を明確にし、ルール化することを心がけてください。

（3）対象／機能が明確になるような単語を選定する

クラスが表す対象、あるいは機能を端的に表すような単語を使います。良い命名には、（一概には言えないにせよ）以下のような点に留意しておくとよいでしょう。

まず、名前は英単語を、フルスペルで表記します。ただし、「Temporary→Temp」「Identifier→Id」のように、略語が広く認知されているもの、あるいは、開発プロジェクトでなにかしら取り決めがあるものについては、その限りではありません。

クラスが継承関係（9.2.1項）にある場合には、上位のクラスよりも下位のクラスがより対象を限定した名前であるべきです。たとえば一般的なキューを表すのがQueueクラスであるのに対して、その派生クラスとしてSizedQueueがあるのは理にかなっています。

また、名前に連番／コードを付けるのは避けるべきです（たとえば、特定の画面にひもづいたクラスは、画面コードを接頭辞にしたくなることはよくあります）。やむを得ず、そうした命名を採る場合にも、接頭辞そのものは3～5文字程度に留め、名前の視認性を維持することに努めてください。

9.1.2 インスタンス変数

しかし、リスト9.1のコードでは（インスタンス化できるとは言っても）実質的にクラスとしての意味はありません。そこで、ここからはクラスという器にさまざまな要素を追加していくことにしましょう。

まずは、インスタンス変数からです。**インスタンス変数**とは、名前の通り、インスタンス（オブジェクト）に属する変数のことです（図9.3）。インスタンス変数を利用することで、ようやくインスタンスが互いに意味のある値を持つようになります。

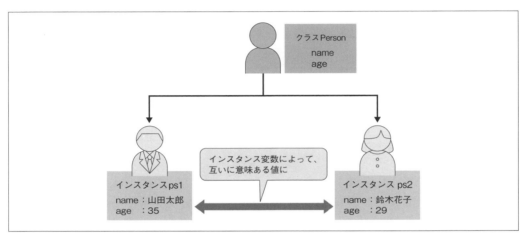

❖図9.3　インスタンス変数

クラスに属する、と言っても、ただclass...end配下で定義すればよいわけではなく、クラスで表す対象に属する情報でなければなりません。Personクラスであれば人に関する情報ということで、たとえばname（名前）、age（年齢）のようなインスタンス変数が必要かもしれません。リスト9.3のように追加してみましょう。

▶リスト9.3　class_init.rb

```
class Person
  def initialize(name, age)
    @name = name
    @age = age
  end
end
```

インスタンス変数を定義するのは、初期化メソッドの役割です。初期化メソッドは、クラスをイン

スタンス化する際に呼び出される、特別なメソッドのことです。

たとえば、Timeクラスをインスタンス化するために、

```
t = Time.new(2021, 6, 25, 11, 37, 36)
```

のようなコードを書いていたことを思い出してください。これは、内部的にはTimeクラスで用意された以下のような初期化メソッドを呼び出していたわけです。

```
def initialize(year, month, day, hour, min, sec)
```

初期化メソッドの名前は、initializeで固定です（図9.4）。initializeメソッドは、あくまでnewメソッド経由で呼び出されるものなので、たとえば「Time.initialize(...)」のような呼び出しはできません。

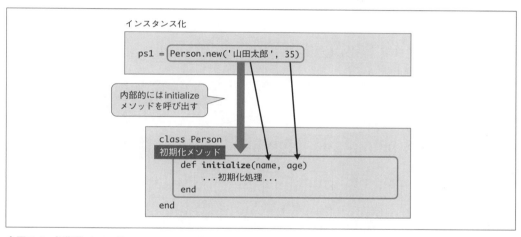

❖図9.4　初期化メソッド

あとは、初期化メソッドの配下で、インスタンス変数を宣言するだけです。

構文 インスタンス変数の生成

```
@インスタンス変数 = 値
```

インスタンス変数の命名ルールは、先頭を「@」とする以外はローカル変数のそれに従います。なるべく内容を類推できる具体的な名前を付けるべき、という点も同じです。ただし、クラス名と重複するような名前は冗長です。たとえばこの例であれば、person_nameとするのはやりすぎです。単にnameだけで、「Personの～」であることは自明だからです。

実際に、newメソッド経由でインスタンス変数を設定してみましょう。

```
ps1 = Person.new('山田太郎', 35)
ps2 = Person.new('鈴木花子', 29)
```

　この場合、p.424の図9.3のようなps1、ps2インスタンスが生成されたことになります。先ほども触れたように、インスタンス化されたオブジェクトは、それぞれ独立した実体を持ちます（当然、配下の変数値も互いに別ものとなります）。

9.1.3 　メソッド

　もちろん、ただ値だけを持っていても意味がないので、メソッドも追加してみましょう。トップレベルで定義するメソッドについては第8章でも紹介しましたが、class…end配下で定義するという点以外、基本的なルールは同じです。インスタンスに属して、その値（インスタンス変数）を操作するためのメソッドなので、**インスタンスメソッド**とも言います。
　ここでは、Personクラスに「@name／@ageの値を表示するためのshowメソッド」を追加してみましょう（リスト9.4）。

▶リスト9.4　class_method.rb

```
class Person
  def initialize(name, age)
    @name = name
    @age = age
  end

  # インスタンス変数の内容を出力
  def show
    puts "私の名前は#{@name}、#{@age}歳です！"
  end
end

ps = Person.new('山田太郎', 35)
ps.show          # 結果：私の名前は山田太郎、35歳です！
```

　インスタンス変数は、名前の通り、インスタンスが存在している間は有効な変数です。その有効範囲は、ローカル変数と異なり、class…end全体です（＝インスタンスメソッドからもアクセスできます）。

9.1.4 アクセサーメソッド

繰り返しですが、インスタンス変数はclass...end配下を有効範囲とする変数です。よって、たとえば以下のようなコードは不可です。

×	ps.@name = '三郎'	➡ 設定

×	puts ps.@name	➡ 参照

インスタンス変数をクラスの外から読み書きするには、そのためのメソッドを定義する必要があります。そのようなメソッドのことを、特別に**アクセサーメソッド**（Accessor Method）と呼びます。

> *note* 互いを区別して、値を取得するためのメソッドを**ゲッターメソッド**（Getter Method）、設定するためのメソッドを**セッターメソッド**（Setter Method）とも言います。シンプルに、**ゲッター／セッター**と呼んでもかまいません。

たとえば@name／@ageを読み書きするためのアクセサーメソッドは、リスト9.5のように表せます。

▶リスト9.5 class_accessor.rb

```ruby
class Person
  def initialize(name, age)
    @name = name
    @age = age
  end

  # @nameのゲッター
  def name
    @name
  end

  # @nameのセッター
  def name=(value)
    @name = value
  end
```

❶

9

オブジェクト指向プログラミング

```
  # @ageのゲッター
  def age ─────────────────────────────────────────────────────┐
    @age                                                         │
  end                                                            │
                                                                 ├─ ❷
  # @ageのセッター                                                │
  def age=(value)                                                │
    @age = value                                                 │
  end ───────────────────────────────────────────────────────────┘
end

ps = Person.new('山田太郎', 35)
ps.name = '井上次郎' ─────────────────────────────────────────┐
puts ps.name          # 結果：井上次郎 ──────────────────────────┴─ ❸
```

　@nameを読み書きするためのアクセサーメソッド（図9.5）は、name／name=メソッドです（❶）。ゲッターは「@」を取り除いた名前、セッターは「@」を取り除いて末尾に「=」を付与した名前とします。

　ゲッターはインスタンス変数を戻り値として返し、セッターは受け取った引数（ここではvalue）をインスタンス変数に設定します。

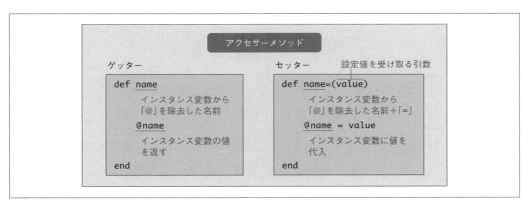

❖図9.5　アクセサーメソッド

　同様に、@ageのアクセサーメソッドはage／age=メソッドです（❷）。

　これらアクセサーメソッド経由で、インスタンス変数を読み書きしているのが❸です。一見して、インスタンス配下の変数を読み書きしているように見えますが、あくまで以下のようなメソッドアクセスを略記しているにすぎません。

```
ps.name=('次郎')
puts ps.name()
```

note Rubyでは、末尾に「=」が付いたメソッドについては、本来の名前と「=」との間に空白を加えることが可能です。

◆アクセサーメソッドが必要な理由

値を読み書きするだけであれば、アクセサーメソッドなどとおおげさな仕組みを持ち出さなくても、インスタンス変数にそのままアクセスできたほうが便利ではないか、と思われるかもしれません。しかし、アクセサーメソッドを利用することで、以下のようなメリットがあります（図9.6）。

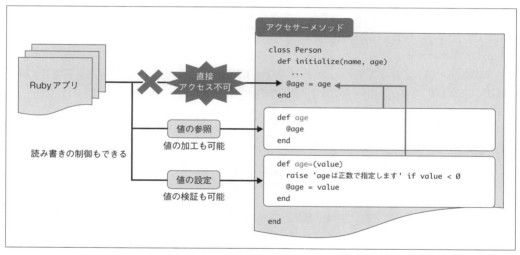

❖図9.6　アクセサーメソッドの意義

（1）値の読み書きを制御できる

インスタンス変数とは、インスタンスの状態を管理するための変数です。その性質上、値の取得は許しても、変更にはなんらかの制限を課したいという場合がほとんどです（複数のインスタンス変数が互いに関連を持っている場合には、なおさらです）。

しかし、インスタンス変数は単なる入れ物なので、自由なアクセスを許した時点で、その値を取得／変更するのは利用者の自由です。

一方、アクセサーメソッドであれば、ゲッター／セッターそれぞれで読み書きを制御しています。よって、ゲッターだけを用意することでインスタンス変数を読み取り専用にもできますし、セッターだけにすれば書き込み専用にすることも可能です。

（2）値の妥当性を検証できる

たとえば、Personクラスのインスタンス変数@ageであれば、正の整数であることを期待されています。しかし、Rubyはデータ型について寛容な（緩い）言語です。@ageに負数を代入することはもちろん、文字列その他の言語を代入するのも自由です。

もちろん、インスタンス変数を参照しているメソッドで型をチェックすることもできますが、あまり良い方法ではありません。複数のメソッドから同じ変数を参照している場合、同様の検証ロジック（または、その呼び出し）があちこちに散在するのは、コードの保守性などという言葉を持ち出すまでもなく、望ましい状態ではないからです。

しかし、アクセサーメソッドは「メソッド」なので、インスタンス変数の読み書きにあたって、任意の処理を加えることもできます。たとえば@ageのセッターであれば、以下のようなコードを加えてもよいでしょう（raiseについては10.1.4項で改めます）。

```ruby
def age=(value)
  raise 'ageは正数で指定します' if value < 0
  @age = value
end
```

ageの値がゼロ未満の場合には例外を発生し、正数の場合にだけ値を設定しています。これによって、不正値が代入された場合の問題を、水際で防いでいるわけです。

（3）内部の変化を吸収できる

繰り返しですが、インスタンス変数とは、オブジェクトの内部的な状態を表すものです。実装によっては、内部的な値の持ち方も変化するかもしれません。たとえば現在、@ageはInteger型であることを想定していますが、String型に変更されたらどうでしょう。@ageを参照するすべてのコードが影響を受ける可能性があります。

しかし、アクセサーメソッド（ゲッター）を介していれば、値を適切な形式に変換することも可能です（呼び出し側に影響することなく、内部の実装だけを差し替えられます）。

プログラミング言語によっては、「インスタンス変数は既定で公開、アクセサーメソッド経由でアクセスすること**も**できる」というものもあります。しかし、Rubyではアクセサーメソッドを強制することで、開発者がそれと意識しなくても「あるべきコード」を書けるようになっています。

◆アクセサーメソッドを自動生成する

リスト9.5でも見たように、アクセサーメソッドの記述は難しいものではありませんが、それだけに単調で冗長なものです（冗長であることは、そのまま潜在的なバグの遠因にもなります）。インスタンス変数の個数に比例して、アクセサーメソッドだけが増えて、他の本来重要であるべきコードが埋没してしまうのは本末転倒です。

そこでRubyでは、アクセサーメソッドの記述を簡単化するために、表9.2のようなメソッドを提供しています。

これらのメソッドを利用することで、リスト9.5はリスト9.6のように書き換えられます（太字部分は追加、薄字部分は削除部分）。

❖表9.2　アクセサーメソッドを生成するためのメソッド

メソッド	概要
attr_accessor	ゲッター／セッターを生成
attr_reader	ゲッターだけを生成
attr_writer	セッターだけを生成

▶リスト9.6　class_accessor_simple.rb

```ruby
class Person
  attr_accessor :name, :age ─────────────────────────────────────────── ❶

  def initialize(name, age)
    @name = name
    @age = age
  end

  def name
    @name
  end

  def name=(value)
    @name = value
  end

  def age
    @age
  end

  def age=(value)
    @age = value
  end
end
```

attr_*xxxxx*メソッドには、引数としてインスタンス変数名を表すシンボルを渡せます（❶）。可変長引数なので、シンボルは複数列挙してもかまいません。

9

オブジェクト指向プログラミング

9.1.5 疑似変数 self

selfは、メソッドなどの配下で暗黙的に（＝宣言しなくても）利用できる特別な変数で、現在の
オブジェクトを表します。たとえばリスト9.7は、現在のオブジェクトに属するname／ageメソッド
（ゲッター）を参照しています。

▶リスト9.7　class_self.rb

```
def show
  puts "私の名前は#{self.name}、#{self.age}歳です！"
end
```

ただし、レシーバーを省略したメソッド呼び出しには、暗黙的にselfが補われるので、「self.」は必
須ではありません。上の例は、以下のように書き換えても正しいコードです。

```
puts "私の名前は#{name}、#{age}歳です！"
```

結局、同じクラスのメソッドを参照する際にselfを付けるかどうかですが、本書はセッターへのアク
セスのみで付けるものとします。というのも、Rubyでは、self省略の例外として、セッターへの
アクセス（「=」による代入）では、「self.」は**省略できない**ルールとなっているからです（逆に、そ
れ以外の省略可能な文脈では、極力、「self.」は省略します）。

◆同名のローカル変数がある場合

その他、同名のローカル変数がある場合にも、区別のためにメソッドは「self.」付きでアクセスし
ます（リスト9.8）。

▶リスト9.8　class_self2.rb

```
class Person
  ...中略（リスト9.6：class_accessor_simple.rbを参照）...

  def greet(name)
    puts "こんにちは、#{name}さん！私は#{self.name}です！"
  end
end

ps = Person.new('山田太郎', 35)
ps.greet('鈴木花子')            # 結果：こんにちは、鈴木花子さん！私は山田太郎です！
```

太字部分を「name」にした場合にもエラーにはなりませんが、ローカル変数nameの値を取得するだけです。

なお、ここでは例示のために競合する名前を使いましたが、一般的に、ローカル変数と上位のメソッド名（ゲッター）とが競合するのは望ましくありません。まずは、競合そのものを避けることを検討してください。

9.1.6 クラスメソッド

ここまでに出てきたshowなどのメソッドは、インスタンス経由で呼び出すことを想定していることから、より正確には**インスタンスメソッド**と呼びます。対して、インスタンスを生成しなくとも「クラス名.メソッド名(...)」の形式で呼び出せるメソッドのことを**クラスメソッド**と言います。

たとえばリスト9.9は、Areaクラスにクラスメソッドとしてcircleを定義するコードです。

▶リスト9.9　classmethod_basic.rb

```
class Area
  def self.circle(radius)                                              ─┐
    radius * radius * 3.14                                              │ ❶
  end                                                                  ─┘
end


puts Area.circle(2)    # 結果：12.56  ─────────────────────────────── ❷
a = Area.new  ──────────────────────────────────────────────────┐
puts a.circle(2)       # 結果：エラー（undefined method `circle' for ～） ─┘ ❸
```

クラスメソッド（❶）を定義するには、名前の前に「self.」を付与するだけです。

確かに、circleメソッドが（インスタンスではなく）クラスから直接アクセスできることを確認してください（❷）。クラスメソッドは、あくまでクラスに属するメソッドなので、インスタンス経由で呼び出すことはできません（❸）。

> *note* よって、インスタンスメソッドからクラスメソッドを呼び出す際にも、以下のように表す必要があります。
>
> ```
> class Area
>   ...中略...
>   def show(radius)
>     puts "結果：#{self.class.circle(radius)}"
>   end
> end
> ```

classメソッドは、現在のクラスを取得します。太字部分では、取得したクラス経由でクラスメソッドにアクセスしているわけです。selfはインスタンスを意味するので、「self.circle (radius)」、またはselfを省略した「circle(radius)」は不可です。

◆ **クラスメソッドの使いどころ**

クラスメソッドは、その性質上、インスタンス変数へのアクセスを必要としない、しかし、クラスに関わる操作を定義するために利用します。たとえば現在のクラスをインスタンス化する**ファクトリーメソッド**などは、クラスメソッドの代表的な適用シーンです（Time::at、Regexp::compile、File::openなどを思い出してみましょう）。

たとえばリスト9.10は、HTTP経由で取得した書籍情報をもとに、Bookクラスをインスタンス化するget_by_isbnメソッドの例です（net/httpライブラリについては7.4.1項も参照してください）。

▶リスト9.10　classmethod_factory.rb

```ruby
require 'net/http'
require 'json'

# 書籍情報を管理
class Book
  attr_accessor :isbn, :title, :price

  def initialize(isbn, title, price)
    @isbn = isbn
    @title = title
    @price = price
  end

  # ISBNコード（isbn）をキーに書籍情報を取得
  def self.get_by_isbn(isbn)
    result = Net::HTTP.get(URI.parse("https://wings.msn.to/tmp/#{isbn}.json"))
    bs = JSON.parse(result)
    # 取得した書籍情報をもとにインスタンスを生成
    new(bs['isbn'], bs['title'], bs['price'])
  end
end

b = Book.get_by_isbn('978-4-7981-5112-0')
puts b.title            # 結果：独習Java 新版
```

note
一般的には、与えられたキーに応じて書籍情報を返すようなコードを用意しておくべきですが、ここでは簡単化のために「＜ISBNコード＞.json」のようなファイルを用意しています。配布サンプルにも、例として「978-4-7981-5112-0.json」を用意しているので、サンプルを実行する際に利用してください（その際は、アクセス先のパスも環境に応じて変更してください）。

クラスメソッドの中では「new(...)」で、現在のクラスをインスタンス化できます（太字部分）。ユーザー定義メソッドでもほぼ同じことはできますが、クラスを生成するのはまさにクラスに属する機能なので、クラスメソッドとして表したほうがコードの意図は明確になります。

9.1.7　クラス変数

インスタンス単位で独立した値を持つ変数をインスタンス変数と呼ぶのに対して、そのクラスから生成されたすべてのインスタンスで共有できる変数のことを**クラス変数**と呼びます。「@@名前」の形式で命名します（図9.7）。

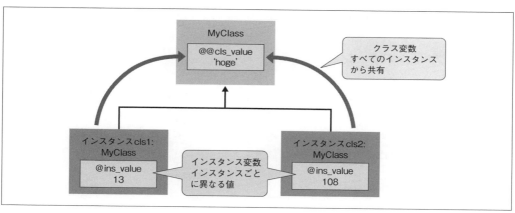

❖図9.7　クラス変数

具体例を見てみましょう。リスト9.11は、Areaクラスに対して、円周率を表すクラス変数@@piを追加する例です。

▶リスト9.11　classvar_basic.rb

```
class Area
  # 円周率
  @@pi = 3.14159265359 ─────────────────────────────────────────────── ❶

  # クラス変数を参照するクラスメソッド
  def self.circle(radius)
```

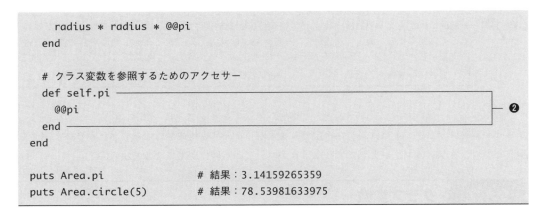

```
      radius * radius * @@pi
    end

    # クラス変数を参照するためのアクセサー
    def self.pi
      @@pi                                                                    ❷
    end
end

puts Area.pi          # 結果：3.14159265359
puts Area.circle(5)   # 結果：78.53981633975
```

　クラス変数は、class...endの直下、クラスメソッド／インスタンスメソッドのいずれからも作成が可能です。ただし、初期化漏れを防ぐ意味で、まずはclass...endの直下で行うのが一般的です（❶）。

　クラスの外部からクラス変数にアクセスするには、インスタンス変数の場合と同じく、アクセサーメソッドが必要です。ただし、クラス変数に対応するattr_*xxxxx*メソッドはないので、自前で定義しなければなりません。❷であれば、@@piのゲッターだけを定義しています。

◆ 例 シングルトンパターン

　ただし、クラス変数を利用するシーンは、それほどありません。というのも、クラスに属するクラス変数は、インスタンス変数とは違って、その内容を変更した場合に、関係するすべてのコードに影響が及んでしまうからです（一種のグローバル変数と捉えてもよいでしょう）。

　原則として、クラス変数の利用は「クラス自体の状態を監視する」など、ごく限定された状況に留めるべきです。リスト9.12は、その具体的な例です。

▶リスト9.12　classvar_singleton.rb

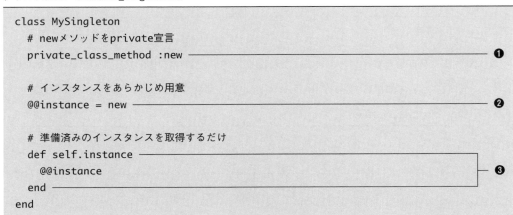

```
class MySingleton
  # newメソッドをprivate宣言
  private_class_method :new                                                   ❶

  # インスタンスをあらかじめ用意
  @@instance = new                                                            ❷

  # 準備済みのインスタンスを取得するだけ
  def self.instance
    @@instance                                                                ❸
  end
end
```

この例は、**シングルトン（Singleton）** パターンと呼ばれるデザインパターン（アプリ設計のための定石）の一種です。あるクラスのインスタンスを1つしか生成しない、また、したくない、という状況で利用します。

 note Rubyの世界では、特異クラス（10.2.2項）をSingleton Classと呼びますが、両者は異なる概念です。

シングルトンパターンのポイントは、newメソッドをprivate宣言（9.3.1項）してしまうことです（❶）。また、アプリで保持すべき唯一のインスタンスをクラス変数として準備しておきます（❷）。これによって、クラスがロードされた初回に一度だけインスタンスが生成され、以降のインスタンス生成はしなく（できなく）なります。

クラス変数に保存された唯一のインスタンスを取得するには、❸のようなクラスメソッドを利用します（インスタンスを取得するためのファクトリーメソッドです）。

これらの変数／メソッドは、インスタンスそのものの管理／生成という、まさにクラスに属する役割を担うので、クラスメンバーとして定義するのが適切です。

note 本項ではクラス変数の一例として、シングルトンパターンを一から実装してみましたが、実はRubyでは、同等の仕組みをSingletonモジュールとして提供しています（リスト9.A）。実際のアプリでは、こちらを優先して利用してください（includeメソッドについては10.3.1項で改めます）。

▶リスト9.A　classvar_singleton_module.rb

```
require 'singleton'

class MySingleton
  include Singleton
end
```

9.1.8　クラス定数

前項でも触れたように、クラス変数とは一種のグローバル変数です。その影響範囲の大きさからも、大部分のケースでは利用すべきではありません。そもそもクラスに属する情報というだけで、書き換えの必要がないのであれば、**クラス定数**を利用することを検討してください。

たとえばリスト9.11（p.435）の円周率（pi）などは、本来、クラス定数として定義すべき情報です（リスト9.11の例は、あくまでクラス変数を説明するための便宜的な例と捉えてください）。ということで、さっそく書き換えてみましょう（リスト9.13）。

▶リスト9.13　class_const.rb

```
class Area
  # 円周率（定数）
  PI = 3.14159265359 ─────────────────────────────────────────❶

  # クラス変数を参照するクラスメソッド
  def self.circle(radius)
    radius * radius * PI
  end
end

puts Area::PI              # 結果：3.14159265359
puts Area.circle(5)        # 結果：78.53981633975
```

　クラス定数といっても、class...endの直下で定義されているというだけで、その他のルールは2.1.4項で解説した一般的な定数と同じです（❶）。

　クラス定数に、クラス外部からアクセスするには（クラス変数の場合と違って）アクセサーは不要です。「クラス名::定数」（二重コロン）の形式で参照できます。

◆「::」と「.」

　「::」は、実は、インスタンスメソッド／クラスメソッドの呼び出しにも利用できます。たとえば以下のコードは、正しいRubyのコードです。

```
puts '   wings'::strip ─────────────────────────── インスタンスメソッド
puts Time::now ─────────────────────────────────── クラスメソッド
```

　一方、「.」が利用できるのはメソッド呼び出しの場合だけです。よって、以下のコードはエラーとなります。

```
×    puts Area.PI    ➡ 定数
```

　以上をまとめると、表9.3のようになります。

❖表9.3　二重コロンとドットの違い

右辺	二重コロン（::）	ドット（.）
定数	○	×
メソッド	○	○

ということで、すべての呼び出しを二重コロンで表しても間違いではないのですが、一般的には、

- メソッド呼び出しは「.」
- 定数呼び出しは「::」

として、互いを区別するのが慣例です。無用な誤読を避ける意味でも、まずは慣例に従うことをお勧めします。

9.1.9 　補足 クラス定数の凍結

前項でも触れたように、Rubyの定数は変更可能です。あくまで「変更したら警告してくれる」定数であるにすぎません。ただし、クラス定数の場合はfreeze（7.5.3項）を利用することで、変更を禁止することが可能になります。

たとえばリスト9.13の例であれば、Areaクラス定義の末尾でfreezeメソッドを呼び出すだけです。

```
class Area
  PI = 3.14159265359
  ...中略...
  freeze
end
```

この場合、たとえば「Area::PI = 3.14」のような代入コードはFrozenErrorとなります。

ただし、クラス定義をfreezeした場合には、オープンクラスなどによるクラスの更新（10.2.1項）はできなくなります。クラスの柔軟な運用を優先したい場合、定数はあくまで警告としての緩い運用に留めておくのが無難です。

9.2 継承

オブジェクト指向の中核であるクラスの基本を理解できたところで、ここからはよりオブジェクト指向らしいコードを記述するための技術について学んでいきます。オブジェクト指向プログラミングらしさを代表するキーワード、それは以下の3点です。

- 継承
- カプセル化
- ポリモーフィズム

これらの仕組みは、オブジェクト指向のすべてではありませんが、理解するための基礎となる考え方を含んでいます。これらのキーワードを理解することで、よりオブジェクト指向的なコードを——そう書くことの必然性をもって書けるようになるはずです。

ここまでの解説に比べると、抽象的な解説も増えてきますが、構文の理解だけに終わらないでください。構文はあくまで表層的なルールにすぎません。その機能の必要性、前提となる背景を理解するように学習を進めてください。

それでは、最初のキーワードである「継承」から説明を始めます。

9.2.1 継承とは？

継承（Inheritance）とは、もとになるクラスのメンバーを引き継ぎながら、新たな機能を加えたり、元の機能を上書きしたりする仕組みです（図9.8）。このとき、継承元となるクラスのことを**基底クラス**（または**スーパークラス**、**親クラス**）、継承してできたクラスのことを**派生クラス**（または**サブクラス**、**子クラス**）と呼びます。

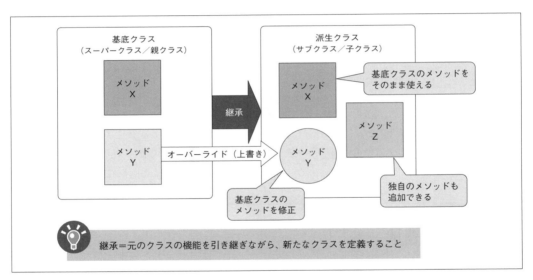

❖図9.8　継承

たとえば、先ほどのPersonクラスとほとんど同じ機能を持ったBusinessPersonクラスを定義したい、という状況を想定してみましょう。こんなときに、BusinessPersonクラスを一から定義するのは得策ではありません。その場の手間はもちろん、修正の際にも重複した作業を強制されます。そして、そのような無駄は、いつか間違いの原因となります。

しかし、継承を利用することで、無駄を省けます。Personの機能を引き継ぎつつ、新たに必要となった場合にも、共通部分は基底クラスにまとまっているので、そこだけを修正すれば、変更は自動

的に派生クラスにも反映されます。

　継承とは、機能の共通した部分を切り出して、差分だけを書いていく仕組みと言ってもよいでしょう（これを**差分プログラミング**と言います）。

◆ 継承の基本

　継承の一般的な構文は、以下の通りです。クラス名の後方に「<」区切りで継承元のクラス（基底クラス）を指定します。

構文 クラスの継承

```
class 派生クラス名 < 基底クラス
  ...派生クラスの定義...
end
```

　基底クラスを省略した場合、暗黙的にObjectクラスを継承したと見なされます。Rubyのすべてのクラスは、直接／間接を問わず、最終的にObjectクラスを継承するという意味で、Objectクラスはすべてのクラスのルートとも言えます。

> *note* より正しくは、Objectクラスの基底クラスとしてBasicObjectクラスがあります。ただし、こちらは特殊な用途を想定して、Objectクラスからほとんどの機能を取り除いた —— 空のクラスです。ほとんどの状況で、BasicObjectを直接に継承することはない（＝大部分のクラスはObjectを継承する）と考えてよいでしょう。

　それでは、具体的な例も見てみましょう。リスト9.14は、Personクラスを継承し、BusinessPersonクラスを定義する例です。

▶リスト9.14　inherit_basic.rb

```ruby
class Person
  attr_accessor :name, :age

  def initialize(name, age)
    @name = name
    @age = age
  end

  def show
    puts "私の名前は#{name}、#{age}歳です！"
  end
end
```

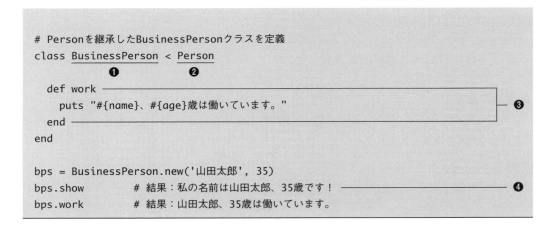

```
# Personを継承したBusinessPersonクラスを定義
class BusinessPerson < Person
          ❶              ❷
  def work
    puts "#{name}、#{age}歳は働いています。"                                    ❸
  end
end

bps = BusinessPerson.new('山田太郎', 35)
bps.show        # 結果：私の名前は山田太郎、35歳です！                            ❹
bps.work        # 結果：山田太郎、35歳は働いています。
```

順に、個々のポイントを見ていきます。

❶命名は基底クラスよりも具体的に

派生クラスには、基底クラスよりも具体的な命名をします。一般的には、2単語以上で命名します。その際、末尾に基底クラスの名前を付与すれば、互いの継承関係をより把握しやすくなるでしょう。たとえばQueueクラスの派生クラスとして、SizedQueueクラスと命名するのは妥当です。

逆に言えば、基底クラスは派生クラスの一般的な特徴を表した名前であるべきです。

❷基底クラスは1つだけ

Rubyでは、

```
class BusinessPerson < Person, Hoge
```

のように、1つのクラスが複数のクラスを親に持つような継承 —— すなわち、**多重継承**を認めていません（図9.9）。継承関係が複雑になる、名前が衝突した場合の解決が困難である、などがその理由です。

つまり、ある派生クラスの基底クラスは1つだけです（これを**単一継承**と言います）。ただし、派生クラスを継承して、さらに派生クラスを定義するのはかまいません。

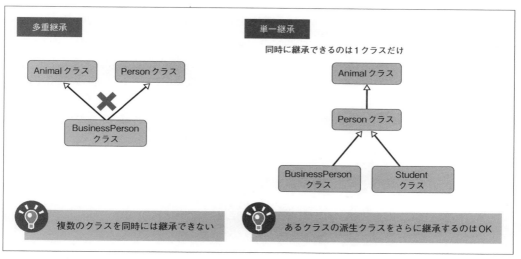

❖図9.9　多重継承と単一継承

❸派生クラスにメンバーを追加する

　ここでは、派生クラス独自のメソッドとしてworkメソッドを定義しています。これによって、正しくworkメソッドを呼び出せているのはもちろん、基底クラスで定義されたshowメソッドが、あたかもBusinessPersonクラスのメンバーであるかのように呼び出せることを確認してください（❹）。

　継承の世界では、まず、要求されたメンバーを現在のクラスから検索し、存在しなかった場合には、上位のクラスからメンバーを検索し、呼び出します（図9.10）。

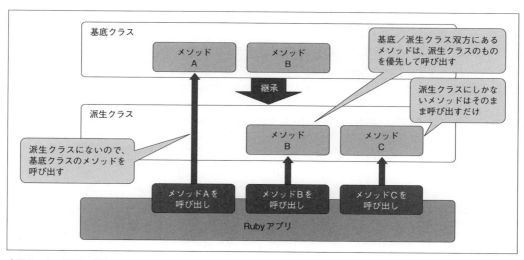

❖図9.10　継承の仕組み

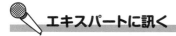

Q： どのような場合に、継承を利用すればよいのでしょうか。継承を利用する場合の注意点があれば教えてください。

A： 基底クラスと派生クラスに、is-aの関係が成り立つかを確認してください。is-aの関係とは、「SubClass is a SuperClass」（派生クラスが基底クラスの一種である）であるということです。たとえば、「BusinessPerson（ビジネスマン）はPerson（人）」なので、BusinessPersonとPersonの継承関係は妥当であると判断できます（図9.A）。

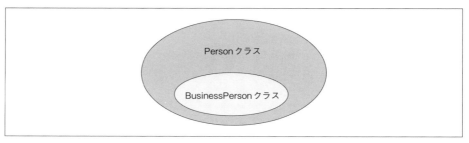

❖図9.A　is-aの関係

is-aの関係は、BusinessPerson（派生クラス）がPerson（基底クラス）にすべて含まれる関係、と言い換えてもよいでしょう（この逆は成り立ちません）。

このような関係をやや難しく言うと、BusinessPersonはPersonの特化（特殊化）であり、PersonはBusinessPersonの汎化である、となります。要するに、BusinessPersonはPersonの特殊な形態であり、逆にPersonは、BusinessPersonをはじめとするその他の概念 ── たとえば、Freeloader（遊び人）やStudent（学生）といったもの ── の共通点（人間であることなど）を抽出したものである、ということです。

構文としては、クラスはどんなクラスでも継承できます。Wife（妻）クラスがDinosaur（恐竜）クラスを継承していてもかまいません。しかし、これは継承として意味がないばかりでなく、クラスの意味をわかりにくくする原因にもなるので、注意してください。

継承を利用することで、基底クラスで定義されたメソッドを派生クラスで上書きすることもできます。これをメソッドの**オーバーライド**と言います。

たとえばリスト9.15は、BusinessPersonクラスを継承して、EliteBusinessPersonクラスを定義する例です。継承に際しては、workメソッドをオーバーライド（上書き）し、EliteBusinessPersonクラス独自の機能を定義します。

▶リスト9.15　inherit_override.rb

```
class Person
  ...中略（リスト9.14：inherit_basic.rbを参照）...
end

class BusinessPerson < Person
  ...中略（リスト9.14：inherit_basic.rbを参照）...
end

class EliteBusinessPerson < BusinessPerson
  def work
    puts "#{name}、#{age}歳はバリバリ働いています。"
  end
end

ebps = EliteBusinessPerson.new('山田太郎', 35)
ebps.work        # 結果：山田太郎、35歳はバリバリ働いています。 ──────────❶
ebps.show        # 結果：私の名前は山田太郎、35歳です！ ─────────────❷
```

workメソッドはEliteBusinessPersonクラスで上書きされているので、結果も（BusinessPersonクラスのworkメソッドではなく）EliteBusinessPersonクラスのworkメソッドを実行した結果が得られます（❶）。

showメソッドはオーバーライドされていないので、EliteBusinessPersonクラスのおおもとの基底クラスであるPersonクラスで定義されたshowメソッドが実行されていることも確認してください（❷）。

このように、クラスは多段階にわたって継承することもできます（図9.11）。

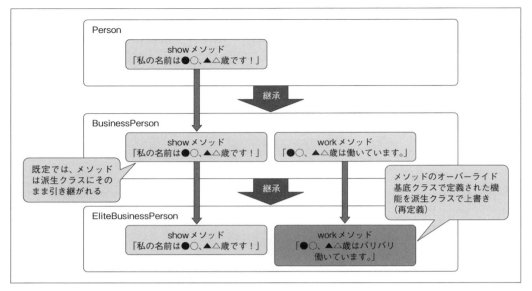

❖図9.11　メソッドのオーバーライド

　ただし、オーバーライドは、基底クラスの機能を完全に書き換えるばかりではありません。基底クラスでの処理を引き継ぎつつ、派生クラスでは差分の処理だけを追加したい、ということもあります。このようなケースでは、superを用いることで、派生クラスから基底クラスのメソッドを呼び出します。

構文 基底クラスのメソッド呼び出し

```
super(引数, ...)
```

　具体的な例も見てみましょう。リスト9.16は、BusinessPersonクラスを継承して、新たにHetareBusinessPersonクラスを定義するコードです。

▶リスト9.16　inherit_super.rb

```
class Person
  ...中略（リスト9.14：inherit_basic.rbを参照）...
end

class BusinessPerson < Person
```

```
    ...中略（リスト9.14：inherit_basic.rbを参照）...
  end

  class HetareBusinessPerson < BusinessPerson
    def work
      super ─────────────────────────────────────────────────────── ❶
      puts 'ただし、ボチボチと...'
    end
  end

  hbps = HetareBusinessPerson.new('山田太郎', 28)
  hbps.work ──────────────────────────────────────────────────────── ❷
```

実行結果

```
山田太郎、35歳は働いています。
ただし、ボチボチと...
```

　ここでは、❶で基底クラスBusinessPersonのworkメソッドを呼び出したうえで、HetareBusiness Personクラス独自の処理を記述しています。一般的に、superによるメソッド呼び出しは、派生クラスのほかの処理に先立って、メソッド定義の先頭で記述します。

　❷でも、確かに派生クラスの結果に、基底クラスの結果が加わっていることが確認できます。

◆ 例 初期化メソッドのオーバーライド

　基底クラスの初期化メソッドをオーバーライドする場合も同様です。リスト9.17は、Personクラスのインスタンス変数name／ageに加えて、grade（学年）を追加したStudentクラスを定義する例です。

▶リスト9.17　inherit_super_init.rb

```
class Person
  ...中略（リスト9.14：著註:inherit_basic.rbを参照）...
end

class Student < Person
  attr_accessor :grade ──────────────────────────────────────────── ❸

  def initialize(name, age, grade)
    # 基底クラスの初期化メソッドを呼び出し
    super(name, age) ────────────────────────────────────────────── ❶
```

```
    @grade = grade ──────────────────────────────────────────────── ❷
  end

  # grade対応にshowメソッドもオーバーライド
  def show
    puts "私の名前は#{name}、#{age}歳、#{grade}年です！"
  end
end

st = Student.new('山田太郎', 18, 3) ─────────────────────────┐
st.show          # 結果：私の名前は山田太郎、18歳、3年です！ ─────┤──── ❹
```

initializeもメソッドの一種なので、「super(…)」の記法に変わりはありません（❶）。Person#initialize
に対しては、gradeを除くname、ageを渡しておきましょう。Student#initializeメソッドでは、
Studentクラスで追加されたgradeだけを初期化します（❷）。gradeのアクセサーを宣言するのも忘
れないようにしましょう（❸）。

確かに、❹でも、（既存のname／ageはもちろん）新たなgradeが正しく反映されていることが確
認できます。

◆ 注意 superの引数

superの引数を省略した場合、基底クラスには派生クラスのメソッド呼び出しで指定された引数が
そのまま渡されます。

たとえばリスト9.18は、Personクラスを継承したForeignerクラスの例です。

▶リスト9.18　inherit_super_no_arg.rb

```
class Person
  ...中略（リスト9.14：inherit_basic.rbを参照）...
end

class Foreigner < Person
  attr_accessor :country

  def initialize(name, age)
    # 引数をそのままに基底クラスのメソッドを呼び出し
    super
    @country = 'America'
  end

  # country対応にshowメソッドもオーバーライド
  def show
```

```
      puts "私の名前は#{name}、#{age}歳、出身は#{country}です！"
  end
end

fr = Foreigner.new('ジョージ＝スミス', 28)
fr.show          # 結果：私の名前はジョージ＝スミス、28歳、出身はAmericaです！
```

太字部分は、以下のように書き換えても同じ意味です。

```
super(name, age)
```

　派生クラスで受け取ったものとは別の引数を渡したい、または一部の引数を取り除きたい、などの場合には、明示的に引数を渡します。

　逆に、基底クラスに引数を渡したくない場合には、以下のように空の丸カッコを渡して、引数がないことを宣言します（カッコなしの super とは意味が変化します！）。

```
super()
```

9.2.4 　既存メソッドの削除

　Rubyでは、既存のメソッドを無効化するために、undef_method ／ remove_method というメソッドを用意しています。一見すると、いずれも既存のメソッドを削除するように見えますが、厳密には異なるものです。具体的な例で挙動を比較してみましょう。

◆ undef_method メソッド

　たとえばリスト9.19は、Person ／ BusinessPerson クラスで show メソッドを定義したうえで、Business Person 側で show メソッドを無効化する例です。

▶リスト9.19　disable_method.rb

```
class Person
  ...中略（リスト9.14：inherit_basic.rbを参照）...
end

class BusinessPerson < Person
  def show
    puts "#{name}、#{age}歳は働いています。"
  end
```

```
  # showメソッドを無効化
  undef_method :show
end

bps = BusinessPerson.new('山田太郎', 35)
bps.show          # 結果：エラー (undefined method `show' for ~)
```

確かに、show メソッドの呼び出しに失敗していることが確認できます。Person ／ BusinessPerson
のshow メソッドが無効化されているわけです。

◆remove_methodメソッド

では、リスト9.19の太字部分を以下のように置き換えるとどうでしょう。

```
remove_method :show
```

この場合、結果は「私の名前は山田太郎、35歳です！」となります。以上の結果から、

- remove_methodは現在のクラスのメソッドを削除する（結果、基底クラスのメソッドが見え
  るようになる）
- undef_methodは指定のメソッドが未定義であることをマークする（ことで、基底／派生クラ
  スにかかわらず、呼び出しそのものができなくなる）

ことがわかります。

　このような性質から、基底クラスのメソッドを派生クラスで削除するにはundef_methodを利用し
ます。一方、現在のクラスのメソッドを削除するのはremove_methodの役割です（もちろん、リス
ト9.19のように定義の直後で削除するのは意味はありません。オープンクラス（10.2.1項）などで、
以前に定義したメソッドを無効化するような用途で利用することになるでしょう）。

> note ただし、undef_methodによるメソッドの無効化は、継承の原則である「派生クラスは基底クラ
> スのすべての性質を含んでいる」というルールを損なうことになります。特別な理由がない限り、
> このようなコードは避けてください（そもそも、このようなコードが発生した時点で、継承その
> ものが妥当かどうかを再検討すべきです）。

9.2.5 委譲

　継承は、Rubyにおけるコード再利用の代表的なアプローチですが、唯一のアプローチではありま
せんし、常に最良の手段というわけでもありません。むしろ継承を利用すべき状況は相応に限られ

る、と考えておいたほうがよいでしょう。

　まず継承とは、基底クラスと派生クラスとが密に結びついた関係です。派生クラスは基底クラスの実装に依存しますし、依存する以上、内部的な構造を意識しなければなりません。基底クラスでの実装修正によって、派生クラスが動作しなくなることもあるでしょう。影響の範囲は、基底クラスが上位になればなるほど、継承関係が複雑になればなるほど広がり、修正コストも高まります。

　継承を利用するのは、基底／派生クラスがis-aの関係（9.2.1項）を満たしている場合、かつ、ライブラリ（プロジェクト）をまたいで継承するならば、そのクラスが「拡張を前提としており、その旨を文書化している」場合に限定すべきでしょう。

◆ 継承が不適切な例

　is-aの関係を確認するための代表的なアプローチとして、**リスコフの置換原則**が挙げられます。リスコフの置換原則とは、

派生クラスのインスタンスは、常に基底クラスのそれと置き換え可能である

ことです。この原則に照らすと、たとえばリスト9.20のようなRouletteクラスは不当です。

▶リスト9.20　delegate_bad.rb

```
class Roulette < Random
  def initialize(bound)
    super()
    # ルーレットの上限値
    @bound = bound
  end

  # 1 ～ boundの範囲の乱数を取得
  def rand
    super(1..@bound)
  end                                                    ❶

  # 他の不要なメソッドは無効化（9.2.4項）
  undef_method :bytes, :seed                             ❷
end
```

　この例では、Random#randメソッドを再定義して、1 ～ boundの範囲の乱数を生成しています（❶）。ここまでは、一見問題ないように見えます。

　しかし、他のメソッド（bytes、seedなど）は不要なので、undef_methodメソッドで無効化しています（❷）。これがリスコフの置換原則に反します。

　たとえば以下のような例を見てみましょう。

```
# RandomとしてRouletteを操作
rd = Roulette.new(10)
puts rd.bytes(5)          # 結果：エラー
```

RouletteクラスがRandomクラスとしては動作しないのです。このような継承関係は、一般的には妥当ではありません。

◆委譲による解決

前置きが長くなりましたが、このような状況を解決するのが**委譲**です。委譲では、再利用したい機能を持つオブジェクトを、現在のクラスのインスタンス変数として取り込みます（図9.12）。

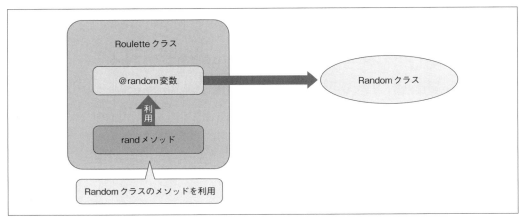

❖図9.12　委譲（has-a関係）

このような関係を（is-a関係に対して）has-a関係と呼びます。図9.12の例であれば、@randomにRandomオブジェクトを保持（has）し、必要に応じて、そこからRandomクラスのrandメソッドを利用させてもらうわけです。他のインスタンスに処理を委ねる —— 委譲と呼ばれるゆえんです。

リスト9.21に書き換えた例も示します。

▶リスト9.21　delegate_basic.rb

```
class Roulette
  def initialize(bound)
    @bound = bound
    # 委譲先のオブジェクトをインスタンス変数に格納
    @random = Random.new
  end
```

```
    # 必要に応じて処理を委譲
    def rand
      @random.rand(1..@bound)
    end
end
```

　委譲の良い点は、クラス同士の関係が緩まる点です。利用しているのが、クラスの公開された（public）メンバーなので、委譲先の内部的な実装に左右される心配はありません。また、クラス同士の関係が固定されません。委譲先を変更するのも自由ですし、複数のクラスに処理を委ねることも、インスタンス単位で委譲先を切り替えることすら可能です。継承がクラス同士の静的な関係とするならば、委譲とはインスタンス同士の動的な関係と言ってもよいでしょう。

　本項冒頭でも触れたように、継承を想定して設計されたクラスでないならば、まずは継承よりも委譲を利用すべきです。

練習問題 9.1

[1] 以下は、クラスにメソッドを定義して、利用するコードですが、構文的な誤りが6点あります。これを指摘し、正しいコードに修正してください。

▶p_class.rb

```
class pet
  attr_getter :kind, :name

  def new(kind, name)
    @kind = kind
    @name = name
  end

  def show
    puts '私のペットは#{kind}の#{name}ちゃんです！'
  end
end

pt = new Pet('ハムスター', 'のどか')
pt->show          # 結果：私のペットはハムスターののどかちゃんです！
```

オブジェクト指向プログラミング

9.3 カプセル化

カプセル化（Encapsuation）の基本は、「使い手に関係ないものは見せない」です。クラスで用意された機能のうち、利用するうえで知らなくてもよいものを隠してしまうこと、と言い換えてもよいでしょう。

たとえば、よく例として挙げられるのは、テレビのようなデジタル機器です。テレビの中にはさまざまに複雑な回路が含まれていますが、利用者はその大部分には触れられませんし、そもそも存在を意識することすらありません。利用者には、電源や画面、チャンネルなど、ごく限られた機能だけが見えています。

これが、まさにカプセル化です（図9.13）。私たちが触れられる機能はテレビに用意された回路全体からすれば、ほんの一部かもしれません。しかし、それによって私たちが不便を感じることはありません。むしろ無関係な回路に不用意に触れてしまい、テレビが故障するリスクを回避できます。

小さな子どもから機械の苦手なお年寄りまでがテレビを気軽に利用できるのも、余計な機能が**見えない**状態になっているからなのです。

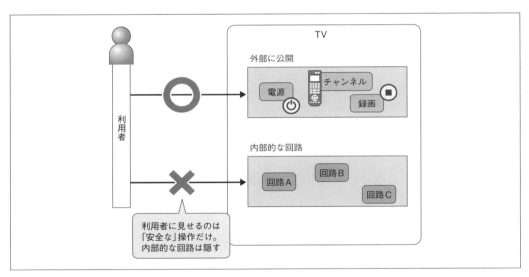

❖図9.13　カプセル化

クラスの世界でも同様です。クラスにも、利用者に使ってほしい機能と、その機能を実現するためだけの内部的な機能があります。それら何十個にも及ぶメンバーが区別なく公開されていたら、利用者にとっては混乱の元です。しかし、「あなたに使ってほしいのは、この10個だけですよ」と、最初から示してあれば、クラスを利用するハードルは格段に下がります。

より安全に、より使いやすく —— それがカプセル化の考え方です。

9.3.1 呼び出し制限

Rubyでは、表9.4のようなアクセスレベル（**呼び出し制限**）を用意しており、これらを切り替えることで、特定の機能を見せるかどうかを管理できるようになっています。

❖表9.4　メソッドの呼び出し制限

レベル	概要
public	クラスの外部から自由にアクセスできる（既定）
private	現在のクラス（またはサブクラス）の同一のインスタンスからのみ呼び出せる
protected	現在のクラス（またはサブクラス）のインスタンスから呼び出せる（異なるインスタンスでもかまわない）

まず、publicについては特筆すべき点はありません。制限なく、クラスの外から自由に呼び出せます。既定の設定であり、これまで扱ってきたメソッドはほとんどがpublicメソッドです。

> note　ただし、initializeメソッドだけは例外で、常にprivate扱いとなります（newメソッド経由で呼び出されるものなので、当然ですね）。

一方、privateメソッドは、クラスの外部からはアクセスできないメソッドです。まずは、具体的な例を見てみましょう。リスト9.22は、リスト9.4（p.426）で作成したPerson#showメソッドのアクセスレベルをprivateに変更した例です。

▶リスト9.22　class_method_private.rb

```ruby
class Person
  ...中略...
  private
  def show
    puts "私の名前は#{@name}、#{@age}歳です！"
  end
end

ps = Person.new('山田太郎', 35)
ps.show          # 結果：エラー (private method `show' called for ~)
```

privateメソッドを定義するには、class...end配下でprivateキーワードを置くだけです。これで、private以降で定義されたメソッドがすべてprivate扱いとなります（直後のメソッド1つだけがprivateになるわけでは**ありません**）。

public、protectedを宣言する場合も同様です。ただし、publicは既定なので、publicを明示的に宣言することはあまりなく、public（省略）➡protected➡privateの順に、宣言するのが一般的です（図9.14）。protected／privateを先に宣言した場合には、public宣言も必須です。

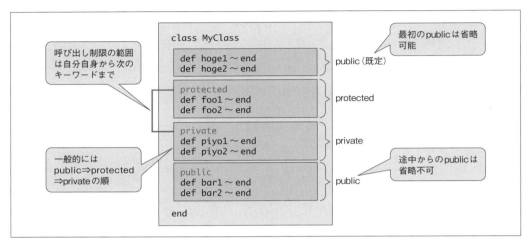

❖図9.14　呼び出し制限（public／protected／private）

この例であれば、showメソッドがprivate扱いなので、クラス外部からのアクセスがエラーとなることを確認してください。

なお、protectedメソッドは少し特殊な制約なので、詳細は9.3.4項で改めます。まずは、クラス外部からのアクセスを制限するならばprivateを利用する、と覚えておけば十分です。

9.3.2　シンボルによる呼び出し制限

最初は（既定の）publicメソッドとして宣言しておいて、あとからprivate／protected化することも可能です。リスト9.22を、リスト9.23（太字部分）のように書き換えてみましょう。

▶リスト9.23　class_method_change.rb

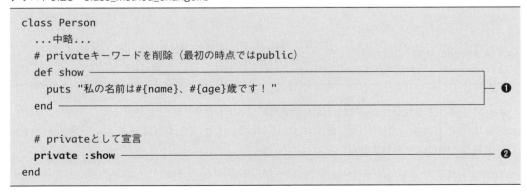

show メソッド（❶）から private キーワードが取り除かれ、代わりにシンボル付きで private キーワードを記述しているわけです（❷）。

構文 private キーワード

```
private(*name) -> self
```

name：private 化するメソッドの名前

これで show メソッドを private 化しなさい、という意味になります。複数のメソッドを private 化するならば、

```
private :show, :hoge, :foo
```

のように列記してもかまいませんし、public ／ protected も同様に、

```
protected :show, :hoge, :foo
```

のように表せます（ただし、先ほども述べた理由から public を使う機会はほとんどありません）。

> *note* public ／ protected ／ private は、正しくはメソッドです。ただし、アクセスレベルを課すための public ／ protected ／ private メソッドと、アクセスレベルが課されたメソッドを意味する public ／ protected ／ private メソッドとが判別しにくくなるため、本書では前者を public ／ protected ／ private キーワードと表記しています。
> ちなみに、リスト9.23 の private キーワードも、実体は引数が省略されたメソッド呼び出しです。

なお、シンボル付き構文では、以下の点に注意してください（図9.15）。

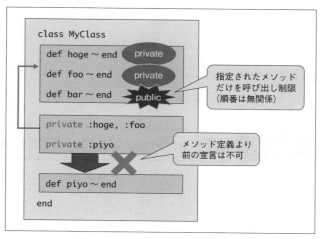

❖図9.15　呼び出し制限（シンボル付き構文）

- アクセス制限を変更する対象（メソッド）は、その時点で定義済みでなければなりません（よって、リスト9.23の❶と❷を逆に書いてはいけません）。
- アクセス制限の対象は、あくまでシンボルで明記されたメソッドだけです（以降に別のメソッド宣言があったとしても、アクセスレベルに影響は及びません）。

◆ 補足 クラスメソッドのprivate化

クラスメソッドのアクセスレベルは、public／protected／privateキーワードでは変更**できません**（10.2.2項で説明する特異クラスを利用すれば変更できますが、ここまでの知識だけではできません）。

代わりに、*xxxxx*_class_method（*xxxxx*はpublic／private）を利用してください。

構文 *xxxxx*_class_methodメソッド

```
public_class_method(*name) -> self
private_class_method(*name) -> self

name  ：String または Symbol
戻り値：自分自身
```

用法は、public／privateキーワードと同様です。たとえばリスト9.13（p.438）でcircleメソッドをprivate化するならば、リスト9.24のように追記するだけです。

▶リスト9.24　class_const.rb

```
class Area
  ...中略...
  def self.circle(radius)
    radius * radius * PI
  end

  private_class_method :circle
end
```

その他、具体的な例は、p.436のリスト9.12なども参照してください。

9.3.3 注意 privateメソッドのアクセス範囲

ここで、Java／C#をはじめ、Ruby以外のオブジェクト指向言語を知っている人に注意です。というのも、これらのオブジェクト指向言語では、

privateメソッドには現在のクラスからしかアクセスできない

のが普通です。しかし、Rubyのprivateメソッドは、

現在のクラスに加えて、派生クラスからもアクセス可能

です。

具体的な例でも確認してみましょう（リスト9.25）。

▶リスト9.25　access_private.rb

```
class MyParent
  private
  def hoge
    puts 'Hoge'
  end
end

class MyChild < MyParent
  # MyParent#hogeメソッドを利用
  def show
    hoge
  end
end

c = MyChild.new
c.show          # 結果：Hoge
```

確かに、派生クラスからも基底クラスのprivateメソッドにアクセスできています。正確には、privateメソッドとは、

self経由、または、メソッド名だけでアクセスできるメソッド

なのです。派生クラスからも基底クラスのメソッドは

- self.method(...)
- method(...)

でアクセスできるので、privateメソッドが派生クラスからも呼び出せることは当然です。

その性質上、Rubyで継承を用いる場合には、基底クラスの実装をprivateメソッドまで含めて、きちんと把握しておく必要があります。派生クラスが基底クラスのprivateメソッドにアクセスできるということは、同様にオーバーライドもできるということだからです。

9

オブジェクト指向プログラミング

Ruby 2.6まではprivateメソッドは、「レシーバーを省略する形でしか呼び出せない」（＝
method(...)形式でのみ呼び出せる）メソッドでした。例外的にセッターだけはprivateでもself
付きの呼び出しが認められていましたが、それ以外のprivateメソッドではself.method(...)のよ
うな呼び出しはエラーとなります。
しかし、セッターかどうかでルールが変化するのはわかりにくいため、Ruby 2.7以降ではすべ
てのprivateメソッドについてself付きの呼び出しが認められるようになりました。ということ
で、Ruby 2.7以降でのprivateメソッドはselfに限ってレシーバーを指定できます。
Ruby 2.6以前のドキュメントを参照していると混乱しやすい点なので、頭の片隅に留めておき
ましょう。

9.3.4 protectedメソッド

privateメソッドが自分（現在のインスタンス）からしか見えないメソッドであるのに対して、
protectedメソッドは、

同類からのみ見える

メソッドです。同類とは、元となるクラスが同一のインスタンス、という意味です（図9.16）。

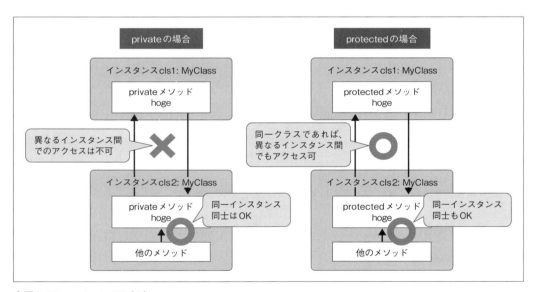

❖図9.16 protectedの意味

たとえばリスト9.26のようなコードを想定してみましょう。MyClass#swapは、MyClassオブジェ
クト（のインスタンス変数value）を入れ替えるためのメソッドです。

▶リスト9.26　access_protected.rb

```
class MyClass
  # valueを準備（セッターはprivate化）
  attr_accessor :value
  private :value= ─────────────────────────────────────────────── ❶

  def initialize(value)
    self.value = value
  end

  # インスタンス変数valueの値を入れ替え
  def swap(other) ─────────────────────────────────────┐
    self.value, other.value = other.value, self.value   ├─ ❷
  end ─────────────────────────────────────────────────┘
end

c1 = MyClass.new(5)
c2 = MyClass.new(3)
c1.swap(c2)
p c1, c2          # 結果：エラー（NoMethodError）
```

インスタンス変数valueのアクセサーを準備し、そのセッターをprivate化している点に注目です（❶）。しかし、privateメソッドはレシーバーとしてselfしか許容しません。よって、❷の太字部分はprivate違反でエラーとなります。

では、このように同型のインスタンスを操作するには、どのようにすればよいでしょうか。もちろん、❶をコメントアウトすれば（＝valueセッターをpublicに戻せば）問題は解決します。しかし、この例ではswapメソッドで内部的にアクセスしたいだけで、セッターのアクセス範囲をpublicにまで広げたいわけではありません。

そこで登場するのがprotected権限です。❶を以下のように書き換えてみましょう。

```
protected :value=
```

今度は❷のother.value= が正しく認識されて、以下のような結果を得られます。

実行結果

```
#<MyClass:0x0000000000063c4578 @value=3>
#<MyClass:0x0000000000063c4528 @value=5>
```

これがprotectedの「同類からのみ見える」という意味です。publicではないので、「c1.value= 10」のようなアクセスは不可です。

note C#／Javaのような言語に触れたことのある人は、Rubyのprotectedが Java／C#のそれとは異なる点に注意してください。Java／C#の protected は「自分自身、または派生クラスからのみアクセスできるメンバー」を意味します。

練習問題　9.2

[1] 以下の文は、継承を説明したものです。空欄を正しい語句で埋めて、文を完成させましょう。

> 継承とは、もとになるクラスのメンバーを引き継ぎながら、新たな機能を加えたり、元の機能を上書きしたりする仕組みです。このとき、継承元となるクラスのことを ① 、継承してできたクラスのことを ② と呼びます。
>
> Personクラスを継承し、BusinessPersonクラスを定義するには、以下のように表します。
>
> ```
> class BusinessPerson  ③
>   ...中略...
> end
> ```

[2] 以下のような MyClass クラスがあるものとします。MySubClass クラスでは、show メソッドを継承し、文字列全体を［〜］のようにブラケットで囲むように変更してみましょう。なお、継承に際しては、super も利用することとします。

▶p_inherit.rb

```
class MyClass
  attr_accessor :kind, :name

  def initialize(kind, name)
    @kind = kind
    @name = name
  end

  def show
    "ペットの#{kind}の名前は、#{name}です。"
  end
end
```

9.4 ポリモーフィズム

ポリモーフィズム（Polymorphism）は**多態性**と訳されますが、日本語にしても抽象的なところが、ポリモーフィズムを難しく見せている原因のようです。しかし、かみ砕いてみれば、なんということもありません。ポリモーフィズムとは、要は「同じ名前のメソッドで異なる挙動を実現する」ことを言います。

9.4.1 継承による実装

ポリモーフィズムを実現するにはいくつかの手法がありますが、まずは継承による実装を見てみましょう。

リスト9.27のTriangle／RectangleクラスはいずれもFigureクラスを継承しており、それぞれ同名のget_areaメソッドを定義している点に注目です。

▶リスト9.27　polymo_abstract.rb

```
class Figure
  def initialize(width, height)
    @width = width
    @height = height
  end

  # 面積を取得（派生クラスでの実装を想定）
  def get_area
    raise NotImplementedError, "Not Implemented: #{__method__}"     ❷
  end
end

class Triangle < Figure
  # 三角形の面積を求めるためのget_areaメソッドを定義
  def get_area
    @width * @height / 2
  end
end

class Rectangle < Figure
  # 四角形の面積を求めるためのget_areaメソッドを定義
  def get_area
```

オブジェクト指向プログラミング

```
    @width * @height
  end
end

# Figure派生クラスの配列
figs = [
  Triangle.new(10, 15),
  Rectangle.new(10, 15),
  Triangle.new(15, 10),
]

# Figure配列から順に面積を取得
figs.each do |fig|
  puts fig.get_area if fig.is_a?(Figure)
end
```

❶
❸

実行結果

```
75
150
75
```

get_areaメソッドは、図形の面積を求めるためのメソッドです。この例では、Figureクラスを継承する2個の派生クラスTriangle／Rectangleで同名のget_areaメソッドをオーバーライドし、それぞれ三角形と四角形の面積を求めるようにしています（図9.17）。複数のクラスで同じ名前のメソッドを定義しているというのがポイントです。これがポリモーフィズムです。

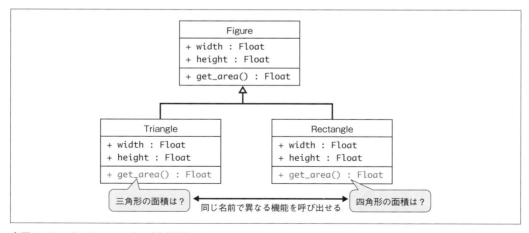

❖図9.17　ポリモーフィズム（多態性）

ポリモーフィズムのメリットは、同じ目的の機能を呼び出すために異なる名前（命令）を覚えなくてもよいという点です。Triangleクラスで面積を求めるのはget_areaメソッドなのに、Rectangleクラスではcalculate_areaメソッドである、となると、クラスを利用する側からすれば面倒ですし、間違いのもとです。

　しかし、Triangle／Rectangleクラスがいずれもget_areaメソッドを持つことがわかっていれば、呼び出し側が意識すべきことは少なくなります。異なる型のオブジェクトが混在している場合（❶）にもまとめて処理できます（将来的に、Circle（円）クラスが追加されたとしても影響を受けることはありません！）。

> *note* ポリモーフィズムの対義語は、**モノモーフィズム**（Monomorphism。単態性）です。たとえば伝統的な関数の世界は、典型的なモノモーフィズムです。1つの名前は1つの機能を表し、異なる機能は異なる名前で表す必要があります。

◆抽象メソッド

　リスト9.27❷でFigure#get_areaメソッドがNotImplementedError例外を発生させているのは、派生クラスでget_areaメソッドをオーバーライドすることを強制するためです。❷がなくても、対象のメソッドがなければ、呼び出し時にエラーが発生するだけですが、このようにすることでエラーの原因（クラスの意図）をより明確にできます。

　このように、派生クラスでのオーバーライドを前提とした（＝強制する）、中身を持たないメソッドのことを、プログラミング言語によっては**抽象メソッド**と呼びます（抽象メソッドを含んだクラスのことを**抽象クラス**とも言います）。Rubyでは、言語として抽象メソッドの仕組みを持ちませんが、このようなコードで疑似的に抽象メソッドを表現する場合があります。

◆型のチェック

　ポリモーフィズムを利用する際、対象となるオブジェクトが想定した機能を持っているか（＝継承であれば、オブジェクトが意図した型であるか）を確認したいことはよくあります。このために利用できるのがis_a?メソッドです（❸）。

構文 is_a?メソッド

```
obj.is_a?(mod) -> bool
```

obj：任意のオブジェクト
mod：比較するクラス／モジュール

　is_a?メソッドは、レシーバー（obj）の型がいずれかの条件を満たしている場合にtrueを返します。

- 引数modの直接のインスタンスである
- 引数modの派生クラスのインスタンスである
- 引数mod（モジュール）をインクルードしたクラス、またはその派生クラスのインスタンスである

類似したメソッドにinstance_of?メソッド（10.4.2項）もありますが、こちらはレシーバー（obj）がその型の直接のインスタンスである場合にだけtrueを返します。双方の違いを理解して使い分けましょう。

> *note* 型を規定するために継承がそぐわない場合には、モジュール（10.3節）を利用してもかまいません。この例であればFigureをモジュール化して、Triangle／Rectangleからインクルードしても、ほとんど同じ動作を期待できます。

Alias is_a? ➡ kind_of?

9.4.2 ダックタイピング

継承によるポリモーフィズムは、型を厳密に規定したい場合には便利ですが、反面、窮屈にも思えます。関心があるのは、オブジェクトが特定の機能を持つかであって、特定の型を持つことではないからです。

そこで登場するのが**ダックタイピング**（Duck Typing）です。ダックタイピングとは、

もしもそれがアヒル（duck）のように歩き、アヒルのように鳴くのであれば、
それはアヒルに違いない

という言葉から来たキーワードです。

たとえば先ほどの例をダックタイピングの考え方で書き換えるならば、リスト9.28のようになります。

▶リスト9.28　polymo_duck.rb

```ruby
# Triangle ／ Rectangleともにget_areaメソッドを定義
class Triangle
  def initialize(width, height)
    @width = width
    @height = height
  end
```

```ruby
  def get_area
    @width * @height / 2
  end
end

class Rectangle
  def initialize(width, height)
    @width = width
    @height = height
  end

  def get_area
    @width * @height
  end
end

figs = [
  Triangle.new(10, 15),
  Rectangle.new(10, 15),
  Triangle.new(15, 10),
]

# Triangle／Rectangle配列から順に面積を取得
figs.each do |fig|                                                    ❶
  puts fig.get_area if fig.respond_to?(:get_area) ──────────── ❷
end
```

　Triangle／Rectangleクラスには継承ツリー上の関係はないことに注目です。❶で求められているのは、オブジェクトがget_areaメソッドを持っていることだけです。

　継承による実装に比べると、格段に簡単ですね。❷ではrespond_to?メソッドでget_areaメソッドを持っているかを判定してから呼び出していますが、目的のメソッドがなければ例外が発生するので、むしろ例外を投げるに任せたほうがよいケースも多いでしょう。

構文 respond_to?メソッド

```
respond_to?(name, include_all = false) -> bool
```

name	：メソッドの名前
include_all	：protected／privateメソッドも判定に含めるか
戻り値	：メソッドnameが存在すればtrue

Rubyの世界では、動的な型付けを活かしたダックタイピングがより好まれる傾向にあります。ただし、ダックタイピングには、その性質上、型が不明確なので、問題の発見が遅れるなどのデメリットもあります。そもそも継承関係でまとめたほうがわかりやすい、厳密に型で操作を管理したいような状況もあります。

双方の実装を理解しておくことは無駄なことではありません。

☑ この章の理解度チェック

[1] 下表は、オブジェクト指向の主要なキーワードについてまとめたものです。空欄を適切な語句で埋めて、表を完成させてみましょう。

❖オブジェクト指向構文のキーワード

キーワード	概要
①	インスタンス化の際に呼び出されるメソッド。主に ② を初期化するために用いられる
③	インスタンスを生成せず、「クラス名.メソッド名(...)」の形式で呼び出せるメソッド。「def ④ .メソッド名(...)」の形式で宣言する
⑤ 関係	派生クラスが基底クラスの一種であること。継承の判断基準となる関係
⑥	基底クラスのメソッドを派生クラスで上書きすること。 派生クラスの側では ⑦ を用いて基底クラスのメソッドを呼び出せる
⑧	再利用する機能を、現在のクラスのインスタンス変数として取り込む技法。 ⑤ 関係に対して ⑨ 関係とも言われる
呼び出し制限	メソッドがどこからアクセスできるかを表す情報。public、protected、 ⑩ の3種類がある

[2] 以下の文章はオブジェクト指向構文について説明したものです。正しいものには○、誤っているものには×を付けてください。

（　　）　インスタンス変数は、既定ではクラス外部からアクセスできるので、private宣言すべきである。

（　　）　利用者の使い勝手を考慮して、アクセサーは極力ゲッター／セッターの双方を準備すべきである。

（　　）　継承は基底クラスの内部的な機能まで利用できるので、委譲よりも継承を優先して利用すべきである。

（　　）　クラスを定義する際に基底クラスを省略した場合、暗黙的にBasicObjectクラスを継承する。

（　　）　private宣言した場合、対象のメソッドは現在のクラスでしかアクセスできない（外部、派生クラスからのアクセスを認めない）。

[3] 以下のコードは、継承関係にあるPerson／BusinessPersonクラスの例ですが、いくつかの誤りがあります。間違っている点をすべて指摘してください。

▶ex_inherit.rb

```ruby
class Person
  def initialize(name, age)
    @name = name
    @age = age
  end

  def show
    "私の名前は#{name}、#{age}歳です！"
  end
end

class BusinessPerson : Person
  attr_reader :title

  def initialize(name, age, title)
    super(name, age, title)
  end

  def show
    "#{super.show}職位は#{title}です。"
  end
end

bps = BusinessPerson.new('山田太郎', 28, '主任')
puts bps.show        # 結果：私の名前は山田太郎、28歳です！職位は主任です。
```

[4] 以下のメンバーを持つようなHamsterクラスを実装してみましょう。

- インスタンス変数@name
- 引数の値をもとに、インスタンス変数を初期化する初期化メソッド
- インスタンス変数にアクセスするためのnameゲッター（読み取り専用）
- 与えられた書式formatを使って、@nameの内容を出力するshowメソッド

Column ➤ **きれいなプログラム、書いていますか？ ── スタイルガイド**

多くの場合、プログラムは一度書いて終わりではありません。リリース後に発見されたバグを修正したり、機能の追加や改定を行ったりと、常に変更される可能性があります。そして、プログラムを変更する場合に必ず行われるのがプログラムを読む（理解する）ことです。

あとからプログラムを変更するのは自分かもしれませんし、そうでないかもしれませんが、いずれにせよ、プログラムを読むというのはそれなりに大変なことです。たとえ自分が書いたプログラムであっても、時間が経つと「なにをしようとしていたのか」わからなくなってしまうことは意外に多いものです（他人の書いたプログラムであればなおさらです）。後々のことを考えれば、きれいな（＝読みやすい）プログラムを書くことはとても重要なのです。

しかし、きれいなプログラムといっても、「きれい」の基準があいまいでわかりにくいと感じる方も多いでしょう。そんな方は、まず「スタイルガイド」に従ってみてください。スタイルガイドとは、変数の名前付け規則やコメントの付け方、インデントやスペースの使い方など、読みやすいプログラムを記述するための基本的なルールのことです。もちろん、これがきれいなプログラムであることのすべてというわけではありませんが、少なくともスタイルガイドに沿うことで、「最低限汚くない」プログラムを記述できます。

Rubyのスタイルガイドとしては、以下が有名です。これまで、スタイルガイドというものをあまり気にしなかったという方は、これを機会に一度目を通してみてはいかがでしょうか。

The Ruby Style Guide（https://rubystyle.guide/）

以下に、The Ruby Style Guideで触れられている主なポイントを挙げておきます。あくまでガイドであって、構文規則ではない点に注意してください。利用しているフレームワーク、参加しているプロジェクトで別の規約を採用している場合には、そちらを利用すべきです。

- スクリプトの文字コードはUTF-8、改行コードはLFを利用する
- 1行は80文字以内とする
- インデントは半角スペース2つ（タブ文字は不可）
- 演算子の前後、カンマ、コロン、セミコロンの後ろにスペースを置く
- {...}の内側にはスペースを置くこと（式展開は除く）
- (...)や[...]のすぐ内側にはスペースを置かない
- 範囲演算子..や...の前後にはスペースを置かない
- メソッド定義に引数がない場合は、def行のメソッドにカッコ()をつけない
- forは原則使わない（eachなどの専用メソッドを推奨）
- 否定は!演算子で表す（＝notは使わない）
- 論理演算には常に演算子&&と||を使うこと（andとorは使わない）
- シンボル名、メソッド名、変数名はスネークケース記法で命名する
- クラス名とモジュール名はPascal形式で命名する
- ファイル名とディレクトリ名はスネークケース記法で命名する

Chapter **10**

オブジェクト指向
プログラミング

応用

前章では、オブジェクト指向構文の基本として、核となるクラス、そして、「継承」「カプセル化」「ポリモーフィズム」の3本柱について学びました。これでオブジェクト指向構文の基本は押さえられたはずですが、Rubyは、それらの脇を固めるさまざまな仕組みが豊富に取り揃えられているのが特徴です。以下に、本章で扱うテーマをまとめます。

- 例外処理（例外クラス）
- 特殊なクラス（オープンクラス、特異クラス、構造体）
- モジュール
- Objectクラス
- 演算子の再定義

　これらを理解する中で、オブジェクト指向構文の理解を深めていきましょう。脇を固めるとは言っても、特に例外処理、モジュールなどのトピックは、本格的な開発には欠かせない、重要な知識です。

10.1 例外処理

　例外処理とは、あらかじめ発生するかもしれないエラーを想定しておき、そのエラーが発生した場合に行うべき処理のことを言います。例外処理は必ずしもオブジェクト指向プログラミングの要素というわけではありませんが、密接に関連するトピックとして、ここで触れておきます。
　例外処理の基本については4.5節で触れているので、ここではbegin...rescue命令そのものについては理解していることを前提に解説を進めます。

10.1.1 例外クラスの型

　すべての例外クラスは、Exceptionを基底クラスとする階層ツリーの中に属しています。階層ツリーでは上位の例外はより一般的な例外を、下位の例外はより問題に特化した例外を意味します。図10.1は、標準ライブラリの中で提供されている主な例外クラスの階層構造です。

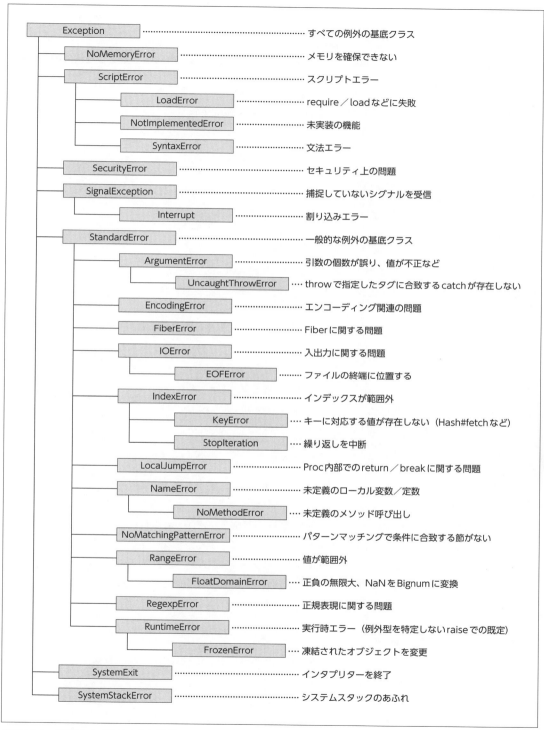

Exception ··· すべての例外の基底クラス

NoMemoryError ································ メモリを確保できない

ScriptError ································· スクリプトエラー

LoadError ································ require／loadなどに失敗

NotImplementedError ·················· 未実装の機能

SyntaxError ·················· 文法エラー

SecurityError ································· セキュリティ上の問題

SignalException ································· 捕捉していないシグナルを受信

Interrupt ·················· 割り込みエラー

StandardError ································· 一般的な例外の基底クラス

ArgumentError ·················· 引数の個数が誤り、値が不正など

UncaughtThrowError ···· throwで指定したタグに合致するcatchが存在しない

EncodingError ·················· エンコーディング関連の問題

FiberError ·················· Fiberに関する問題

IOError ·················· 入出力に関する問題

EOFError ········ ファイルの終端に位置する

IndexError ·················· インデックスが範囲外

KeyError ···· キーに対応する値が存在しない（Hash#fetchなど）

StopIteration ···· 繰り返しを中断

LocalJumpError ·················· Proc内部でのreturn／breakに関する問題

NameError ·················· 未定義のローカル変数／定数

NoMethodError ···· 未定義のメソッド呼び出し

NoMatchingPatternError ·················· パターンマッチングで条件に合致する節がない

RangeError ·················· 値が範囲外

FloatDomainError ···· 正負の無限大、NaNをBignumに変換

RegexpError ·················· 正規表現に関する問題

RuntimeError ·················· 実行時エラー（例外型を特定しないraiseでの既定）

FrozenError ···· 凍結されたオブジェクトを変更

SystemExit ································· インタプリターを終了

SystemStackError ································· システムスタックのあふれ

❖図10.1　標準ライブラリの主な例外クラス

rescue節は、正確には、

発生した例外がrescue節に記述されたものと一致した場合、または、発生した例外の基底クラスである場合

に呼び出されます。よって、以下のようなbegin...rescue命令を表すことで、すべての例外を捕捉できます。

```
begin
  # 例外を発生する可能性があるコード
rescue StandardError
  puts '例外が発生しました。'
end
```

StandardErrorとしているのは、Exception直下のNoMemoryError、ScriptError、SystemExitなどはシステム由来の例外であるからです。これらの例外をアプリで捕捉することには意味がありませんし、捕捉すべきではありません。

よって、以下のように、例外型を省略した場合にも、捕捉するのはStandardError配下の例外だけです。

```
begin
  # 例外を発生する可能性があるコード
rescue ─────────────────────────────────── 例外型を省略
  puts '例外が発生しました。'
end
```

ただし、実際のアプリではStandardErrorすら捕捉すべきではありません。というのも、StandardErrorはアプリで発生する可能性があるすべての例外を表すので、例外処理の対象があいまいになりがちだからです。例外は原則として、個別の意味が明確となる、より下位の例外クラス（詳細な例外）として受け取るようにしてください。

たとえば文字コード変換で対応する文字がないことを捕捉したいならば、EncodingError例外（文字コードの一般的な問題）よりも、その配下のEncoding::UndefinedConversionError例外（未定義の文字を検出した）を利用すべきです。

◆rescue節の記述順序

rescue節は、begin節で発生する可能性のある例外に応じて、複数列記してもかまいません。それによって、例外に応じて処理も分岐できるわけです。

ただし、その場合はrescue節の記述順序にも要注意です。というのも、複数のrescue節がある場合には、記述が先にあるものが優先されるからです。たとえばリスト10.1のようなコードは、先頭の

StandardErrorクラスがすべての例外を捕捉してしまい、2番目以降のrescue節が呼び出されること
はありません。

▶リスト10.1　rescue_order.rb

```
begin
  '叱る'.encode(Encoding::Windows_31J)
rescue StandardError ────────────────────────────────────── ❶
  puts 'StandardError' ──────────────────────────────────
rescue EncodingError ────────────────────────────────────── ❷
  puts 'EncodingError' ──────────────────────────────────
rescue Encoding::UndefinedConversionError ──────────────── ❸
  puts 'Encoding::UndefinedConversionError' ──────────────
end
```

実行結果

```
StandardError
```

　rescue節を列記する場合、より下位の例外クラスを先に、上位の例外クラスをあとに記述しなけ
ればなりません（やむを得ず、StandardErrorを捕捉する場合も、最後に記述します）。
　例外は、最初は小さな網で捕らえ、より網の範囲を広げていくようなイメージで捉えておくとよい
でしょう。たとえばリスト10.1の例であれば、❸→❷→❶の順でrescue節を列記します。

◆例外クラスの主なメソッド

　例外クラス（Exceptionクラス）には、既定で表10.1のようなメソッドが用意されており、rescue
節で例外に関する情報を取り出せるようになっています。

❖表10.1　例外クラスの主なメソッド

メソッド	概要
message	エラーメッセージを取得
class	例外の種類（Classオブジェクト）を取得
backtrace	バックトレース情報（配列）を取得
cause	現在の例外の原因となった例外オブジェクトを取得
inspect	例外名とエラーメッセージを取得

　バックトレースとは、例外が発生するまでに経てきたメソッドの一覧です（**スタックトレース**とも
言います）。エントリーポイント（トップレベル）から、呼び出し順に記録されています（図10.2）。

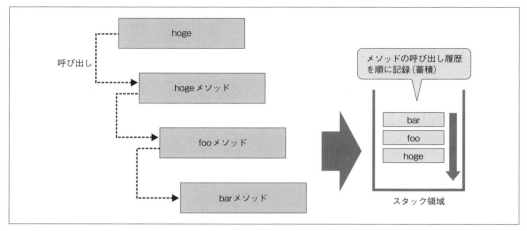

❖図10.2　バックトレースとは？

　例外が発生した場合には、まずはバックトレースを確認することで、意図しないメソッドが呼び出されていないか、そもそもメソッド呼び出しの過程に誤りがないかを確認でき、問題特定の手がかりとなります。

　バックトレースはbacktraceメソッドで配列として取得できるほか、例外処理されなかった場合にも既定の情報として出力されます。以下は、その例です（この結果を確認するには、rescue_backtrace.rbを参照してください）。

```
〜 rescue_backtrace.rb:10:in `bar': Bar Exception (RuntimeError)
        ファイル名      行番号 メソッド名  エラーメッセージ（例外クラス名）
        from c:/data/selfrb/chap10/rescue_backtrace.rb:6:in `foo'
        from c:/data/selfrb/chap10/rescue_backtrace.rb:2:in `hoge'
                              ファイル名       行番号 メソッド名
        from c:/data/selfrb/chap10/rescue_backtrace.rb:13:in `<main>'
```

　バックトレースでは、時系列に沿って呼び出し履歴が表示されます。上の例では、hoge→foo→barの順にメソッドが呼び出され、最終的にbarメソッドでRuntimeError例外が発生していることが読み取れます。一般的には、バックトレースの末尾（表示上は先頭）を確認することで、例外の直接の原因を特定できます。

10.1.2　終了処理を定義する —— ensure節

　begin...rescue命令には、必要に応じてensure節を追加することもできます。ensure節は、例外の有無にかかわらず最終的に実行される節で、一般的には、begin節の中で利用したリソースの後始末（クリーンアップ処理）のためなどに利用します。1つのbegin節に対して複数列記できるrescue節

に対して、ensure節は1つしか指定できません。

たとえばリスト10.2は、リスト7.26（p.312）をbegin...ensure命令を使って書き換えた例です。

▶リスト10.2　rescue_ensure.rb

```
begin
  file = File.open('./chap07/access.log', 'a')
  file.flock File::LOCK_EX
  file.puts(Time.now)
  puts '現在時刻をファイルに保存しました。'
ensure
  # ファイルが存在する場合、これを閉じる
  file.close if file
end
```

7.2.1項でも触れたように、ファイルのような共有リソースは確実に解放することを求められます。解放されずに残ったリソースは、メモリを圧迫したり、そもそも他からの利用を妨げる原因ともなるからです。

しかし、begin節でcloseメソッドを記述してしまうとどうでしょう。処理の途中で例外が発生した場合、closeメソッドが呼び出されない（＝rescue節にスキップしてしまう）可能性があります。しかし、ensure節でcloseすることで、例外の有無にかかわらず、closeメソッドが必ず呼び出されることが保証されます。

◆ブロック構文

ensure節でのリソース解放は難しくはありませんが、繰り返し表すには冗長です。そこで、オブジェクトによってはクリーンアップ処理をあらかじめ用意しているものがあります。

7.2.1項でも触れたFile::openメソッドがまさしくそれです。前掲のコードを、以下に再掲しておきます（p.314のリスト7.27）。

```
File.open('./chap07/access.log', 'a') do |file|
  file.flock File::LOCK_EX
  file.puts("#{Time.now}\n")
  puts '現在時刻をファイルに保存しました。'
end
```

ブロック付きのFile::openメソッドは、ブロックの中でファイル処理を実行し、ブロックを抜けたところで自動的にファイルを解放します（もちろん、利用者が例外の有無を意識する必要はありません！）。ブロック構文を利用することで、リソースを確実に解放できるのみならず、リソースを利用する範囲が明確になります。それが許される環境では、ensure節よりもブロック構文を優先して利用すべきです。

◆ 補足 ブロック構文の実装

　クリーンアップ機能付きのクラスを実装することは、それほど難しいことではありません。リソース管理の理解を深めるため、試しにFile::openメソッドのブロック構文を自作してみましょう（リスト10.3）。これはあくまでFile::openメソッドの仕組みを確認するのが目的なので、実際はこのようなコードを用意する意味はありません。

▶リスト10.3　ensure_block.rb

```ruby
class MyFile
  def self.open(path, mode = 'r', perm = 0666)
    # リソースを確保
    file = File.new(path, mode, perm)
    # リソースをブロックに引き渡す
    yield(file)
  ensure
    # リソースを解放
    file.close if file
  end
end

MyFile.open('./chap07/access.log', 'a') do |file|
  file.write("#{Time.now}\n")
  puts '現在時刻をファイルに保存しました。'
end
```

　リソースの確保からブロックへの引き渡し、解放までを、openメソッドに押し込めているわけです。ブロック構文と言っても、内部的には結局、ensure節でリソースを解放していることが確認できます。

　ちなみに、オリジナルのFile::openメソッドと同じく、呼び出し元がブロックを指定した場合にはブロックで処理し、さもなければリソースをそのまま返すこともできます。8.5.1項でも解説したblock_given?メソッドを利用するだけです（リスト10.4）。

▶リスト10.4　ensure_block2.rb

```ruby
class MyFile
  def self.open(path, mode = 'r', perm = 0666)
    file = File.new(path, mode, perm)
    block_given? ? yield(file) : file
  ensure
    file.close if block_given? && file
  end
end
```

リスト10.3ではなにげなく利用してしまいましたが、メソッド全体をbegin...rescue...ensure命令でくくるようなケースでは、ちょっとした省略構文を利用できます。

リスト10.3のコードは、これまでの構文であれば以下のように表していたはずです。

```
def self.open(path, mode = 'r', perm = 0666)
  begin
    file = File.new(path, mode, perm)
    yield(file)
  ensure
    file.close if file
  end
end
```

しかし、begin／endがメソッド定義のdef／endと重なる場合には、begin／endを省略できるのです。わずかな違いですが、余計な階層が減ることでコードもすっきりするので、可能なシーンでは積極的に利用していきましょう。

> *note* メソッド定義と同じく、ブロックでもbegin...rescue...ensureの省略構文を利用可能です。ただし、省略構文を利用できるのはdo...endブロックのみです。{...}ブロックでの省略構文は利用**できない**ので要注意です。

◆クラス／モジュール定義でも可能

ちなみに、begin...rescue命令の省略構文は、クラス／モジュール定義でも可能です。

```
class Hoge
  ...クラス定義...
rescue StandardError => e
  ...例外時の処理...
ensure
  ...終了処理...
end
```

ただし、クラス／モジュール定義では、例外が発生した以降のメソッド定義は無視されます。一般的な用途で利用する機会はほとんどないはずです。

10.1.4 例外を発生させる —— raise命令

　例外は、標準で用意されたライブラリによって発生するばかりではありません。raise命令を利用することで、アプリ開発者が自ら例外を発生させることも可能です。

構文 raise命令

```
raise [exp] [,message]
```

exp	：例外クラス
message	：エラーメッセージ

　たとえばリスト10.5は、リスト8.2（p.363）のget_triangleメソッドに引数値検証を加え、不正な引数には例外を発生するようにしたものです。

▶リスト10.5　raise_basic.rb

```ruby
def get_triangle(base, height)
  raise TypeError, '引数baseは数値で指定します。' unless base.is_a?(Numeric)
  raise TypeError, '引数heightは数値で指定します。' unless height.is_a?(Numeric)
  raise RangeError, '引数baseは正数で指定します。' unless base > 0
  raise RangeError, '引数heightは正数で指定します。' unless height > 0
  base * height / 2.0
end
```

　この例であれば、

- 引数base、heightがNumeric（数値）型でなければTypeError例外
- 引数base、heightが正数でなければRangeError例外

を、それぞれ発生させています。一般的に、raise命令はなんらかのエラー判定（if／unless命令）とセットで利用されます。

　なお、ここではraise命令に引数exp、messageを渡していますが、片方を省略することも可能です。

```
raise TypeError ────────────────────────────────────❶
raise '引数heightは数値で指定します。' ─────────────────────❷
```

　❶の例ではメッセージを伴わないTypeError例外が送出され、❷の例では既定でRuntimeError例外が発生します。ただし、わずかなタイプ量を惜しんで、省略構文を利用することにはメリットはあ

りません（たとえばRangeErrorだけが返されて、引数base、heightの正しい範囲をどれだけの人が理解できるでしょうか）。

◆例外を発生させる場合の注意点
その他、構文規則ではありませんが、例外を発生させる場合には、以下の点にも留意してください。

（1）StandardError／RuntimeErrorなどの一般例外を発生させない
10.1.1項で触れたのと同じ理由から、StandardError／RuntimeErrorなどの例外を発生させるべきではありません。例外の種類を識別できるように、より詳細な（原因を意味する）例外を発生させるべきです（本書のサンプルでは便宜上、RuntimeErrorを発生させているものもありますが、あくまで簡単化のためです）。

上で、raise命令の省略構文を利用すべきでない、と述べたのも、同様の理由からです。

（2）できるだけ標準例外を利用する
自分で例外を発生させる場合にも、まずは標準の例外に適切なものがないかを確認してください。たとえば不正な引数が渡されたことを通知するために、InvalidArgsErrorのような独自例外を用意すべきではありません（独自例外の定義については次項で解説します）。標準でArgumentError例外が用意されているからです。

（3）例外を握りつぶさない
例外をその場で処理できないからと言って、以下のような空のrescue節を設置してはいけません。

```
begin
  ...例外が発生する可能性のある処理...
rescue
  # None
end
```

意図しない例外が発生した場合にも、なんら通知されないので、あとで問題の特定が困難になります。最低でも例外情報を出力し、（その場で例外を適切に処理する手段がないのであれば）そのまま例外を再送出するのが望ましいでしょう。

```
begin
  ...例外が発生する可能性のある処理...
rescue => e
  puts e.message
  raise
end
```

例外を再送出するには、単に「raise」とするだけです（例外型などは不要です）。これによって、現在の例外をそのまま呼び出し元に送出できます。

10.1.5 独自の例外クラス

例外クラスは、アプリ独自に定義することもできます。これまで見てきたように、begin...rescue命令は、発生した例外に応じて処理を振り分けることができるので、アプリ固有のビジネスロジックに起因する問題に対しては、適切な例外クラスを用意しておくのが望ましいでしょう（もちろん、標準例外で事足りるものは、そちらを優先すべきです）。

たとえばリスト10.6は、アプリレベルで発生した問題を表すMyAppError／MyInputErrorを定義する例です。

▶リスト10.6　rescue_custom.rb

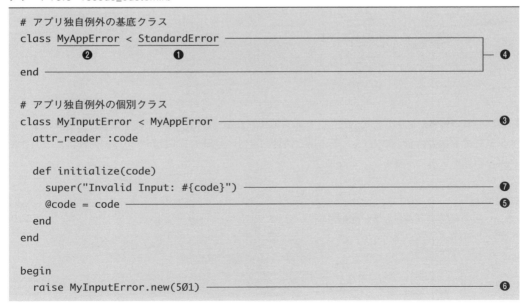

```ruby
# アプリ独自例外の基底クラス
class MyAppError < StandardError    ❷    ❶                      ❹
end

# アプリ独自例外の個別クラス
class MyInputError < MyAppError                                 ❸
  attr_reader :code

  def initialize(code)
    super("Invalid Input: #{code}")                            ❼
    @code = code                                               ❺
  end
end

begin
  raise MyInputError.new(5Ø1)                                  ❻
```

```
rescue MyAppError => e
  puts e.message              # 結果：Invalid Input: 501
end
```

　例外クラスを定義するには、以下の要件に従っておきます（❷❸は構文規則ではなく、お作法の範疇に属するものです）。

❶ 標準のStandardErrorクラス（またはその派生クラス）を継承すること

❷ クラス名の接尾辞はErrorとすること

❸ アプリが複数の例外を持つ場合は、アプリ独自例外の基底クラス（ここではMyAppError）を準備しておき、他の例外（ここではMyInputError）はこれを継承すること

　例外クラスそのものは通常のクラスと同じく、任意の要素（メソッドなど）を定義できますが、一般的にはシンプルに留めるべきです。具体的には、

❹ StandardError（またはその派生クラス）を継承するだけで、中身を空にする

❺ さもなくば、rescue節で例外処理する際のキーとなる最低限の情報だけを持たせる

ようにします。

　独自例外が独自の情報（ここでは@code）を持つ場合には、raiseメソッドの側でも（クラスではなく）インスタンスとして例外を渡す必要があります（❻）。

note ❼のように、独自情報から、既定のメッセージを組み立て、例外クラスに持たせることもできます（メッセージの設定はsuper経由で基底クラスに委ねます）。
　このような例外クラスを投げる場合に限っては、raiseのエラーメッセージ（引数message）を指定すべきではありません。raiseで指定されたエラーメッセージが、独自例外が用意したメッセージを上書きしてしまうからです。

練習問題　10.1

[1] rescue節を複数列記する場合に注意すべき点を説明してください。

[2] 例外を発生させる場合の注意点を「StandardError」「標準例外」「再送出」という言葉を用いて説明してください。

10.1.5 独自の例外クラス | **483**

10.2 特殊なクラス

本節では、これまで扱ってこなかった特殊なクラス —— オープンクラス、特異クラス（特異メソッド）、構造体について補足しておきます。特殊とはいえ、オープンクラスはRubyの特徴的な機能ですし、特異クラス、構造体についても本格的なアプリ開発でよく利用する重要な仕組みです。

10.2.1 オープンクラス

Rubyでは、定義済みのクラスに対して、後付けでメソッドを追加したり、既存のメソッドを上書きすることすら可能です。派生クラスとしてメソッドを追加するのではなく、元々のクラスに対して「あたかも元からあったものであるかのように」メソッドを追加するのです。このような仕組みを**オープンクラス**と呼びます。

オープンクラスはユーザー定義のクラスに対してだけではなく、Ruby標準のライブラリに対しても適用できます（たとえばRailsのActive Supportなどは、オープンクラスを利用して、標準のString／Timeなどにさまざまな便利機能を追加しています）。

◆オープンクラスの基本

まずは、オープンクラスの基本的な例として、標準的なStringクラスを拡張して、新たなtitlecaseメソッドを追加してみます。titlecaseメソッドは、文字列の先頭文字だけを大文字化したものを返します。

リスト10.7は、titlecaseメソッドの実装コードです。

▶リスト10.7　open_basic.rb

```ruby
class String
  def titlecase
    self[0].upcase + self[1..].downcase
  end
end

puts 'wInGs'.titlecase        # 結果：Wings
```

オープンクラスといっても、構文的には、これまでに学んできた一般的なクラス定義と変わるところはありません。class...end配下にdef...endでメソッドを定義するだけです。

既存の機能を上書きする場合も同様です。たとえばリスト10.8はString#stripメソッド（5.2.7項）

を上書きして、全角空白を含むすべての空白を文字列の前後から除去する例です（標準のstripメソッドでは全角空白は除去の対象外です）。

▶リスト10.8　open_patch.rb

```ruby
class String
  # オリジナルのstripメソッドを退避
  alias :strip_org :strip ─────────────────────────────── ❶

  # stripメソッドを上書き
  def strip
    gsub(/\A(\s|　)+|(\s|　)+\Z/, '')
  end
end

str = "　　Ruby\n\t　　　"
puts "「#{str.strip}」"            # 結果：「Ruby」
puts "「#{str.strip_org}」"        # 結果：「　Ruby⏎Tab　　　」
```

既存の機能を上書きすることを**モンキーパッチ**と呼びます。既存の実装になんらかのバグ、または機能的な不足がある場合に、モンキーパッチを当てることでより使いやすく改良できます。

なお、モンキーパッチに際して、オリジナルの機能が完全にアクセスできなくなってしまうのは望ましくないので、❶のようにエイリアス（alias）で退避しておくことをお勧めします。

> *note*　このようにオープンクラス（＋モンキーパッチ）は高い柔軟性を提供する仕組みです。しかし、それゆえに濫用は避けるべきです。そもそも、あなたが開発プロジェクトの標準的なライブラリを用意する立場にないのであれば、オープンクラスを利用すべきではありません。
> 特に、標準ライブラリの無制限な拡張は、混乱のもとです。似たような機能がいくつも乱立すれば、利用者は「どれを利用すべきか」から悩まなければならないでしょう。標準的な機能を期待した利用者にとっては、不用意なモンキーパッチはバグのもととなります（モンキーパッチを当てた途端に既存のコードが動かなくなるなどは、よくあることです）。

◆**影響範囲を限定する「Refinements」**

繰り返しですが、Rubyのオープンクラスは強力な仕組みです。特に標準ライブラリを拡張した場合、既存の機能が正しく動作しなくなるなどの危険があります。

そこでRuby 2.0以降では、**Refinements**という機能を利用することで、オープンクラスの影響範囲をファイル／クラスなどの範囲に限定できるようになりました。たとえばリスト10.9は、先ほどのtitlecaseメソッドを、Refinementsを使って書き換えた例です。

```
module MyString
  refine String do
    def titlecase
      self[0].upcase + self[1..].downcase
    end
  end
end
```

　Refinementsでは、オープンクラスの定義をmodule...end配下（モジュール）で定義します。モジュールについては10.3.1項で改めるので、まずは「class...endの代わりにmodule...endを利用する」と理解しておいてください。

　オープンクラスを定義するのは、refineメソッドの役割です。

構文 refineメソッド

```
refine(klass) { definition } -> Module
```

klass	：拡張するクラス
definition	：拡張する定義内容
戻り値	：ブロックで指定した機能を持つ無名のモジュール

　refineメソッドでは、拡張する対象（クラス）を引数klassとして指定し、拡張内容（メソッド定義）をブロック配下で列挙します。

　定義済みのRefinementsを適用するには、usingメソッドを利用します。ただし、usingする場所によって影響範囲が変化します。具体的な例を見てみましょう。

（1）トップレベルで有効化する

　まずは、トップレベルでusingした場合です（リスト10.10）。

▶リスト10.10　refine_top.rb

```
require_relative 'refine_def'

using MyString

puts 'wInGs'.titlecase          # 結果：Wings
```

　確かに、MyStringモジュールで定義されたtitlecaseメソッドが有効になっています。

　では、リスト10.11の例ではどうでしょう。MyStringをusingしたrefine_top.rbをインポートした例です。

```
require_relative 'refine_top'

puts 'rUbY'.titlecase    # 結果：エラー (undefined method `titlecase' for ~) ── ❶
```

今度は❶の呼び出しでNoMethodErrorエラーとなります。usingによる取り込みがファイルで閉じているわけです（標準的なオープンクラスは、アプリ全体で有効です）。

(2) class／module配下で有効化する

usingメソッドは、クラス／モジュールの配下でも利用できます（Ruby 2.1以降。リスト10.12）。

▶リスト10.12　refine_class.rb

```
require_relative 'refine_def'

class Hoge
  using MyString

  def show
    'rUbY'.titlecase
  end
end

class Hoge
  def show2
    'rUbY'.titlecase
  end
end                                                        ── ❸

puts Hoge.new.show        # 結果：Ruby ──────────────── ❶
puts 'rUbY'.titlecase     # 結果：エラー (NoMethodError) ── ❷
puts Hoge.new.show2       # 結果：エラー (NoMethodError) ── ❹
```

Hogeクラスの配下でMyStringモジュールをusingしているので（太字部分）、拡張されたtitlecaseメソッドの有効範囲はHogeクラスの配下だけです。確かに、Hogeクラス経由で呼び出された場合は正しく動作すること（❶）、Hogeクラスの外からの呼び出し（❷）にはエラーとなることが確認できます。

なお、「Hogeクラス配下のみ」の意味に要注意です。❸のようにオープンクラスとしてHogeを再定義した場合、再定義されたHogeではRefinementsは有効には**なりません**（❹）。Refinementsの有効範囲は、usingされたクラス定義の配下だけです。

10

オブジェクト指向プログラミング　応用

本文の説明ではクラス定義を例にしていますが、モジュールの場合も同様です。

10.2.2 特異メソッド／特異クラス

メソッドはクラスに対して追加するばかりではありません。いったん作成したインスタンスに対して、あとからメソッドを追加することもできます。これを**特異メソッド**と言います。

たとえばリスト10.13は、Personインスタンスに対して、あとから特異メソッドshow_nameを追加する例です。

▶リスト10.13　eigen_basic.rb

```ruby
class Person
  ...中略...
end

ps = Person.new('山田太郎', 18)
ps2 = Person.new('鈴木次郎', 25)

# インスタンスpsにshow_nameメソッドを追加
def ps.show_name                                        ─┐
  puts "名前は#{name}です。"                                │ ❶
end                                                     ─┘

ps.show_name        # 結果：名前は山田太郎です。              ─┐
ps2.show_name       # 結果：エラー (undefined method `show_name' for ~) ─┘ ❷
```

特異メソッド（❶）では、名前部分を「インスタンス名.メソッド名」（太字部分）で表すのがポイントです。

確かに、インスタンスps経由では、正しく特異メソッドshow_nameを呼び出せていること、ps2からは呼び出せ**ない**こと（❷）を確認してください（図10.3）。

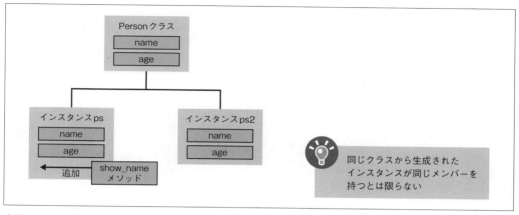

❖図10.3　特異メソッド

　型に厳密な —— たとえばJavaやC#のような言語に慣れた人にとっては、「同一のクラスをもとに
生成されたインスタンスは同一のメンバーを持つ」のが常識ですが、Rubyの世界では、

**同一のクラスをもとに生成されたインスタンスであっても、
それぞれが持つ変数が同一であるとは限らない**

ということです。

◆特異メソッドが属するクラス

　特異メソッドも、メソッドの一種である以上、なんらかのクラスに属しているはずです。しかし、
おおもとのPersonクラスではありません。対象となるインスタンス専用のクラスが暗黙的に生成さ
れます（これを**特異クラス**と言います）。

　おおもとのクラスとインスタンスとの間に、暗黙的な派生クラスのようなものが割り込んでいるわ
けです（図10.4）。

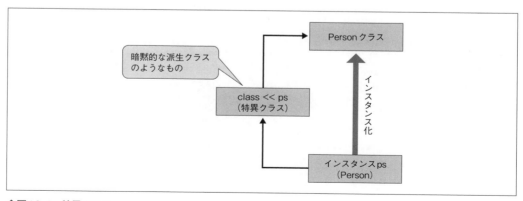

❖図10.4　特異クラス

特異クラスは、特異メソッドを生成することで動的に生成されるので、まずは意識しなくてもかまいません。ただし、明示的に特異クラスを宣言することも可能です。リスト10.13の❶を、特異クラスを使って書き換えてみましょう（リスト10.14）。

▶リスト10.14　eigen_class.rb

```
class << ps
  def show_name
    puts "名前は#{name}です。"
  end
end
```

特異クラスの一般的な構文は、以下の通りです。

構文 特異クラス

```
class << 対象のオブジェクト
  ...クラスの定義...
end
```

特異クラスの配下では、一般的なインスタンスメソッドを定義することで、特異メソッドとなります。
　同一のオブジェクトに対して、特異メソッドを複数定義したい場合には、特異クラスを利用することで、まとまりがはっきりしますし、「ps.」の分だけ（わずかですが）個々のメソッドの記述が簡単化します。

◆ クラスメソッドと特異メソッド

9.1.6項では、説明なしに「self.名前」でクラスメソッドを定義しましたが、特異メソッドを理解すると、双方の構文が似ていると思いませんか。
　その通り、クラスメソッドもまた、特異メソッドの一種です。その理解で、クラスメソッドの構文を再読してみましょう。リスト10.15は、リスト9.9のコードを再掲したものです。

▶リスト10.15　classmethod_basic.rb

```
class Area
  def self.circle(radius)
    radius * radius * 3.14
  end
end
```

class...endの直下では、selfは（インスタンスではなく）クラスそのものを指します。よって、「self.circle」とは「クラスに属するcircleメソッド」を指すわけです。あえてより明確に表すならば「Area.circle」としても同じ意味です（クラス名が変更になったときにメソッド定義にも影響するので、良い書き方ではありません！）。

ということで、より厳密には、Rubyにはクラスメソッドという仕組みは存在しません。クラスに属する特異メソッドを定義することで、クラスメソッドに見立てているのです。

> **note** Rubyのドキュメントでも、クラスリファレンスを確認すると、特異メソッドというカテゴリーが見て取れます（図10.A）。これは、いわゆるクラスメソッドのことなので、わかりにくいという人は読み替えてみるとよいでしょう。

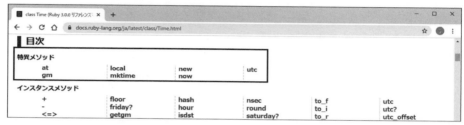

❖図10.A　Timeクラスのドキュメント

クラスメソッドが特異メソッドであると理解できてしまえば、リスト10.16のような記述が可能であることも容易に理解できるでしょう。

▶リスト10.16　eigen_class2.rb

```ruby
class Area
  # 台形の面積を求める
  class << self
    def trapezoid(upper, lower, height)
      (upper + lower) * height / 2
    end
  end
end

# 三角形の面積を求める
class << Area
  def triangle(base, height)
    base * height / 2
  end
end
```

❶

❷

```
# 菱形の面積を求める
def Area.diamond(width, height) ──────────────────┐
  width * height / 2                              ├─ ❸
end ──────────────────────────────────────────────┘

puts Area.trapezoid(7, 5, 3)        # 結果：18
puts Area.triangle(5, 2)            # 結果：5
puts Area.diamond(3, 6)             # 結果：9
```

　まず、❶はAreaクラス内部で特異クラスを定義する例です。先ほども触れたように、class...end直下では「self＝クラス」なので、太字部分は「<< Area」と表しても同じ意味です（ただし、先ほども触れた理由からそうすべきではありません）。階層構造は深くなりますが、クラスメソッドが数ある場合には、まとまりが明確になります。

　❷❸は、クラスメソッド（特異メソッド）を、本来のクラス定義とは別に記述するパターンです。後付けでクラスメソッドを追加したい場合の書き方ですが、あまり利用することはないかもしれません。❷は特異クラス経由で、❸はトップレベルで直接に、それぞれ定義しています。

> **note** 特異クラスを利用した場合には、public／privateによる呼び出し制限も可能になります（9.1.7項ではprivate_class_methodを利用していました）。インスタンスメソッドと同じように記述できるので、コードの見通しも改善します。

```
class Area
  class << self
    private
      ...中略...
  end
end
```

10.2.3 構造体（Struct）

　一般的なクラスとは、データ（インスタンス変数）と関連する機能（メソッド）の集合体です。しかし、実際のアプリではデータ（の集合）だけを扱うクラスが一定数存在します。そこでRubyでは、そのようなクラスを表現するための専用の仕組みを用意しています。それが**構造体（Struct）**です。

　構造体を利用することで、以下のようなメリットがあります。

（1）基本メソッドを自動生成してくれる

具体的には、以下のような基本機能を自動生成してくれます。

- new（initialize）
- ==（10.4.2項）
- hash、eql?（10.4.3項）
- to_s、inspect（10.4.1項）

また、構造体で定義されたインスタンス変数（**フィールド**とも言います）には、アクセサーメソッドも準備されます。

（2）メンバーを走査するためのメソッドを用意している

（1）のような基本メソッドのほかにも、Enumerableモジュール（6.4.1項）が提供するメソッドをはじめ、表10.2のようなメソッドをあらかじめ備えています。

❖表10.2　構造体の主なメソッド

メソッド	概要
`members`	全メンバーの名前を取得（クラスメソッド）
`length`	全メンバーの個数を取得
`dig`	入れ子のオブジェクトを再帰的に参照（6.3.3項）
`each`	全メンバーの値を順に取得
`each_pair`	全メンバーの名前／値を順に取得
`to_a`	全メンバーの値を配列として取得
`to_h`	全メンバーを「名前 => 値」形式のハッシュとして取得

（3）メソッドは自由に追加できる

あらかじめ用意されているメソッドばかりではありません。これまでのclass命令と同じく、def命令で独自のメソッドを追加してもかまいません。

以上のようなメリットからも、いわゆるデータクラスなのであれば、構造体は積極的に利用していくことをお勧めします。

◆ 構造体の基本

では、具体的な例も見ていきます。たとえばリスト10.17は、9.2.1項で扱ったPersonクラスを構造体として実装し直す例です。

10

オブジェクト指向プログラミング

応用

▶リスト10.17　struct_basic.rb

```
Person = Struct.new(:name, :age) ─────────────────────────── ❶

ps1 = Person.new('佐藤幸助', 18) ─────────────────────┐
ps2 = Person.new('佐藤幸助', 18) ─────────────────────┴─ ❷
puts ps1              # 結果：#<struct Person name="佐藤幸助", age=18> ─┐
puts ps1.name         # 結果：佐藤幸助                        ├─ ❸
puts ps1 == ps2       # 結果：true ─────────────────────┘
```

構造体を生成するには、Struct::new メソッドを呼び出すだけです（❶）。

new メソッド

```
new(*args, keyword_init: false) -> Class
```

args	：メンバーの名前（シンボル）
keyword_init	：キーワード引数で初期化するか
戻り値	：新しいStruct派生クラス

　よくある初期化ですが、new メソッドの戻り値は、（構造体のインスタンスではなく）Struct 派生クラスである点に注意してください。戻り値の代入先が構造体の名前になるので、命名も大文字始まり（Pascal形式）としておきます。

　つまり、これで name ／ age フィールドを持つ Person 構造体が定義されたということです。生成された構造体は、これまでと同じく new メソッドでインスタンス化します（❷）。引数の順序は、Struct::new メソッドの記述順に従います。

　生成された構造体のインスタンスが、個々のフィールドにアクセスでき、「==」演算子でも比較できることを確認してみましょう（❸）。インスタンスをそのまま puts メソッドに渡した場合に、

```
#<struct 名前 フィールド名= 値, ...>
```

の形式で、具体的な情報を出力してくれる点にも注目です。

> *note* フィールドには「.」演算子でのアクセスのほか、ブラケット構文でハッシュのようにアクセスすることも可能です。
>
> ```
> puts ps1[:name]
> ```

◆構造体を生成する際の注意点

このように、基本的な構造体を生成するのはごく簡単ですが、それでも注意すべき点がいくつかあります。以下に、主なものをまとめておきます。

（1）独自のメソッドを追加する

本項冒頭でも触れたように、構造体には独自のメソッドを追加することも可能です。リスト10.18のように、ブロック配下でメソッド定義を列挙するだけです。

▶リスト10.18　struct_method.rb

```
Person = Struct.new(:name, :age) do
  def show
    puts "私の名前は#{name}、#{age}歳です！"
  end
end
```

Struct::newメソッドの戻り値がStruct派生クラス（＝構造体もクラスの一種）であることを理解していれば、以下のような記述も可能に思えるかもしれません。

```
class Person < Struct.new(:name, :age)
  ...showメソッドの定義...
end
```

しかし、この方法では暗黙的に生成されたStruct派生クラスにPersonと、クラス階層が無用に増えます。意味がないということは、誤り（誤解）を招く原因ともなります。まずはStruct::newした構造体は継承しない、を基本としてください。

（2）Struct::newメソッドに文字列は利用しない

Struct::newメソッドの引数には、文字列を利用することも可能です。しかし、そうするべきではありません。というのも、第1引数の文字列はフィールド名ではなく、構造体の名前と見なされるからです。

```
Struct.new('Person', 'name', 'age')
        構造体の名前
```

これは一般的に誤解を招きやすいコードですし、文字列／シンボルでの挙動の違いを記憶するよりも、Struct::newメソッドの引数はシンボルで表す、とわりきったほうがはるかに建設的です。

（3）キーワード引数の既定値はnil

Struct::newメソッドでkeyword_init引数をtrueとすることで、キーワード引数で初期化できる構造体を生成できます（リスト10.19）。

▶リスト10.19　struct_keyword.rb

```
Person = Struct.new(:name, :age, keyword_init: true)

ps = Person.new(name: '鈴木次郎')
puts ps          # 結果：#<struct Person name="鈴木次郎", age=nil>
```

ただし、キーワード引数の既定値を指定することはできません（省略されたキーワード引数は、そのままnilとなるだけです）。

キーワード引数に既定値を持たせたいならば、Struct::newメソッドのブロックパラメーターでinitializeメソッドを再定義してください（リスト10.20）。

▶リスト10.20　struct_keyword_init.rb

```
Person = Struct.new(:name, :age, keyword_init: true) do
  def initialize(name: '権兵衛', age: 10)
    super
  end
end
```

練習問題　10.2

[1] 特異クラスの構文を利用して、Areaクラスにクラスメソッドtriangleを追加してみましょう。triangleは引数base（底辺）、height（高さ）を元に、三角形の面積を求めるメソッドです。

[2] 構造体Articleを作成して、すべてのメンバー名／値を列挙してみましょう。Article構造体はurl（URL）、title（記事名）フィールドを持つものとします（インスタンス化する際の値は、なんでもかまいません）。

10.3 モジュール

モジュールとは、再利用可能なコード（メソッド／定数）を束ねるための仕組み —— そう言ってしまうと、「クラスと同じではないか」と思われるかもしれませんが、クラスに比べると、以下のような制約があります。

- インスタンスを生成できない
- 継承できない

「断片的なクラス」と言ってもよいかもしれません。そんなモジュールをどのように使うのか。具体的には、以下のような用途があります。

- アプリ共通の機能を束ね、特定のクラスにインクルードする（ミックスイン）
- 共通の関数メソッド／定数を束ねる
- 名前空間を定義する

本節では、これらさまざまな用途を順に説明していきます。

10.3.1 モジュールの基本

まずは、具体的な例を見てみましょう。リスト10.21は、show_attr メソッドを定義した Loggable モジュールを準備し、これを Person クラスに組み込んだ例です。

▶リスト10.21　module_basic.rb

```
module Loggable
  # 現在のインスタンスの内容を列挙
  def show_attr
    instance_variables.each do |name|
      puts "#{name}：#{instance_variable_get(name)}"           ❶
    end
  end
end


class Person
  # モジュールを組み込み
  include Loggable                                            ❷
```

```
  attr_reader :name, :age

  def initialize(name, age)
    @name = name
    @age = age
  end
end

ps = Person.new('山田次郎', 32)
ps.show_attr ──────────────────────────────── ❸
```

実行結果

```
@name：山田次郎
@age：32
```

モジュールを定義するには、module命令を利用します（❶）。

構文 module命令

```
module モジュール名
  ...モジュール本体の定義...
end
```

module...end 配下の構文は、ほぼclass...endのそれに準じます。この例であれば、現在のインスタンスの中身を列挙するためのshow_attr メソッドを定義しています（instance_variablesはインスタンス変数の名前群を、instance_variable_getは指定されたインスタンス変数の値を、それぞれ返します）。

ただし、Loggableそのものはインスタンス変数を持たないので、それ単体ではshow_attr メソッドは意味をなしません（そもそもモジュールは自身をインスタンス化できません）。

では、どうするのか。include メソッドを使ってクラスに取り込みます（これを**インクルード**する、と言います❷）。カンマ区切りで列挙することで、複数のモジュールをまとめてインクルードすることもできます。

構文 includeメソッド

```
include(*module) -> self
```

```
module：モジュール名
戻り値 ：インクルード元のクラス
```

これでLoggableモジュールがPersonクラスに組み込まれました。Loggableモジュールで定義された show_attr メソッドが、Personインスタンス経由で呼び出せることが確認できます（❸）。

◆ モジュールが必要な理由

　ただし、リスト9.14（p.441）のような例であれば、継承でまかなえるのではないかと思う人もいるかもしれません。

　その通りです。しかし、図10.5のようなケースではどうでしょう。BusinessPersonクラスがLoggableの機能を取り込みたい状況です。

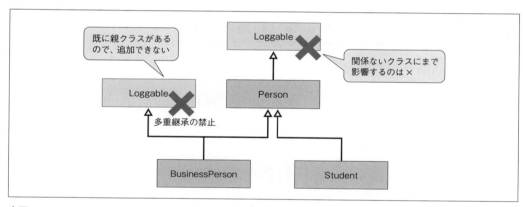

❖図10.5　BusinessPersonにLoggableを追加したい場合

　BusinessPersonがすでにPersonを継承しているので、追加でLoggableを継承することはできません（多重継承の禁止）。

　上位のPersonが、代わってLoggableを継承することもできますが、BusinessPersonでしか必要ない機能を上位のクラスにまでばらまくのは、当然ながら望ましくありません。そもそも、その方法はさらにHogeableのような、別のクラスを組み込もうとしたところで破綻します。

　そこでモジュールです。モジュールであれば、クラス階層からは独立しているので、特定の機能を割り込ませることは自由です。BusinessPersonクラスがどのような親クラスを持つにせよ、新たにLoggableモジュールをインクルードする妨げにはなりません（図10.6）。要求される機能が複数ある場合にも、モジュールであればいわゆる多重継承が許されています。

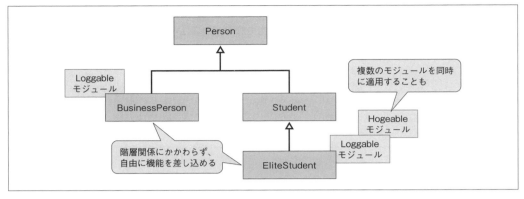

❖図10.6　モジュールを利用することで…

　このようにモジュールを利用した多重継承の技法のことを**ミックスイン**と呼びます。たとえば標準ライブラリでも、Array、HashなどのクラスはEnumerableモジュール（6.4.1項）をミックスインすることで、共通的な繰り返し処理を実装しています。

10.3.2　インスタンスの拡張（特異メソッド）

　モジュールを組み込めるのは、クラスだけではありません。インスタンスの特異メソッドとして組み込むことも可能です。

　たとえばリスト10.22は、@nameの値をもとに自己紹介するIntroableモジュールの例です。

▶リスト10.22　module_eigen.rb

```ruby
module Introable
  def introduce
    puts "私の名前は#{name}です。"
  end
end

class Person
  ...中略（リスト9.14：inherit_basic.rbを参照）...
end

ps1 = Person.new('山田次郎', 32)
ps1.extend Introable                                              ❶
ps1.introduce          # 結果：私の名前は山田次郎です。            ❷
ps2 = Person.new('鈴木次郎', 23)
ps2.introduce          # 結果：エラー（undefined method `introduce' for 〜） ❸
```

インスタンスにモジュールを組み込むには、extendメソッドを利用します（❶）。

---

extend(*modules) -> self

modules：インクルードするモジュール
戻り値　 ：自身のインスタンス

引数modulesは可変長引数なので、カンマ区切りで複数のモジュールをまとめてインクルードすることも可能です。

確かに、extendしたインスタンスps1ではIntroable（introduce）が有効になっていること（❷）、別に作成したインスタンスps2ではintroduceメソッドを呼び出せ**ない**こと（❸）を確認してください。

◆ クラスの拡張

extendメソッドを利用することで、クラスにも特異メソッドを追加できます（リスト10.23）。クラスの特異メソッドとは、つまり、クラスメソッド（9.1.6項）です。

▶リスト10.23　module_eigen_class.rb

```ruby
module Introable
  ...中略（リスト1Ø.22：module_eigen.rbを参照）...
end

class Person
  extend Introable
  attr_accessor :name, :age

  def initialize(name, age)
    @name = name
    @age = age
  end
end

Person.introduce        # 結果：私の名前はPersonです。
```

introduceメソッドはPersonクラス（インスタンスではありません！）のnameメソッドを参照するので、今度はクラス名を表示します。

10 オブジェクト指向プログラミング 応用

10.3.3　モジュール関数

　モジュールは、「クラスメソッド」を束ねるために利用することもできます。標準ライブラリであればMathモジュールが代表的な例です。絶対値、平方根、三角関数といった標準的な数学処理を、「クラスメソッド」として1つのモジュールで束ねています（図10.7）。トップレベルのメソッドとして定義しても、もちろんかまいませんが、関連した機能を1つのモジュールにまとめることで、「目的の機能を探しやすい」「コードを読んだときにもその意図がわかりやすい」などのメリットがあります。

　このようなモジュール配下にまとめられた「クラスメソッド」のことを**モジュール関数**と言います。

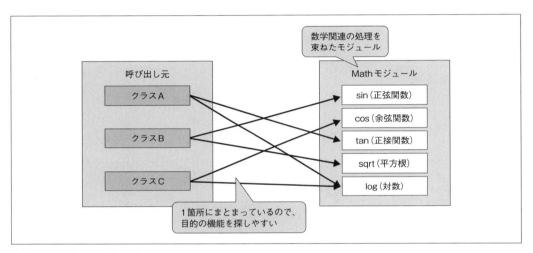

❖図10.7　Mathモジュール

　リスト10.24は、Areaモジュールを定義し、配下にモジュール関数としてtriangle、circleをまとめる例です。

▶リスト10.24　module_func.rb

```
module Area
  module_function ─────────────────────────────────────────── ❶

  def triangle(base, height)
    base * height / 2.0
  end

  def circle(radius)
    radius * radius * 3.14
```

```
  end
end

puts Area.triangle(10, 2)          # 結果：10.0 ─────────────────┐
puts Area.circle(5)                # 結果：78.5 ─────────────────┤ ❷
```

　モジュール関数を定義するには、module...end配下でmodule_functionメソッドを呼び出すだけです（❶）。これで以降のメソッドはすべてモジュール関数と見なされます。

　別解として、メソッドを定義してから、以下のようにモジュール関数化すべきメソッドを列記してもかまいません（モジュール配下の特定のメソッドだけをモジュール関数とする場合には、こちらの記法を利用します）。

```
module Area
  # メソッド定義
  def triangle(base, height) ... end
  def circle(radius) ... end
  # メソッドをモジュール関数化
  module_function :triangle, :circle
end
```

　モジュール関数は、クラスメソッドと同じく「モジュール.メソッド名(...)」の形式で呼び出せます（❷）。あるいは、includeメソッドでモジュールをインクルードすれば、以下のようにメソッド名だけで呼び出すことも可能です。複数のモジュール関数を呼び出す場合には、こちらの書き方のほうがわずかながらコードがシンプルになります。

```
include Area

puts triangle(10, 2)
puts circle(5)
```

 エキスパートに訊く

Q： モジュール関数は、定義も呼び出しもほとんどクラスメソッドと同じものに見えます。であれば、クラスメソッドとして書いてもかまわないのでしょうか。

A： いいえ。そのクラスがクラスメソッドしか持たないのであれば、モジュール関数として定義すべきです。
　　　　というのも、クラスメソッドしか持たないクラスではインスタンス化は不要ですし、無駄なインスタンスだけ生成できてしまう状態はむしろ有害です。

10
オブジェクト指向プログラミング 応用

もちろん、インスタンスを抑止するために、以下のようなコードを書いてもかまいません。

```
class Area
  private_class_method :new
    ...中略...
end
```

ただし、これは無意味な冗長さです。インスタンス化しないことがあらかじめわかっているならば、最初からモジュールを利用すれば十分ですし、「インスタンス化しない」意思を明確に示している分、読みやすいコードとなります。

◆ 別解 モジュールの特異メソッド

モジュール関数の実体は、モジュールの特異メソッドです。とすれば、リスト10.24のAreaモジュールを、リスト10.25のように表してもかまわないことは容易に理解できます。

▶リスト10.25　module_func2.rb

```
module Area
  def self.triangle(base, height) ... end
  def self.circle(radius) ... end
end
```

これでもリスト10.24は正しく動作します。しかし、厳密には、モジュール関数（module_function）と、モジュールの特異メソッドは異なるものです。というのも、module_functionは、より正しくは、

指定のメソッドに対して、プライベートメソッドとモジュールの特異メソッドを同時に定義する

ためのメソッドです。ポイントは「プライベートメソッド」の部分で、リスト10.24のAreaモジュールは、リスト10.26のようにも利用できます。

▶リスト10.26　module_func3.rb

```
class MyClass
  # Areaモジュールをインクルード
  include Area
  # プライベートメソッドtriangleを利用
  def show
    puts "三角形の面積：#{triangle(10, 2)}"
```

```
    end
  end
```

　しかし、リスト10.25のAreaでは上のコードは動作しません。triangleはモジュールの特異メソッドですが、プライベートメソッドではないからです。

10.3.4 名前空間

　名前空間とは、クラスやメソッドの「名字や所属のようなもの」です。たとえば会社の中に何人もの「太郎」さんがいたとします。このような場合に「太郎さん」と呼んでも、どの太郎さんであるかがわかりません（図10.8）。しかし、「鈴木太郎さん」「山田太郎さん」と呼べば、どの太郎さんかがわかるでしょう。もし、同姓同名の「山田太郎さん」が複数いたとしても、「システム開発部の山田太郎さん」「営業第二部の山田太郎さん」と言えばどの太郎さんか、ほぼ確実に特定できるはずです。

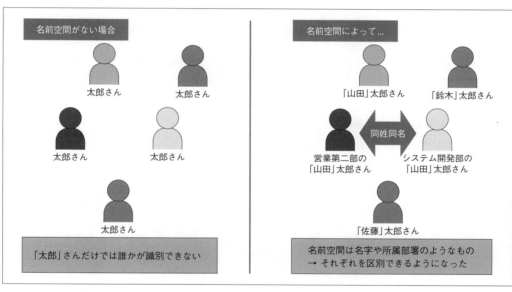

❖図10.8　名前空間の必要性

　このような名字や所属のような「くくり」を表現するのが、名前空間です。ここまでにもたくさんのクラスを定義してきました。多くのクラスを利用し、自分でも作成していると、名前が思わぬところで衝突することがあります。

　そこである程度の規模のアプリ／ライブラリを作成する場合には、これを名前空間の配下にまとめてしまうことをお勧めします。名前空間を利用することで、たとえば「Wings名前空間に属するPersonクラス」と「MyApp名前空間に属するPersonクラス」のように、同名のクラスを別ものとして区別できるようになります。

◆ 名前空間の基本

ただし、Rubyには名前空間を表すための専用構文はありません。モジュールを名前空間として利用するだけです。

たとえばリスト10.27は、MyApp名前空間（モジュール）配下のPersonクラスを定義する例です。

▶リスト10.27 module_ns.rb

```
module MyApp
  class Person ─────────────────────────────────────────
    attr_accessor :name, :age

    def initialize(name, age)                                        ❶
      @name = name
      @age = age
    end
  end ───────────────────────────────────────────────
end

p MyApp::Person.new('山田太郎', 35) ───────────────────── ❷
    # 結果：#<MyApp::Person:0x0000000000062fc7f8 @name="山田太郎", @age=35>
```

名前空間配下でクラスを定義するといっても、なんら特別な構文はいりません。モジュール配下でクラスを定義するだけです（❶）。

もしもより大きなアプリで、名前空間そのものに階層を持たせたいならば、module...endを入れ子にしてもかまいません。以下の例であれば、MyApp名前空間配下の、Config名前空間配下にPersonクラスを定義しています。

```
module MyApp
  module Config
    class Person ... end
  end
end
```

名前空間に属するクラスを参照するには「名前空間::クラス名」のように「::」で連結します（❷）。クラス／モジュール定義が定数定義であると考えれば、ある意味当然ですね。名前空間が階層を持つ場合にも「MyApp::Config::Person」とするだけです。

構文規則ではありませんが、.rbファイルのフォルダー構造は名前空間の階層に準ずることをお勧めします。たとえばMyApp::Config::Personクラスであれば、/my_app/config/person.rbのように、です（ただし、本項のサンプルは簡単化のため、/chap10フォルダー配下にまとめて格納しています）。このようにすることで、名前空間／クラスが増えた場合にも、目的のファイルを見つけやすくなります。たとえば図10.Bは、GitHubにおけるRailsのリポジトリです。膨大なライブラリが名前空間（フォルダー）で分類されて、見通しよく整理されていることが確認できます。

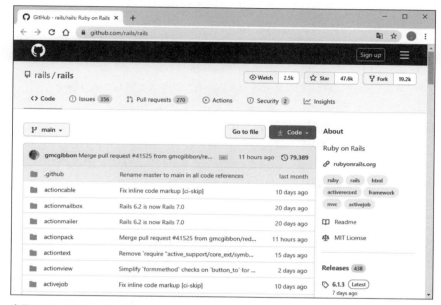

❖図10.B　GitHub上でのRailsリポジトリ（`https://github.com/rails/rails`）

名前空間には名前の識別というだけでなく、アプリを構成する種々の機能を分類／整理する、という目的もあるのです。

◆モジュール定数

クラスの場合と同じく、モジュールでも定数を定義できます（クラスもまた、定数の一種であることを考えれば、当然です）。たとえばリスト10.28は、Areaモジュールに定数PI（円周率）と、これを参照するcircleメソッドを定義した例です。

▶リスト10.28　module_const.rb

```ruby
module Area
  # 定数を定義
  PI = 3.14159265359
```

```
  module_function
  # 定数を参照するモジュール関数
  def circle(radius)
    radius * radius * PI
  end
end

puts Area::PI                # 結果：3.14159265359 ──────────────────── ❶
puts Area.circle(5)          # 結果：78.53981633975
```

「モジュール名::定数」の形式でアクセスできる点も、クラスと同じです（❶）。

◆名前空間付きクラスを個別に定義する

名前空間の階層が深くなると、module／classの入れ子も増えてコードが見にくくなります。そこで、すでに名前空間（モジュール）が定義されている場合には、リスト10.29のように「モジュール名::クラス名」とすることで独立したクラス定義も可能です。

▶リスト10.29　module_nest.rb

```
module MyApp
end

class MyApp::Person
  ...中略...
end
```

入れ子のモジュールをまとめて記述する場合も同様です。

```
module MyApp::Config
  class Person
    ...中略...
  end
end
```

◆名前の解決

ネストされたクラス／モジュール間で、名前が衝突した場合の優先順位は少し複雑です。リスト10.30に、具体的な例とともに確認していきましょう。

```
VALUE = 'Top'

class MyParent
  VALUE = 'MyParent' ──────────────────────────────────────────── ❸
end

module MyModule
  VALUE = 'MyModule' ──────────────────────────────────────────── ❷

  class MyChild < MyParent
    VALUE = 'MyChild' ──────────────────────────────────────────── ❶

    def self.show
      VALUE
    end
  end
end

puts MyModule::MyChild.show        # 結果：MyChild
```

結論から言うと、ネストされたクラス／モジュール内の定数は、以下の順序で検索されます。

- 現在のクラス
- ネストの外側の定数
- 継承関係で上位クラスの定数
- トップレベルの定数

トップレベルの定数は「ネストの外側」とは見なされず、最終的な参照先になる点に注目です。この例であれば、❶❷❸をコメントアウトすることで、表10.3のような結果の変化を確認できます。

❖表10.3　リスト10.30の実行結果

コメントアウト	結果
なし	MyChild
❶	MyModule
❶+❷	MyParent
❶+❷+❸	Top

　もちろん、「MyParent::VALUE」「MyModule::VALUE」のようにすることで、参照すべき定数を特定することも可能です。トップレベルの定数を参照するならば「::VALUE」です。

note クラスの場合も同様です。具体的な例については、配布サンプルからmodule_priority2.rbを参照してください。

10.3.5 メソッドの探索順序

　継承／モジュール／特異クラス…とオブジェクト指向構文に関わる諸要素が、これで出そろったことになります。ここで互いの関連性を整理する意味で、メソッドが呼び出されたときに、どのような順序で検索されているのかを確認してみましょう。

　ここで扱うのは、リスト10.31のようなクラス／モジュールです（もちろん、関連する要素間では名前の重複そのものを極力避けるべきで、あくまで説明のためのサンプルです）。

▶リスト10.31　module_list.rb

```ruby
module MyModule
  def hoge
    puts 'MyModule'
  end
end

module MyModule2
  def hoge
    puts 'MyModule2'
  end
end

class MyParent
  def hoge
    puts 'MyParent'
  end
end

class MyChild < MyParent
  include MyModule          ─────────────────────────┐
  include MyModule2         ─────────────────────────┤ ❶

  def hoge
    puts 'MyChild'
  end
end
```

```
c = MyChild.new

class << c
  def hoge
    puts 'MyChild_eigen'
  end
end

c.hoge          # 結果：MyChild_eigen
```

この例では、図10.9のようなクラス／オブジェクトの関係が形成されたことになります。

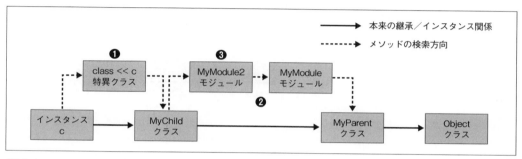

❖図10.9　メソッドの探索順序

　ポイントは、以下の通りです（実際の挙動は、サンプルのhogeメソッドを下位 ── ここでは特異クラスcの側から順にコメントアウトしていくことで確認できます）。

❶ 特異クラスは、インスタンスと本来のクラスとの間に疑似的に挟まる
❷ モジュールは、現在のクラスと親クラスとの間に疑似的に挟まる
❸ 複数のモジュールをインクルードした場合、あとのモジュールが優先される

　ただし、❷はincludeメソッドを利用した場合です。prependメソッドを利用することで、モジュールの組み込み順序そのものを変更することも可能です。たとえばリスト10.31の❶を以下のように書き換えてみましょう。

```
prepend MyModule
prepend MyModule2
```

　この場合、クラス／オブジェクトの関係は、図10.10のように変化します。

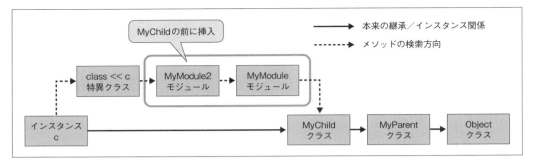

❖図10.10　メソッドの探索順序（prependの場合）

　モジュールがクラスの下位に挟まるような形になります。つまり、インクルード元のクラスのメソッドよりもモジュールのメソッドが優先して検索されるということです。

　一方、モジュール同士の、あとに記述されたものがあとにインクルードされるという関係は、include／prependともに変わりありません。

> note prependは、既存メソッドの挙動を置き換えたい場合などに利用できます。ただし、一般的にprependの挙動は、継承関係をわかりにくくするものです。利用にあたっては、他の方法で代替できないかを検討してください。

◆ 補足 継承関係を確認するためのメソッド

　クラス／モジュールの関係がわかりにくくなってきた場合、Rubyでは、これらの情報を実行時に取得するための手段（メソッド）を提供しています（表10.4）。

❖表10.4　クラス／モジュール関係を取得するメソッド

メソッド	概要
ancestors	上位のクラス／メソッドを取得（メソッド参照順）
superclass	直接の親クラス
included_modules	インクルード済みのモジュール

　これまでの理解を前提にしつつも、開発時に参照順序などで混乱した場合には、これらのメソッドも積極的に活用／確認していくことをお勧めします（リスト10.32）。

▶リスト10.32　module_list.rb

```
p MyChild.ancestors   # 結果：[MyChild, MyModule2, MyModule, MyParent, Object, ⏎
                               Kernel, BasicObject]
p MyChild.superclass           # 結果：MyParent
p MyChild.included_modules     # 結果：[MyModule2, MyModule, Kernel]
```

◆メソッドが検索できなかった場合

図10.9（p.511）でも見たように、メソッド検索の最上位はObjectクラス（正しくはBaseObjectクラス）です。ただし、メソッド検索の旅はBaseObjectクラスが終着点ではありません。

最上位クラスまでさかのぼってもメソッドが見つからなかった場合、Rubyは再び最下位のクラスまで戻って、今度はmethod_missingメソッドを検索します。method_missingは、名前の通り、メソッドが存在しなかった場合に呼び出されるメソッドです。Rubyは最下位から再び今度はmethod_missingメソッドを検索し、見つかったところでその内容を実行します。

階層ツリー内でmethod_missingメソッドが存在しない場合には、最終的にBasicObjectクラスの標準実装が実行されます。以下は、標準実装のコードです（BasicObject#method_missingはC言語で実装されているので、あくまで疑似的なコードです）。

```
def method_missing(name, *args)
  raise NoMethodError,
    "undefined method `#{name}` for #{self}"
end
```

method_missingメソッドの引数は、元々呼び出されたメソッドの名前（name）、その引数（args）です。標準実装では、これらの情報をもとにNoMethodError例外（と、そのメッセージ）を組み立て、発生させているわけです。

独自の機能をmethod_missingに割り当てる例については11.2.5項でも触れるので、あわせて参照してください。

10.3.6　補足 Kernelモジュール

普段は意識することがありませんが、日常のコーディングを縁の下で支えるモジュールとして、Kernelモジュールがあります。Kernelモジュールで定義されている主なメソッドには、表10.5のようなものがあります。

❖表10.5　Kernelモジュールの主なメソッド

__dir__	__method__	autoload	binding	block_given?	caller
catch	eval	gets	lambda	load	loop
p	pp	print	printf	proc	raise
require	require_relative				

これまで何度も見てきたメソッドです。そして、これらのメソッドは関数的メソッド（5.1.3項）とも呼ばれ、レシーバー抜きでどこからでも呼び出せます。

ここまではなんとなくお世話になってきた関数的メソッド（Kernelモジュール）ですが、モ

ジュール、継承などの概念を理解したところで、どのような仕組みで動作しているのかを深堀りしておくことにしましょう。

◆ Objectクラスは Kernel モジュールをインクルードする

まず、Kernelモジュールは Objectクラスからインクルードされています（図10.11）。

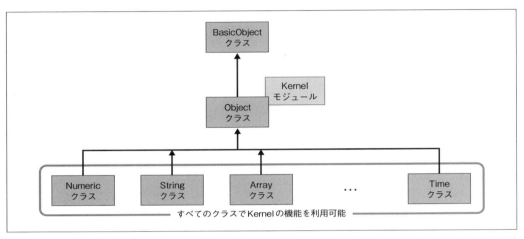

❖図10.11　Kernelモジュール

Objectクラスは、ほとんどのクラスの親とも言うべきルートクラスなので、すべてのクラスから Kernelモジュールの機能を利用できます。レシーバーを省略できるのも、同一クラスのメンバーへのアクセスであるからです。

◆ トップレベルの正体

では、トップレベルからも Kernelモジュールにアクセスできるのはなぜでしょうか。この疑問に答えるには、トップレベルの正体を知る必要があります。

ここで再登場するのが疑似変数selfです。selfは、文脈（＝呼び出した場所）によって指すものも変化する一種不可思議な変数です。10.2.2項、10.3.3項などでも触れたように、たとえばインスタンスメソッドの配下では「self＝インスタンス」ですし、クラス定義（class...end）の直下、またはクラスメソッドの配下ではクラスそのものを指します。

では、トップレベルでのselfはなにを指すでしょうか。

```
p self         # 結果：main
p self.class   # 結果：Object
```

結果はmainという名前のObjectオブジェクトです。トップ
レベルとは、Objectクラスのインスタンスであったわけです
（図10.12）。トップレベルでもKernelモジュールの機能にアク
セスできる、これが理由です。

ちなみに、トップレベルで定義されたメソッドは、同じく
Objectクラスのprivateメソッドとして定義されます（「Object
クラス」であって、トップレベルの「main」ではありませ
ん）。繰り返しですが、ほとんどのクラスはObjectクラスを継
承するので、トップレベルメソッドは、そのままユーザー定義
クラスの配下でも参照が可能となっています。

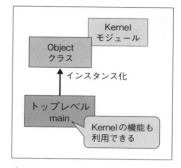

❖図10.12　トップレベル

　クラスを宣言する際に基底クラス（< ...）を省略した場合に、暗黙的に継承されるのがObjectクラ
スです。ほとんどのクラスは直接／間接を問わず、最終的にObjectクラスを上位に持つという意味
で、Objectクラスはクラスのルートとも言えるでしょう。

　Objectクラスでは、表10.6のようなメソッドを提供しています（つまり、派生クラスが意図して
破棄していない限り、これらのメソッドは共通して利用できます）。ただし、これらのメソッドをそ
のまま利用することはあまりなく、必要に応じて、派生クラスでオーバーライドするのが一般的です。

❖表10.6　Objectクラスの主なメソッド

メソッド	概要
==	オブジェクト同士が等しいかを判定
clone／dup	オブジェクトの複製を作成
eql?	オブジェクト同士が等しいかを判定（ハッシュのキー判定に利用）
hash	ハッシュ値を生成
initialize_copy	複製時に利用される初期化メソッド
inspect	オブジェクトの文字列表現を取得（pメソッドで利用）
to_s	オブジェクトの文字列表現を取得

　以降では、それぞれの実装例を見ていきます。

10

オブジェクト指向プログラミング

応用

to_sメソッドは、可能であれば、すべてのクラスで実装すべきです。オブジェクトの適切な文字列表現を用意しておくことで、ロギング／単体テストなどの局面でも、

```
puts obj
```

とすることで、オブジェクトの概要を確認できるというメリットがあります（putsメソッドにオブジェクトを渡した場合、内部的にはto_sメソッドが呼ばれます）。

Objectクラスによる既定の実装では、「#<Person:0x00000000063214e0>」のような値が返されます。

リスト10.33は、Personクラスに対してto_sメソッドを実装する例です。

▶リスト10.33　reserve_str.rb

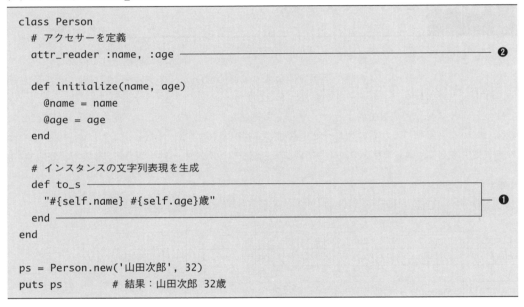

```
class Person
  # アクセサーを定義
  attr_reader :name, :age                                                    ❷

  def initialize(name, age)
    @name = name
    @age = age
  end

  # インスタンスの文字列表現を生成
  def to_s
    "#{self.name} #{self.age}歳"                                             ❶
  end
end

ps = Person.new('山田次郎', 32)
puts ps          # 結果：山田次郎 32歳
```

to_sメソッドを実装する際には、そのクラスを特徴づける情報（インスタンス変数）を選別して文字列化するのがポイントです（❶）。すべてのインスタンス変数を書き出すのが目的ではありません。

また、to_sメソッドで利用したインスタンス変数は、個別のゲッターでも取得できるように配慮してください（❷）。さもないと、利用者は個別の情報を取り出すために、to_sメソッドの戻り値を解析しなければならないハメに陥るからです。

◆デバッグ用の文字列を取得する

to_sメソッドによく似たメソッドとして、inspectメソッドもあります。ただし、こちらはデバッグ用途を想定した文字列を返すことが期待されており、一般的にはto_sメソッドよりも詳細な情報を返します（pメソッドにオブジェクトを渡した場合、内部的にはinspectメソッドが呼ばれます）。

表10.7に、主なクラスについて、to_s／inspectメソッドでの戻り値をまとめておきます。

❖表10.7　to_s／inspectメソッドの戻り値（例）

型	to_s	inspect
Object	#<Person:0x000000000636a190>	#<Person:0x000000000636a190 @name="Rio", @age=18>
NilClass	—	nil
Integer	108	108
String	hoge`Tab`foo	"hoge\t foo"
Rational	1/5	(1/5)
Regexp	(?i-mx:[a-z])	/[a-z]/i

リスト10.34に、Personクラスにinspectメソッドを実装する例も示しておきます（コードそのものに特筆すべき点はありません）。

▶リスト10.34　reserve_str.rb

```ruby
def inspect
  "#{self.class.name} #{self.name}(#{self.age})"
end
```

10.4.2 オブジェクト同士が等しいかどうかを判定する

==メソッドは、オブジェクトの同値性（3.3.4項）を判定するためのメソッドです。Objectクラスが既定で用意している==メソッドでは、同一性（＝参照が同じオブジェクトを示していること）を確認するにすぎません。意味ある値としての等値を判定したい場合には、個別のクラスで==メソッドをオーバーライドしてください。

ちなみに、同一性を確認するのはequal?メソッドの役割です。こちらはObject#equal?メソッドをそのまま利用すればよいので、再定義してはいけません。

 note 「==」をメソッドというと違和感を感じるかもしれませんが、Rubyの世界では演算子のように見えるものもメソッドです。詳しくは10.5節で改めます。

具体的な例も見てみましょう。リスト10.35は、インスタンス変数name／ageを持つPersonクラスに、==メソッドを実装する例です。

▶リスト10.35　reserve_eq.rb

```
class Person
  attr_reader :name, :age

  def initialize(name, age)
    @name = name
    @age = age
  end

  # 氏／名ともに等しければ同値とする
  def ==(other)
    if other.instance_of?(Person) ─────────────────────────── ❶
      return self.name == other.name && self.age == other.age ───── ❷
    end
    false
  end
end

ps1 = Person.new('山田次郎', 32)
ps2 = Person.new('鈴木三郎', 18)
ps3 = Person.new('山田次郎', 32)
puts ps1 == ps2                # 結果：false
puts ps1 == ps3                # 結果：true
puts ps1 == '山田次郎'          # 結果：false（型が異なる）
```

同値性の判定は、以下の段階を踏みます。

まず、❶では比較の対象（引数other）がPerson型であるかを判定します。型が異なれば等しくないのは明らかなので、そのままfalseを返します。

型が一致している場合には、name／ageそれぞれの値を比較し、双方とも等しい場合に「==」メソッド全体をtrue（等しい）と判断します（❷）。

ここでは、すべてのインスタンス変数を判定の対象としているので、❷は以下のように書き換えても同じ意味です。

```
return instance_variables.all? do |var|
  instance_variable_get(var) == other.instance_variable_get(var)
end
```

instance_variablesはすべてのインスタンス変数（シンボル）を配列として、instance_variable_getは指定のインスタンス変数の値を、それぞれ取得するためのメソッドです。この例では、all?メソッド（6.1.13項）ですべてのインスタンス変数を走査し、すべての値が等しい場合に「==」メソッド全体としてもtrueを返すようにします。

<h2>10.4.3 オブジェクトのハッシュ値を取得する</h2>

hashメソッドは、オブジェクトのハッシュ値 —— オブジェクトのデータをもとに生成されたInteger値を返します。ハッシュ表（Hash）で値を正しく管理するための情報で、「同値のオブジェクトは同じハッシュ値を返すこと」が期待されています。

> note 一方、異なるオブジェクトに対して、必ずしも異なるハッシュ値を返さなくてもかまいません。よって、hashメソッドが固定値を返しても誤りではありません。しかし、ハッシュ表の性質上、そのようなオブジェクトはハッシュ表の検索効率が悪化します（図10.C）。ハッシュ値は適度に分散するように算出すべきです。

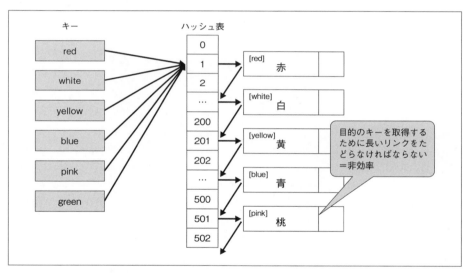

❖図10.C　ハッシュ値が偏っていると…

では、具体的な実装例を見てみましょう（リスト10.36）。

▶リスト10.36　reserve_hash.rb

```ruby
class Person
  # ゲッターを準備
  attr_reader :name, :age ─────────────────────────────────── ❸

  def initialize(name, age)
    @name = name
    @age = age
    # インスタンスを固定化
    freeze ──────────────────────────────────────────────── ❻
  end

  # 同値性の判定（リスト1Ø.35：reserve_eq.rbを参照）
  def ==(other)
    ...中略...
  end

  # ハッシュ値の算出
  def hash ───────────────────────────────────────────
    @name.hash ^ @age.hash                                      ❶
  end ────────────────────────────────────────────────

  # キーの同値性を判定
  def eql?(other) ────────────────────────────────────
    self == other                                              ❷
  end ────────────────────────────────────────────────

  # クラスを固定化
  freeze ────────────────────────────────────────────────── ❺
end

ps = Person.new('山田太郎', 35)
h = { ps => '男' } ─────────────────────────────────────
puts h[ps]          # 結果：男 ──────────────────────────── ❹
```

　Hashのキーとして利用できるクラスを定義する場合、以下のポイントを押さえておきましょう。単に、hashメソッドを再定義するだけでは不十分です。

❶hashメソッドを実装する

hashメソッドの実装そのものはシンプルです。オブジェクトの同値判定に関わる情報（インスタンス変数）のハッシュ値を求め、その排他的論理和を取るだけです。

❷eql?メソッドを実装する

eql?メソッドは「==」メソッドにも似ていますが、キーの一致判定で利用されます。ただし一般的には、リスト10.36のように「==」メソッドを呼び出せば十分です。

独自の実装を求められるのは、インスタンスの同値ルールとキーの同値ルールとが異なる場合です（たとえばInteger／Floatクラスが好例で、1と1.0とは同値ですが、キーとしては別ものです）。そのような場合には、以下のようにeql?メソッドを実装してください。

```
def eql?(other)
  if other.instance_of?(Person)
    return self.name.eql?(other.name) && self.age.eql?(other.age)
  end
  false
end
```

「型の一致を確認」し、「同値判定に関わるインスタンス変数をeql?メソッドで判定する」流れはeql?実装のイディオムです。

❸〜❻インスタンスを不変にする

❶❷で最低限ハッシュのキーとして利用できますが、まだ不十分です。というのも、ハッシュのキーとなるオブジェクトでは、

生存期間中、ハッシュ値が変動してはならない（＝不変でなければならない）

からです。

たとえばPersonクラスの値（name／age）を変更できたら、どうでしょう。以下は、❹を書き換えたコードです（元となるPersonクラスのnameはあらかじめ設定可能にしておくものとします）。

```
h = { ps => '男' }
ps.name = '鈴木修'
puts h[ps]
```

h[ps]の戻り値はnilとなります。ハッシュ値が格納の前後で変化してしまったので、目的のキーを検出できなくなってしまったのです。このような問題を避けるには、インスタンスを不変にすべきです。

具体的には、アクセサーはゲッターのみとし（❸）、クラス／インスタンスを変更できないよう

freezeしておきます（❺❻）。7.5.3項などで触れたような理由から、厳密には不変ではありませんが、一般的な用途であれば十分でしょう。

10.4.4 オブジェクトを複製する

オブジェクトの複製を生成するにはclone／dupメソッドを利用します。6.1.9項では配列を例に示しましたが、clone／dupはObjectクラスで定義されたメソッドなので、ユーザー定義クラスを含むすべてのクラスで利用できます。

リスト10.37で、Personクラス（リスト10.36）を例に確認してみましょう。

▶リスト10.37　reserve_clone.rb

```ruby
class Person
  attr_accessor :name, :age
  ...中略...
end

p1 = Person.new('山田', 25)
p2 = p1.clone
                                                                          ❶
p p1        # 結果：#<Person:0x0000000000063a12d0 @name="山田", @age=25>
p p2        # 結果：#<Person:0x0000000000063a1208 @name="山田", @age=25>
```

確かに、object_idが異なり（＝別のオブジェクトで）、配下の値が一致している（＝複製されている）ことが確認できます。

ただし、clone／dupメソッドによる複製はシャローコピーです。つまり、配下のメンバーへの破壊的変更は互いに影響を及ぼします。たとえば以下は、❶の箇所に追加したコードと、実行結果です。

```ruby
p2.name.reverse!
```

実行結果

```
#<Person:0x0000000000064412d0 @name="田山", @age=25>
#<Person:0x0000000000006441208 @name="田山", @age=25>
```

name／ageなどのインスタンス変数は参照をコピーしただけなので、コピー先p2への変更はそのままコピー元p1にも影響してしまうわけです。

もちろん、以下のようなコードであれば、オブジェクトそのものをすげ替えているので、コピー元には影響しません。

```
p2.name = '田中'
```

ユーザー定義クラスで、これを避けるにはinitialize_copyメソッドをオーバーライドしてください（リスト10.38）。

▶リスト10.38　reserve_clone.rb

```
class Person
  ...中略...
  def initialize_clone(obj)
    self.name = obj.name.clone
  end
end
```

initialize_copyメソッドは、clone／dupメソッドを実行したときに内部的に呼び出されます。このメソッドで、個々のメンバーを複製することで、配下も含めたディープコピーを実現しているわけです。age（整数）はイミュータブルな型なので、手動での複製は不要です。

サンプルを実行すると、今度はreserve!による処理がコピー元p1に影響**しない**ことが確認できます。

```
#<Person:0x00000000064c9e50 @name="山田", @age=25>
#<Person:0x00000000064c9ce8 @name="田山", @age=25>
```

10.4.5　オブジェクトをパターンマッチングする

既定では、ユーザー定義クラスをcase...in命令（パターンマッチング）に渡すことはできません。パターンマッチング（4.1.6項）でユーザー定義クラスを解析し、クラス内部の情報を取得するには、deconstruct／deconstruct_keysメソッドを利用します。

リスト10.39は、Personクラス（リスト10.36）をパターンマッチング対応するための例です。

▶リスト10.39　reserve_deconstruct.rb

```
class Person
  ...中略...
```

```
  # 配列形式のパターンマッチングで利用
  def deconstruct
    [name, age]
  end

  # ハッシュ形式のパターンマッチングで利用
  def deconstruct_keys(keys) ─────────────────────────────── ❷
    { name: name, age: age }
  end
end

case Person.new('山田太郎', 18) ──────────────────────────── ❸
  in [name, 18] ──────────────────────────────────────────── ❶
    puts name
end         # 結果：山田太郎
```

　deconstructは配列形式のパターンマッチングを、deconstruct_keysはハッシュ形式のパターンマッチングを、それぞれ試みた場合に呼び出されるメソッドです。戻り値が実際のパターンマッチングで用いられる値となります（よって、deconstructは配列を返し、deconstruct_keysはハッシュを返す必要があります）。

　たとえば❶の例であれば、deconstructメソッドが呼び出され、['山田太郎', 18]のような配列が生成された結果、コード全体の結果は「山田太郎」となります。これを、

```
in { name:, age: 18 }
```

のように書き換えると、今度はdeconstruct_keysメソッドが呼び出され、{ name: '山田太郎', age: 18 }のようなハッシュが生成されます（実行結果は変わりません）。

note deconstruct_keysメソッドの引数keys（❷）は、パターンマッチングでin条件値の側に書かれたキーの配列を表します。たとえば、以下のように利用します。

```
def deconstruct_keys(keys)
  {
    name: (name if keys.include?(:name)),
    age: (age if keys.include?(:age))
  }
end
```

取得のためのオーバーヘッドが高い値の場合は、引数keysの内容を確認することで、不要な演算をスキップできるため、処理効率が改善します（当然、今回のPersonクラスの例でkeysチェックをする意味はありません）。

◆型を明示したパターン

ユーザー定義クラスをパターンマッチングの対象にすると、あいまいな点が出てきます。リスト10.39❸を以下のように書き換えてみましょう。

```
case ['山田太郎', 18]
```

基本的な配列マッチングなので、もちろんマッチします（結果も変わりません）。つまり、配列とPersonオブジェクトとが区別できていないのです。これを避けるために、型名(値, ...)の形式で型を明示することも可能です（リスト10.40）。

▶リスト10.40　reserve_deconstruct_type.rb

```
case Person.new('山田太郎', 18)
  in Person(name, 18)
    puts "#{name} Person"
  in Array(name, 18)
    puts "#{name} Array"
  in Hash(name: , age: 18)
    puts "#{name} Hash"
end          # 結果：山田太郎 Person
```

丸カッコの代わりに、以下のようにブラケットを利用してもかまいません。

```
in Array[name, 18]
```

また、以下のように型名が入れ子になったような表現も可能です（以下であれば、Personオブジェクト、整数値から構成される配列を意味します）。

```
Array(Person('山田', 18), 256)
```

10.4.6　オブジェクトを反復処理する

Array／Hashのように、オブジェクトをコレクションとして利用したい（＝繰り返しのための機能をオブジェクトに持たせたい）ならば、Enumerableモジュールをインクルードするのが基本です。本書でも、オブジェクトの基本操作という観点から、本項でまとめて実装方法を紹介しておきます。

たとえばリスト10.41は、Prime（素数）クラスの例です。Primeクラスは、インスタンス変数@maxを持ち、インスタンスを列挙することで、@maxを上限とする素数を出力できるものとします（素数判定のコードは8.4.3項もあわせて参照してください）。

▶リスト10.41　reserve_enum.rb

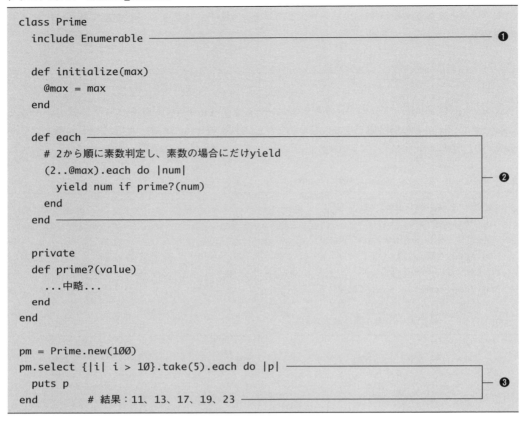

```
class Prime
  include Enumerable ──────────────────────────────────────────── ❶

  def initialize(max)
    @max = max
  end

  def each
    # 2から順に素数判定し、素数の場合にだけyield
    (2..@max).each do |num|
      yield num if prime?(num)
    end                                                             ❷
  end

  private
  def prime?(value)
    ...中略...
  end
end

pm = Prime.new(100)
pm.select {|i| i > 10}.take(5).each do |p|
  puts p                                                            ❸
end            # 結果：11、13、17、19、23
```

　Enumerableモジュール（❶）をインクルードするには、インクルード元のクラスでeachメソッドを実装するだけです（❷の例では、2〜@maxの範囲で素数のものを順にyieldしています）。

　確かに、❸でも（eachはもちろん）Enumerableの機能 ── select／takeなどが有効になっていることを確認してください。

◆ 補足 EnumerableよりもEnumerator

　Enumerableは便利なモジュールですが、無条件にEnumerableに頼るのは考えものです。たとえばPersonクラスが@name、@age、@nicknames（愛称の配列）を持つ場合、@nicknamesを列挙する目的でEnumerableモジュールをインクルードするのは誤解を招きます（Personオブジェクトの目的は、愛称を列挙することではないはずです）。

　そのような場合には、each_nicknamesのようなメソッドを実装し、Enumeratorクラスを返すようにすることをお勧めします（リスト10.42）。

```
class Person
  def initialize(name, age, nicknames)
    @name = name
    @age = age
    @nicknames = nicknames
  end

  # @nicknamesを列挙するメソッド
  def each_nicknames
    # ブロックが渡されない場合はEnumeratorを生成
    return enum_for(__method__) unless block_given? ──────────────── ❶
    # ブロックが渡された場合には本来の列挙処理
    @nicknames.each do |nickname|
      yield nickname
    end
  end
end

ps = Person.new('山田太郎', 28,
  ['たろくん', 'やまさん', 'やまちゃん' ])
ps.each_nicknames.select {|m| m.start_with?('やま') }.each do |m|
  puts m
end          # 結果：やまさん、やまちゃん
```

　each_nicknamesメソッドでのポイントは、❶です。ブロックが与えられなかった場合に、Enumeratorメソッドを返すようにします。__method__は現在のメソッドを表し、enum_forメソッドは名前をキーにEnumeratorオブジェクトを生成します。

練習問題　10.3

　[1] Articleクラスに＝＝、to_sメソッドを実装してみましょう。要件は以下の通りです。

- インスタンス変数@url、@titleと、対応するゲッターを持つこと
- インスタンス変数は、対応する引数付きの初期化メソッドで初期化できること
- @urlが等しいArticleは等しいと見なす
- to_sメソッドは「記事名（URL）」形式の文字列を返す

10.5 演算子の再定義

これまでにも何度か触れているように、Rubyの演算子はメソッドです。よって、一部の例外を除いてはユーザー定義クラスでの再定義が可能です（たとえば10.4.3項で見た == メソッドが好例です）。再定義が可能な演算子は、表10.8の通りです。

❖表10.8　再定義が可能な演算子

|	^	&	<=>	==	===	=~	>	>=	<	<=	<<	>>	+	−
*	/	%	**	~	+@	−@	[]	[]=	`	!	!=	!~		

> *note*　「+@」「−@」は単項プラス／マイナスを意味します（+5、−10など、単独で数値の符号を表すための演算子です）。二項演算子である「+」「−」と区別するために、メソッドを定義する際には「@」付きで名前を表記します。

ただし、すべての演算子を再定義できるわけではありません。表10.9に、再定義不可の演算子についてもまとめておきます（「+=」「−=」などの自己代入演算子も「=」の一種なので、再定義できません）。

❖表10.9　再定義できない演算子

=	?:	..	...	not	&&	and	||	or	::

では、以下に具体的な例とともに、主な演算子を再定義してみます。

10.5.1　オブジェクトを四則演算する

Rubyでは「+」「−」のような代数演算子も再定義できます。たとえばリスト10.43は、Coordinate（座標）クラスにおいて「+」演算子を再定義しています。Coordinateクラスはインスタンス変数として x、y を持ち、「+」演算子は x、y それぞれを加算した結果を返すものとします。

▶リスト10.43　reserve_add.rb

```ruby
class Coordinate
  attr_reader :x, :y

  def initialize(x, y)
    @x = x
```

```
    @y = y
  end

  # Coordinate同士の加算
  def +(other)
    Coordinate.new( ─────────────────────────────┐
      self.x + other.x,                            │
      self.y + other.y                             ├─── ❶
    ) ─────────────────────────────────────────────┘
  end

  def to_s
    "(#{self.x}, #{self.y})"
  end
end

c1 = Coordinate.new(10, 20)
c2 = Coordinate.new(15, 25)
puts c1 + c2          # 結果：(25, 45)
```

「+」演算子によってオペランドには影響が出ないよう、あくまで加算結果は新規のインスタンスとして返すようにします（❶）。

◆異なる型との演算も可能

もちろん、Coordinate同士の加算だけでなく、Coordinate型＋Integer／Float型のような演算も可能です（リスト10.44）。

▶リスト10.44　reserve_add2.rb

```
class Coordinate
  ...中略...
  def +(other)
    case other
      # Coordinate同士の加算
      when Coordinate
        Coordinate.new(
          self.x + other.x,
          self.y + other.y
        )
      # Coordinate+Integer、Coordinate+Floatの加算
      when Integer, Float
        Coordinate.new(
```

```
        self.x + other,
        self.y + other
      )
    else
      raise TypeError, 'type must be Coordinate or Integer, Float.'
    end
  end
  ...中略...
end

c1 = Coordinate.new(10, 20)
c2 = Coordinate.new(15, 25)
puts c1 + c2          # 結果：(25, 45)
puts c1 + 3           # 結果：(13, 23)
puts c1 + 10.5        # 結果：(20.5, 30.5)
```

when節の挙動は、渡された型によって変化するのでした。クラス型の値を渡したこの例では、case命令に渡された式をkind_of?メソッド（9.4.1項）で判定します。型によって処理を分岐する場合によく使われる表現です。

> 📝note 本節冒頭でも触れたように、算術演算子と代入演算子の組み合わせである自己代入演算子（「+=」など）を再定義することはできません。ただし、「+」演算子の再定義によって「+=」演算子も動作するので、これが制約になることはほとんどないでしょう。
> たとえばリスト10.44で「c1 += c2」は正しく動作します（自己代入なので、c1が変化します）。

10.5.2 オブジェクト同士を比較する

「>」「<=」などの比較演算子を再定義することで、オブジェクト同士の大小を比較することもできます。

たとえばリスト10.45は、Coordinateクラスを例に大小比較をまとめて実装します。Coordinate（座標）の大小は原点からの距離の大小で決まるものとします。

▶リスト10.45　reserve_compare.rb

```
class Coordinate
  # 比較モジュールを有効化
  include Comparable ──────────────────────────────────── ❷
  attr_reader :x, :y
```

```
  ...中略...
  # 比較判定メソッド
  def <=>(other)
    if other.instance_of?(Coordinate)
      self.x ** 2 + self.y ** 2 <=> other.x ** 2 + other.y ** 2
    end
  end
  ...中略...
end

c1 = Coordinate.new(10, 20)
c2 = Coordinate.new(15, 25)
c3 = Coordinate.new(20, 10)
puts c1 > c2          # 結果：false
puts c1 == c3         # 結果：true
```
❶

　比較演算子を実装する場合、「<」「<=」など個々の演算子を直接再定義することも可能ですが、そうすべきではありません。

　Rubyでは、「<=>」演算子を再定義し（❶）、Comparableモジュールをインクルードするだけで（❷）、「<」「<=」「==」「>=」「>」などの比較演算子がまとめて再定義されるからです。

　「<=>」演算子は値の大小を比較するための基本演算子なのでした。以前にも触れていますが、戻り値のルールを再掲しておきます（「X <=> Y」の場合）。

- XがYより大きければ正数
- XとYが等しいならば0
- XがYより小さければ負数
- XとYとが比較できなければnil

　よって、演算子の再定義に際しても比較する値を数値化して、その値を<=>演算子で比較するのが一般的です。

　❶であれば、原点－座標間の距離を大小の基準としているので、三平方の定理から「$x^2 + y^2$」としています（正しくはその平方根ですが、比較用途であれば平方根まで求める必要はありません）。

> note 6.1.14項で解説したArray#sortメソッドも、実は「<=>」演算子によって要素を比較します。よって、リスト10.45のCoordinateクラスも「<=>」演算子を再定義したことで、以下のような操作が可能になります（ブロックによる比較ルールの定義は不要です）。
>
> ```
> p [c1, c2, c3].sort
> ```

☑ この章の理解度チェック

[1] 以下の文章は本章で学んだ機能について説明したものです。正しいものには○、誤っているものには×を付けてください。

( )　rescue節は、発生した例外がrescue節のそれと一致した場合にだけ実行される。

( )　オープンクラスは、自作のクラス、または明示的に許可されたクラスでのみ利用可能である。

( )　例外を捕捉する場合には、多くの例外を捕捉できるように、できるだけ上位階層の例外を指定すべきである。

( )　to_sメソッドでは、そのクラスを特徴づける情報を選別して文字列化すべきで、すべての情報を網羅するのが目的ではない。

( )　クラスと同様、1つのクラスが複数のモジュールをインクルードすることはできない。

[2] 以下のコードは、greetメソッドを提供するMyApp::AppGreetableモジュールと、これを利用するMyClassクラスの例です。greetメソッドは、インクルード先のクラスが持つ@nameの値を元に、「こんにちは、●○さん！」というメッセージを生成するものとします。
空欄を埋めて、コードを完成させてください。

▶ex_module.rb

```
  ①   MyApp
    ①   Greetable
    def  ②
      "こんにちは、#{@name}さん！"
    end
  end
end


class MyClass
    ③
  attr_reader :name

  def initialize(name)
      ④
  end
end


cls =   ⑤
puts cls.greet          # 結果：こんにちは、鈴木三郎さん！
```

[3] 本章で学んだ構文を利用して、以下のようなコードを書いてみましょう。

① アプリ独自の例外クラスMyAppErrorを定義する（中身は空）

② Personクラス（リスト10.33）のインスタンスpsに、後付けでgreetメソッドを追加する。greetメソッドは@nameをもとに「こんにちは、●○さん！」という文字列を返す（Personクラスの定義は省略してかまいません）

③ 構造体Bookを定義（title、priceフィールドを持つこと）

④ モジュール関数circleを定義する（circleメソッドは引数radius（半径）をもとに円の半径を求めます）

⑤ Refinementsの仕組みを使って、Stringクラスに先頭の1文字を取得するfirstメソッドを追加する

Column ▶ **Rubyの「べからず」なコードを洗い出す ── RuboCop**

RuboCop（`https://github.com/rubocop/rubocop`）は、Rubyのコードに含まれる「べからず」な箇所を検出するためのツールです（**静的コード解析ツール**と言います）。文法／構文エラーではないが、そのように書くべきではないコードを検出することで、コードの可読性を高めると共に、潜在的なバグの原因となる要素を防ぎます。

RuboCopはVSCodeにも対応しており、有効にすることでコードを編集中に問題となるコードを指摘してくれます。たとえば図10.Dはクラス名がPascal形式になっていない場合の警告例です。

```
🍎 sample.rb 2 ✕
column > 🍎 sample.rb
   1   class person
   2     def     class or module name must be a constant literal
   3       @n    (Using Ruby 2.5 parser; configure using `TargetRubyVersion`
   4       @a    parameter, under `AllCops`) Lint/Syntax
   5     end
   6   end   問題の表示 (Alt+F8)   利用できるクイックフィックスはありません
```

❖図10.D　コードの問題をリアルタイムに検出

RuboCopは、gemコマンドでインストールできます。

```
> gem install rubocop
```

インストールに成功したら、VSCodeでRuboCopを有効化します。これには、[ファイル] メニューから [ユーザー設定] → [設定] をクリックします。[設定] 画面が開くので、その [拡張機能] → [Ruby] を選択、[Lint] 欄の [settings.json] リンクをクリックし、settings.jsonを開きます。以下のようにコードを編集してください。

```
{
    ...中略...
    "ruby.intellisense": "rubyLocate",
    "ruby.lint": {"rubocop": true}
}
```

あとはp.470（スタイルガイド）のルールに反するようなコードを書いて、図10.Dのような警告が表示されることを確認してください。

534

11

高度なプログラミング

最終章となる本章では、これまでの章では扱いきれなかった、以下の機能について取り上げます。

- マルチスレッド処理
- メタプログラミング

落ち穂拾い的な章ですが、いずれの話題も、本格的なアプリ開発には欠かせない知識ばかりです。基本的な用法だけでもきちんと理解しておきましょう。

11.1 マルチスレッド処理

スレッド（Thread）とは、プログラムを実行する処理の最小単位です。既定で、アプリはメインスレッドと呼ばれる単一のスレッド（**シングルスレッド**）で動作しています（図11.1）。ざっくり言うと、rubyコマンドで起動したスレッドです。

ただし、本格的なアプリでは、シングルスレッドだけでは事足りない状況があります。たとえば、ネットワーク通信を伴う処理です。ネットワーク通信は、一般的に、アプリ（メモリ）内部の動作に比べると、圧倒的に時間を食います。そして、シングルスレッドの環境下では、アプリの利用者は次の操作を、通信が終了するまで待たなければなりません。これは、利便性などという言葉を持ち出すまでもなく、望ましい状態ではありません。

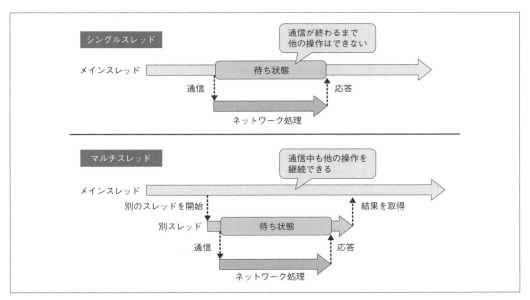

❖図11.1　スレッド

そこでRubyでは、（メインスレッドだけでなく）複数のスレッドを並行して実行するための仕組みを持っています。これを**マルチスレッド**と言います。マルチスレッドを利用することで、たとえばネットワーク通信のように時間のかかる処理をバックグラウンドで実施し、アプリ利用者はメインスレッド上で処理を継続できるようになります。

> *note* より正しくは、Rubyでは複数スレッドの同時実行を許していません。以前のライブラリとの互換性を保つのが目的で、GVL（Giant VM Lock）と呼ばれるロック機構によって、一度に実行されるスレッドが常に1つになるよう制限しているのです。
> ただし、ネットワーク通信のように入出力によるブロックが発生するような状況では、このロックが例外的に解除されます。その場合には、複数のスレッドが並列に実行されるので、アプリ全体としても処理の高速化が期待できます。

> *note* スレッドと同じく処理単位を表す概念としては、**プロセス**もあります。相互の関係としては、1つのプロセスに対して、1つ以上のスレッドが属するという関係です。プロセスは、いわゆるプログラムのインスタンスそのものであり、新たなプロセスの起動にはCPUとメモリの割り当てが必要になります。その性質上、独立したメモリ空間を必要としない状況では、メモリの消費効率がよくありません。
> 対して、スレッドとはメモリ空間を共有しながら処理だけを分離する仕組みです。その性質上、メモリの消費効率はよくなりますが、反面、スレッド間でデータを共有している場合に、同時アクセス（競合）を意識しなければなりません。これについては、11.1.5項で改めて触れます。

11.1.1 スレッドの実行／生成

新たなスレッドを生成／実行するには、Thread::newメソッドを利用します。たとえばリスト11.1は、新たに生成した3個のスレッドhoge／foo／barで、それぞれ0〜4の範囲でカウントアップした結果を表示します（図11.2）。

▶リスト11.1　thread_basic.rb

```ruby
# スレッドを格納するための配列
threads = []

# hoge／foo／barという名前のスレッドを順に生成
for name in %w(hoge foo bar)
  # 生成したスレッドを配列に追加
  threads << Thread.new(name) { |name|
    5.times do |i|
      puts "Thread #{name}: #{i}"
      sleep rand
    end
  }
```

❶

11

高度なプログラミング

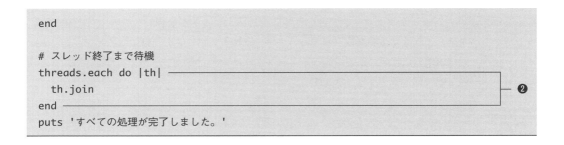

```
end

# スレッド終了まで待機
threads.each do |th|
  th.join                                                    ❷
end
puts 'すべての処理が完了しました。'
```

実行結果

❖図11.2　複数のスレッドを交互に実行

スレッドを生成する一般的な構文は、以下の通りです（❶）。

構文 newメソッド（Threadクラス）

```
Thread.new(*args) {|*args| statements } -> Thread
```

args	：スレッドに渡す値
statements	：スレッドで実行すべき処理
戻り値	：生成したスレッド

引数argsは、スレッドに引き渡す値です。ここで指定された内容は、そのままnewメソッドのブロックパラメーターとして渡され、スレッド内で利用できます（この例ではforループの仮変数nameが渡されています）。

これでhoge／foo／barという名前のスレッドを生成できました。ただし、そのままでは個々のスレッドの終了を待たず、メインスレッドが終了してしまいます。そこで、joinメソッドでそれぞれのスレッドが終了するまで、メインスレッドを待機します（❷）。生成されたスレッドは配列threads

に保存しているので、eachメソッドで順番に取り出せます。

実行結果を見ると、確かに3個のスレッドがランダム、かつ交互に結果を出力していることから、並列に実行されていることが確認できます。

> *note* joinメソッドには、以下のようにタイムアウト時間（単位は秒）を指定することも可能です。タイムアウトした場合、joinメソッドはnilを返します。
>
> ```
> th.join(3)
> ```

Alias new ➡ start、fork

◆スレッド変数の注意点

「ブロックが上位スコープの変数を参照できる」と説明したことを覚えている方は、リスト11.1のコードは以下のように書いてもよいと考えたかもしれません。

```ruby
for name in %w(hoge foo bar)
  threads << Thread.new {
    5.times do |i|
      puts "Thread #{name}: #{i}"
      sleep rand
    end
  }
end
```

newメソッドの引数とブロックパラメーターを取り除いています。この例でも、太字部分はforループの仮変数nameを参照するので、一見して正しく動作するように見えます。この結果を見てみましょう（図11.3）。

すべてのスレッドで、変数nameが同じ値（bar）を参照しています。これはスレッドが実行されるタイミングが、

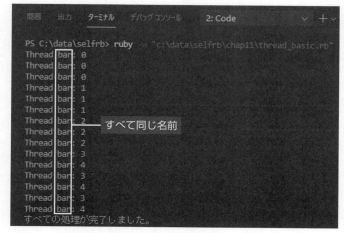

❖図11.3　変数nameを正しく参照できていない

for ループが完了したタイミングであるためです。その時点で、仮変数 name には bar がセットされた状態なので、すべてのスレッドが同じ値を出力してしまうのです。

ブロックパラメーターはスレッド生成のタイミングで評価され、有効範囲もブロックローカルなので、こうした問題は発生しません。

◆ 別解 すべてのスレッドを取得する

リスト11.1では、すべてのスレッドを取得するために、あらかじめ生成したスレッドを配列に保存していましたが、Ruby 本体でも Thread::list メソッドで現在有効なスレッドを取得できます。これを利用することで、リスト11.1 ❷ は、以下のようにも書き換えられます。

```
(Thread.list - [Thread.current]).each do |th|
  th.join
end
```

list メソッドの戻り値には、メインスレッドも含まれています。そこでここでも、あらかじめメインスレッド（Thread.current）を除去しています。

11.1.2 スレッドの処理結果を受け取る

スレッドの終了を待機するだけの join メソッドに対して、value メソッドを用いることでスレッドの終了を待って、その戻り値を取得することもできます。

たとえばリスト11.2は、別スレッドで乱数（1〜5）を求めて、その秒数分だけスレッドを休止した後、その値をメインスレッドで表示する例です。

▶リスト11.2　thread_value.rb

```
# 3個のスレッドを生成＆実行
3.times.each do |i|
  Thread.new(i) { |i|
    # 1〜5秒の範囲で処理を休止
    num = sleep rand(1..5)
    "Thread #{i}: #{num}秒休止" ───────────────────────────────── ❶
  }
end

# スレッドからの戻り値を表示
(Thread.list - [Thread.current]).each do |th|
  puts th.value ───────────────────────────────────────── ❷
end
puts 'すべての処理が完了しました。'
```

```
Thread 0: 1秒休止
Thread 1: 2秒休止
Thread 2: 1秒休止
すべての処理が完了しました。
```

※結果は、実行のたびに異なります。

　newブロックで最後に評価された式が、スレッドの戻り値となります（❶）。sleepメソッドは処理を指定秒数だけ休止し、実際に休止した時間を返すので、「Thread 1: 2秒休止」のようなメッセージが戻り値となります。

　あとは、メインスレッド側でvalueメソッドを呼び出すだけです（❷）。これで、スレッド処理を終了したところで、その戻り値を順に取得＆出力できます（もちろん、休止秒数は、実行のたびに異なります）。

11.1.3 スレッドローカル変数を受け渡しする

　スレッドでは戻り値だけでなく、スレッド固有の値（スレッドローカル変数）を保持することも可能です（リスト11.3）。

▶リスト11.3　thread_local.rb

```
3.times.each do |i|
  Thread.new(i) { |i|
    # スレッドローカル変数の設定
    Thread.current[:msg] = "Thread #{i}"          ❶
    # スレッドを中断
    Thread.stop                                   ❺
  }                                                       ❸
end

# メインスレッドで、サブスレッドの実行待ち
sleep 0.5

# スレッド個々のローカル変数を列挙
Thread.list.each do |th|
  p th
  p th[:msg]                                       ❷    ❹
end
```

```
#<Thread:0x0000000002aa48d8 run>                                               ❻
nil
#<Thread:0x00000000063c1468 c:/data/selfrb/chap11/thread_local.rb:2 ⏎
sleep_forever>
"Thread 0"
#<Thread:0x00000000063c1350 c:/data/selfrb/chap11/thread_local.rb:2 ⏎
sleep_forever>
"Thread 1"
#<Thread:0x00000000063c1260 c:/data/selfrb/chap11/thread_local.rb:2 ⏎
sleep_forever>
"Thread 2"
```

※結果は、実行のたびに異なります。

　スレッドローカル変数を設定／取得するには、ブラケット構文を利用します（❶❷）。ハッシュに
も似ていますが、キーとして利用できるのはシンボル、または文字列だけです（一般的にはシンボル
の利用をお勧めします）。

　この例であれば、3個のスレッドを生成し、:msgという名前で「Thread X」のような文字列を準
備し、スレッドを休止しておきます（❸）。その状態で、メインスレッドから個々のスレッドローカ
ル変数を取得します（❹）。

　stopメソッド（❺）でスレッドを中断しているのは、終了した時点でスレッドが破棄されてしま
うからです。スレッドローカル変数は、スレッドが生きている間しか参照できません。

　実行結果からも、確かにスレッドごとに異なる値が保持されていることが確認できます。（スレッ
ドローカル変数がnilである❻はメインスレッドです）。

note 結果に含まれる「run」「sleep_forever」のような情報は、スレッドの状態を表します。スレッ
ドの状態には、表11.Aのようなものがあります。

❖表11.A　スレッドの状態

状態	概要
run	実行中、または実行可能（生成されたばかり、runメソッドで再開されたなど）
sleep	停止中（sleep、stopなどで中断している、joinで待機中など）
aborting	終了処理中（killで強制終了され、完全に破棄される前）
dead	終了状態

スレッドの状態は、表11.Bのようなメソッドで確認できます。

❖表11.B　スレッドの状態確認のためのメソッド

メソッド	概要
status	状態を取得（run、sleep、aborting、false（正常終了）、nil（異常終了））
alive?	スレッドが生きているか（statusがrun、sleep、abortingのいずれか）
stop?	スレッドが終了（dead）、または停止（stop）しているか

- -

11.1.4　スレッド配下での例外の扱い

　スレッド配下で例外が発生した場合、その扱いは条件によって変化します。以下に、主な状況をまとめておきます。

◆スレッド内で発生した例外が処理されない場合（Ruby 2.4以前の動作）

　スレッドで例外が発生し、そのまま処理されなかった場合、スレッドはそのまま終了します（リスト11.4）。例外は黙って握りつぶされます。

▶リスト11.4　thread_except.rb

```
th = Thread.new { raise 'Thread Error!!' }
sleep 0.1
p th.status          # 結果：nil（異常終了）
```

　メインスレッドで例外を捕捉するには、Thread#join／valueメソッドでスレッドの終了を待機してください（リスト11.5）。

▶リスト11.5　thread_except2.rb

```
th = Thread.new { raise 'Thread Error!!' }

begin
  th.join
rescue => e
  puts "異常終了：#{e.message}"
end
```

実行結果

```
異常終了：Thread Error!!
```

この場合、スレッドで処理されない例外はそのまま待機側のスレッドにも伝播し、begin…rescue命令で捕捉できます。

◆スレッド内で発生した例外が処理されない場合（Ruby 2.5以降の場合）

Ruby 2.5以降では、スレッドで例外が発生した場合に、Rubyのプロセスそのものを終了するのが既定の動作です。以下は、リスト11.4をRuby 2.5以降の環境で実行した場合の結果です。

実行結果

```
#<Thread:0x0000000006331908 c:/data/selfrb/chap11/thread_except.rb:1 run>
terminated with exception (report_on_exception is true):
c:/data/selfrb/chap11/thread_except.rb:1:in `block in <main>':
Thread Error!! (RuntimeError)
c:/data/selfrb/chap11/thread_except.rb:3:in `<main>': undefined local
variable or method `th' for main:Object (NameError)
```

ちなみに、Ruby 2.4でもThread::report_on_exception=メソッドにtrueを設定することで、同様の挙動を確認できます（Ruby 2.5ではreport_on_exception=メソッドの既定値がtrueとなっただけです）。

```
Thread.report_on_exception = true
```

例外の挙動は、Thread#report_on_exception=（インスタンスメソッド）で、スレッド単位に設定することも可能です。

> *note* 例外はスレッド内部で発生させられるのはもちろん、Thread#raiseメソッドでメインスレッドから発生させることも可能です。

11.1.5 排他制御

マルチスレッド処理では、データがスレッド間で共有されているかどうかを意識することが大切です。共有されたデータに対して複数のスレッドが同時に処理を実施した場合、データに矛盾が発生する可能性があるからです。

たとえばリスト11.6のコードは、意図したように動作しません。

▶リスト11.6　thread_sync_bad.rb

```ruby
# 指定のファイルに記録されたカウンターを更新
def increment(path)
  # 処理を0〜1秒間休止（ダミーの遅延処理）
  sleep rand
  count = File.read(path)
  File.write(path, count.to_i + 1)
end                                               ❷

# カウント値を格納するファイル
PATH = './chap11/count.dat'
# スレッド群を格納する配列
threads = []

# ファイルのカウント値を初期化
File.open(PATH, 'w') {|f| f.write 0 }

# 10個のスレッドを生成し、ファイルを更新
10.times.each do |i|
  threads << Thread.start {
    increment(PATH)
  }                                               ❶
end

threads.each { |th| th.join }
puts File.read(PATH)              # 結果：8
```

※結果は、実行のたびに異なります。

　ここでは、ファイル（count.dat）に記録されたカウント値を10個のスレッドからインクリメントし、その最終的な結果を表示しています。

　10個のスレッドで（ということで10回）インクリメントするわけなので、結果も10を期待しているわけですが、そうはなりません（たまにそうなることがあったとしても、それは偶然にすぎません）。

　ここで問題となるのは、個々のスレッドから利用されているincrementメソッドです（❷）。incrementメソッドは、内部的には以下のような手順を踏んでいます。

- 現在のカウンター値を取得
- 値を加算
- 演算結果を書き戻し

　そして、これらの手順の途中で他のスレッドによる割り込みが発生してしまうと、演算結果が正しく反映されない可能性があるのです（図11.4）。

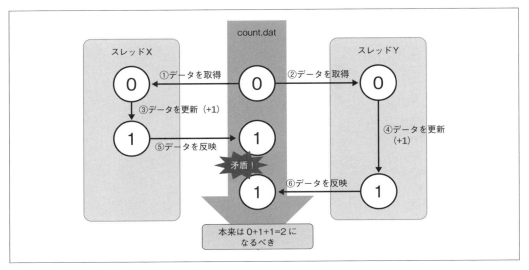

❖図11.4　マルチスレッド処理による矛盾

　このような割り込みの可能性は処理の複雑さにもよりますが、この例であれば結果が必ずしも10にはならないほどの確率で発生します。

◆Mutexによる相互排他ロック

　この問題を回避するのがMutexクラスの役割です。Mutex（Mutal Exclusion）は相互排他ロックの仕組みで、共有リソースを同時アクセスから保護するために利用できます。先ほどのリスト11.6を、Mutexを使ってリスト11.7のように書き換えてみましょう（書き換え部分は❶）。

▶リスト11.7　thread_sync.rb

```ruby
m = Mutex.new

10.times.each do |i|
  threads << Thread.start {
    m.synchronize {                    ┐
      increment(PATH)                  ├❶
    }                                  ┘
  }
end
```

　同時アクセスを禁止したい処理を、Mutex#synchronizeメソッド（ブロック）でくくるだけです。synchronizeブロックで囲まれたコードは、複数のスレッドから同時に呼び出されることがなくなります。ほぼ同時に呼び出された場合にも、先に呼び出されたほうの処理を優先し、あとから呼び出さ

れた側は先行する処理が終わるまで待ちの状態になります（図11.5）。

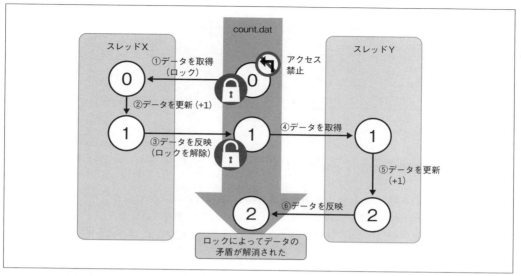

❖図11.5　synchronizeメソッドによる矛盾の解消

　このように、特定の処理を占有することを「**ロックを獲得する**」と言います。また、ロックを使っ
て同時実行によるデータの不整合を防ぐことを**排他制御**（**同期処理**）と言います。

 note　ロックを保持したスレッドがなんらかの理由で終了した場合にも、ロックは自動的に解放されます。

◆明示的なロック

　lock／unlockメソッドを用いることで、**明示的なロック**も利用できます。明示的なロックとは、
synchronizeがロックを獲得／解除を意識しなくてもよい —— いわゆる**暗黙的なロック**であること
に対する用語で、明示的に獲得／解除しなければならないロックのことです。手間は若干増えますが、
メソッドをまたがったロック、ロックの事前確認など、よりきめ細やかな制御が可能になります。
　リスト11.8は、リスト11.7❶を明示的なロックで書き換えた例です。

▶リスト11.8　thread_lock.rb

```
m = Mutex.new

10.times.each do |i|
  threads << Thread.start {
```

11 高度なプログラミング

```
    m.lock
    begin ─────────────────────────────────────────────────┐
      increment(PATH)                                       │
    ensure ──────────────────────────────────────── ❷      ├─ ❶
      m.unlock                                              │
    end ──────────────────────────────────────────────────┘
  }
end
```

ロックを獲得／解除するには、それぞれlock／unlockメソッドを呼び出すだけですが、

ロック下での処理はbegin...endでくくる

ようにしてください（❶）。これは、いかなる場合にも、最終的にはensure節でロックが解除される
ことを保証するためです（❷）。ロックが解除されずに残ってしまうのは、言うまでもなく致命的な
問題です（ちなみに、synchronizeメソッドではスレッドが異常終了した場合にも、自動的に解放さ
れます）。

try_lockメソッドを使えば、そもそもロックを獲得可能かどうか、事前にチェックすることもでき
ます。

```
if m.try_lock
  begin
    ...排他制御すべき処理...
  ensure
    m.unlock
  end
else
  ...ロックを獲得できない場合の処理...
end
```

try_lockメソッドは、ロックを獲得可能かをチェックし、可能な場合にはロックを獲得＆trueを返
します。さもなければ、falseを返します。try_lockメソッドを利用すれば、ロック待ちが不要なので
あれば、これをスキップできます。

> *note* lockメソッドは、ロックを獲得できない場合に、その場で待機します。ロックを獲得可能である
> かを確認するだけならば、locked?メソッドを利用してください。locked?メソッドは、Mutex
> がロックされている場合にtrueを返します。

デッドロック

デッドロックとは、異なるスレッドがロックの解放待ちをしたまま「お見合い」状態になってしまい、永遠にロックが解放されなくなってしまうことを言います。たとえばリスト11.9のようなコードで確認してみましょう。

▶リスト11.9　thread_deadlock.rb

```ruby
m1 = Mutex.new
m2 = Mutex.new

# m1→m2の順でロック
th1 = Thread.new {
  m1.lock
  sleep 0.1
  m2.lock
}
# m2→m1の順でロック
th2 = Thread.new {
  m2.lock
  sleep 0.1
  m1.lock
}

th1.join
th2.join
```

実行結果

```
c:/data/selfrb/chap11/thread_deadlock.rb:16:in `join': No live threads left. ↵
Deadlock? (fatal)
3 threads, 3 sleeps current:0x0000000006369550 main thread:0x0000000000f59bd0
* #<Thread:0x0000000002ab48c8 sleep_forever>
   rb_thread_t:0x0000000000f59bd0 native:0x0000000000000220 int:0
  
* #<Thread:0x0000000063d8d70 c:/data/selfrb/chap11/thread_deadlock.rb:↵
4 sleep_forever>
   rb_thread_t:0x0000000006369550 native:0x00000000000001d0 int:0
    depended by: tb_thread_id:0x0000000000f59bd0
```

この場合、スレッドth1がロックm1を、スレッドth2がロックm2を保持したまま、互いのロック解除を待った状態になっています。このため、いつまでもロックが解放されないデッドロックの状態になります。

デッドロックを回避するにはいくつかの方法がありますが、この例であれば、同じリソースに対するロックは同じ順序で取得することで（ここではm1→m2）、デッドロックを回避できるでしょう。また、joinメソッドにタイムアウト時間を設けてもよいでしょう（11.1.1項）。タイムアウトした場合、joinメソッドはnilを返すので、その内容で以降の処理を分岐できます。

練習問題　11.1

[1] Mutex#synchronize ブロックの役割について説明してみましょう。

11.2 メタプログラミング

メタプログラミングとは、一言で言うならば、コードを表すためのコードです。実行時に動的にコードを生成するための仕組み、と言ってもよいでしょう。

これだけ聞くと、あいまいとしていて難しさ満載なのですが、Rubyの世界にはありとあらゆるところでメタプログラミングが登場しています。たとえば9.1.4項で登場したattr_accessor、これも一種のメタプログラミング（のようなもの）です。Rubyでインスタンス変数を読み書きするためには、アクセサーの定義が欠かせません（インスタンス変数@hogeであれば、hoge／hoge=のようなメソッドを準備します）。

ただし、公開すべきインスタンス変数が増えてくれば、アクセサーをいちいち定義するのは面倒ですし、なにより間違いのもとです。そこでattr_accessorを呼び出すことで、動的にアクセサーを生成していたわけです。

```
attr_accessor :name
```

これでインスタンス変数@nameのアクセサーname／name=が生成されたことになります。メタプログラミングの意味を理解するために、まずは、attr_accessorに相当するpropertyメソッドを実際に実装してみましょう。

11.2.1 メタプログラミングの基本

propertyメソッドは、Objectのクラスメソッドとして定義します（リスト11.10）。Objectはルートクラスなので、ここで定義されたクラスメソッドはすべてのクラス定義で利用できます。

▶リスト11.10　meta_basic.rb

```
# オープンクラス（10.2.1項）としてObjectクラスを修正
class Object
  def self.property(name)
    # 対応するゲッターを生成
    define_method name do                                            ❶
      instance_variable_get "@#{name}"
    end

    # 対応するセッターを生成
    define_method "#{name}=" do |value|                              ❷
      instance_variable_set "@#{name}", value
    end
  end
end

class Person
  # name／name=アクセサーを生成
  property :name                                                     ❸
end

ps = Person.new
ps.name = '山田太郎'                                                  ❹
puts ps.name            # 結果：山田太郎
```

propertyメソッド配下ですべきは、渡された名前（引数name）に対応するアクセサーを生成することです。アクセサー（メソッド）を生成するにはいくつかの方法がありますが、ここで利用しているのはdefine_methodメソッドです。

構文 define_methodメソッド

```
define_method(name) { |args,...| statements } -> Symbol
```

name	：メソッドの名前
args	：メソッドが受け取るべき引数
statements	：メソッドの本体
戻り値	：生成されたメソッド名

❶と❷では、引数nameの値に応じて、name（ゲッター）、name=（セッター）を生成しているわけです。あとは、define_methodブロックでメソッドの本体を定義するだけです。本来であれば「@name」のような取得、「@name = value」のような代入式を書くべきところですが、名前が動的に渡されるので、そのままでは表せません。

そこで利用しているのが、instance_variable_get／instance_variable_setメソッドです。

```
instance_variable_get(var) -> object | nil
instance_variable_set(var, value) -> object
```

var	：インスタンス変数名
value	：設定値
戻り値	：インスタンス変数の値

instance_variable_*xxxxx*では、取得すべき変数名を文字列として取得できるので、このように引数に渡された文字列／シンボルに応じて、取得／代入先を変更できるわけです。

これでpropertyメソッドが準備できたので、あとは任意のクラス定義から呼び出してみましょう（❸）。確かに、propertyメソッドで渡された:nameに対応するname／name=アクセサーが利用できることが確認できます（❹）。

いかがですか。メタプログラミングというと、いかにも黒魔術な難解さを感じてしまう人もいるかもしれませんが、（繰り返しですが）「実行時にコードを生成する技術」にすぎません。動的にコードを生成することで、コードの記述量（特に重複した記述）を抑えられたり、そもそも実行時に決まるような情報でコードを変化させることが可能になります。

 Rails（p.114）でもメタプログラミングは駆使されています。たとえばデータベースにデータを登録する際に、Railsでは以下のようなコードが認められています。

```
b = Book.new
b.title = '独習Python'        # title列を設定
b.price = 3000              # price列を設定
b.save
```

アプリ開発者がtitle=／price=のようなセッターを用意しているわけではありません。Railsがデータベースの構造から動的にフィールド（列）名に応じたセッターを用意しているのです。これによって、アプリ開発者はデータベースの構造が変化した場合にも、コードの修正は最小限に、データベースアクセスのコードにのみ集中できるわけです。

メタプログラミングの基本を理解できたところで、以降ではクラス／メソッドをはじめ、コードを動的に生成／操作するための機能について解説していきます。

なお、メタプログラミングに関連する技術としては、オープンクラス、特異メソッド、メソッドエイリアスなどもありますが、これらはすでに関連する章で解説済みです。あわせて該当の章を参照してください（Rubyにとって、メタプログラミングとは特別な仕組みではないのです！）。

11.2.2 Classクラス

Rubyでは、一部の例外を除いて、ほとんどの要素はオブジェクトです。そして、それはクラスも例外ではありません。クラスもまた、Classというクラスのインスタンスです。その理解でいくと、たとえば「class Person … end」というコードも、

Classクラスのインスタンスを生成し、Personという名前の定数に割り当てている

ということになります。

これをよりあからさまに、Classクラスを使って書き換えてみたのが以下のコードです（インスタンスを生成し、定数に代入するおなじみのコードです）。

```
Person = Class.new
```

引数に基底クラスを、ブロックにクラス本体を渡すこともできます（リスト11.11）。

▶リスト11.11 metaclass_basic.rb

```
BusinessPerson = Class.new(Person) do |clazz|    ← 基底クラス
  define_method :work do
    puts "#{name}、#{age}歳は働いています。"      ← クラス本体
  end
end
```

note ちなみに、以下のコードでは**無名クラス**が生成されます。代入先が、（定数ではなく）変数だからです。名前がなくとも、newメソッドでインスタンス化することは可能です。

```
person = Class.new
p person.class.name    # 結果："Class"（名前がない）
p person.new
  # 結果：#<#<Class:0x00000000062b5240>:0x00000000062b50d8>
```

◆ 例 似たようなクラスをまとめて定義する

　もちろん、リスト11.11のような例であれば、普通にclass...endを利用すれば十分です。では、Classクラスを利用したほうがよい例を見てみましょう。たとえば以下は、あらかじめ用意されたハッシュ情報 ――「動物名：鳴き声，…」を元に、

＜動物名＞クラスと、配下にvoiceメソッド（戻り値は鳴き声）を作成

してみましょう。このように類似したクラスを大量に作成したい場合には、class...endを並べるよりも、Class::newメソッドを利用したほうがコードはすっきりします（リスト11.12）。そもそもハッシュ情報が実行時の情報によって変動する場合はなおさらです。

▶リスト11.12　metaclass_multi.rb

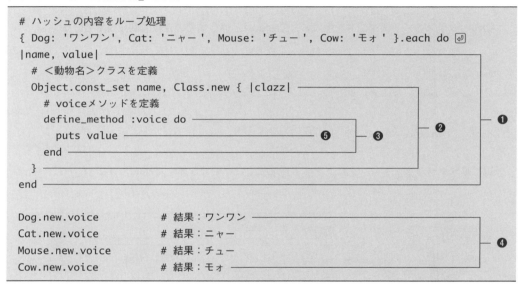

　ブロックが入れ子に重なっているので、複雑に見えるかもしれません。まずは、個々のブロックの内容を整理しておきましょう。

❶ ハッシュから動物の名前（name）、鳴き声（value）を順に取得
❷ Classオブジェクトを定義し、定数（名前はname）に設定
❸ voiceメソッドを定義

　❶と❸はすでに解説した内容なので、新たな話題は❷のconst_setメソッドだけです。const_setメソッドを利用することで、定数の名前を文字列として渡せる（＝動的に設定できる）ようになります。

```
Object.const_set(name, value) -> object
```

name	：定数の名前
value	：設定値
戻り値	：設定した定数の値

❹では、確かにDog／Cat／Mouse／Cowクラスが認識できていること、配下のvoiceメソッドがそれぞれ対応する鳴き声を返していることを確認できます。

> *note*
> Classクラスがclass命令と異なる点が、もう1つあります。スコープの扱いです。
> まず、class...endでは内外のスコープが異なるので、配下で上位のローカル変数を参照することはできません。一方、Class::newメソッドではクラス定義がブロックで表現できるので、上位のローカル変数も参照可能です。
> Class::newメソッドのその性質は、動的にクラスを定義する際に役立つもので、リスト11.12でも❺で上位のブロックパラメーターvalueを参照するのに利用しています。

練習問題　11.2

[1] p.445のリスト9.15で定義されたEliteBusinessPersonクラスを、Classクラス、define_methodメソッドを利用して書き直してみましょう。

11.2.3　補足 クラスインスタンス変数

　クラスがClassクラスのインスタンスであるならば、クラスそのものにインスタンス変数を持たせることもできます。これをクラス変数と区別して、**クラスインスタンス変数**と呼びます（図11.6）。

11

高度なプログラミング

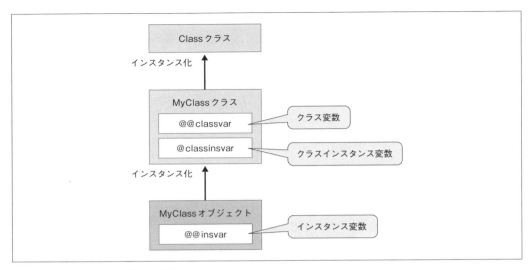

❖図11.6　クラスインスタンス変数

　クラスインスタンス変数を定義するには、class...endの直下、またはクラスメソッドの配下で（つまり、インスタンスメソッドの定義以外で）インスタンス変数を定義するだけです（リスト11.13）。

▶リスト11.13　classvar_basic.rb

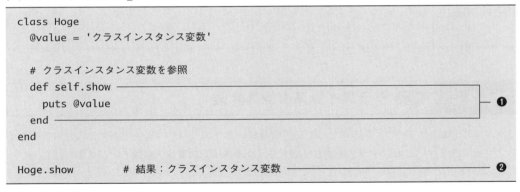

```
class Hoge
  @value = 'クラスインスタンス変数'

  # クラスインスタンス変数を参照
  def self.show
    puts @value
  end
end

Hoge.show          # 結果：クラスインスタンス変数
```
❶
❷

　クラスインスタンス変数を参照できるのは、self＝クラス本体である文脈 ── つまり、❶のようなクラスメソッドの定義領域などです。確かに、クラスメソッド経由でクラスインスタンス変数にアクセスできていることを確認してみましょう（❷）。

◆クラス変数との相違点

　ただし、この例だけでは、クラス変数とクラスインスタンス変数との違いがわかりません。リスト11.14の例で双方の違いを確認してみましょう。

▶リスト11.14　calssvar_diff.rb

```ruby
class Parent
  @@value = 'クラス変数'
  @value = 'クラスインスタンス変数'

  def show
    p @@value          # 結果："クラス変数"
    p @value           # 結果：nil
  end

  def self.show
    p @@value          # 結果："クラス変数"
    p @value           # 結果："クラスインスタンス変数"
  end
end

class Child < Parent
  def self.show
    p @@value          # 結果："クラス変数"
    p @value           # 結果：nil
  end
end

Parent.new.show
Parent.show
Child.show
```

❶
❷
❸

上の結果からわかるのは、以下です。

- クラス変数はインスタンスメソッド（❶）、クラスメソッド（❷）を問わず、アクセスできる
- クラスインスタンス変数にはクラスメソッドからしかアクセスできない
- クラスインスタンス変数には、派生クラス（❸）からもアクセスできない

　クラスインスタンス変数とは、クラスオブジェクトに対して割り当てられた、そのクラス固有の情報であるからです。スコープ（有効範囲）はできるだけ限定すべき、というルールからすれば、それで用途が足りるのであれば（そのクラス固有の情報を扱うだけであれば）、まずはクラス変数よりもクラスインスタンス変数を優先して利用することをお勧めします。

◆ 例 クラスインスタンス変数の使いどころ

　たとえば、リスト11.15のようなMySingletonクラスを想定してみましょう。MySingletonクラス

高度なプログラミング

では、クラス変数で唯一のインスタンスを管理して、新たなインスタンスが要求された場合にも、あらかじめ用意していたインスタンスを返します（いわゆるシングルトンパターンなので、詳しくは9.1.7項もあわせて参照してください）。

このようなMySingletonクラスを継承して、新たなMyApp／MyApp2クラスを定義したら、どうでしょう。

▶リスト11.15　classvar_use.rb

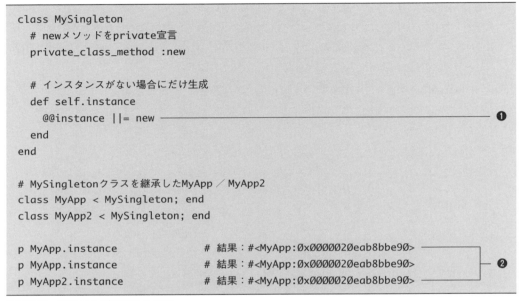

```
class MySingleton
  # newメソッドをprivate宣言
  private_class_method :new

  # インスタンスがない場合にだけ生成
  def self.instance
    @@instance ||= new ─────────────────────────────── ❶
  end
end

# MySingletonクラスを継承したMyApp ／ MyApp2
class MyApp < MySingleton; end
class MyApp2 < MySingleton; end

p MyApp.instance            # 結果：#<MyApp:0x0000020eab8bbe90> ┐
p MyApp.instance            # 結果：#<MyApp:0x0000020eab8bbe90>  ├ ❷
p MyApp2.instance           # 結果：#<MyApp:0x0000020eab8bbe90> ┘
```

※結果は、実行のたびに異なります。

❶は、クラス変数が存在する場合はそのまま返し、さもなければnewメソッドで生成したインスタンスをセットしなさい、という意味です（「||」の用法は、いわゆるショートカット演算です。詳しくは3.4.1項も参照してください）。

これで、個々の派生クラスで初めてinstanceメソッドが呼び出されたときに、そのクラスの唯一のインスタンスが生成することを意図しているわけです。

しかし、実際にはそうはなりません。MyApp／MyApp2の双方でMyAppインスタンスが共有されているのです（❷）。これは言うまでもなく望んだ挙動ではありません。

このような場合には、クラス個々に閉じたクラスインスタンス変数を利用すべきです。MySingletonクラスを書き換えてみましょう。

```
class MySingleton
  private_class_method :new
```

```
    def self.instance
      @instance ||= new
    end
  end
```

```
#<MyApp:0x000000000063107d0>
#<MyApp:0x000000000063107d0>
#<MyApp2:0x00000000006310488>
```

※結果は、実行のたびに異なります。

　サンプルを再実行してみると、今度は確かに派生クラスごとに異なるインスタンスが生成されていること（同一のクラスであれば、インスタンスも同一であること）が確認できます。

11.2.4 動的なコードの評価 —— eval

　メタプログラミングでよく利用するメソッドの1つに、evalがあります。evalとはEvaluate（評価）の意で、プログラミングの世界では、

文字列リテラルをコードとして評価（解釈）する

ことを指します。evalメソッドを利用することで、実行時に入力などから組み立てたコードを動的に実行することが可能になります。

　たとえばリスト11.16は、リスト11.10（p.551）をevalメソッドで書き換えた例です。

▶リスト11.16　reflect_eval.rb

```ruby
class Object
  def self.property(name)
    eval <<-"CODE"
      def #{name}
        @#{name}
      end

      def #{name}=(value)
        @#{name} = value
      end
    CODE
  end
end
```

11

高度なプログラミング

この例であれば、引数nameに応じてname／name=のようなアクセサーを生成しているわけです。文字列埋め込みの世界なので、define_methodメソッドに比べると、見た目はこれまでのコードに近く、わかりやすい気がします。

その反面、文字列がそのままコードになるので、なんでもできてしまいます。なんでもできるということは、ユーザーの入力などをもとにコードを組み立てる場合には意図しない動作（＝セキュリティリスク）の原因にもなるので、濫用は厳禁です。メソッド定義であれば、まずはdefine_methodメソッドを利用すれば十分ですし、それ以外の場合にも、別の手段があるのであればそちらを優先することをお勧めします。

◆ 指定のコンテキストで実行する

コンテキストとは、ざっくり言うと、現在のselfがなにかを示す情報です。まず、evalメソッドは既定で、現在のコンテキストで実行されます。

具体的な例を見てみましょう（リスト11.17）。

▶リスト11.17　eval_context.rb

```
class MyClass
  def bind_info
    msg = 'ローカル変数'
    binding ─────────────────────────────────────── ❷
  end
end

eval 'puts bind_info' ──────────────────── ❸ ┐
eval 'puts msg' ──────────────────────────      ┘ ── ❶
```

❶は、MyClassクラスのbind_infoメソッド、ローカル変数msgを参照することを意図したコードですが、NameError（名前が見つからない）となります。evalメソッドのコンテキストがトップレベルであるからです。

では、❶を以下のように書き換えてみましょう。

```
b = MyClass.new.bind_info
eval 'puts bind_info', b
eval 'puts msg', b
```

bind_infoメソッド配下のbindingメソッド（❷）は、現在のコンテキスト情報をBindingオブジェクトとして返します。コンテキスト情報とは、その時点でのself、ローカル変数などの集合です。つまり、bind_infoメソッドはそれ全体として、bind_infoメソッド配下の状態を返すわけです（図11.7）。

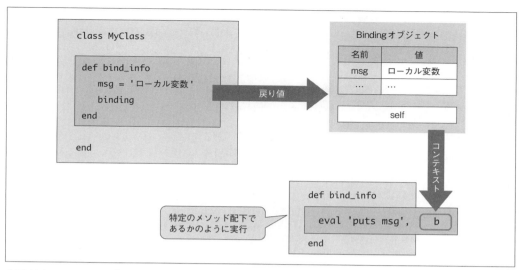

❖図11.7　Bindingオブジェクト

　生成したBindingオブジェクトは、そのままevalメソッドの第2引数として渡すことで、evalメソッドを指定のコンテキストで（＝特定のメソッド配下であるかのように）実行できるようになります。

　指定のコードをbind_infoメソッドの配下で書かれたものであるかのように実行できると言い換えてもよいでしょう。結果は、以下の通りです。

実行結果

```
#<Binding:0x0000000000062c8638>
ローカル変数
```

---

^{note} さらに、Binding経由でコンテキスト配下のローカル変数にアクセスすることも可能です。

```
# ローカル変数の一覧を取得
puts b.local_variables                  # 結果：msg
# 指定のローカル変数が定義されているか
puts b.local_variable_defined?(:msg)   # 結果：true
# ローカル変数の値を設定
b.local_variable_set(:msg, 'Local Variable')
# ローカル変数の値を取得
puts b.local_variable_get(:msg)         # 結果：Local Variable
# 現在のコンテキスト（ひもづいたself）を取得
puts b.receiver                         # 結果：#<MyClass:0x0000000000063f2158>
```

◆特定のコンテキストで実行する

実行コンテキストをBindingオブジェクトで指定する代わりに、特定のコンテキストでの実行に特化したevalの特殊メソッドもあります（表11.1）。

❖表11.1　実行コンテキストを特定するevalメソッド

メソッド	概要
`module_eval`	モジュールのコンテキストで式を実行
`class_eval`	クラスのコンテキストで式を実行
`instance_eval`	インスタンスのコンテキストで式を実行

たとえばリスト11.17において以下のコードは、正しく動作します。MyClassインスタンスのコンテキストでは、bind_infoメソッドの呼び出しは妥当であるからです。

```
MyClass.new.instance_eval 'puts bind_info'
```

*xxxxx*_evalメソッドでは、ブロック構文も利用できます。以下は、上のコードと同じ意味です。

```
MyClass.new.instance_eval do |obj|
  puts bind_info
end
```

11.2.5　メソッドの動的呼び出し

これまで何度も利用してきた「obj.method(…)」という記述は、あらかじめコード上で指定されたメソッドを静的に呼び出す手法です。一方、本項で紹介する方法を用いることで、呼び出すメソッドを動的に（実行時に）決めることが可能になります。

◆メソッド名を文字列で指定する ── sendメソッド

sendメソッドは、メソッドを実行するためのメソッドです。

構文 sendメソッド

```
obj.send(name, *args) -> object
```

obj	：任意のオブジェクト
name	：実行するメソッド名（文字列、またはシンボル）
args	：メソッドに渡す引数
戻り値	：メソッドの実行結果

実行すべきメソッド名を文字列（シンボル）として渡せるので、ユーザー入力などによって呼び出す対象を切り替えるようなケースで活用できます。これを**動的ディスパッチ**と言います。

たとえばリスト11.18は、コマンドラインで指定された引数によって、実行するメソッドを切り替える例です。

▶リスト11.18　method_send.rb

```ruby
# do_add（加算）、do_minus（減算）機能を実装
class MyClass
  def do_add(x, y)
    x.to_i + y.to_i
  end

  def do_minus(x, y)
    x.to_i - y.to_i
  end
end

cls = MyClass.new
# コマンド引数をもとにメソッドの名前を生成
name = "do_#{ARGV.shift}" ──────────────────────────────────── ❶
# メソッドが存在した場合にだけ実行
if cls.respond_to?(name) ──────────────────────────────────── ❸
  p cls.send(name, *ARGV) ──────────────────────────────────── ❷
else
  puts '指定のコマンドはありません！'
end
```

今回は、コマンドライン引数が前提となるので、ターミナルから以下のようにコマンドを実行します。

```
> ruby -w ./chap11/method_send.rb add 10 5
15
> ruby -w ./chap11/method_send.rb minus 10 5
5
```

ファイル名の後方で空白区切りで列挙した値（太字部分）がコマンドライン引数です。コマンドライン引数には、組み込み定数ARGVからアクセスできます。コマンドライン引数が先頭から順に配列として格納されます（図11.8）。

11

高度なプログラミング

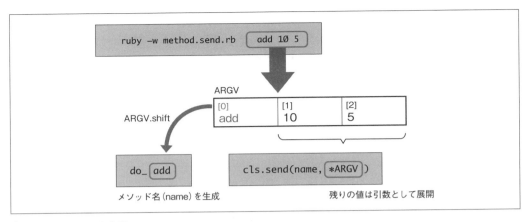

❖図11.8 ARGVの内容

　この例であれば、ARGV[0]が名前を表すので、shiftメソッドで取り出し、❶で「do_名前」のように組み立てます。あとは、生成した名前と残ったコマンドライン引数でsendメソッドを呼び出すだけです（❷）。

　なお、このような例では指定された名前が存在しない場合もあります。そこでrespond_to?メソッド（9.4.2項）でメソッドの有無を確認してからsendメソッドを呼び出すようにしています（❸）。

> *note* sendは、一般的なクラスでもメソッドとしてよく利用する名前です。派生クラスでオーバーライドされている可能性も考慮して、Rubyではエイリアスとして__send__（アンダースコアを前後に2個）が用意されています。本文では説明の便宜上、sendメソッドを利用していますが、実際には❷は、以下のように表すことをお勧めします。
>
> ```
> p cls.__send__(name, *ARGV)
> ```

◆ 補足 private メソッドの実行

　sendメソッドを利用することで、クラスの外部からprivateメソッドにアクセスすることもできます。たとえば以下は、Personクラスのshowメソッド（p.455のリスト9.22）にアクセスする例です。

```
ps.send(:show)
```

　ただし、実行すべきメソッドをユーザー入力によって切り替えるリスト11.18のようなケースでは、privateメソッドにまでアクセスできてしまうのは望ましくありません。そのような場合には、publicメソッドだけを実行するpublic_sendメソッドを利用してください（以下はリスト11.18❷の書き換えです）。

```
p cls.public_send(name, *ARGV)
```

◆ メソッドが存在しなかった場合の処理

method_missingメソッド（10.3.5項）を利用することで、クラス定義の時点では決めておけない任意のメソッドを処理できます。たとえば以下は、フィールドを動的に追加できる構造体を表すMyStructクラスの例です。

本来の構造体（10.2.3項）では、あらかじめ利用するフィールドを宣言しなければなりませんが、MyStructでは、たとえばhoge=が未定義だったとしても、

```
obj.hoge = '...'
```

とすることで、あたかも hoge=／hogeがあるように値を出し入れできます（**ゴーストメソッド**とも呼ばれます）。

> note 実は、このような機能はRuby標準のOpenStructクラスを利用することで実現できます。というよりも、MyStructはOpenStructのごく簡易な再実装です。あくまでmethod_missingメソッドの例として見てください。OpenStructの具体的な例については、配布サンプルからghost_method.rbを参照してください。

では、MyStructクラスの具体的な実装を確認します（リスト11.19）。

▶リスト11.19　method_missing.rb

```ruby
class MyStruct
  # フィールド情報を保存するためのハッシュ（@attrs）を準備
  def initialize                                                    ❶
    @attrs = {}
  end

  def method_missing(name, *args)
    attr_name = name.to_s
    # 名前が「=」で終わる場合、ハッシュに値を設定
    if attr_name.end_with?('=')
      @attrs[attr_name.chop] = args[0]
    # さもなければハッシュから該当するキーを取得            ❷
    else
      @attrs[attr_name]
    end
  end
end
```

```
ms = MyStruct.new
ms.name = '鈴木次郎'
puts ms.name              # 結果：鈴木次郎
```

　MyStructクラスでフィールド情報を管理するのは、インスタンス変数@attrs（ハッシュ）の役割
です。initializeメソッドで器だけを準備しておきます（❶）。

　あとはmethod_missingメソッドで、フィールド出し入れのためのコードを準備するだけです。こ
こでは呼び出された名前が「*xxxxx*=」の場合はセッターと見なしてハッシュの「*xxxxx*」キーに値
を設定しますし、「*xxxxx*」の場合はゲッターと見なしてハッシュから対応する値を取り出していま
す（❷）。

　このような用途では、あらかじめアクセスすべき名前は想定できないので、まさにmethod_missing
が役立つ局面です。

note　method_missingメソッドは動的にメソッド呼び出しを制御できる強力な手段です（実際、Rails
などのフレームワークでもmethod_missingは活用されています）。ただし、強力な仕組みには
それだけ代償が伴います。
たとえば、クラスがどのような機能を持つのかが不明瞭になります。また、method_missingが
別のメソッドに転送するような仕組みを持っているにもかかわらず、そのメソッドが存在しない
場合、method_missingの無限ループに陥る可能性があります。さらに、メソッド検索のルート
が長くなるので、わずかながらもパフォーマンス的に不利です。
なんでもmethod_missingメソッドに飛びつくのではなく、まずは別の手段がないかを検討して
ください。たとえば類似したメソッドをいくつも定義するような局面では、define_methodメ
ソッドが利用できます（define_methodで定義されたメソッドはmethodsメソッド（11.2.6項）
で確認できるので、method_missingよりはだいぶましです）。
もしもmethod_missingメソッドを使わざるを得ない局面であっても、対象を想定できるなら
ば、極力、処理の対象を絞り込むべきです。

```
def method_missing(name, *args)
  # 名前が特定の条件を満たしていれば処理
  if name == :target
    ...ここでは:targetである場合のみ処理...
  end
  # 処理できないものは基底クラスに任せる（BasicObjectならば例外を発生）
  super
end
```

◆ メソッドをオブジェクトとして扱う —— Methodクラス

Methodクラスを利用することで、メソッドをオブジェクトとして持ち運びできるようになります。初学者にはイメージしにくいかもしれないので、まずは基本的な構文を示した後、具体的な用途を挙げていきます。

リスト11.20は、String#start_with? メソッドを Method クラス経由で呼び出す例です。

▶リスト11.20　method_call.rb

```
msg = 'https://wings.msn.to/'
start_method = msg.method(:start_with?)                        ❶
p start_method.call('https://')            # 結果：true          ❷
```

Methodオブジェクトは、Object#method メソッドから取得できます（❶）。引数は、取得するメソッドを表すシンボルです。取得したMethodオブジェクトは、レシーバー（インスタンス）の情報も引き継いでいるので、あとはcall メソッドに元のメソッドに渡すべき引数を与えることで（❷）、メソッドを実行できます（図11.9）。

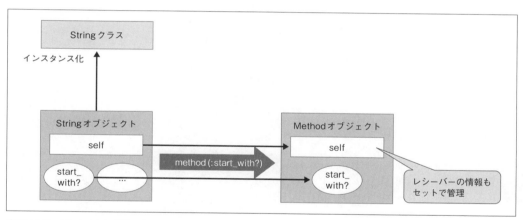

❖図11.9　Methodオブジェクト

❖表11.C　Methodクラスの主なメソッド

メソッド	概要
name	メソッドの名前
arity	メソッドが受け取る引数の個数 （ただし、可変長引数では「- 必要とされる引数の個数 + 1」を返します）
parameters	引数情報
receiver	メソッドにひもづいたレシーバー
super_method	superで呼び出されるメソッド
owner	メソッドを定義するクラス／モジュール
source_location	ソースコードの情報（[ファイル名, 行番号]の形式）
to_proc	Procオブジェクトに変換

　Methodクラスの基本を理解したところで、もう少し具体的な例も見てみましょう。たとえばリスト11.21は、動物の鳴き声をセリフの後に付与するAnimalVoiceクラスの例です。

▶リスト11.21　method_example.rb

```
class AnimalVoice
  def initialize(type = :dog)
    # 引数typeに応じて、利用するメソッドを選択
    case type
      when :dog
        @talk = method(:talk_as_dog)
      when :cat
        @talk = method(:talk_as_cat)
      else
        @talk = method(:talk_as_normal)
    end                                              ①
  end

  # 動物の種類に応じて、セリフを生成
  def talk_as_dog(msg)
    "#{msg}だワン"
  end

  def talk_as_cat(msg)
    "#{msg}ニャン"
  end
```

```
  def talk_as_normal(msg)
    msg
  end

  # @type経由でセリフを生成
  def greet ─────────────────────────────────────────┐
    @talk.call('こんにちは')                            ├─ ❷
  end ───────────────────────────────────────────────┘
end

animal = AnimalVoice.new(:dog)
puts animal.greet          # 結果：こんにちはだワン
```

AnimalVoiceクラスでは、インスタンスを生成する際に、動物の種類（:dog、:cat、その他）を指定できます。❶では、指定された動物に応じて、セリフを生成するメソッドを選択し、インスタンス変数@talkに格納しています（:dogであれば、talk_as_dogメソッドが格納されます）。

あとは、セリフを生成する側（❷）では、どのメソッドを利用するのかを意識しなくても@talk経由で処理を実行できます（この例であれば、greetメソッドしかありませんが、一般的には、クラスのさまざまな箇所で@talkを呼び出すことになるでしょう）。

◆レシーバーにひもづかないMethodクラス

先述したように、Methodクラスはレシーバー（インスタンス）を伴うメソッドを表します。一方、メソッドをレシーバーからは切り離して扱いたい場合があります。このような場合に利用するのがUnboundMethodクラスです。

UnboundMethodオブジェクトは、Module#instance_methodメソッドから取得できます。リスト11.22は、リスト11.20を、UnboundMethodクラスを使って書き換えた例です。

▶リスト11.22　method_unbind.rb

```
msg = 'https://wings.msn.to/'
start_method = String.instance_method(:start_with?)
p start_method.bind(msg).call('https://')          # 結果：true
```

UnboundMethodクラスはレシーバーを保持していないので、まず、bindメソッド（太字部分）でレシーバーをひもづけます。bindメソッドの戻り値はMethodオブジェクトなので、あとは先ほど同様callメソッドで実行できます。

```
bind_method = msg.method(:start_with?)
unbind_method = bind_method.unbind
```

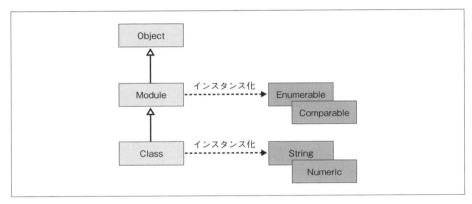
　UnboundMethod クラスのより実践的な例を見てみましょう。リスト 11.23 は、Loggable モジュール（p.497 のリスト 10.21）の show_attr メソッドを、Person クラスの log メソッドとして取り込む例です。

```
module Loggable
  # 現在のインスタンスの内容を列挙
  def show_attr
    instance_variables.each do |name|
      puts "#{name}：#{instance_variable_get(name)}"
    end
  end
end

class Person
  define_method :log, Loggable.instance_method(:show_attr) ─────────────── ❶
  attr_reader :name, :age

  def initialize(name, age)
    @name = name
    @age = age
  end
end

clazz = Person.new('鈴木次郎', 18)
clazz.log            # 結果：@name：鈴木次郎、@age：18
```

instance_methodメソッドで取得したLoggable#show_attrメソッドを、define_methodメソッドでlogメソッドとして再定義しています（❶）。このような場合、一般的にはLoggableモジュールをインクルードすれば十分ですが、時として、特定のメソッド（ここではshow_attr）だけを取り込みたい、というシーンがあります。

このような場合には、UnboundMethodクラスを利用することで、メソッドをモジュールから特定のクラスに取り込むことができます（レシーバーは不要なので、まさにUnboundMethodクラスを利用すべき局面です）。

11.2.6　リフレクション

リフレクションとは、コードの実行中に型情報を取得／操作するための仕組みです。Reflection（反射）という名前の通り、プログラムが自分自身に関わる情報を参照するわけです。

たとえば、これまでに登場したinstance_variable_get／instance_variable_set、const_setなどもリフレクションの一種です。リフレクションは型情報を実行時に取得できるその性質上、メタプログラミングにも欠かせない仕組みです。以下に、主な機能をまとめておきます。

◆インスタンス変数の操作

まずは、インスタンス変数に関わる操作からです（リスト11.24）。instance_variable_*xxxxx* メソッドを利用します。

▶リスト11.24　reflect_instance.rb

```ruby
class Person
  attr_accessor :name, :age

  def initialize(name, age)
    @name = name
    @age = age
  end
end

ps = Person.new('山田太郎', 3Ø)
# インスタンス変数の一覧を取得
p ps.instance_variables                         # 結果：[:@name, :@age]
# インスタンス変数が存在するかを確認
p ps.instance_variable_defined? :@age           # 結果：true
# インスタンス変数を設定
p ps.instance_variable_set :@name, '鈴木三郎'    # 結果："鈴木三郎"
# インスタンス変数を取得
p ps.instance_variable_get :@name               # 結果："鈴木三郎"
```

◆クラス変数／定数の操作

同じく、class_variable_*xxxxx*、constants などのメソッドを利用することで、クラス変数／定数にアクセスできます（リスト11.25）。

▶リスト11.25　reflect_class.rb

```ruby
class MyClass
  @@value = 1Ø
  @@value2 = 5Ø
  PI = 3.14159265359
end

# クラス変数の一覧を取得
p MyClass.class_variables                         # 結果：[:@@value1, :@@value2]
# クラス変数が存在するかを確認
p MyClass.class_variable_defined?(:@@value1)      # 結果：true
```

```
# クラス変数を設定
p MyClass.class_variable_set(:@@value3, 200)       # 結果：200
# クラス変数を取得
p MyClass.class_variable_get(:@@value3)             # 結果：200
# クラス定数の一覧を取得
p MyClass.constants                                 # 結果：[:PI]
# クラス定数を設定
p MyClass.const_set('TAX', 1.1)                     # 結果：1.1
# クラス定数を取得
p MyClass.const_get('TAX')                          # 結果：1.1
```

◆メソッドの取得

メソッドの情報を取得するには、*xxxxx*_methodsメソッドを利用できます（リスト11.26）。ド
キュメントが少ないライブラリでは、クラスの用途がよくわからないようなときもありますが、これ
らのメソッドを利用することで、名前を一望し、機能を類推するようなことも可能になります。

メソッドを動的に操作する方法については11.2.5項でも触れているので、あわせて参照してください。

▶リスト11.26　reflect_method.rb

```ruby
class MyClass
  def public_method; end

  def self.class_method; end

  protected
  def protected_method; end

  private
  def private_method; end
end

cz = MyClass.new
# 特異メソッドを定義
def cz.singleton_method; end

p cz.methods         # 結果：[:singleton_method, :protected_method, ..., :__send__]
p cz.methods(false)                 # 結果：[:singleton_method]
p cz.public_methods(false)          # 結果：[:singleton_method, :public_method]
p cz.protected_methods(false)       # 結果：[:protected_method]
p cz.private_methods(false)         # 結果：[:private_method]
p MyClass.singleton_methods         # 結果：[:class_method]
p cz.singleton_methods              # 結果：[:singleton_method]
```

methodsメソッドは利用できるprivate以外のメソッド（特異メソッドも含む）を、public_methods／protected_methods／private_methodsはそれぞれの権限に応じたメソッドを、それぞれ返します。また、singleton_methodsは特異メソッドを返すので、いわゆるクラスメソッドを取得するならば、サンプルのようにクラス経由で参照します（オブジェクト経由で参照したsingleton_methodsはインスタンスにひもづいた特異メソッドを返します）。

ただし、*xxxxx*_methodsメソッドは、既定で上位クラスで定義されたメンバーも含めたものを返します。継承関係をさかのぼらない場合には、引数にfalseを渡してください。

> *note* ただし、methodsメソッドにfalseを渡した場合には、現在のインスタンスで定義されたメソッド —— つまり、そのインスタンスに属する特異メソッドだけを返します。

☑ この章の理解度チェック

[1] 以下は、本章で解説したテーマについて説明したものです。正しいものには○、誤っているものには×を付けてください。

（　　）　メインスレッドが終了した場合も、関連するスレッドは終了するまで実行される。

（　　）　Rubyでは複数のスレッドは実行できない。よって、ネットワーク処理の並列化を目的にスレッドを利用するのは誤りである。

（　　）　ロックが利用されないまま放置されることをデッドロックという。

（　　）　リフレクションを利用することで、コードの実行中に型の情報を取得／操作できる。

（　　）　method_missingメソッドは呼び出すべきメソッドを動的に制御できる強力な手段であり、積極的に活用していくべきである。

[2] 以下は、作成した100個のスレッドでグローバル変数@countをインクリメントするための
コードです。空欄を埋めて、コードを完成させてみましょう。

▶ ex_thread.rb

```ruby
$count = 0

# グローバル変数$countを+1する
def increment
  count = $count
  # ダミーの遅延処理
  sleep 0.1 if rand(10) > 8
  $count = count + 1
end

threads = []
m =   ①
100.times.each do |i|
  threads << Thread. ②  {
    m. ③  {
      increment
    }
  }
end

threads. ④  { |th| th. ⑤  }
puts $count          # 結果：100
```

[3] 本章で解説した構文を利用して、以下のようなコードを作成してください。

① 明示的なロックを利用して、hogeメソッドを呼び出す（hogeメソッドはあらかじめ定義
してあるものとします）

②「こんにちは、世界！」と出力するgreetメソッドを、define_methodメソッドを使って
定義する

③ Methodクラスを利用して、配列listから最初の要素2個を取得する（listの中身はなんで
もかまいません）

④ ③のコードを__send__メソッドで書き換える

⑤ MyAppクラスにクラスインスタンス変数name（値は「独習Ruby」）を定義する

Ruby を利用していると、「$~」「$'」のような表現を見かけることがよくあります。これらは**組み込み変数**と呼ばれるもので、コードのどこからでもアクセスできます。決められた情報に対して短いコードでアクセスできるものの、反面、可読性には欠けるので、代替の表現がある場合は、なるべくそちらを利用することをお勧めします（たとえば「$~」は MatchData オブジェクトで代替すべきです）。

表11.D に、主な組み込み変数をまとめておきます。自ら積極的に利用するというよりも、ドキュメントなどを読み解く際の参考にしてください。

❖表11.D　主な組み込み変数

分類	変数	概要
基本	$" ／ $LOADED_FEATURES	require でロードされたライブラリ（配列）
	$\	出力レコードの区切り（print の出力末尾。既定は nil）
	$,	既定の区切り文字（Array#join などで利用）
	$;、$-F	String#split の既定の区切り文字（nil で固定）
	$/、$-0	入力レコードの区切り文字（既定は \n）
情報	$:、$-I、$LOAD_PATH	require 時に利用する検索パス
	$!	最後に発生した例外（Exception）
	$@	最後の発生した例外（バックトレースの配列）
	$_	最後に gets で読み込んだ文字列
	$0、$PROGRAM_NAME	実行中の Ruby スクリプト
	$*	Ruby スクリプトに渡された引数（ARGV）
	$$	実行中の Ruby プロセス ID
	$?	最後に終了した子プロセスの状態（Process::Status）
正規表現	$~	正規表現で最後にマッチした情報（MatchData オブジェクト）
	$&	正規表現で最後にマッチした文字列
	$1～N	正規表現で最後にマッチした N 番目のサブマッチ文字列
	$+	正規表現で最後にサブマッチした部分文字列
	$`	正規表現で最後にマッチした文字列の前方文字列
	$'	正規表現で最後にマッチした文字列の後方文字列
入出力	$stdin	標準入力（STDIN）
	$>、$stdout	標準出力（STDOUT）
	$stderr	標準エラー出力（STDERR）
	$.	IO オブジェクトが最後に読み込んだ行（行番号）
	$<	標準入力で構成される仮想のファイルオブジェクト（ARGF）
	$FILENAME	ARGF で読み込んでいるファイルの名前
コマンド	$-d、$DEBUG	デバッグモードであるか
	$-v、$-w、$VERBOSE	詳細な警告を表示するか
	$-W、$-a、$-i、$-l、$-p	対応するオプションの値

「練習問題」
「この章の理解度チェック」
解答

第1章の解答

練習問題1.1　**p.007**

[1] Rubyはソースコードをそのまま実行できる**インタプリター言語**
（逐次翻訳言語）であり、トライ＆エラーの作業を迅速にできます。
オブジェクト指向言語に分類でき、コード内で扱う対象をすべてモ
ノ（オブジェクト）になぞらえ、オブジェクトの組み合わせによっ
てアプリを形成していけます。標準で**ライブラリ**（道具）も豊富に
揃えており、Rubyをインストールするだけで高度なアプリを開発
できる環境が整います。

この章の理解度チェック　**p.046**

[1] 作成するコードは、以下の通りです。1.3節の内容は、今後もコー
ドを作成＆実行する中で欠かせないものです。同じ手順を何度も繰
り返して、体になじませてください。

▶ex_hello.rb

```
puts 'こんにちは、世界！'
```

[2] 文は改行で区切ります（「;」などの区切り文字は不要です）。
文の途中での改行も可能ですが、行の継続があいまいになるような
ケースでは、行末に「\」（バックスラッシュ）を置きます。一般的
には、行の継続が明確な開始カッコ、カンマ、演算子の直後などで
改行すべきです。

[3] ● #：単一行コメント
　　 ● =begin...=end：複数行コメント

一般的には、入れ子にできない複数行コメントよりも単一行コメン
トを利用すべきです。

[4] 以下の3点を指摘できていれば正解です。

- 文字列はクォートでくくる（山田は'山田'）
- 大文字／小文字は区別される（Nameはname）
- あいまいな箇所で改行しない（するなら行末に「\」を付与する）

以上の点を修正したコードが、以下です。

▶ex_show_name.rb

```
name = '山田'
puts \
name
```

第2章の解答

練習問題2.1　**p.054**

① 誤り。識別子を数字で始めることはできません（2文字目以降は可）。
② 誤り。大文字始まりの識別子は定数と見なされます。
③ 正しい。識別子にはマルチバイト文字も利用できます。ただし、一般
　的には英数字、アンダースコアの範囲に留めるのが無難です。
④ 誤り。予約語を識別子にはできません。
⑤ 誤り。「-」は演算子なので、識別子の一部として利用することはでき
　ません。

練習問題2.2　**p.068**

[1] まずは、以下の中から5個以上挙げられれば正解です（Rubyには、
他にもさまざまな型がありますが、2.2節までで登場しているのは
これだけです）。

Integer、Float、String、Symbol、TrueClass、FalseClass、NilClass

[2] 以下のようなリテラルを書けていれば正解です。

① 0xff
　「0x」で始まり、値部分は0〜9、a〜fで構成されること。
② 0.123e3
　＜仮数部＞e＜符号＞＜指数部＞の形式であること。
③ 1_234_567
　区切り文字はアンダースコアであること。
④ :title
　「:名前」の形式であること。
⑤ <<STR
　こんにちは、世界！
　こんにちは、赤ちゃん！
　STR

　「<<識別子〜識別子」の形式であること。

この章の理解度チェック　**p.077**

[1] ① 0b
　② 0o
　③ \t
　④ %q!…!
　⑤ nil（NilClassでも可）

[2] ① 0.9
　② DISCOUNT
　③ puts
　④ #{sum}

変数／定数の意味を読み取りながら、コードを埋めていく問題です。
値引き率10％での支払額を求めるには、価格に0.9を乗算します。

[3]（×）　Pascal記法（先頭大文字の名前）は定数を意味します。変
　　　　　数は小文字のアンダースコア記法で命名します。
　　（×）　一般的には、英数字とアンダースコアだけで構成すべきで
　　　　　す。ただし、文法上は日本語を含むほとんどのUnicode文
　　　　　字を識別子として利用できます。
　　（×）　異なる型の値を並べても間違いではありません（ただし、
　　　　　一般的には型を揃えるべきです）。
　　（○）　正しい。
　　（×）　メモリーの消費量も少なく、比較のパフォーマンスも高い
　　　　　シンボルがよりお勧めです。

[4] ① puts __FILE__
　② txt = "みかん\tかき\tりんご"
　③ data = [
　　　%w!あ い う え お!,
　　　%w!か き く け こ!,
　　]
　④ data = { dog: '犬', cat: '猫', mouse: '鼠' }
　⑤ puts data[-1]

③のように配列内の要素を改行で区切る場合には、末尾の要素にも
カンマを付けるのが望ましいでしょう（ただし、なくても誤りでは
ありません）。

④は{ :dog => '犬', ... }のように表してもかまいませんが、シンボルキーを利用するならばキー／値の区切りにはコロンを利用するのが簡単です。

第3章の解答

練習問題3.1　p.087

[1] ① 45
② 16
③ 1
④ エラー
⑤ 2

'...'でくくられた数字は文字列となるため、文字列の連結と見なされます（①）。また、「/」や「%」によるゼロ除算（④）は、エラー（ZeroDivisionError）となります。ただし、オペランドが浮動小数点型の場合はInfinity（無限大）という特殊な値を返します。

[2] 浮動小数点数は、内部的には2進数で演算されるためです。10進数の0.1も2進数では0.000110...（無限循環小数）となり、誤差の原因となります。誤差のない演算には、Rational型を利用してください。

練習問題3.2　p.104

[1] 以下のようなコードが書けていれば正解です。

▶p_condition.rb

```
value = 'はじめまして'
puts value.nil? ? '値なし' : value
```

[2] ① true
② エラー
　　異なる型同士での比較はエラーになります。
③ false
　　浮動小数点数は内部的には2進数として扱われるため、誤差が発生します。
④ -1
　　<=>演算子は大小の結果を-1、0、1で返します。

この章の理解度チェック　p.112

[1] ① **
② 自己代入演算子（複合代入演算子も可）
③ ?:
④ &&
⑤ &、^、|、~、<<、>>から3個以上

[2] x：40、y：50、data1、data2ともに：[10, 15, 30]
ミュータブル（変更可能）な型とイミュータブル（変更不可）な型とで代入の挙動が異なる点に注意してください。イミュータブル型での代入は、常に値（オブジェクト）そのものの置き換えなので、代入先での変更が代入元に影響することはありません。

[3] ① 優先順位
② 結合則
③ 高い
④ 同じ
⑤ 代入演算子

[4] ① i -= 2
② puts 10 + '20'.to_i
③ x, y, *z = [2, 4, 6, 8, 10]
④ n, m = m, n
⑤ puts (0.1r * 3r).to_f

Rational型を生成する際には、数値リテラルの末尾にrを付与します（⑤）。

第4章の解答

練習問題4.1　p.139

[1] 以下のようなコードが記述できていれば正解です。if命令で多岐分岐を表現する場合には、条件式を記述する順番に要注意です。

▶p_if.rb

```
point = 75

if point >= 90
  puts '優'
elsif point >= 70
  puts '良'
elsif point >= 50
  puts '可'
else
  puts '不可'
end      # 結果：良
```

[2] ベン図については、p.138の図4.4を参照してください。このような置き換えルールを**ド・モルガンの法則**と言います。法則を忘れてしまった場合にも、ベン図で理解しておくことで、自分で置き換えが可能となります。

練習問題4.2　p.157

[1] 以下のようなコードが書けていれば正解です。

▶p_each.rb

```
(1..9).each do |x|
  (1..9).each do |y|
    print "#{x * y} "
  end
  print "\n"
end
```

このように、制御命令は入れ子にできます。その場合、eachメソッドの仮変数は、それぞれで異なる名前でなければならない点に注意してください。
なお、太字部分は引数のない「puts」にしても同じ意味です（引数がない場合、putsメソッドは改行文字だけを出力します）。

練習問題4.3　p.165

[1] スキップ：next命令、脱出：break命令
next、breakはいずれも繰り返し構文の中で使用できる命令です。その性質上、next、break命令はif命令などの条件分岐と組み合わせて利用するのが一般的です。

[2] 以下のようなコードが書けていれば正解です。

▶p_loop.rb

```
i = 0
sum = 0

loop do
  break if i > 100
  i += 1
  next if i % 2 != 0
  sum += i
end

puts "合計値は#{sum}です。"        # 結果：合計値は2550です。
```

loopメソッドを使った場合、終了条件を表す変数iを、自分でインクリメント（カウントアップ）し、脱出も自前で判定しなければなりません。ここでは頭の体操としてloopメソッドを利用しましたが、特定の数値範囲でループするようなコードはtimesなどのメソッドを利用するほうがシンプルです。

この章の理解度チェック　p.173

[1] ① [10, 15, **20**, 30]／x＝20
　　　太字部分が単一の要素であること。
② [10, 15, **20, 25**, 30]／x＝[20, 25]
　　　太字部分は0個以上の要素。
③ [10, 15, **20**, 30]
　　　太字部分が単一の要素であること。変数は作成されません。
④ { category: :ruby, title: '独習Ruby' }
　　／title＝独習Ruby
　　　categoryキーが:ruby、titleキーを持つハッシュであること。
⑤ [10, 25, 12]
　　　整数、10～99の値、12／13からなる配列であること。

[2] ① puts 'ゼロではありません' unless x == 0
② data.each do |item|
　　 puts item
　　end
③ 100.times do |i|
　　 puts i+1
　　end
④ puts case value
　　 when String
　　 '文字列'
　　 when Symbol
　　 'シンボル'
　　 else
　　 'その他'
　　 end
⑤ data = [1, 2, 0, 5, 6, 0, 8]
　　data.each do |item|
　　 puts item if (item == 0)...(item == 0)
　　end

⑤はフリップフロップ構文です。開始／終了点が同じ値の間を取りたい場合には（「..」ではなく）「...」とします。

[3] ① loop
② gets
③ redo
④ break
⑤ end

loopメソッド（無限ループ）では、なんらかの脱出の手段を自前で設ける必要があります。この例であれば、redoされなかった場合に、ループの最後でbreakしています。

[4] 以下のようなコードが書けていれば正解です。

▶ex_next.rb

```
sum = 0

(100..200).each do |i|
  next if i % 2 == 0
  sum += i
end

puts "合計値は#{sum}です。"        # 結果：合計値は 7500 です。
```

ここでは「nextを使って」とあるので、このようにしていますが、その制限を無視すれば、stepメソッドで増分を指定する方法もあります。

[5] ① begin
② gets
③ if name == ''
④ rescue
⑤ retry
⑥ end

retryは、rescueブロックでの利用を想定した命令です。begin...rescueブロック（例外処理）の構文とセットで復習しておきましょう。

第5章の解答

練習問題5.1　p.184

[1] クラスとは、オブジェクトの設計図です。設計図をもとにメモリ領域を確保し、実際の値を格納することを**インスタンス化**と言い、インスタンス化によってできた実際のモノを**オブジェクト（インスタンス）**と言います。

[2] 以下の3点が挙げられていれば正解です。

● インスタンスメソッド：インスタンス経由で呼び出せるメソッド
● クラスメソッド：クラス経由で呼び出せるメソッド（インスタンスの生成は不要）
● 関数的メソッド：レシーバーを伴わず、「メソッド名(...)」の形式で呼び出せるメソッド

練習問題5.2　p.204

[1] 以下のようなコードが書けていれば正解です。

▶p_slice.rb

```
data = 'プログラミング言語'
puts data[4, 3]
```

この例では、start（4）文字目からlen（3）文字分の文字列を取得しています。あるいは、Rangeオブジェクトを利用して「data[4..6]」のように表してもかまいません。

[2] 以下のようなコードが書けていれば正解です。「\t」はエスケープシーケンスの一種でタブ文字を表します。

▶p_split.rb

```
data = "鈴木\t太郎\t男\t50歳\t広島県"

data.split("\t") do |str|
  puts str
end
```

ブロックなしのsplitメソッドは、分割結果を文字列配列として返します。その戻り値をeachメソッドで処理してもかまいませんが、splitメソッドのブロック構文を利用したほうが簡単です。

練習問題5.3 p.211

[1] 以下のようなコードが書けていれば正解です。

```
① tm = Time.now
② tm = Time.mktime(2021, 12, 4, 11)
③ tm = Time.new(2021, 6, 25, 0, 0, 0, '+08:00')
```

タイムゾーン付きの日時はmktimeメソッドでは生成できません。newメソッドを利用してください（時刻など不要な部分はゼロを渡しておきます）。

この章の理解度チェック p.218

[1] ① インスタンス変数
② メソッド
③ メンバー
④ インスタンス化
⑤ オブジェクト
⑥ インスタンス（⑤、⑥は順不同）
⑦ new
⑧ リテラル表現

用語を覚えることは学習の本質ではありませんが、これから学習を進めていくうえでこれらの用語は頻出します。用語の理解を確かにしておくことで、今後の学習をよりスムーズに進められるでしょう。

[2] ① title[0, 3]
② title[-3, 2]
③ title[3..5]
④ title[3...5]
⑤ title[3..]

ブラケット構文を利用することで、文字列の任意の位置から部分的な文字列を取り出せるようになります。よく利用する構文なので、基本的な記述パターンを再確認しておきましょう。

[3] ① new
② '+08:00'
③ 5 * 60 * 60 * 24 * 7
④ strftime
⑤ %Y年 %m月 %d日 %I時 %M分 %S秒

Timeオブジェクトの基本的な操作を問う問題です。ここでは標準的なRubyの機能だけで演算していますが、加算処理はActive Supportを利用することで格段に簡単になります。

[4] それぞれ、以下のようなコードが書けていれば正解です。

```
① msg = 'となりのきゃくはよくきゃくくうきゃくだ'
  puts msg.rindex('きゃく')
② printf('%s の気温は %.2f ℃です。', '千葉', 17.256)
③ msg = '彼女の名前は花子です。'
  msg[0..1] = '妻'
④ tm1 = Time.mktime(2021, 11, 10)
  tm2 = Time.mktime(2021, 12, 4)
  puts ((tm2 - tm1)/(60 * 60 * 24)).floor
⑤ msg = "はじめまして\r\n\n"
  puts msg.chomp('')
```

第6章の解答

練習問題6.1 p.256

[1] ① 可能
② 持たず
③ 不可
④ ハッシュ
⑤ キー／値

コレクションの大分類を理解する問いです。個々の用法を理解するだけでなく、型の特徴を知り、適材適所で使い分けていける能力を身につけてください。

[2] ① shift
② push
③ insert
④ +
⑤ each_with_index

最終結果から配列への操作を類推する問題です。配列に属する基本的な出し入れのメソッドを思い出してみましょう。

練習問題6.2 p.263

[1] 以下のようなコードを書けていれば正解です。

▶p_intersection.rb

```
require 'set'

sets1 = Set[10, 105, 30, 7]
sets2 = Set[105, 28, 32, 7]
p sets1 & sets2
```

Setクラスは、このような集合演算で力を発揮します。& 演算子の代わりに、intersectionメソッドを利用してもかまいません。

App

「練習問題」「この章の理解度チェック」解答

[1] （×） セットは順番を保証しません（重複を許さないのは正しい）。
（×） ハッシュ値はオブジェクトが等しければ等しくなりますが、異なっていても常に異なる値になるとは限りません（すべてのオブジェクトが同じ値を返しても、ルール上は間違いではありません）。
（○） 正しい。
（×） シンボルを利用するケースがほとんどですが、hashメソッドを持つ任意の型を利用できます。
（×） superset?メソッドの説明です。

[2] ① :cucumber
② 胡瓜
③ delete
④ transform_keys!
⑤ 0..3
⑥ #{k}:#{v}

最終結果からハッシュへの操作内容を類推する問題です。ブラケット構文をはじめ、delete／transform_keys!など、基本的なハッシュの操作を再確認してください。④のtransform_keys!は破壊的メソッド（「!」付き）である点に注意です。非破壊的メソッドでは、レシーバーに変換結果が反映されません。

[3] ● Setを利用するにはrequireが必要です。
● セットを生成するには、Set[...]とします。
● 抽出の条件式は「item < 20」です。
● 「+」は「-」（差集合）です。

以上を修正したコードは、以下の通りです。

▶ex_set.rb

```
require 'set'

sets1 = Set[2, 4, 8, 16, 32]
sets2 = sets1.select {|item| item < 20 }
p sets2
p sets1 - sets2
```

[4] ① puts h.fetch(:apple, '-')
② data.keep_if { |e| e != '×' }
③ data[0..2] = []
④ h = Hash.new { |hash, key| hash[key] = '-' }
⑤ h.each_key { |key| puts key }

ハッシュの既定値はnewメソッドの引数でも指定できますが、その場合は同じオブジェクトが再利用されます。それを嫌うならば、ブロック構文を利用すべきです（④）。

第7章の解答

練習問題7.1 p.311

[1] 以下のようなコードが書けていれば正解です。

▶p_search.rb

```
data = "住所は〒160-0000 新宿区南町0-0-0です。\nあなた
の住所は〒210-9999 川崎市北町1-1-1ですね"
results = data.scan(/\d{3}-\d{4}/)
results.each do |result|
  puts result
end
```

最初からマッチしている文字列が1つとわかっている場合には、matchメソッドを利用してもかまいません。

[2] 以下のようなコードが書けていれば正解です。

▶p_replace.rb

```
data = 'お問い合わせはsupport@example.comまで'
ptn = /[a-z\d+\-.]+@[a-z\d\-.]+\.[a-z]+/i
puts data.gsub(ptn, '<a href="mailto:\0">\0</a>')
```

マッチした文字列を置換後の文字列に反映させるには、特殊変数として\0を利用します。サブマッチ文字列を引用するならば、\1、\2...を利用します。

練習問題7.2 p.335

[1] ① require
② open
③ col_sep
④ each
⑤ #{row[1]}：#{row[2]}

csvライブラリを利用した場合も、openブロックでファイルを開閉し、eachメソッドで行単位に値を読み込む流れは、一般的なファイル操作の場合と共通です。書き込みの場合も合わせて復習しておきましょう。

練習問題7.3 p.351

[1] ① net/http
② parse
③ uri.host
④ get
⑤ code

net/httpライブラリによるネットワーク通信の例です。HTTP GETによる基本的な処理の流れを理解できてしまえば、HTTP POST、JSONなどによる通信もほとんど同じように記述できます。

[1] ① .

② ?i、?m、?x などから2個以上

③ +?、*?、??、{n,}? などから2個以上

④ ?<name>

⑤ A(?=B)

正規表現そのものに関する問いです。Rubyとは直接の関係はありませんが、コーディングの幅を広げる知識です。実際に文字列をマッチさせながら、表現の引き出しを増やしていきましょう。

[2] ① open

② r

③ each

④ scan

⑤ result

正規表現とファイル読み込みの複合問題です。間違ってしまったという人は、7.1節、7.2節をもう一度見直してみましょう。

[3] それぞれ、以下のようなコードを書けていれば正解です。

① puts (-12).abs

② puts (987.654).floor(2)

③ Dir.foreach('.') do |f|
　　puts f
　end

④ puts Random.rand(0..100)

⑤ p txt.split(/,|\\/)

第8章の解答

練習問題8.1　p.375

[1] 以下のようなコードが書けていれば正解です。

▶p_func.rb

```
def get_diamond(diagonal1, diagonal2)
  diagonal1 * diagonal2 / 2
end

area = get_diamond(8, 10)
puts "菱形の面積は#{area}です。"
  # 結果：菱形の面積は40です。
```

練習問題8.2　p.386

[1] スコープ（有効範囲）が異なります。ローカル変数のスコープは、宣言された場所によって決まります（トップレベルであればトップレベルのみ、メソッド配下であれば、その中だけです）。ファイルをまたいだアクセスもできません。

一方、グローバル変数はコードのすべての場所からアクセスが可能です。グローバル変数は「$〜」の形式で宣言します。

[2] ブロック配下では例外的に上位のローカル変数を参照できます。ただし、スコープがないわけではなく、ブロック配下のブロック変数をブロックの外側から参照することはできません。

練習問題8.3　p.399

[1] 以下のようなコードが書けていれば正解です。

▶p_args_param.rb

```
def average(*values)
  values.sum.fdiv(values.length)
end

puts average(5, 7, 8, 2, 1, 15)
  # 結果：6.333333333333333
```

fdivメソッドを利用しているのは、「/」演算子では値が整数の場合に結果も整数に丸められてしまうからです。オペランドにかかわらず、結果を小数点数にする場合にはfdivメソッドを利用します。

[1] （×）　return命令がない場合、最後の式が戻り値と見なされます。

（×）　トップレベルで宣言されたとしても「value = 10」などはローカル変数です。グローバル変数は「$〜」で始まらなければなりません。

（×）　requireメソッドの説明です。

（○）　正しい。

（×）　仮引数名と既定値の区切りは「=」ではなく「:」です。

[2] 以下のようなコードが書けていれば正解です。

▶ex_args_default.rb

```
def get_square(base = 1, height = 1)
  base * height
end

puts "平行四辺形の面積は#{get_square}です。"
```

ユーザー定義メソッドの基本的な構文を問う問題です。引数の既定値は「仮引数 = 値」の形式で表します。キーワード引数の構文を利用して、以下のように表しても正解です。

```
def get_square(base: 1, height: 1)
```

[3] ① *nums

② each

③ push

④ yield value

⑤ value ** 2

可変長引数、ブロックに関する複合的な問題です。ブロックの呼び出しはyieldで、ブロックの戻り値はそのままyieldの戻り値になるのでした。

[4] ① 110

② 100

③ [100, 20, 30]

④ [100, 20, 30]

数値への代入は、そのままオブジェクトの差し替えです。よって、引数への変更操作が呼び出し元に影響することはありません。一方、配列の各要素への代入は、オブジェクトの中身の変更です。これは呼び出し元にも影響する操作です。

第9章の解答

練習問題9.1 p.453

[1] 以下の点が指摘できていれば正解です。

- クラス名はPascal形式で命名
- ゲッターを生成するのはattr_reader
- 初期化メソッドの名前はnewではなくinitialize
- 式展開するならば文字列リテラルはダブルクォートでくくる
- クラスをインスタンス化するには「クラス名.new(...)」
- メソッド呼び出しは「->」ではなく「.」

以上を修正した正しいコードは、以下の通りです。

▶p_class.rb

```ruby
class Pet
  attr_reader :kind, :name

  def initialize(kind, name)
    @kind = kind
    @name = name
  end

  def show
    puts "私のペットは#{kind}の#{name}ちゃんです！"
  end
end

pt = Pet.new('ハムスター', 'のどか')
pt.show
```

練習問題9.2 p.462

[1] ① 基底クラス（スーパークラス、親クラスでも可）
② 派生クラス（サブクラス、子クラスでも可）
③ < Person

派生クラスは、「class 派生クラス名 < 基底クラス名」の形式で定義します。1つのクラスについて持てる基底クラスは1つだけです。

[2] 以下のようなコードが書けていれば正解です。

▶p_inherit.rb

```ruby
class MySubClass < MyClass
  def show
    "[#{super}]"
  end
end

ms = MySubClass.new('ハムスター', 'のどか')
puts ms.show
  # 結果：[ペットのハムスターの名前は、のどかです。]
```

この章の理解度チェック p.468

[1] ① initialize
② インスタンス変数
③ クラスメソッド
④ self

⑤ is-a
⑥ オーバーライド
⑦ super
⑧ 委譲
⑨ has-a
⑩ private

オーバーライドはオーバーロードと間違えないように注意してください。

[2] （×）インスタンス変数に外部から直接アクセスする手段はありません（アクセサー経由でのみアクセスできます）。privateで制限できるのはメソッドへのアクセスです。
（×）それで事足りるのであれば、極力セッターは設置すべきではありません。
（×）継承は基底クラスと強い結びつきを持つため、変更に対する修正コストが高まる可能性があります。継承よりも委譲を優先すべきです。
（×）Objectクラスの間違いです。BasicObjectはObjectからさらに機能を除いたほとんど空のクラスで、これを直接継承する機会はほとんどありません。
（×）Rubyのprivateは、派生クラスからのアクセスも許可します。

[3] 次の点を指摘できれば、正解です。

- name、ageアクセサーの宣言が抜けています。
- 基底クラスを表すのは「.」ではなく、「<」です。
- 基底クラスのinitializeメソッドにはname、ageだけを渡します。
- 派生クラス独自のインスタンス変数@titleへの代入が抜けています。
- 基底クラスのメソッドを呼び出すには「super」だけです。

修正済みのex_inherit.rbについては、以下の通りです。

▶ex_inherit.rb

```ruby
class Person
  attr_reader :name, :age

  def initialize(name, age)
    @name = name
    @age = age
  end

  def show
    "私の名前は#{name}、#{age}歳です！"
  end
end

class BusinessPerson < Person
  attr_reader :title

  def initialize(name, age, title)
    super(name, age)
    @title = title
  end

  def show
    "#{super}職位は#{title}です。"
  end
end

bps = BusinessPerson.new('山田太郎', 28, '主任')
puts bps.show
```

[4] 以下のようなコードができていれば正解です。

▶ex_class.rb

```
class Hamster
  # ゲッターを宣言
  attr_reader :name

  # インスタンス変数を初期化
  def initialize(name)
    @name = name
  end

  # 与えられた書式を使って@nameの値を出力
  def show(format)
    printf(format, @name)
  end
end

hm = Hamster.new('のどか')
hm.show('私の名前は%sです！')
  # 結果：私の名前はのどかです！
```

ゲッターは自前で宣言してもかまいませんが、特別な処理を必要としないならば、まずはattr_readerメソッドに頼れば十分です。

第10章の解答

練習問題 10.1　p.483

[1] より下位の例外クラスを先に記述します。rescue節は先に書かれたものが優先されるため、たとえばStandardErrorクラスを最初に記述した場合には、すべての例外がそこで捕捉されてしまい、以降のrescue節が呼び出されることはありません。

[2] 以下のような点を説明できていれば正解です。

- 具体的な例外の内容を識別できるよう、汎用的なStandardError／RuntimeError例外の発生は避ける。
- 標準的な例外が用意されているものは、独自例外よりも標準例外を利用する。
- その場で処理できない例外は握りつぶすのではなく、raiseを使って現在の例外をそのまま呼び出し元に再送出する。

練習問題 10.2　p.496

[1] 以下のようなコードが書けていれば正解です。

▶p_eigen.rb

```
class Area
  class << self
    def triangle(base, height)
      base * height / 2
    end
  end
end
```

その他、本来のクラス定義の外側で「class << Area...end」（特異クラス）を定義し直してもかまいません。

[2] 以下のようなコードが書けていれば正解です。

▶p_struct.rb

```
Article = Struct.new(:url, :title)

art = Article.new('https://codezine.jp/article/↵
corner/835', 'Eclipse入門')
art.each_pair do |name, value|
  puts "#{name}: #{value}"
end
```

実行結果

```
url: https://codezine.jp/article/corner/835
title: Eclipse入門
```

練習問題 10.3　p.527

[1] 以下のようなコードが書けていれば正解です。

▶p_reserve.rb

```
class Article
  attr_reader :url, :title

  def initialize(url, title)
    @url = url
    @title = title
  end

  def ==(other)
    # 同じ型である場合のみ判定
    if other.instance_of?(Article)
      return url == other.url
    end
    false
  end

  def to_s
    "#{title} (#{url}) "
  end
end

a1 = Article.new('https://codezine.jp/article/↵
corner/835', 'Eclipse入門')
a2 = Article.new('https://codezine.jp/article/↵
corner/653', 'Angularの活用')

puts a1      # 結果：Eclipse入門 (https://codezine.↵
jp/article/corner/835)
puts a1 == a2    # 結果：false
```

この章の理解度チェック　p.532

[1]（×）　rescue節は、発生した例外がrescue節のそれと一致、または派生クラスである場合に呼び出されます。

（×）　すべてのクラスで利用可能です。たとえば標準的なStringクラスを拡張することも可能です。

（×）　逆の記述。捕捉の対象が明確になるよう、できるだけ下位の例外を指定すべきです。

（○）　正しい。

（×）　1つのクラスが複数のモジュールをインクルードしてもかまいません。

[2] ① module
② greet
③ include MyApp::Greetable
④ @name = name
⑤ MyClass.new('鈴木三郎')

module...endは入れ子にすることも可能です。入れ子に定義された
モジュールはParent::Childのように参照できます。

[3] 以下のようなコードが書けていれば正解です。

① class MyAppError < StandardError
   end

② def ps.greet
     "こんにちは、#{@name}さん！"
   end

③ Book = Struct.new(:title, :price)

④ module MyUtil
     module_function
     def circle(radius)
       radius * radius * 3.14
     end
   end

⑤ module MyString
     refine String do
       def first
         self[0]
       end
     end
   end

第11章の解答

練習問題11.1 p.550

[1] synchronizeブロックで囲まれた処理は、複数のスレッドから同時
に呼び出されなくなります。ほぼ同時に呼び出された場合にも、先
に呼び出されたほうの処理を優先し、あとから呼び出された側は先
行する処理が終わるまで待ちの状態になります。これによって、同
時実行によるデータの不整合を防ぎます。

練習問題11.2 p.555

[1] 以下のようなコードが書けていれば正解です。

▶p_metaclass.rb

```
EliteBusinessPerson = Class.new(BusinessPerson) ⏎
do |clazz|
  define_method :work do
    puts "#{name}、#{age}歳はバリバリ働いています。"
  end
end
```

もちろん、このようなケースでは標準的なclass、def命令を利用す
れば十分なので、あくまでClass、define_method理解のためのコー
ドと捉えてください。

この章の理解度チェック p.574

[1] （×） メインスレッドが終了した場合、サブスレッドもまとめて
終了します。
（×） 実行されるスレッドは基本1つです。ただし、ネットワーク
処理などでは、例外的に複数のスレッドが同時に実行され
ます。
（×） 異なるスレッドがロックの解放待ちをしたまま、お見合い
状態になってしまうことを言います。
（○） 正しい。
（×） 強力ゆえにデメリットも多くあります。まずは他の手段で
代替できないかを検討しましょう。

[2] ① Mutex.new
② start
③ synchronize
④ each
⑤ join

複数のスレッドで共通のリソースを更新する場合は、Mutexクラスを
利用して処理の競合を防ぐのが基本です。synchronizeメソッドを
外したとき、正しい結果が得られないことも確認しておきましょう。

[3] 以下のようなコードが書けていれば正解です。

① m = Mutex.new
   m.lock
   begin
     hoge
   ensure
     m.unlock
   end

② define_method :greet do
     puts 'こんにちは、世界！'
   end

③ p list.method(:first).call(2)

④ p list.__send__(:first, 2)

⑤ class MyApp
     @name = '独習Ruby'
   end

明示的なロックでは、確実にロックを解除するために、ロック下で
の処理はbegin...endでくくり、ensure節でunlockを呼ぶのが基本
です。

索 引

著者紹介

山田祥寛 (やまだ よしひろ)

静岡県榛原町生まれ。一橋大学経済学部卒業後、NEC にてシステム企画業務に携わるが、2003 年 4 月に念願かなってフリーライターに転身。Microsoft MVP for Visual Studio and Development Technologies。執筆コミュニティ「WINGS プロジェクト」の代表でもある。

主な著書に『独習シリーズ（Python・Java・C#・PHP・ASP.NET）』『JavaScript 逆引きレシピ 第 2 版』（以上、翔泳社）、『改訂新版 JavaScript 本格入門』『Angular アプリケーションプログラミング』『Ruby on Rails 5 アプリケーションプログラミング』（以上、技術評論社）、『はじめての Android アプリ開発 第 3 版』（秀和システム）、『書き込み式 SQL のドリル 改訂新版』（日経 BP 社）、『これからはじめる Vue.js 実践入門』（SB クリエイティブ）など。最近の活動内容は、著者サイト（https://wings.msn.to/）にて。

装丁　　会津 勝久
DTP　　株式会社シンクス

独習 Ruby 新版 ルビィ

2021 年 9 月 13 日　　初版第 1 刷発行

著　　　者　　山田祥寛（やまだ よしひろ）
発　行　人　　佐々木 幹夫
発　行　所　　株式会社翔泳社（https://www.shoeisha.co.jp）
印刷・製本　　株式会社 シナノ

本書のお問い合わせについては、下記の内容をお読みください。
乱丁・落丁はお取り替えいたします。03-5362-3705 までご連絡ください。

ISBN978-4-7981-6884-5　　　　　　　　　　　　　　　　Printed in Japan

■本書内容に関するお問い合わせについて

本書に関するご質問、正誤表については下記の Web サイトをご参照ください。
お電話によるお問い合わせについては、お受けしておりません。
正誤表　　● https://www.shoeisha.co.jp/book/errata/
刊行物 Q&A　● https://www.shoeisha.co.jp/book/qa/
インターネットをご利用でない場合は、FAX または郵便にて、下記にお問い合わせください。
送付先住所 〒160-0006　東京都新宿区舟町 5
（株）翔泳社 愛読者サービスセンター　　FAX 番号：03-5362-3818

ご質問に際してのご注意

本書の対象を越えるもの、記述個所を特定されないもの、また読者固有の環境に起因するご質問等にはお答えできませんので、あらかじめご了承ください。
※本書の出版にあたっては正確な記述につとめましたが、著者や出版社などのいずれも、本書の内容に対してなんらかの保証をするものではなく、内容に基づくいかなる結果に関してもいっさいの責任を負いません。